AF254178

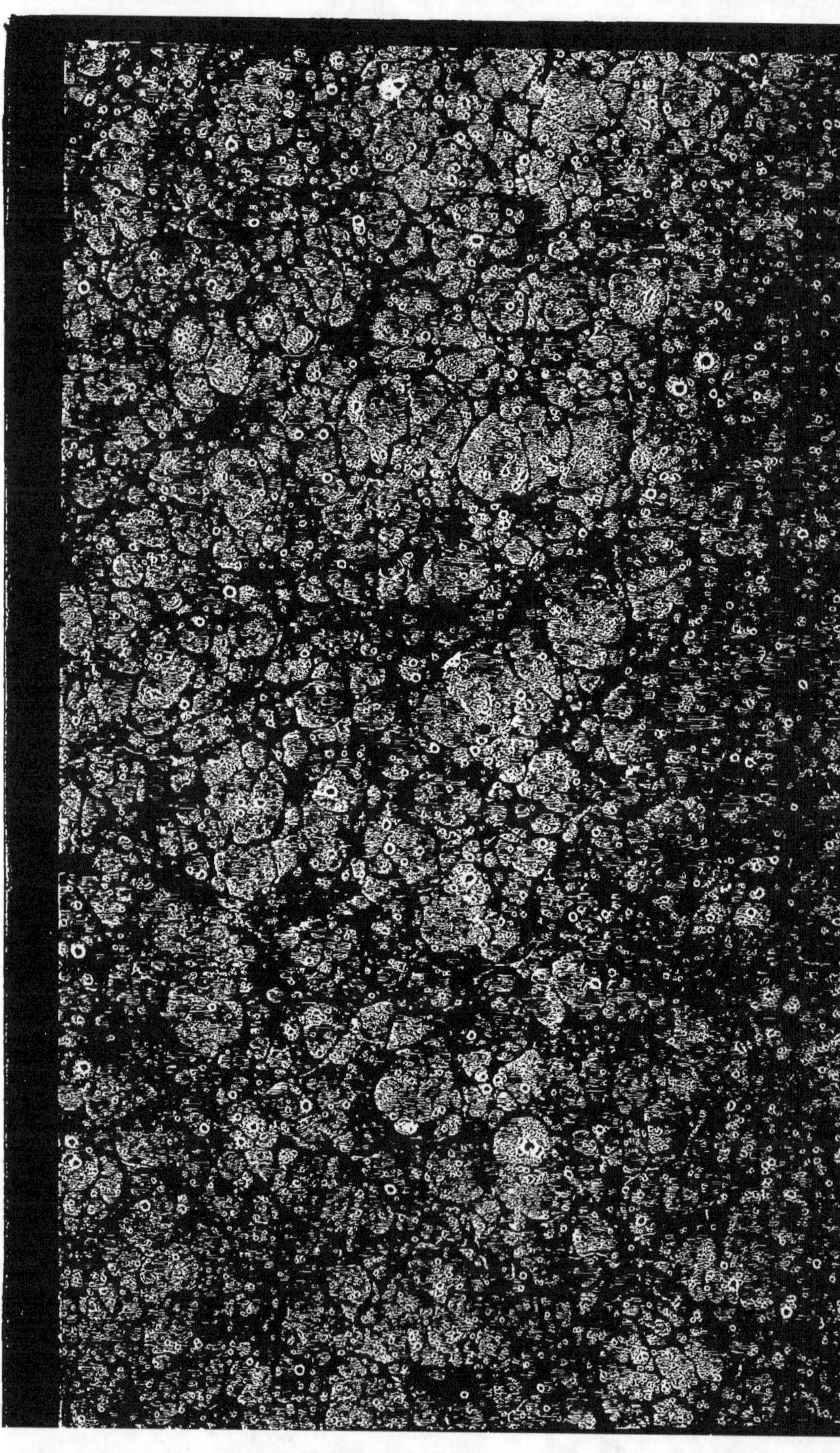

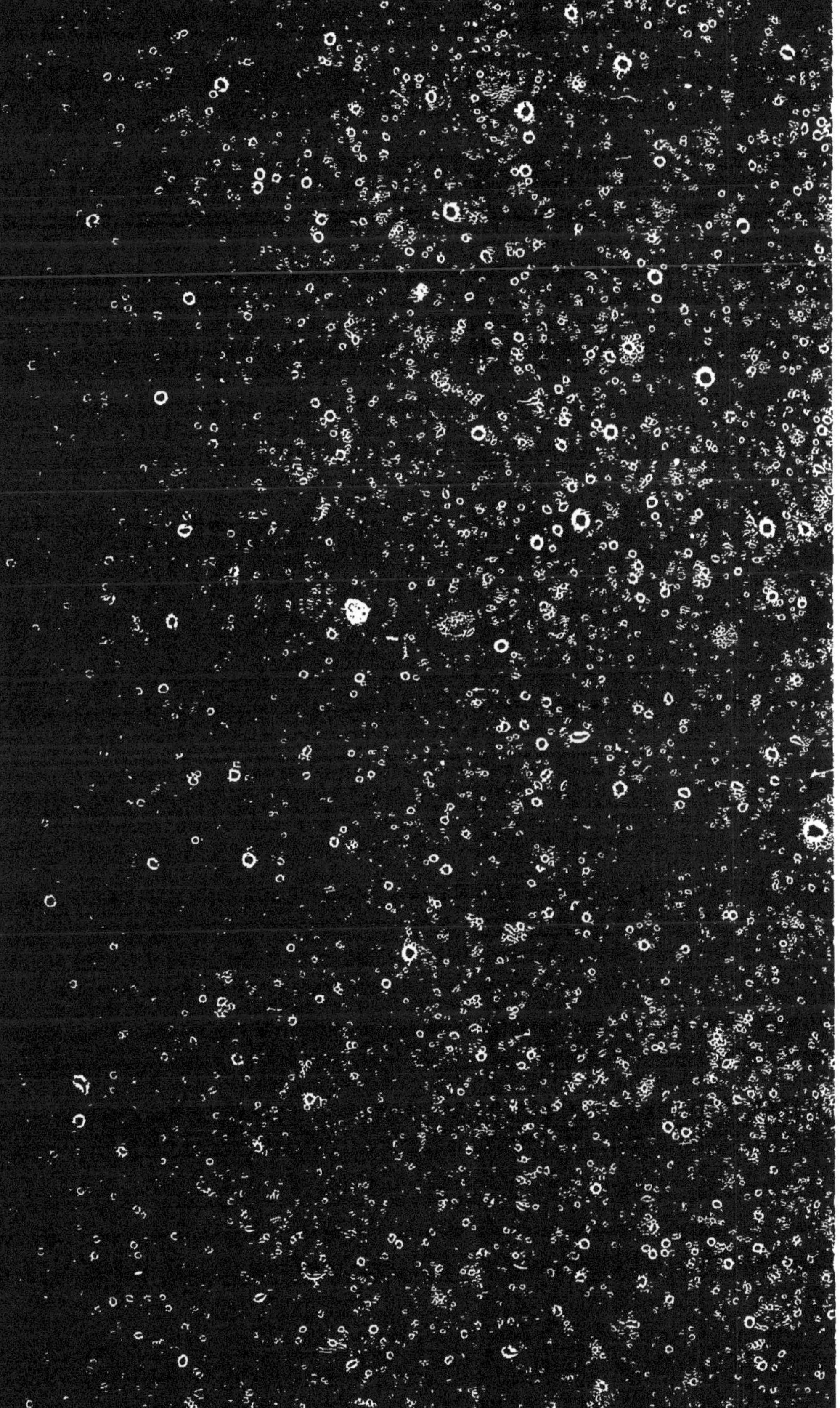

VOYAGES

ET

VOYAGEURS

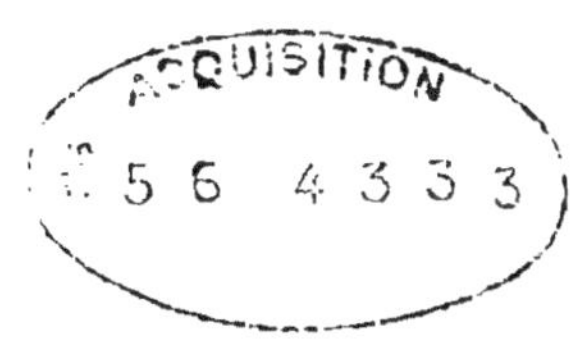

PARIS. — IMP. SIMON RAÇON ET COMP , 1. RUE D'ERFURTH

VOYAGES

ET

VOYAGEURS

1837—1854

PAR

CUVILLIER-FLEURY

PARIS

MICHEL LÉVY FRÈRES, LIBRAIRES-ÉDITEURS

RUE VIVIENNE, 2 BIS

—

1854

PRÉFACE

Les fragments que je réunis dans ce volume, sous le titre de *Voyages et Voyageurs*, sont tantôt des souvenirs personnels que j'ai recueillis en voyageant, tantôt des études sur quelques voyageurs modernes que j'ai faites en les lisant. L'ensemble n'a de valeur que la sincérité de l'impression ou du jugement; car j'ai raconté fidèlement ce que j'ai vu, et j'ai tâché d'apprécier avec exactitude ce que j'ai lu. On voyage beaucoup aujourd'hui, et les pays dont je parle n'ont de secret pour personne; mais on voyage vite, et on aime à voir beaucoup en peu de temps. Mon livre a cette qualité ou ce défaut.

Quelques-uns de ces fragments, après avoir paru dans le *Journal des Débats*, ont été ensuite reproduits, à mon

insu et sans mon aveu, dans des ouvrages destinés aux
voyageurs. Je ne m'en plains pas ; mais l'inexactitude
de la plupart de ces réimpressions m'a inspiré le désir
d'en donner un texte plus complet et plus châtié. Plusieurs de mes études sont déjà anciennes, d'autres sont
d'hier ; j'espère pourtant que leur date seule distinguera
les unes des autres dans l'opinion du lecteur ; car les
idées peuvent se modifier sur plus d'un point ; mais les
lieux ne changent guère, du moins dans leur aspect général, et j'ai toujours écrit sous l'impression qu'ils m'ont
faite ou qu'ils m'ont laissée.

Les voyageurs dont je parle ont tous des noms qui se
recommandent à l'estime et à l'attention du public. Leurs
ouvrages sont connus ; c'est leur physionomie que je me
suis surtout appliqué à peindre. En effet, il y a quelque
chose de plus intéressant à étudier qu'un voyage bien
fait : c'est un voyageur original. Dans tous ces récits où
l'homme se montre aux prises avec l'inconnu et l'imprévu,
c'est son histoire qui nous amuse. C'est celle-là surtout
que j'ai racontée.

Je ne m'excuse pas, comme je l'ai fait dans une publication récente [1], pour la diversité des sujets que j'ai
traités dans ce volume. La diversité me sera pardonnée
cette fois, je l'espère ; car pourquoi voyage-t-on, si ce
n'est pour corriger de temps en temps, par la variété des

---

[1] *Études historiques et littéraires.* Deux vol. Paris, 1854.

impressions, des idées et des perspectives, cette inévitable uniformité de la vie humaine?

Mon livre commence à Bruxelles en 1837 et s'arrête au Danube en 1854, en passant par les Pyrénées, l'Espagne, l'Algérie, la Grèce, Constantinople, le Monténégro. Le sujet est grand, l'œuvre est petite, l'auteur est sincère. Puisse le lecteur être indulgent!

Mai 1854.

VOYAGES

I

DE BRUXELLES A ANVERS

Bruxelles, 1er avril 1857.

Autrefois, monsieur [1], et il n'y a pas de cela vingt-cinq ans, avant que la Belgique fût devenue ce qu'elle est aujourd'hui, un pays modèle, voici les moyens de transport que trouvait un voyageur qui voulait absolument aller de Bruxelles à Anvers : ou il prenait le coche d'eau jusqu'à Boom, et alors il n'arrivait pas ; ou il s'embarquait dans la diligence, et, après avoir déjeuné le matin à Vilvorde, dîné

[1] Cette lettre, adressée au directeur du *Journal des Débats*, y parut le 11 avril 1857. Elle porte bien visiblement la trace des impressions si nouvelles que produisait alors sur un voyageur arrivant de France une simple promenade sur un chemin de fer ; et il est peut-être curieux, aujourd'hui que le réseau de ces merveilleuses voies de communication couvre une portion si considérable de notre pays, de remonter un instant à ces souvenirs. Je les reproduis donc, si *jeunes* qu'ils puissent paraître, sans y rien changer.

à Malines, il arrivait presque toujours à temps pour souper à Anvers. Vous voyez qu'il n'avait pas perdu sa journée.

Aujourd'hui j'ai voulu à mon tour visiter Anvers. J'ai tout vu dans la ville, les églises, les entrepôts, les bassins, le musée, la maison de Plantin et la chambre de Juste-Lipse. J'ai pu admirer tout à mon aise les grands maîtres de l'école flamande, Quintin Metsys, et Jordaëns, et Otto Venius, et Van Dyck, et surtout Rubens, l'immortel Rubens, qui semble être, Dieu me pardonne! le véritable Dieu de toutes ces églises gothiques. J'ai fait ensuite une ascension de plus de six cents marches escarpées jusqu'au sommet de la tour Notre-Dame, et du haut de ses galeries j'ai revu Bruxelles et Malines, j'ai vu Gand, Louvain, Turnhout, Breda, Flessingue, Berg-op-Zoom, l'Escaut, qui serpente et gronde le long de ses digues, la Tête-de-Flandre inondée, les polders ravagés dans une étendue immense, les Hollandais sur leurs chaloupes, la citadelle, qui, de cette hauteur, ne vous montre que l'ardoise étincelante de ses toits et la verdure de ses gazons ; au loin, la mer, qui entre en mugissant dans les bouches du fleuve ; et tout au bout, au-dessus des dernières lignes du tableau, la fumée des bateaux à vapeur qui se dressent à l'horizon. C'est là un spectacle magnifique et qui vous retient au moins une heure. Eh bien, monsieur, après avoir fait à Anvers une si large part à ma curiosité de voyageur, j'ai repris le chemin de Bruxelles ; m'y voici de retour, il est cinq heures. J'étais parti pour Anvers à midi. Calculez maintenant le temps que j'ai mis pour faire vingt-quatre lieues de poste et visiter une grande ville. Songez aussi que j'avais réservé ma matinée tout entière pour mes devoirs et mes affaires, et que la soirée me reste pour mes plaisirs.

Tout cela veut dire, monsieur, que je suis allé de Bruxelles à Anvers, par le chemin de fer, en moins de soixante-dix minutes.

C'est donc d'un chemin de fer que je veux vous entrete-

nir aujourd'hui, non pas en savant qui apprécie le mérite
d'un tracé, mais en touriste qui raconte naïvement ses impressions. Michel Chevalier vous dira peut-être que le chemin de fer de Bruxelles à Anvers n'est pas, de tout point,
un modèle de perfection, et que, par exemple, il offre en
quelques endroits, notamment jusqu'à Malines, des pentes
de six à sept millimètres par mètres et des courbes de trois
cents mètres de rayon. Mais qu'importe? Les ingénieurs belges vous répondent qu'ils ont tout exprès conservé les pentes
qui vous choquent, et que c'est à dessein aussi qu'ils ont
exagéré leurs courbes. Ils ont voulu faire une expérience
décisive, et ils ont créé, dans cette intention, des difficultés
qui n'existaient pas; car le terrain qu'ils avaient à traverser est le plus favorable qui soit au monde. Et, au surplus,
ils vous attendent à l'expérience que vous allez tenter, à votre tour, sur la route de Saint-Germain. Ils n'en sont pas
moins les premiers, sur le continent, qui aient livré en très-
peu de temps à la circulation un chemin de fer exécuté à
peu de frais, et dont le produit ait été, dès la première
année, sextuple de celui qu'on avait espéré. Nous en sou-
haitons autant, et du fond de notre cœur, à l'entreprise de
Saint-Germain. Mais, en attendant, respect à nos devanciers !
et imitons, si nous en sommes capables, l'admirable vigi-
lance et le soin minutieux, patient, infatigable, avec lequel
ils entretiennent ce qu'ils ont su achever.

Je reviens à mes impressions.

Il n'y a, monsieur, que les chemins de fer qui puissent
donner une idée exacte et complète d'une machine à vapeur.
Partout ailleurs, sur les bateaux, dans les usines, la machine à
vapeur est emprisonnée, et elle ne donne d'autre signe de
vie que la fumée et le bruit. Elle ressemble alors à ces vieux
chevaux aveugles qui tournent une meule dans quelque coin
obscur et abandonné. Mais sur les chemins de fer la machine est libre, elle respire, elle se meut, elle vit à ciel ou-

vert; elle part, elle vole, elle s'arrête; elle reprend sa course en haletant d'impatience, elle arrive au but poudreuse, écumante; là, six hommes vigoureux se jettent sur elle, la saisissent au frein, essuient la sueur qui la couvre, la frottent, la raniment et la préparent pour une nouvelle course. Tel est le spectacle que présente la machine à vapeur sur un chemin de fer, spectacle poétique s'il en fut jamais; mais il faudra des siècles pour que les poëtes en conviennent. Ils sont habitués aux coursiers rapides, aux chars volant dans la carrière, aux freins qui se brisent, aux roues qui éclatent contre la borne olympique; toutes leurs comparaisons sont empruntées à cet ordre d'idées.

Fertur equis auriga, neque audit currus habenas.

Mais je prédis qu'il faudra bien que la poésie change d'allure et qu'elle consente à visiter un chemin de fer. Je ne sais rien, quant à moi, qui soit plus fait pour frapper l'imagination que la course, je devrais dire le vol à travers champs de cette puissante machine, gorgée d'eau bouillante, bourrée de charbons ardents, licorne impétueuse et soumise, forge mugissante que le vent emporte et qu'arrête la main d'un enfant! Vue à distance, tandis qu'elle glisse le long des arbres du chemin, entre les fleurs et les moissons, rien n'égale son élégance, sa prestesse, sa désinvolture et sa grâce; vue de près, tandis que ses rouages crient, que son foyer petille, que ses soupapes soufflent, que sa cheminée tressaille, que ses roues mordent le fer, le cyclope enfumé qui, monté sur la croupe du monstre, le modère ou le précipite à son gré, donne l'idée d'une puissance majestueuse dans sa sécurité et dans sa force. Aussi, monsieur, qu'on vienne me parler maintenant de l'agrément des grandes routes royales, de la poésie des célérifères et des diligences! Qu'on ose comparer leurs chevaux, nés dans les herbages du Limousin ou du Poitou, repus de foin et de paille, à ma licorne qui est née dans le feu et qui se nourrit de feu! Qu'on me vante l'adresse d'un cocher à grandes guides! Je suis d'avis qu'il n'y a rien de plus imposant que le sang-froid de mon forgeron!

Après avoir réhabilité la machine, il faut, monsieur, que je dise un mot du chemin. On prétend que rien n'est plus monotone que la vue d'un chemin de fer ; le chemin de fer court en droite ligne, il évite de passer par les lieux habités, il ne laisse pas la plus petite part aux incidents et aux aventures, il nivelle tout sur son passage, il fait fuir les oiseaux dans l'air et les moutons dans la plaine, il fascine les passants, il assourdit les voyageurs; enfin il présente plus de chances périlleuses que les routes entretenues à grands frais par M. le directeur des ponts et chaussées.

Voyons, monsieur. D'abord, pourquoi le chemin de fer serait-il plus monotone que la grande route, lui qui court à travers champs, sautant fossés et rivières, entrant partout, dans les bois, dans la plaine, gravissant les rampes des montagnes, jetant des ponts sur les précipices ou se glissant dans l'obscurité des souterrains? J'avoue qu'il n'y a ni escarpements ni tunnel sur le chemin de fer de Bruxelles à Anvers. C'est une route unie comme la main. Et pourtant elle doit être charmante dans la belle saison ; car elle traverse les terres les plus riches, les plus fertiles et les mieux cultivées de la Belgique. Elle a un autre mérite que n'a pas la route de poste : elle passe devant la maison où est né Van Dyck.

Il est vrai que les chemins de fer tournent autour des villages et qu'ils ne traversent pas les villes; mais il est de leur intérêt d'en approcher. Et d'ailleurs, fiez-vous-en à leur puissance et à leur avenir. Ils ne chemineront pas longtemps dans le désert. Partout où passe un chemin de fer, s'il évite les maisons, les maisons viennent à lui; par-

tout où il établit une station, c'est un village qu'il fonde ;
que dis-je ? il pose peut-être le berceau d'une ville.

Mais vient le chapitre des accidents. On me disait : « Vous
mourrez de froid, vous étoufferez de vitesse, vous serez
étourdi par le bruit, asphyxié par la fumée, vous vous cas-
serez bras et jambes. » Heureusement, monsieur, rien de
tout cela n'arrive sur les chemins de fer, si ce n'est à ceux
qui y sont naturellement disposés. J'ai voulu essayer de
toutes les manières de voyager par la vapeur ; je me suis
mis aux premières places et aux dernières ; j'ai voyagé par
un grand vent et à ciel ouvert ; je me suis placé tout près de
la machine et très-loin d'elle, je suis monté dans les waggons, j'ai dormi dans la diligence, tantôt faisant face au
chemin, tantôt lui tournant le dos ; eh bien, dans aucune
de ces situations, je n'ai souffert par le fait du chemin ou
de la machine. Le mouvement des voitures est doux et mesuré ; la vitesse, si rapide qu'elle soit, n'est sensible qu'aux
yeux ; le bruit se perd dans l'espace, la rapidité de la course
emporte et disperse la fumée. Et, quant aux accidents sérieux, ils se réduisent aux trois suivants : ou la machine
sort des rails et entraîne le convoi, ou ses roues se brisent,
ou elle éclate. Dans le premier cas, qui est assez fréquent,
il suffit de quelques secondes pour arrêter la machine ; dans
le second, infiniment rare, même ressource avec plus de
dangers ; dans le troisième, qui est presque impossible,
malheur ! oh ! malheur au guide imprudent qui a négligé
les précautions de salut ! et à la grâce de Dieu pour tout le
monde ! Je dois ajouter que, depuis le 7 mai 1835, jour de
l'ouverture du chemin de fer de Bruxelles à Malines, jusqu'au
7 mai 1836, plus de six cent mille personnes ont fait le
voyage, sans qu'on ait eut à déplorer un seul accident sérieux.
Depuis, deux personnes ont péri, l'une par le fait de son imprudence, en voulant sauter d'un waggon sur un autre ; le
second était pris de vin, et il essayait de se tenir en équili-

bre sur un des appuis du convoi lancé à fond de train. Il est tombé sous les roues. Une autre fois, une vache passait sur la route au moment où le convoi arrivait; effrayée et fascinée par le bruit, elle fut saisie et broyée par la machine, qui dévia brusquement : les waggons bondirent et s'entre-choquèrent; les passagers eurent peur, mais pas une égratignure. Seulement, le lendemain, le propriétaire de la vache vint réclamer une indemnité; mais il n'eut rien; car on lui demanda (les Belges aiment quelquefois à rire) si sa vache était autorisée, aux termes du règlement de police, à se promener sur le chemin de fer; et il fut prouvé qu'elle ne l'était pas.

Vous voyez donc, monsieur, qu'en résumé les accidents sérieux sont infiniment plus rares sur les chemins de fer que sur les grandes routes. Là, point de chevaux qui s'emportent, point d'essieux qui cassent, point d'*impériales* surchargées qui entraînent la voiture dans le débord du pavé, point de cochers ivres ou endormis qui vous versent dans les précipices. Mais si les chemins de fer ne vous causent aucune de ces *émotions* que regrettent sans doute leurs adversaires, en revanche combien d'avantages ils présentent ! Que de biens ils répandent ! Quelle révolution ils préparent dans les relations, dans les mœurs et dans les lois des nations civilisées ! Vous allez en juger, monsieur, par quelques mots qu'il me reste à dire.

Je ne parle pas de la rapidité du transport et des conséquences commerciales qu'elle doit infailliblement entraîner dans un temps plus reculé. Consultez les livres de commerce de Manchester, avant et depuis l'établissement du chemin de fer, et jugez. Mais c'est là un avantage que personne ne conteste. Beaucoup de bons esprits sont plutôt effrayés de l'accroissement prodigieux dont le système des transports par la vapeur menace notre industrie, déjà trop avide de produire, ne songeant pas que les chemins de fer sont en même temps d'admirables canaux de consommation. Quoi qu'il en soit, tout le monde apprécie l'immense avantage de pouvoir se transporter, avec une vitesse de dix lieues à l'heure, d'un point sur un autre, ou de se procurer aussi promptement les marchandises ou les denrées dont on a besoin ; et je n'insiste pas : c'est cause gagnée.

Mais voici des avantages auxquels, généralement, on songe moins. L'établissement des chemins de fer équivaut, dans un temps plus ou moins reculé, à la suppression : 1° des lignes de douanes; 2° des passe-ports; 3° des émeutes dans les villes éloignées du centre; 4° d'une foule de maladies contre lesquelles la médecine était impuissante; 5° des voleurs de grands chemins, etc., etc. Je vais parcourir successivement ces différents points.

Je ne sais pas, monsieur, ce qu'il arrivera du système prohibitif le jour où, comme on le projette, un chemin de fer sera établi entre Bruxelles et Paris ; j'ignore comment la douane se défendra contre le chemin de fer, et si le gendarme osera arrêter la machine à vapeur pour lui demander ses passe-ports à la frontière. Mais, évidemment, le chemin de fer et la douane, la machine à vapeur et le gendarme, ce sont là des éléments de sociabilité inconciliables; il faut l'un ou l'autre, il faut choisir! Vous figurez-vous, en effet, une escouade de cinq ou six douaniers arrêtant un convoi de deux ou trois mille voyageurs (les convois entre Bruxelles et Anvers sont quelquefois de cinq mille personnes), les obligeant à ouvrir leurs malles, visitant leurs paquets, verbalisant, contestant, prononçant des amendes, enregistrant des prises, en un mot, accomplissant avec un scrupule de douanier leur infernale et interminable besogne? Mais, monsieur, au train dont vont les choses aujourd'hui, devant toute frontière qui veut se faire respecter, il faudrait, pour visiter les paquets de deux mille voyageurs et vérifier leurs passe-ports, ou presque autant de douaniers et de gendarmes sur un seul point qu'il en faut aujourd'hui sur une étendue de cent lieues, ou presque autant de temps que pour faire le voyage. Mieux vaudrait renoncer au chemin de fer que de lui imposer ces entraves. Car aussi bien le chemin de fer est plus fort que vous ; il vous briserait, vous et vos douanes ; et du jour où vous lui aurez dit : Va, cours de Bruxelles à Paris, de Paris à Londres, de Marseille au Havre ! va, fils de l'air et du feu, cours le monde et fais merveilles !

Vade, age, nate, voca zephyros et labere pennis!

de ce jour le chemin de fer est le maître ; il vous emporte avec lui, vous, vos douanes, vos prohibitions surannées, vos registres vermoulus ; et bien hardi sera le gendarme qui osera dire au chemin de fer : Tu n'iras pas plus loin !

Mais, direz-vous, qu'il plaise à la Belgique ou à tout autre voisin moins commode de lancer contre nous, par le chemin de fer, deux mille brouillons, quel moyen de les arrêter si nous ne pouvons pas demander leurs passe-ports ? — D'abord, monsieur, règle générale, les brouillons ont toujours des passe-ports. Ensuite, si un peuple voisin envoie contre vous ses mauvais sujets par le chemin de fer, vous enverrez contre eux un régiment qui arrivera par la même voie et en même temps que vos agresseurs à la frontière. L'année dernière, une émeute d'ouvriers éclata à Malines : le gouvernement belge fit partir de Bruxelles, par le chemin de fer, un bataillon qui, en vingt-cinq minutes, atteignit l'émeute et revint coucher le soir dans ses quartiers, ayant eu raison de la révolte. Quand on peut faire ainsi mouvoir la force armée à de grandes distances, et en quelques heures, il n'y a plus d'émeutes à craindre dans les principaux centres de populations ; un gouvernement est toujours à temps pour opposer sa force à celle des factieux. Quand Lyon remuait il y a quelques années, toutes les garnisons voisines s'ébranlaient à la fois et dépêchaient des renforts à la division lyonnaise. Les renforts arrivaient toujours après coup. Supposez un réseau de chemins de fer autour de Lyon, la révolte y est impossible. Vous songez à construire des casernes, vous rêvez citadelles et forts détachés; faites des chemins de fer! Les chemins de fer sont les bras du pouvoir, comme ils sont les conducteurs les plus énergiques et les plus féconds de toute civilisation progressive et libérale.

Voici maintenant, monsieur, comment je comprends que les chemins de fer nous délivreront d'un grand nombre de maladies contre lesquelles la médecine est aujourd'hui impuissante. N'y a-t-il pas en effet une foule de cas, et des plus graves, dans lesquels la Faculté conseille à ses malades, pour unique remède, le mouvement et l'air? Et combien de malheurs seraient épargnés aux familles, combien de pertes à l'humanité, s'il était toujours facile de suivre en ce point les prescriptions de la médecine! Mais, si nous en exceptons quelques riches, comment changer d'air quand les distances sont si longues à parcourir, quand les voyages entraînent tant de dépenses, tant de précautions, tant de dommages pour les affaires, tant de soin de toute espèce? Et le mouvement, où le trouver? Est-ce par hasard en diligence? Je suis persuadé qu'il y a un nombre considérable de gens qui meurent de consomption dans nos grandes villes, faute d'avoir pu, une fois l'an, faire un voyage rapide, changer d'air et voir du pays. Maintenant, grâce aux chemins de fer, les grands voyages seront accessibles à toutes les santés et à toutes les fortunes. En Belgique, on fait douze lieues de poste pour vingt-quatre sous. On ira de Paris à Bruxelles pour quinze francs. Au lieu de s'en aller en quête de la santé à Romainville et à Pantin, un bourgeois de Paris ira la chercher, en quelques heures, à l'embouchure de la Seine, sur les rives du Rhône, à Nice, à Anvers, à Ostende, partout où le chemin de fer le conduira. Quand un

médecin vous dit aujourd'hui : « Voyagez ! » c'est presque toujours qu'il veut se débarrasser de vous : et, en effet, il meurt,
année courante, un nombre effrayant de ces tristes exilés
de la médecine. Mais avec les chemins de fer les malades
ne seront pas d'aussi facile défaite. Un malade qu'en désespoir de cause vous aurez envoyé dans quelque pays éloigné,
au bout de quelques jours vous reviendra, accusant votre
prévoyance et demandant impérieusement à être guéri ; car
c'est la prétention de tous les malades. Les chemins de fer
seront donc cause que les médecins, au lieu de se moquer
de leurs clients, seront enfin obligés de chercher un remède
sérieux aux maladies incurables.

Je le dis le plus sérieusement du monde : je crois que le
voyage sur terre, par la vapeur, est destiné à devenir un
des moyens les plus actifs et les plus énergiques de la médecine. Quand la médecine vous conseille aujourd'hui le
mouvement et l'air, il vous est impossible de vous procurer
l'un ou l'autre à une dose qui ne soit pas trois ou quatre
fois inférieure à celle que vous fournirait un chemin de fer.
C'est donc une puissance d'air et de mouvement quadruple
de toutes celles dont la médecine fait emploi que le nouveau système de locomotion met à son service. Imaginez, en
effet, monsieur, quelle doit être, sur la surface poreuse du
corps humain, la puissance d'action d'un courant d'air que
vous remontez à raison de dix lieues par heure. De quelque
côté que souffle le vent sur un chemin de fer, si vous vous
placez à découvert dans le sens de l'impulsion de la machine, vous avez toujours le vent à la face ; et, s'il est contraire, il agit alors avec une force extraordinaire. C'est une
espèce d'aspersion violente, comme celle de la vague dans
les bains de mer un jour d'orage, une douche d'air qui a la
puissance des douches d'eau, et qu'il faut quelque courage
pour supporter longtemps de pied ferme. Mais l'effet en est
infaillible. Au bout d'une heure de ce bain d'air, vous en

éprouvez le bienfait par une incroyable surexcitation des forces vitales ; plus de nuages au front, plus de nausées, plus de langueur, plus d'hypocondrie ; je parle de ceux qui souffrent ; et quant à ceux qui se portent bien, la puissance tonique du voyage à la vapeur est telle, que j'ai connu un Français à Bruxelles qui dînait deux fois, la première à trois heures et l'autre à six, aussi souvent que ses affaires l'obligeaient à aller à Anvers par le chemin de fer. Dîner deux fois ! c'est là une des conséquences du nouveau système de locomotion que je livre aux réflexions des économistes ; elle n'est certainement pas la moins sérieuse de toutes.

Quoi qu'il en soit, monsieur, j'ai l'intime conviction qu'il arrivera un jour où les voyages à la vapeur seront conseillés par les médecins, dans certains cas, avec autant de bonne foi et plus de succès que les voyages à Dieppe et aux Pyrénées. On dira : « Faites dix, douze, quinze voyages à la vapeur, » comme on dit aujourd'hui : « Prenez dix bains de mer, avalez cinquante verres d'eau sulfureuse. » On établira sur les waggons des infirmeries à ciel ouvert pour les malades, et des restaurants-modèles pour ceux qui se portent bien ; il y aura un médecin des chemins de fer, comme il y a un médecin des eaux. Et qui sait ? Peut-être que la mode fera plus pour leur succès que l'intérêt même. La mode et la vapeur, ce sont là deux puissances, monsieur, dont l'alliance peut gouverner le monde.

Je finis ; car vous n'avez pas besoin, sans doute, que je vous explique, suivant le programme que je m'étais tracé, pourquoi les voleurs de grand chemin sont impossibles sur les routes en fer ? Vous voyez bien que c'est un métier perdu. Que voulez-vous que fasse un brigand, même classique, avec son chapeau pointu, sa ceinture de pistolets, ses amulettes et sa carabine, contre ces armées nomades qu'entraîne la machine à vapeur ? Il ne lui reste plus qu'à jeter des cailloux dans les rails du chemin ; mais la belle vengeance en vérité ! Le brigandage est mort, monsieur, mort partout où s'établira une route en fer ; mais c'est la seule industrie qui périra.

Adieu ; je quitte demain la Belgique, dont je ne vous ai guère parlé, quoiqu'elle mérite un long chapitre ; mais c'est que pour moi la Belgique, et qu'elle me le pardonne ! est tout entière aujourd'hui dans son chemin de fer, et ce sont mes impressions de la journée que je vous adresse. J'espère qu'elles ne vous paraîtront pas trop étranges à Paris, et que vous ne me blâmerez pas, monsieur, de passer ici mon temps à admirer la merveilleuse rapidité des locomotives, tandis que vous éprouvez là-bas tant de peine à mettre en mouvement le char de l'État [1].

[1] On était alors, à Paris, si j'ai bon souvenir, en pleine crise ministérielle.

II

UNE VISITE A CHAMBORD

Du château de Beauregard, le 29 août 1837.

Quand on arrive à Chambord en venant de Blois, on a cheminé l'espace de quatre lieues, moitié dans un pays riant et fertile, celui qui se rapproche le plus du Blaisois, moitié dans des plaines sablonneuses, humides et malsaines, au milieu desquelles est situé Chambord.

A Chambord, monsieur [1], lorsqu'on a dépassé la porte de pierre qui sert de clôture du côté du nord à cet immense domaine, et qu'on se trouve sur cette route raboteuse et sillonnée d'ornières séculaires, le long de cette éternelle avenue au bout de laquelle brillent les toits d'ardoise du château, à ce moment le cœur se serre ; un sentiment indéfinissable d'abattement et de tristesse vient interrompre le cours des pensées que le mouvement du voyage avait fait naître. Il semble que vous sortiez du monde pour entrer dans

[1] Cette lettre, ainsi que les suivantes, fut adressée à M. le directeur du *Journal des Débats.*

le désert, et que vous fouliez aux pieds une terre désolée et
maudite. Plus vous approchez du château et plus cette impression augmente. Une fois entré dans ces vastes cours, le
froid de ces vieux murs, la solitude et l'abandon de ce magnifique et royal séjour semblent se communiquer à votre
âme; on a un instant d'affreuse angoisse, comme ces jours
où l'on va visiter dans leur détresse et leur douleur des
malades incurables ou des condamnés sans espoir.

Je veux, monsieur, tâcher de vous faire un récit qui soit
le plus pittoresque et le moins politique qu'il me sera possible; aussi ne craignez rien du titre que j'ai donné à cette
lettre, et de ces réflexions par lesquelles je débute. J'ai
bien trouvé la politique à Chambord; vous verrez tout à
l'heure sous quelle étrange forme; mais je n'ai pas été l'y
chercher. Si donc je signale l'impression de tristesse douloureuse et poignante qui attend, à Chambord, tout voyageur
doué d'une sensibilité même ordinaire, ce n'est pas que
j'aie été seulement frappé de la part que les révolutions politiques ont eue dans le châtiment qui a été infligé à ce
noble édifice; — mais c'est qu'à voir cette ruine admirable,
morne et silencieuse au milieu des bois, cet immense donjon inhabité, ces cours muettes, ces murailles à jour, étalant
aux regards distraits de quelques rares visiteurs des merveilles qui ont eu trois siècles de grandeur, d'élégance, de
politesse et de génie pour témoins; à voir l'herbe croître in-
jurieusement au pied des fières tourelles, la prosaïque
pomme de terre gorgée d'eau et de sable dans les fossés, les
hirondelles nichées sous les couronnes de l'F royal et entre
les griffes des gracieuses salamandres; et tout autour du
château la misère, et le teint plombé des fiévreux, et l'aspect découragé de tout ce qui vit et se meut dans le rayon
de ces ruines colossales; en un mot, c'est qu'à voir cette
scène de désolation, il est impossible, même en restant étranger comme je l'étais aux préoccupations politiques de quel-

ques-uns, de ne pas partager du moins l'émotion mélancolique et l'austère tristesse qu'elle inspire à tout le monde.

Le motif qui détermina François Ier à choisir pour l'emplacement d'un si merveilleux palais précisément le point central des déserts incultes et sauvages de la Sologne, ce motif n'est pas connu. On a parlé du voisinage de la belle comtesse de Thoury que le roi-chevalier aimait éperdument, entre beaucoup d'autres. Je veux plutôt croire à l'influence d'une passion plus durable, sinon plus sérieuse, celle de la chasse, qui le décida sans doute à s'établir au milieu de ces bois immenses, enfermés dans une enceinte de huit lieues de tour, et qui, de tout temps, malgré leur aspect maussade, ont été la terre promise et le paradis des chasseurs.

La même incertitude existe relativement à l'auteur du plan d'après lequel fut bâti le château de Chambord. C'est, monsieur, que les architectes ont un grand défaut. Soit modestie, soit confiance dans l'équitable souvenir de la postérité, ils négligent toujours de mettre leurs noms au bas de leurs ouvrages, comme les statuaires et les peintres. Il en résulte que, cinquante ans après leur mort, le nom des plus habiles artistes est oublié, et que la France est couverte de châteaux et de monuments anonymes. Nous savons bien que François Ier encouragea les travaux de construction de Chambord, et qu'il les paya de son épargne; mais qui en présenta le plan? qui en conçut l'admirable ensemble? qui en dirigea la difficile exécution? Les antiquaires n'en savent rien, et ils écrivent sur leurs registres, à côté du nom de Chambord, ce glorieux fils de la renaissance : *Père inconnu.* Cela est odieux! Les antiquaires devraient bien convenir, une fois pour toutes, que le château de Chambord n'a pu être bâti que par un des grands maîtres de l'époque, au lieu d'aller chercher le créateur de cette merveille dans je ne sais quel coin obscur d'un atelier de province; et parmi tant de noms illustres, Vignole, le Primatice, *il Rosso,*

Laurent le Picard, Claude de Paris, qui couvraient alors la France de châteaux et de prodiges, les antiquaires en devraient bien choisir un et lui attribuer Chambord. Je n'aurais pas la confusion de vous répondre, monsieur, si vous me demandez par qui fut construit ce chef-d'œuvre du seizième siècle : «Je n'en sais absolument rien, ni moi ni personne! »

Je vais essayer toutefois de vous donner une idée de l'impression produite par l'aspect général de cette grande construction; car ne craignez pas que je décrive l'incroyable variété de ses détails. Ils échappent à toute description, à toute analyse. Il faut les voir. Mais, quand on s'est placé à une centaine de pas, du côté du nord, en vue de la façade principale du château, alors, monsieur, on a l'idée de la plus noble symétrie, de la plus imposante grandeur, et tout ensemble de la plus gracieuse légèreté et de la plus riche élégance qui ait jamais mis à l'épreuve le ciseau des sculpteurs. Le bâtiment est appuyé de ce côté, et sur une ligne d'environ quatre-vingts toises, par quatre grosses tours de soixante pieds de diamètre, à toit pointu et surmonté d'une lanterne. Un escalier magnifique, percé à jour et à double montée, forme l'axe du château, et se termine en un délicieux campanile qui s'élance, avec une hardiesse infinie et par une seule rampe, jusqu'au belvédère qui la couronne. Vues à quelque distance, ces arcades à jour qui permettent aux rayons du soleil de pénétrer au milieu de la masse énorme des bâtiments et de se jouer entre les pierres, d'une blancheur inaltérable; et tout cet amas de flèches, de tourelles, ces cheminées, découpées en fines broderies, qui s'élèvent au-dessus des toits étincelants comme un panache de fête sur le front d'un roi; ces sculptures magiques qui courent le long des croisées, ou se dressent en colonnettes orgueilleuses, ou se courbent mollement sous les arceaux flexibles; en un mot, tout cet ensemble monumental ainsi jeté comme une oasis merveilleuse dans l'immense solitude d'une forêt, et se détachant par la grâce de ses formes et le génie capricieux de ses ornements sur le fond monotone et sauvage d'un désert ; croyez-moi, monsieur, c'est là un des spectacles les plus imposants, les plus charmants, et, si je l'osais dire avec M. de la Saussaye, le savant historien de Chambord, une des scènes les plus fantastiques qui puissent frapper l'imagination, toucher le cœur et fasciner les yeux !

Vous voyez, monsieur, que je ne vous ai encore parlé que d'une seule façade du château de Chambord. Il en a quatre. Je ne vous ai nommé qu'un escalier ; il en a treize, dont deux à jour qui serpentent aux deux angles des principales cours et jusqu'au sommet du bâtiment, dans une cage admirable, ciselée comme les plus beaux ivoires de Dieppe et coiffée d'une riche coupole. Voilà pour les grands escaliers. Il y en a une quantité innombrable de plus petits qui circulent, mystérieux et discrets, dans l'épaisseur des murailles, et conduisent aux appartements des dames. Il y a quatre cents pièces de toute grandeur, et des cheminées de luxe dans toutes ; des galeries, des terrasses suspendues ; des plates-formes à perte de vue ; plus de huit cents chapiteaux d'une infinie variété de forme et de dessin ; une profusion de salamandres, couchées sous les plafonds, aussi nombreuses que ces nuées de sauterelles qui couvrent quelquefois la campagne ; une collection de chiffres sculptés et couronnés, à défrayer une matinée d'historiographe ; enfin, et partout, un goût si pur, une originalité si vive, une disposition si savante, un si merveilleux talent d'assouplir la pierre, de la tordre, de la dompter, de la suspendre en arceaux légers ou en degrés massifs le long des spirales tournoyantes ; une si incroyable sagacité dans l'art de ménager les issues, de multiplier les points de rapport, de faire pénétrer l'air, la lumière, le mouvement au

sein de ce labyrinthe, qu'il faut aussi bien renoncer à le
décrire qu'à le peindre. La peinture vous donnera quelques
profils, la description épuisera ses nomenclatures. Mais un
pareil monument qu'on n'a vu que sur la toile ou dans
une savante notice, c'est comme un bon livre dont on n'aurait lu que la table. Ouvrez le livre et lisez-le. Quittez
Paris pour quarante-huit heures, monsieur, et allez visiter
Chambord !

D'autant plus que le temps presse, que ces murs se lé-
zardent, que ces voûtes, si légères qu'elles soient, menacent ruine, que ces escaliers bientôt ne vous porteront
plus ! Hâtez-vous donc, car, dans quelques années peut-
être, la prudence obligera de fermer les portes du vieux
château ; et, une fois fermées, une fois murées par l'inflexible main du temps, hélas ! hélas ! monsieur, quelle est la
puissance qui les ouvrira ?

Je ne vous ai rien dit des souvenirs qui vivent encore
dans cette enceinte historique. N'aurait-il pas fallu vous
citer les uns après les autres tous les grands noms qui
remplissent nos annales depuis trois siècles ? L'histoire d'un
château aussi important que Chambord, c'est l'histoire de
plusieurs règnes ; c'est la biographie des reines, des favo-
rites, des jeunes seigneurs qui l'ont habité ; c'est le récit
des grandes chasses et des grandes amours, c'est-à-dire de la
plus insipide chose ou de la plus charmante qui soit au monde.
L'histoire de Chambord ! Imaginez une de ces incommensu-
rables galeries de portraits où plusieurs siècles étalent leurs
hommes illustres et leurs femmes célèbres ; et vous savez
qu'en tout pays le nombre en est considérable. En France,
il est sans limites. Écrire l'histoire d'un château royal serait donc une entreprise fort sérieuse, et mieux vaut vous
adresser à la hâte, au milieu des distractions d'un voyage,
ces souvenirs rapidement recueillis. Mais n'oubliez pas pourtant, si jamais vous visitez Chambord, que la belle comtesse

de Thoury vivait en pleine Sologne ; que c'est à Chambord, sur un des vitraux de l'oratoire de la reine, que François Ier, devisant avec sa galante sœur de Navarre, écrivit ces deux vers :

> Souvent femme varie ;
> Bien fol est qui s'y fie !

N'oubliez pas non plus l'aventure de Brissac surpris chez Diane de Poitiers ; ni Catherine de Médicis qui va consulter *nuictament les cieux et les étoiles* dans le campanile du donjon ; ni Charles IX qui force un cerf à bride abattue, sans meute ni piqueurs ; ni Louis XIII qui prend des pincettes pour enlever une lettre cachée sous la collerette de mademoiselle de Hautefort ; ni Gaston d'Orléans qui s'amuse à faire deviner à sa fille l'inextricable énigme du grand escalier ; ni mademoiselle de Montpensier qui écrit sur une glace, d'une main timide et tremblante, le nom chéri de Lauzun ; ni le bon roi Stanilas qui fait combler les fossés du château, en sorte que c'est à lui qu'il faut rapporter, en fin de compte, la plantation des pommes de terre au pied de ces nobles murs ; ni le maréchal de Saxe qui mourut à Chambord, après y avoir vécu deux ans entre un régiment de hulans et une troupe de comédiens ; ni cette table de pierre de liais sur laquelle il fut embaumé, et qui est aujourd'hui l'unique mobilier du vieux palais. Mais surtout, monsieur, si vous allez à Chambord, faites-vous montrer la salle où Molière, sur un théâtre improvisé, représenta pour la première fois, devant Louis XIV, le *Bourgeois gentilhomme* et *Pourceaugnac ;* car vous aimerez à rencontrer le souvenir de notre grand comique entre tant d'autres dont l'éclat tout royal ne ranime pas ces antiques murailles. La gloire de Molière est comme un doux rayon dans cette nuit, et son nom réjouit ces ruines.

J'aurais fini, monsieur, si Chambord n'était qu'une

ruine. Mais la révolution de Juillet lui a rendu, par la politique, une importance qu'il avait depuis longtemps perdue.
Voici comment : avant 1830, Chambord attirait bien quelques artistes amoureux des merveilles de la renaissance.
Mais partout ailleurs, malgré le patronage royal qui couvrait ses ruines, je le demande, qui songeait à les visiter?
Pour restaurer Chambord, pour lui rendre l'éclat de ses
beaux jours, la foule de ses courtisans, la pompe de ses
fêtes,

> Mane salutantûm totis vomit ædibus undam ;

en un mot, pour lui donner une seconde fois la vie, il aurait
fallu des millions que son jeune propriétaire n'avait pas.
Aussi Chambord, devenu bien et dûment l'apanage de
M. le duc de Bordeaux, n'en était pas moins condamné à
mourir d'abandon, de solitude et d'ennui. Depuis 1830,
tout est changé; le château de François Ier est devenu un
lieu de pèlerinage pour un parti, un rendez-vous d'opinions
inquiètes et remuantes. Les visiteurs y affluent de tous les
points de la France; et, à défaut du langage poli, courtois
et chevaleresque des anciens hôtes de Chambord, ses murs
parlent aujourd'hui la langue de passions et de rancunes
contemporaines; ses échos, qui ont si longtemps répété des
mots d'amour, ne redisent plus que des vœux de haine ;
ses gracieux lambris sont chargés, chaque jour, d'inscriptions et de devises, expression de regrets, de colères, d'espérances qui ne pardonnent pas aux ruines d'être impar-
tiales et à la pierre d'être muette [1].

Je l'avoue, monsieur, quoique je ne veuille blesser aucune opinion, et bien que je respecte, autant qu'aucun autre,
la fidélité au malheur quand elle est sincère, rien ne me
paraît triste comme cet étalage d'opinions et de proscrip-

----

[1] Qu'on n'oublie pas que tout ceci était écrit en 1837, et que l'auteur
n'y a rien changé.

tions politiques sur des débris qui, tout mutilés qu'ils sont, dureront cependant plus qu'elles. C'est à la fois le témoignage de leur violence et de leur néant! Je voudrais que tout homme de parti, venu pour inscrire son nom et sa haine sur ces murailles, s'arrêtât confondu d'humilité et de respect devant ces ruines, qui ont vu s'écouler plusieurs siècles de passions aussi implacables que les nôtres! Elles le disaient du moins; et qu'en reste-t-il? Et tous ces intrépides deviseurs qui gravent sur la pierre des serments politiques, est-ce seulement le passé qu'ils célèbrent? est-ce leur avenir qu'ils engagent? Insensés! le vent du siècle a effacé bien d'autres devises, le souffle de l'intérêt a emporté bien d'autres serments!

Rien d'ailleurs de plus médiocre et de plus insignifiant dans la forme que la plupart de ces inscriptions qui couvrent les murs de Chambord. Presque toutes sont injurieuses, sans pourtant que le caractère de l'écriture et l'incorrection du style trahissent un défaut d'éducation. Quelques-unes ne sont que l'expression d'un regret touchant et d'un dévouement sans amertume et sans fiel ; au point de vue de l'art et de la poétique du genre, ce sont les meilleures. Dans un grand nombre il y a des calembours, des jeux de mots, de bizarres rapprochements de rimes :

> Qu'à Chambord Henri Cinq vienne !
> C'est son séjour, et non Vienne...

Ailleurs la fidélité est sceptique, railleuse ; elle s'affiche et craint de s'avouer ; elle se déguise, comme dans ce distique :

> Adieu, Chambord! tes murs auraient besoin d'un maître.
> La France te l'ôta. Fit-elle bien ? Peut-être!...

Mais le caractère le plus curieux de cette polémique improvisée sur les murailles du vieux château, c'est que pas une de ces inscriptions n'est sans réponse ; pas un des visiteurs de Chambord qui ne se soit donné le plaisir de sculpter sur le mur sa profession de foi politique. Si les uns y viennent en pèlerins affligés et contrits et en se frappant du poing la poitrine, d'autres y arrivent le front haut, l'air triomphant, comme s'ils eussent pris d'assaut Chambord aussi bien que le Louvre ; et ils écrivent sur la pierre que tel jour, à telle heure, ils furent vainqueurs !... En sorte, monsieur, que Chambord est aujourd'hui comme une lice ouverte à tous les partis, que ces antiques pierres semblent toutes chaudes de nos passions et tout agitées de nos disputes, que cette solitude se peuple d'évocations lugubres de nos longues discordes ; et je ne songe pas sans effroi à l'horrible bataille qui pourrait ensanglanter ces vastes galeries. si quelque baguette magique venait à réunir un jour dans leur enceinte tous ceux qui se provoquent si obstinément depuis sept ans sur la pierre morte d'un château abandonné.

Mais Dieu est grand, monsieur ; et le château de Chambord est de taille à supporter, sans fléchir sous le poids, toutes ces insultes faites par l'impertinence de notre âge à la majesté de ses souvenirs. Vues de près, ces misères révoltent un instant. Mais, à distance, on reçoit, dégagée de tout mélange et de toute souillure politique. l'impression de tant de dignité et de grandeur. Peintre ou moraliste. historien ou poëte, c'est donc à distance qu'il faut vous placer pour profiter des leçons que Chambord vous donne ; c'est de là qu'il vous domine et vous inspire. Si vous approchez, le géant vous montre les cicatrices honteuses qui sillonnent son flanc ; mais, de loin, voyez comme son pied est ferme, sa taille majestueuse, son front noble, et à quelle hauteur se tête se perd dans les nues !

III

LE CHATEAU D'AMBOISE

Tours, le 31 août 1857.

Quand on a quitté Blois et parcouru les six effroyables lieues de route royale qui conduisent à la limite du département d'Indre-et-Loire, alors, monsieur, [1] on est en pleine Touraine. On commence à rouler plus librement sur cette prodigieuse *levée* qui suit jusqu'à Nantes toutes les sinuosités de la Loire, servant à la fois de route pour pénétrer au sein du pays qu'elle arrose, et de digue contre ses débordements. De ce moment aussi on a pour inséparable compagnon de voyage ce grand fleuve, et pour perspective ces horizons tant vantés, ces coteaux, ces bois, ces fabriques, enfin tout cet immense jardin tant célébré par les commis voyageurs, les romanciers et les poëtes.

Il convient donc, avant que je vous parle du château d'Amboise, que je vous dise un mot de la Touraine.

Et d'abord, monsieur, je commence par confesser (un tel aveu demande quelque courage) que je n'aime pas du tout

---

[1] Le directeur du *Journal des Débats*.

la Loire, et que j'admire médiocrement la Touraine. La Loire est le plus capricieux, le plus perfide, et tour à tour le plus monotone et le plus emporté des fleuves. Il n'en est pas qui soit plus hostile à ses rives, et qui les ravage par des débordements plus fréquents et plus soudains. Il n'en est pas non plus qui se traîne plus languissamment, pendant une grande partie de l'année, sur un lit de sables mouvants dont elle aime à étaler les landes stériles et la désolante nudité. A part quelques bateaux plats qui, poussés par de grandes voiles blanches, remontent péniblement le cours de la Loire, quand il plaît à Dieu, rien de plus morne, de plus solitaire et de plus abandonné que l'aspect de cette grande rivière pendant ses jours de calme, c'est-à-dire quand elle ne saute pas sur ses rives. Je me figure que les grands courants d'eau cheminent ainsi dans les solitudes de l'Amérique, couvrant de sable de vastes espaces que, là du moins, l'agriculture ne réclame pas, et se livrant sans règle et sans frein à toute l'inquiétude fantasque et désordonnée de leur humeur. Mais au cœur de la France, au sein d'une population si pressée, au milieu de champs qui ne suffisent pas à l'activité des cultivateurs, qu'un pareil fleuve ait trouvé des flatteurs, que la Loire ait ses poëtes, comme le Tibre et l'Euphrate, et ses touristes comme le Danube, pardon, monsieur, mais cela prouve simplement que l'imagination a encore chez nous des ressources que l'*industrialisme* n'a pas épuisées !

Un jour l'empereur Napoléon, se rendant à Poitiers, était arrivé sur le bord d'une petite rivière qui coule aux pieds de cette ville : c'était le Clain. De distance en distance, des poteaux plantés sur sa rive portaient une inscription dont l'étrangeté attira les regards de l'auguste voyageur. On y lisait distinctement ces mots : *Je m'ennuie ! — Je m'ennuie !* répétait ainsi l'humble rivière à chacun de ses détours, tandis que la berline impériale roulait sur la chaussée retentissante. Arrivé à Poitiers, Napoléon demanda l'explication de cette singularité. C'est une pétition que notre rivière a eu l'idée d'adresser à Votre Majesté, répondit le maire. Elle s'ennuie parce qu'elle n'a rien à faire. Que l'empereur ordonne quelques travaux pour la rendre navigable, et elle reprendra sa bonne humeur et sa gaieté. La pétition du Clain fut accueillie par Napoléon ; des travaux furent commandés, mais le malheur des temps obligea de les interrompre, et le Clain continue à s'ennuyer.

La Loire est comme le Clain : pendant les trois quarts de l'année, faute de navigation, elle est possédée d'un ennui mortel, et cet ennui se communique à ceux qui voguent sur ses eaux ou qui vont chercher en poste des émotions sur ses rives.

De tous les pays qu'arrose la Loire, la Touraine est incontestablement le plus riche ; mais je crains que son admirable fertilité n'ait rendu les imaginations faciles sur les beautés pittoresques qui lui manquent. Ses horizons sont généralement plats ; l'inévitable peuplier de la Loire dessine assez tristement presque toutes les lignes de ses paysages ; ses rochers, surmontés de cheminées bizarrement creusées dans la pierre, sont du plus prosaïque aspect ; ce sont des tanières où vivent des hommes ; mais il n'y a là ni pittoresque ni grandiose ; car imaginez, monsieur, des rochers qui payent l'impôt des portes et fenêtres. Je conçois pourtant, lorsque les abricotiers sont en fleur, quand toute la campagne est couverte d'un éblouissant tapis de verdure, quand les bourgeons éclatent de tous côtés en masses roses, violettes ou purpurines, quand les arbres fruitiers paraissent poudrés à blanc, et que la terre sourit au soleil du printemps qui la ranime et la féconde, je conçois l'admiration que peut inspirer la vue de cette fraîche et grasse Touraine, où la main de l'homme n'a pas laissé la plus petite place au caprice de la nature, où la science de l'agriculteur a tout arrangé, tout prévu dans l'intérêt de son bien-être. Mais dites que le département d'Indre-et-Loire est un pays merveilleusement disposé pour la culture, d'un aspect riant, d'une fertilité fabuleuse : pour du pittoresque, allez-en chercher au milieu des volcans éteints de l'Auvergne, ou sur les côtes de la Normandie, ou sur la crête des Alpes, ou dans les montagnes sourcilleuses du Dauphiné. On a dit de la Touraine qu'elle était le jardin de la France, elle n'en est que le potager.

Ce qui distingue la Touraine entre toutes nos provinces, ce qui lui donne cet air de noblesse et de grandeur que ses panégyristes admirent en elle, ce qui lui assure cette sorte de prééminence aristocratique sur les autres contrées de notre vieille France, qu'il est impossible de lui refuser, c'est le nombre infini d'antiques châteaux qui couvrent cette terre, autrefois la favorite de nos rois, et où leur munificence a semé pendant plus de quatre siècles les merveilles de l'architecture nationale. La Touraine est un musée de châteaux. C'est là sa gloire et sa beauté ; beauté charmante, car rien n'est plus élégant, plus gracieux, que toutes ces nobles fabriques aux toits pointus, aux tourelles élancées, aux riches dentelles, fièrement perchées sur les coteaux ou cachées discrètement dans l'ombre des bois, tantôt dominant le paysage et tantôt encadrées dans des masses de verdure séculaire : Chenonceau élevé sur des arches que caressent les eaux du Cher ; le Plessis-lez-Tours qui n'est plus qu'une paisible et riante métairie ; La Roche-Corbon, manoir féodal, dont l'œil inquiet et perçant semble surveiller encore toute la contrée ; Monbazon, nid de vautours sur un rocher ; Marmoutiers, dont un délicieux portail rappelle l'antique splendeur ; Chinon, qui se souvient de Charles VII et surtout de Rabelais ; Chaumont, le joyeux castel, observatoire de la superstitieuse Catherine ; Loches, qui tombe en ruines ; Amboise, dont une main royale a relevé les débris ! Car enfin, monsieur, après tous ces détours, j'arrive au château d'Amboise.

La première impression qui vous frappe quand vous approchez du château d'Amboise, c'est l'élévation prodigieuse de ses murailles, l'énormité des tours dont il est flanqué sur toutes ses faces, les cicatrices dont l'artillerie a sillonné ses flancs indestructibles, et cet air hostile, hautain et dominateur dont il semble regarder toute la contrée. Pourtant, monsieur, le château d'Amboise n'est aujourd'hui rien de plus qu'une maison de plaisance du domaine privé ; ses plates-formes étalent, au lieu de canons menaçants, des bouquets de dahlias, de marguerites et d'orangers ; vous trouverez des cuisines dans ses magasins à poudre ; ses meurtrières sont garnies d'élégantes croisées ; et le balcon de fer sur lequel furent plantées les têtes de Castelnau et de ses complices, au milieu d'une fête de cour, protége aujourjourd'hui les appartements du roi qui a signé l'amnistie. Mais cette destination toute pacifique du château d'Amboise ne lui a pas enlevé, Dieu merci ! le caractère original de sa construction primitive. Il n'aurait fallu rien moins, pour atteindre ce but vandale, que renverser ses hautes murailles, raser ses tours à fleur de terre, et jeter Amboise tout entier dans la plaine qu'il aurait comblée de ses débris. Tel qu'il est resté, tel qu'un soin intelligent l'entretient et le restaure, Amboise continue donc à donner l'idée d'une des plus redoutables positions militaires qui puissent arrêter une armée, et je ne suis étonné ni du choix que César, marchant contre les Armoricains, avait fait de cette hauteur pour y loger une garnison romaine (*castra stativa*), ni de la prédilection que Charles VII, traqué dans son royaume par les bandes du duc de Bedfort, montra pour un lieu de si sûre protection. Je comprends aussi pourquoi les Guises, menacés par le complot de la Renaudie, s'y retranchèrent avec leur jeune roi, et pourquoi l'artillerie française y jeta deux de ses plus beaux régiments pendant l'invasion de 1815. Du haut de ses murailles, des gens déterminés seraient encore aujourd'hui très-redoutables ; autrefois, avec quelques soldats, les possesseurs d'Amboise étaient les maîtres du pays. La citadelle tenait sous sa serre toute cette belle et timide province, prête à l'étouffer au moindre mouvement, au moindre cri qui eût trahi chez elle une velléité d'indépendance et de révolte. Cet aspect guerrier, qui heureusement n'effraye plus personne, n'en fait pas moins du château d'Amboise une des plus imposantes décorations de la Touraine. La Touraine sait bien que du haut des remparts d'Amboise elle peut être maîtresse du cours de la Loire pendant huit jours; et cette confiance lui donne je ne sais quel air de reine ou tout au moins de vassale émancipée et triomphante qui relève la monotonie habituelle de sa physionomie et la grâce un peu froide de son sourire éternel. La Touraine doit donc beaucoup au château d'Amboise. Voyons maintenant ce que le château d'Amboise doit à la Touraine.

Sous le point de vue purement artistique et monumental, Amboise offre peu d'intérêt. Si j'en excepte sa chapelle, dont je parlerai tout à l'heure, et cette grosse tour que vous pouvez monter en voiture, et même à six chevaux, jusqu'à une élévation de plus de cent cinquante pieds, ouvrage merveilleux par l'inébranlable puissance de sa construction, et sur lequel la renaissance a jeté, comme des fleurs sur un rocher, de délicieuses arabesques; excepté ces deux chefs-d'œuvre, et peut-être aussi les bâtiments que Roger-Ducos a fait gratter, et ceux qu'il a détruits au temps où le vieux castel féodal était tombé en sénatorerie pour son malheur, le château d'Amboise n'est imposant que par sa position, son étendue et la masse compacte et toute romaine de la base sur laquelle il repose. En un mot, c'est un château fort et non un musée de sculpture comme Chambord ou Chenonceau.

Mais la supériorité d'Amboise sur les plus magnifiques châteaux de France et même d'Espagne, c'est qu'il jouit de

2.

la plus belle vue, peut-être de la seule grande vue pittoresque qui soit en Touraine. En effet, quand on a gravi péniblement la rampe escarpée et tortueuse qui conduit, sous d'étroites voûtes, éclairées comme un tableau de Granet, jusque sur la plate-forme du château, et qu'on s'est placé sur l'observatoire de la tour des Minimes, la face au midi, à cet instant, monsieur, on a devant soi et tout autour de soi un des spectacles les plus enchanteurs qui se puissent rêver dans un moment de contemplation et d'extase, au souvenir des incomparables paysages de l'Italie. A droite, en effet, on découvre la pagode de Chanteloup, bizarrement jetée dans l'épaisseur des immenses bois de Montrichard, et, tout au loin, l'horizon à perte de vue; en face, à sept lieues de distance, les tours de Saint-Martin et de Saint-Gatien, se dressant au milieu de la riante capitale de la Touraine ; et la Loire qui, vue de cette élévation, semble avoir changé de couleur et d'aspect, et ne montre plus, au lieu de ses eaux jaunies par la fange de ses rivages, qu'une surface argentée sur laquelle les rayons du jour étincellent ; au-dessous du spectateur, sur un premier plan chargé d'ombres, la ville, le pont de pierre construit par ce Hugues d'Amboise qu'a chanté le Tasse, et la vieille geôle de la justice seigneuriale, qui, couchée sur la ville, semble la couver sous l'aile noire de son donjon ; à droite de la prison, sous un bouquet de peupliers, l'île Saint-Jean, autrefois l'île d'Or, où la tradition place une célèbre conférence entre Clovis et Alaric, roi des Wisigoths ; au bout de l'horizon, de ce côté, au point d'intersection d'une longue ceinture de coteaux qui couronnent la vallée, la ville de Blois dont l'altière cathédrale forme une des extrémités du tableau, tandis que l'autre est figurée par les deux clochers qui dominent la plaine fertile où Tours brille et se joue sous le soleil.

Telle est cette vue, ou plutôt telle est une des faces de cet immense panorama qui se déroule à vos yeux, quand vous

avez gravi le plateau d'Amboise. Pour l'étendue, il en est
peu de comparables à celui-là, et ce n'est pas trop de dire
qu'il embrasse un rayon de plus de vingt lieues ; pour la
variété, il aurait fallu renoncer à le décrire, si on avait eu
en même temps la prétention d'en donner une idée suffisamment exacte. En effet, rien de mobile et de changeant
comme cette scène ; elle se resserre, s'étend, s'agrandit, se
simplifie, se complique en mille façons diverses, suivant le
point où l'on se place. Il y a des vues d'une immobilité désespérante, et qui ressemblent à ces tableaux invariablement attachés à la muraille d'une salle commune, et légués
de génération en génération à la piété et à l'indifférence des
familles. Mais Amboise est, permettez-moi ce mot, comme
un immense kaléidoscope où les points de vue se combi-
nent à l'infini, et toujours se reproduisent sans se ressembler jamais, suivant le mouvement donné à la machine.
Un de ces points de vue les plus délicieux, et je le dois au
hasard de ma promenade, est celui qu'offre la chapelle
gothique, vue de la grosse tour du Midi. Il y a là, dans un
cadre assurément très-étroit, une de ces ravissantes perspectives qui prouvent que la nature et l'art n'ont pas toujours besoin d'espace pour être sublimes dans l'alliance
de leur génie, de leurs inspirations et de leurs ouvrages.

La chapelle d'Amboise mériterait, à elle seule, le pèlerinage du vieux château. Elle est bâtie sur le roc, hardiment
assise en saillie, le dos tourné à la ville, et regardant le
donjon royal par une de ces façades souriantes où l'art gothique des bons siècles aimait à étaler ses plus charmants
caprices, ses plus fines découpures et ses plus riches broderies. La porte est surmontée d'un bas-relief sculpté, dont
le sujet est la conversion de saint Hubert. Le moment choisi
par l'artiste est celui où ce grand chasseur voit apparaître
devant ses yeux le cerf qu'il poursuivait ; ce cerf est tranquille, comme s'il n'était pas au milieu d'une meute de

chiens aboyants. Il s'avance gravement, la tête haute, le front calme, portant entre ses cornes un Christ flamboyant.

> . . . . A cet auguste aspect
> Les meurtriers tremblants sont saisis de respect ;

les chiens s'arrêtent haletants et consternés ; saint Hubert tombe à genoux, ses piqueurs se jettent la face contre terre : la conversion est consommée. En 93, voici quel fut le sort de ce pieux bas-relief. On respecta les chiens et les chasseurs, mais on mutila le cerf, dont la mine dévote révolta les adorateurs de la déesse Raison. Le Christ qui se dressait sur sa tête fut scié très-exactement jusqu'à la racine, et c'est à grand'peine si on épargna les cornes de l'animal. Aujourd'hui toutes ces mutilations sont réparées. L'intérieur de la chapelle est du plus beau travail, et le pourtour en est garni de gracieuses colonnettes dont les chapiteaux s'épanouissent en bois de cerf qui se rejoignent en ogives capricieuses. Cette partie du monument portait aussi la trace des honteuses blessures qu'il avait reçues quand il servait de salle de police à la garnison du château ; mais elle a été restaurée avec une intelligence très-remarquable des beautés et des défauts de l'art gothique. Il est permis seulement de trouver un peu singulières quelques-unes de ces restaurations, où le malin génie des artistes s'est peut-être trop égayé aux dépens de la destination réservée à leur ouvrage.

Partout ailleurs, monsieur, il n'y a pas mot pour rire dans le château d'Amboise. Longtemps habité par des rois de France (depuis Charles VII jusqu'à François II), de lugubres souvenirs se rattachent à l'histoire de cette résidence ; et si vous en exceptez le séjour qu'y fit quelquefois le bienfaisant duc de Penthièvre et la *villegiature* peu regrettable de Roger-Ducos, depuis trois siècles ces souvenirs sinistres sont à peu près les seuls habitants du vieux château.

Un jour Charles VIII entrait dans la salle de son jeu de

paume (dont, pour le dire en passant, il ne reste aucun vestige); la porte était basse; le jeune roi arrivait en courant, et sa tête heurta contre la pierre. Étourdi du coup, il fit cependant quelques pas, puis il alla tomber dans un coin de la salle. La reine était présente; elle poussa un cri. Charles VIII était mort, mort au même lieu où il était né, mort sous le même toit où s'était traînée dans la solitude, l'ignorance et l'abandon, la jeunesse de ce fils infortuné de Louis XI.

Plus tard, sous le règne de François II, un bien autre deuil couvrit le château d'Amboise. La première conspiration politique venait d'éclater en France, ou, pour mieux dire, elle avait échoué, léguant à tous les conspirateurs à venir une leçon terrible et trop peu comprise. La Renaudie, le chef des conjurés, s'était fait tuer bravement, dans une escarmouche, en la forêt de Château-Renaud; mais un nombre considérable de prisonniers, et quelques-uns du plus haut rang, étaient tombés aux mains implacables des Guises. Les cachots d'Amboise regorgeaient de malheureux qui n'en sortaient plus que pour marcher au supplice, et les tortures se succédaient sans interruption le jour; elles continuaient la nuit. Les uns étaient noyés dans la Loire, les autres pendus aux créneaux des tours, ou décapités sur les remparts. Aucun n'assistait à son jugement, n'obtenait lecture de sa sentence, n'entendait même prononcer son nom avant de recevoir le coup mortel; c'était procédure de muets et justice de brigands. On réservait pour l'après-dîner l'exécution des principaux complices. Ce choix d'une pareille heure pour une immolation judiciaire contrariait tous les usages; « mais, dit un chroniqueur de l'époque, ceux de Guise le faisaient expressément pour donner quelque passe-temps aux dames, qu'ils voyaient s'ennuyer si longuement en ce lieu. »

Un jour, cependant, la duchesse de Guise, revenant d'une

de ces fêtes, entra en sanglotant dans la chambre de la reine mère. La reine lui demanda ce qu'elle avait pour s'attrister et se complaindre de si étrange façon. « J'en ai, répondit-elle, toutes les occasions du monde ; car je viens de voir la plus piteuse tragédie et étrange cruauté à l'effusion du sang innocent et des bons sujets du roi, que je ne doute point qu'en bref un grand malheur ne tombe sur notre maison, et que Dieu ne nous extermine du tout pour les cruautés et inhumanités qui s'exercent. » La reine mère essaya de consoler la duchesse, mais le duc de Guise la maltraita.

Castelnau ne s'était rendu au duc de Nemours que sur la promesse faite par le prince et signée : *Jacques de Savoie*, qu'il n'éprouverait aucun mal. Mais les Lorrains en décidèrent autrement. Un jour, ils arrachent le malheureux baron des mains du roi, et le font traîner devant eux à l'échafaud. « Vous avez raison, dit le condamné, de pourchasser ma mort. C'est à vous, pour votre tyrannie, que nous en voulions, non au roi ; il n'y a rien qui le touche. C'est sans mentir que nous sommes criminels de lèse-majesté, si les Guise sont déjà rois ! S'en donnent garde ceux qui me survivront ! Pour moi la mort et une meilleure vie me tirent de ce danger. »

« Ce spectacle, dit d'Aubigné, *étonna* le roi, ses frères et toutes les dames de la cour qui, des plates-formes et fenêtres du château, y assistaient. Mais surtout cette compagnie admira Villemongis-Briquemaut, qui, prest à mourir, emplit ses deux mains du sang de ses compagnons, qu'il jeta en l'air. Puis, les élevant sanglantes, dit : « Voilà le sang innocent « des tiens ! O grand Dieu ! tu le vengeras. »

Et Villemongis prédisait juste. Car n'oubliez pas que François II, Charles IX, Henri III. François de Guise, Henri de Guise étaient là ! L'un mort à dix-sept ans, l'autre à vingt-quatre ; les trois derniers assassinés !

Tels sont, monsieur, les souvenirs qui planent encore sur

le château d'Amboise; tel est le voile sanglant qu'il faut écar-
ter pour jouir sans amertume et sans douleur des beautés
pittoresques de cet admirable séjour. Roger-Ducos n'a pu
effacer ces traditions écrites sur les murailles cicatrisées du
vieux château, comme il a gratté les ornements d'architecture qui décoraient sa façade. Les souvenirs du passé sont
restés impitoyablement attachés à ces murs, mais aussi formant un contraste plein de sérieux enseignement avec la
mansuétude de nos mœurs d'aujourd'hui, la douceur de
nos lois et la magnanimité vraiment royale qui préside aux
destinées de la France de Juillet.

IV

BORDEAUX ET LES BORDELAIS

Bordeaux, septembre 1837.

J'aime à juger les villes sur leur bonne mine et à me livrer à elles quand elles me plaisent ; c'est-à-dire, monsieur [1], que je leur donne mon temps, mon argent, que je
leur sacrifie des amis qui m'attendent et des parents qui ne
m'ont pas vu depuis dix ans ; en un mot, que je me mets à
leur discrétion, consacrant le jour à les voir et la nuit à en
rêver, comme de ces belles maîtresses auxquelles on jure,
en passant, un attachement éternel.

Ainsi ai-je fait pour Bordeaux. Mais d'abord, permettez
que je vous dise, monsieur, comment j'entends que la physionomie d'une ville me plaît ; car toutes les physionomies ne
se ressemblent pas, pas plus pour les villes que pour les
hommes ; leur variété est infinie, et rien aussi n'est plus divers que les dispositions qu'on apporte à les juger. Il faut
donc s'entendre.

Il y a des villes qui plaisent de loin. Jetées sur un coteau

[1] Le directeur du *Journal des Débats*.

ou suspendues comme un nid d'hirondelles à la crête d'une montagne, elles ont, dans l'ensemble d'un paysage, une beauté de perspective qui flatte les yeux, comme serait celle d'une décoration d'Opéra. Mais n'approchez pas! les rues sont étroites, sombres et tortueuses ; les maisons grossièrement bâties ; et cette cathédrale que vous admiriez à distance, magnifique vaisseau qui semblait voguer dans des flots d'or et d'azur au milieu des nuages de l'horizon, de près n'est plus qu'une fabrique médiocre, sans caractère, sans grandeur et sans portée. Telle est, j'en demande pardon à ces nobles cités, la beauté de Blois, celle de Saint-Lô, de Poitiers et de tant d'autres villes de France qui se sauvent par l'agrément du paysage au milieu duquel elles sont situées ; vieux tableaux qui passionnent encore les antiquaires, mais auxquels je préfère le cadre éternellement nouveau qui les décore.

Tout au contraire, il est des villes dans lesquelles, au premier abord, tout est neuf; et si vous n'y preniez garde, vous pourriez vous croire dans une cité venue au monde après vous. Ainsi, par exemple, arrivez à Rouen par les quais, au Havre par la rue de Paris, à Tours ¡ ar le pont jeté sur la Loire, vous êtes dans une ville toute neuve. Ces villes ainsi habillées à la moderne ont ordinairement une grande rue et un beau pont. La grande rue est un masque qui cache leur physionomie véritable ; derrière ce masque, elles sont tout à fait vieilles.

Remarquez, monsieur, que je ne veux parler ici que de l'impression produite par le premier aspect d'une ville, et que je m'arrête volontairement aux apparences ; car, de même que des personnes très-laides ont souvent l'âme très-belle, l'esprit très-cultivé, et regagnent dans le détail ce qu'une première entrevue leur avait fait perdre, presque toutes les villes que je viens de citer méritent un examen sérieux et approfondi, et elles gagnent, comme on dit vulgairement, à être connues ; Rouen est plein de souvenirs et de monuments curieux qu'il faut découvrir et étudier ; Blois a son château historique, le Havre ses bassins admirables, Poitiers sa vieille église de Notre-Dame, le plus beau reste d'architecture carlovingienne qui soit en France.

Mais ce n'est pas des Carlovingiens qu'il s'agit ; c'est de Bordeaux. et j'y cours. Ce qui me frappe dans Bordeaux, c'est que cette ville est tout à fait belle, belle au premier abord, belle encore après que la première impression s'est calmée, belle toujours et belle partout! Ce qui me charme dans sa physionomie, c'est cet air ouvert, expressif, chaleureux, brillant, qui est le fond des physionomies vraiment bordelaises. En effet, vous arrivez sur le sommet d'une hauteur qui domine la ville, et déjà Bordeaux vous sourit et vous appelle. Vous descendez; la ville vous ouvre deux admirables coteaux, chargés de son meilleur vin, entre lesquels vous roulez doucement jusqu'à ses portes. Voici la rivière ; elle a une demi-lieue de large, mais attendez! la ville a jeté pour vous d'une rive à l'autre le plus magnifique pont qui soit au monde, et la rivière coule amoureusement entre ses dix-sept arches de pierre. Vous voilà sur la rive gauche de la Garonne; la ville s'y pose avec majesté sur une lieue d'étendue, embrassant dans cette vaste ceinture son fleuve chéri qui lui baise les pieds, et la marée qu'elle retient captive dans cette courbe immense et gracieuse, chargée de monuments et de palais. C'est ainsi que Bordeaux vous reçoit. C'est avec cette bonne humeur, avec cette grâce charmante d'hôtesse empressée que Bordeaux vous accueille, les bras ouverts, l'air content, le visage épanoui, le sourire sur les lèvres, le soleil du Midi étincelant sur sa noire chevelure!

Mais ce n'est pas tout.

Pendant que la rive gauche de la Garonne vous reçoit en reine sur ses quais magnifiques, l'autre rive vous regarde

avec amour par ses maisons de plaisance, par ses vergers,
par ses jardins, par les vignobles qui la couronnent, tandis
qu'à ses pieds d'innombrables saules se baignent aux eaux
du fleuve, forêt de verdure qui brille entre cette autre forêt
de mâts dont la rivière est chargée. C'est là un spectacle véritablement enchanteur; et pourtant il n'est presque pas un
habitant de Bordeaux qui n'en puise jouir tous les matins
en mettant le nez à sa fenêtre, ou en faisant cinquante pas
hors de chez lui. Un port est presque toujours un ouvrage
d'art où la patience et le génie de l'homme ont lutté péniblement contre la nature, et qui porte des traces profondes
et ineffaçables de cette lutte. Le port de Bordeaux ne signale
que le génie et la bienfaisance de la nature. C'est elle qui a
dessiné cette courbe élégante qui, plus forte que des jetées
de granit, attire, retient et enserre l'Océan dompté dans ses
replis de verdure et de fleurs. Aussi l'homme n'a eu, pour
ainsi dire, qu'à se poser sur cette côte. La nature avait fait,
à elle seule, tous les frais de premier établissement; et tandis que partout ailleurs le voisinage de l'Océan est une cause
de stérilité pour la terre, ici on dirait que le sol doit à la
brise de mer qui le caresse et à l'influence de l'air salin qui
pénètre incessamment par tous ses pores cette saveur incomparable, cette trempe vigoureuse, ce haut goût, en un
mot toutes ces qualités précieuses, toute cette énergique et
inépuisable fécondité qui a ouvert depuis des siècles les marchés du monde entier aux vignobles de la Guyenne.

Je vous écris, monsieur, sous le charme d'une première
entrevue, et je ne voudrais pas jurer que je suis de sang-
froid. Mais qu'importe? Je n'ai pas la prétention d'écrire un
Guide pour les voyageurs, et je ne me sens non plus aucun
goût pour la description patiente et minutieuse des lieux
que j'ai parcourus. Il ne me reste donc qu'à parler de mes
impressions, c'est le mot à la mode aujourd'hui; et ce sont
en effet des impressions que le public demande aux voya-

geurs. Peu lui importe de savoir ce que vous avez vu, s'il ne sait en même temps dans quelles dispositions vous a trouvé le spectacle et dans quel état il vous a laissé. Le public est, à cet égard, d'une exigence et d'une indiscrétion à peine croyables. Il lui faut des professions de foi à tout propos et des confidences à tout prix. Je reviens donc, si vous le permettez, monsieur, et sans beaucoup d'ordre ni trop de suite, aux impressions de mon séjour à Bordeaux.

C'est une remarque à faire que les villes très-commerçantes n'ont jamais montré grand souci de s'embellir par les arts et de s'illustrer par des monuments. La plupart se contentent *des beaux yeux de la cassette :* c'est tout leur mérite et toute leur beauté. A Bordeaux, l'esprit de négoce n'a pas étouffé le génie des arts. La capitale de la Guyenne était riche, elle voulut être magnifique. Un jour, à la voix de l'illustre Tourny, intendant de la province, on vit s'ouvrir tous ces coffres-forts que le commerce du monde avait gorgés d'or ; les écus en sortirent, émerveillés de voir le jour ; et tout d'abord ils demandèrent de l'espace, de l'air, des monuments, de grandes rues, de belles promenades, des places à faire manœuvrer une armée ; cachés depuis un temps immémorial dans d'ignobles masures, ils voulurent être bien logés ; ils eurent maison de ville et maison des champs, la *villa* en face de l'hôtel, l'une envoyant à l'autre, du sein des bosquets et de la verdure, l'éternel sourire d'un horizon enchanteur et d'une admirable fertilité.

C'est de cette grande révolution faite par les écus que date, vers le milieu du dernier siècle, la résurrection monumentale de Bordeaux.

Partout ailleurs, c'est la puissance du gouvernement central qui a élevé les monuments ; c'est elle qui les entretient, les restaure et les embellit. A Bordeaux, c'est le commerce qui a bâti, non pas seulement un palais pour la bourse, mais le plus beau théâtre qui soit en France, un établissement thermal digne des Romains, un hospice modèle, et toute cette ligne d'hôtels magnifiques qui s'étend depuis le faubourg des Chartrons jusqu'au Chapeau-Rouge, en passant par le cours de Tourny et la belle promenade des Quinconces, établie sur les ruines du château Trompette ; c'est le commerce qui a ouvert tous ces merveilleux quartiers où tant d'espace est prodigué au luxe des habitudes bordelaises et à l'effet monumental des constructions, où tant de lumière étincelle, où tant d'air circule, incessamment renouvelé par la brise de mer et chargé des parfums de la campagne, où tant de somptueux édifices ne sont pourtant que la demeure de marchands enrichis ; en un mot, l'or du commerce a créé presque seul toute cette ville neuve qui chaque jour s'étend, chaque jour s'agrandit, aux dépens de l'ancienne qu'elle corrige et qu'elle transforme sans cesse, montrant, je l'avoue, dans cette ardeur de rénovation, peu de respect pour les ruines romaines ou gothiques qu'elle encadre un peu étourdiment dans son plan nouveau, comme ces vieux tableaux de famille dont chaque héritier renouvelle le cadre et rajeunit les couleurs ; justifiant toutefois par ce zèle d'embellissement les craintes d'un ministre qui répondait aux instances d'un préfet de la Gironde, sollicitant une approbation pour quelque entreprise gigantesque : « Mais, si je consens à votre demande, monsieur, avant dix ans Bordeaux sera plus beau que Paris ! »

Tel est Bordeaux, au point de vue monumental et pittoresque : une ville qui avait dû être belle aux premiers jours de sa fondation ; car la nature lui avait prodigué la beauté. Plus tard, le génie de ses habitants lui a donné cette riche ceinture de monuments qui embrassent son flanc, et cette éclatante parure de jardins qui la couronnent ; le génie de l'homme a fait de Bordeaux une ville de luxe.

Ici, monsieur, je me sens arrêté court par une objection des économistes ; car, aujourd'hui, il y a un économiste au bout de chacune de nos phrases, opposant son visage sévère et son froid dédain à notre enthousiasme le plus sincère, à peu près comme ces têtes de mort qu'on découvrait à Memphis au milieu des joies d'un festin. Mais écoutons ce que disent les économistes :

« Une ville de commerce doit-elle être une ville de luxe ? Des marchands si chèrement logés sont-ils longtemps des fournisseurs consciencieux et des débiteurs fidèles ? L'esprit de négoce, la prudence qu'il commande, les chances au milieu desquelles il vit, la modestie que la confiance publique impose aux habitudes de la bourgeoisie commerçante, s'accommodent-ils de ce faste inouï que vous préconisez ? Quand les écus se révoltent et sortent violemment des coffres-forts, y rentrent-ils jamais ? Quand les palais s'élèvent sur les quais, les navires ne disparaissent-ils pas dans le port ? Vous louez Bordeaux de sa magnificence toute royale ; mais avouez donc aussi que Bordeaux est une ville en décadence, et que le luxe de cette cité insatiable est un fard trompeur dont elle couvre les rides de sa vieillesse et les mécomptes de sa convoitise ? »

Ainsi parlent les ennemis de Bordeaux.

La décadence de son commerce maritime est un fait, à la vérité, trop incontestable, pour que je songe à le révoquer en doute, et trop grave pour que je le discute dans cette rapide et insouciante causerie que vous me permettez avec vous. Mais, monsieur, j'espère que, si jamais la réforme monumentale de Bordeaux est sérieusement comptée au nombre des *sinistres* qui ont atteint sa prospérité commerciale, on n'oubliera pas non plus de signaler d'autres causes bien plus certaines et bien autrement irrésistibles de cette décadence. On n'oubliera pas de dire que le voisinage des immenses débouchés industriels ouverts depuis trente ans dans le nord de la France a transporté au Havre une partie du commerce que Bordeaux faisait autrefois avec nos colonies, et les relations qu'il entretenait avec le nouveau monde :

que la faveur accordée au sucre indigène l'a frappé double-
ment comme entrepositaire et comme charrieur des produits exotiques ; que l'envasement successif et trop négligé
de son grand fleuve en a insensiblement écarté les vaisseaux
habitués à y verser l'or des deux Amériques ; enfin, pour
être juste, on se rappellera que les intérêts du commerce
bordelais n'ont pas toujours trouvé auprès des chambres la
faveur qu'ils méritaient. Loi des sucres, canal latéral, route
des grandes Landes, pont de Cubsac, les Chambres ont tout
refusé, ou tout ajourné, ou tout compromis par la dérisoire
inefficacité de leurs concessions.

Voilà, monsieur, des raisons qui dispensent de faire le
procès à la réforme monumentale de Bordeaux et de ca-
lomnier sa beauté. Combien de femmes qui ont succombé
aux coups de la médisance, et qui n'avaient commis d'autre
crime que d'être belles ! Bordeaux n'a pas été plus équita-
blement jugé. Mais, après tout, cette injustice est sans danger ; c'est une jalousie de métier que Bordeaux est en mesure de pardonner aux villes qui ont le malheur d'être laides.

J'étais à Bordeaux, monsieur, à quelques heures de distance des troubles qui ont signalé le séjour de M. le duc de
Cazes dans cette ville, et je pourrais dire les reproches que
mérite vraiment Bordeaux. Donner un charivari politique,
c'est en tout temps et en tout pays une coupable sottise ; outra-
ger un homme d'État, un pair de France, un citoyen illustre
qui vient, sur la foi d'une élection populaire, défendre son avis
dans le conseil d'un département, c'est un attentat contre
sa liberté, c'est un crime dans un pays libre ! Mais les derniers troubles de la capitale de la Guyenne révèlent aussi un
des traits du caractère bordelais, et il m'appartient de le signaler, puisque j'essaye de tracer la physionomie d'une ville.

En ce moment Bordeaux a le sentiment d'un malaise
réel ; et, semblable à ces malades qui s'en prennent à leur
médecin de la vivacité de leurs souffrances, Bordeaux accuse

le gouvernement de la durée de son mal. Bordeaux s'imagine que le gouvernement (je ne parle pas des Chambres) lui doit la prospérité et la richesse, comme il lui doit l'ordre, la police et la rigoureuse exécution des lois. Il semble que le conseil des ministres tienne entre ses mains les clefs de la Gironde, et qu'il dépende d'une ordonnance du roi de faire mûrir, dans les mauvais temps, les raisins de Sauterne ou de Médoc. Telle est l'injustice des Bordelais. Ils sont enclins de toute éternité, et aujourd'hui plus que jamais, à rapporter à l'action du pouvoir exécutif ce qui affecte leurs prétentions, leurs intérêts et leurs espérances.

Non que j'exagère, monsieur, la portée et la malveillance de ces dispositions. Il y aurait une injustice plus grande encore à ne pas reconnaître que Bordeaux est, sous tous les autres rapports, une ville politiquement sage, et qu'elle s'est constamment distinguée, depuis sept ans et presque sans exception, par l'excellence de ses choix électifs. Mais cette disposition humoriste et inquiète qui caractérise ses rapports avec le gouvernement, cette répugnance à étudier les véritables causes de son malaise, cette tiédeur à en chercher le remède, cette confiance dans un crédit qui s'altère ou dans une fortune qui semble endormie sous les saules touffus de la Garonne, cette irritation à propos de concurrences impuissantes, et cette colère contre des hostilités de voisinage, toutes ces causes, disons mieux, tous ces symptômes de décadence méritaient d'être signalés. Ils révèlent dans la population bordelaise un principe de désaffection, injuste selon moi, mais réel, à l'égard du gouvernement central de notre pays [1].

Le pont de Cubsac, dont on a tant parlé, ce pont élevé à cent pieds au-dessus du niveau des plus hautes eaux, n'était qu'un prétexte que l'irritation du moment a saisi.

---

[1] On n'oubliera pas que tout ceci était écrit en 1837.

Dans d'autres temps, Bordeaux se serait contenté de stigmatiser cette énorme bévue, et la seconde ville de France n'aurait pas affecté de craindre la rivalité d'une cité de neuf mille âmes ; elle n'aurait pas crié qu'elle était perdue si quelques vaisseaux entraient, sous ce pont ridicule, dans le port de Libourne :

Mantua, væ ! miseræ nimiùm vicina Cremonæ !

Au lieu de se dépiter comme un enfant contre cette concurrence, elle aurait commencé par la rendre impossible en attirant à elle la grande route du midi qui lui appartient, en jetant quelques portions de ses immenses capitaux, non plus seulement dans des constructions de luxe, mais dans ces grandes voies de communication qui doivent lier Paris et Bayonne, la France et l'Espagne, en passant par Bordeaux ; elle aurait commencé sa route des Landes, et laissé Libourne, du fond de sa vallée, lorgner tout à son aise les miniatures d'hommes et d'animaux défilant, comme autrefois, au théâtre de M. Pierre, sur l'inqualifiable pont de Cubsac !

Voilà ce que Bordeaux aurait fait jadis, et ce qu'il peut essayer encore aujourd'hui, s'il est bien conseillé, et s'il ne prend pas l'exaltation de la fièvre pour un symptôme d'énergie, le tapage d'une émeute pour une démonstration libérale, et l'anarchie des autorités qui se disputent l'influence dans son sein pour un signe de santé, de vigueur et de liberté ! Bordeaux est malade, qu'il le sache bien ; mais Bordeaux a toutes les conditions d'une longue vie et d'une bonne santé ; il a la richesse de son sol, les doux regards de son beau ciel, son grand fleuve, son port magnifique, l'activité, l'industrie, le génie de sa brillante population.

C'est de la population bordelaise qu'il me reste à parler. Encore quelque lignes, monsieur, et je finis.

Au premier abord, rien n'est plus confus, plus incertain,

3.

plus insaisissable, que les éléments qui composent cette population; le flot n'est pas plus changeant, la mer, qui deux fois par jour vient visiter Bordeaux, n'est pas plus inconstante et plus variable; les rayons du soleil ne se jouent pas en reflets plus capricieux et plus mobiles sur l'épaisse verdure de ses rivages et sur les gracieux pavois de ses vaisseaux. Tous les pays de la terre semblent avoir mis la main à cette mosaïque; tous les caractères, toutes les physionomies s'y confondent : Espagnols, Américains, Anglais, Orientaux, Indiens, le commerce y entretient des types pris sur tous les marchés du monde; la guerre civile, les révolutions politiques, y versent incessamment leurs adversaires et leurs victimes. Un jour une émeute éclate à Mexico; vingt familles prennent la fuite; dix navires partent pour l'Europe, chargés d'or, de meubles, de marchandises, et c'est à l'embouchure de la Gironde qu'ils jettent l'ancre. Un autre jour c'est le Chili qui remplit les hôtels de Bordeaux; le lendemain, c'est le Brésil qui lui demande à dîner, et qui paye comptant avec des piastres toutes neuves; car tous les réfugiés américains semblent emporter avec eux dans l'exil les mines inépuisables de leur pays, et Bordeaux sait plus qu'aucune ville de France quelles ressources les nations constitutionnelles trouvent quelquefois dans les sottises des républiques.

Au milieu de cette bigarrure et de cette confusion, il est difficile de trouver du premier coup les traits de la physionomie nationale. Quant à moi, j'ai fait dans cette recherche une école des plus pénibles; et j'ai pu croire un instant, Dieu me le pardonne! qu'il n'y avait plus de Bordelais dans Bordeaux. Pressé de me mettre en rapport avec quelques-uns des compatriotes de la race illustre à laquelle la France doit Montesquieu et Montaigne, sans parler de tous les hommes distingués, ministres, orateurs ou comédiens, que la Garonne verse incessamment sur nos provinces, j'abordais successivement et sans trop de choix au théâtre, à la promenade, dans les cabinets de lecture, à la table d'hôte, enfin partout, ceux que leur mauvaise étoile faisait mes voisins. Mais l'un me répondait par don Carlos, l'autre par Santa-Anna ; celui-ci me priait de lui parler anglais, et cet autre ne savait que le grec, le grec de Miaulis et de Colocotroni que je ne sais guère. J'étais découragé. Enfin, voulant visiter les principaux monuments de la ville, je pris une voiture et un guide ; hélas ! monsieur, ce guide était Auvergnat !... Cela passait la permission. Furieux, je rompis le marché, et je visitai Bordeaux tout seul et à pied ; recette infaillible pour bien voir, pour jouir de tout, et pour rapporter de ses voyages des émotions sans mélange d'impatience, de dégoût et d'ennui.

Il y a pourtant, monsieur, je me hâte de le dire, une population véritablement bordelaise à Bordeaux. C'est le fond solide qui supporte toutes ces couches de terre exotique, c'est la chaussée qui vous empêche d'enfoncer dans le sable, c'est le lest qui soutient le navire au-dessus de l'eau ; population admirable, si altérée qu'elle soit par ce triste alliage ; race vive, enthousiaste, éminemment expansive et sociable, que l'on distingue à la régularité de ses traits, à la hauteur intelligente du front, à l'éclat des yeux, à la facilité et à l'harmonie du langage,

> . . . . . Graiis dedit ore rotundo
> Musa loqui ;

race où l'éloquence est naturelle, où les instincts politiques abondent, et où je crois pourtant qu'il y a peu d'hommes d'État ; car presque tous ceux que la Gironde a envoyés aux affaires se sont plutôt distingués par l'admirable facilité de leur talent que par la puissance, l'étendue et la fermeté de leur esprit. Les Bordelais ont l'humeur sceptique et railleuse ; Montaigne, ce sublime bavard, est peut-être leur type le plus exact et le plus fidèle. Mais on pourrait dire aussi que les Bordelais sont les Athéniens de la France ; ils en ont l'égoïsme, l'air vantard, ce besoin de rapporter tout à soi, qui était une manie grecque, et qui est aussi une prétention bordelaise. Athènes se disait *la ville* par excellence, et Bordeaux croit quelquefois qu'il est seul au monde. Il ne vendrait pas la patrie commune à Philippe de Macédoine ; mais il ferait bon marché des intérêts généraux de la Grèce ; tout pour les orateurs d'Athènes et les marchands du Pirée !

Les Bordelais ont été d'énergiques conseillers, d'intrépides combattants, d'héroïques martyrs ; c'est le sang bordelais qui a le premier consacré l'échafaud politique et qui en a fait le premier degré d'une gloire immortelle. Ils ont été, ils sont encore de brillants orateurs et d'infatigables publicistes ; mais, je le répète, je crois que l'esprit de gouvernement leur manque. Car, si la grande éloquence politique vient du cœur, et cette source est chez eux inépuisable, la direction des affaires humaines exige plus de calme, plus de décision, plus de suite que les allures bordelaises n'en comportent. Les Bordelais sont faits pour charmer le monde, pour l'enrichir, et non pour le gouverner.

Je lis, monsieur, dans un itinéraire que j'ai sous les yeux, quelques détails relatifs à un phénomène qui se produit de temps en temps au confluent de la Garonne et de la Dordogne. « Quand les eaux de cette dernière sont très-basses, on voit quelquefois auprès du Bec-d'Ambès un monticule d'eau de la grosseur d'une tonne ou d'une petite maison s'élever, s'allonger, rouler sur la côte, la remonter et la parcourir dans toutes ses sinuosités avec une rapidité extraordinaire et un fracas épouvantable. C'est ce qu'on appelle le *mascaret*, ou, en termes vulgaires, le *rat d'eau*. A la vérité, ajoute le narrateur, c'est un rat pour la vitesse, mais c'est un lion pour la force. Tout ce qui se trouve sur sa route est renversé ; les arbres sont déracinés, les barques coulées à fond, les digues abîmées et les pierres lancées quelquefois à deux cents pas de distance. A son approche tout fuit, les animaux et les hommes.

« La marche du mascaret a été observée avec exactitude. A l'endroit qu'on appelle Saint-André, il se forme en lames qui barrent la rivière dans la moitié de sa largeur jusqu'à Caverne. Là il se perd un instant pour reparaître de nouveau en forme de promontoire auprès de Lisle, puis il s'étend sur tout le cours du fleuve, passe avec un bruit épouvantable devant la ville de Libourne, met le trouble et le désordre dans la rade, et va expirer de lassitude et d'épuisement à Genissac ou à Pierrefitte. »

J'ai voulu finir par cette citation, parce qu'elle m'aide à résumer mes observations précédentes. Le mascaret, monsieur, c'est l'image de cette promptitude et de cette violence avec lesquelles s'emporte le caractère bordelais.

Un gouvernement doit être toujours prêt avec une population si passionnée et si vive. N'ayez pas peur de démonstrations inoffensives, mais ne les négligez pas. Montrez du zèle pour les intérêts de cette grande cité, témoignez-lui de la confiance et de l'affection ; et si le mascaret vient à passer, eh bien ! patience, point d'émotion, point de colère, seulement rangez vos barques le long du rivage, carguez vos voiles et relevez vos avirons ; car le mascaret fera grand bruit, mais soyez tranquille ; il passera comme tout passe, Dieu merci ! dans le meilleur pays du meilleur des mondes.

V

LES PYRÉNÉES

Pau, septembre 1837.

Je commence par déclarer, monsieur[1], que je suis convaincu qu'il y a des gens qui vont sérieusement aux Pyrénées pour y prendre les eaux.

Cette déclaration me dispensera, je l'espère, de toute autre précaution oratoire, et me permettra d'entamer résolûment et du premier coup le sujet que je désire d'abord traiter. Car, avant de parler des Pyrénées, je veux vous dire un mot des voyageurs qui les fréquentent en si grand nombre chaque année, et décrire, si je le puis, quelques-unes des variétés de l'espèce.

Les voyageurs des montagnes sont une espèce à part, et ne ressemblent guère à ceux qui voyagent dans la plaine. J'ai séjourné au milieu des plaines du Blaisois, dans les champs de la grasse Touraine, au milieu des vignobles de la Gironde ; j'ai rencontré dans tous ces pays des Parisiens venus comme moi pour y passer leurs vacances, et je ne me suis pas aperçu que le voyage eût modifié leur caractère, leurs

[1] Le directeur du *Journal des Débats.*

habitudes ou leur façon d'être. Chacun s'arrangeait pour trouver le plus de repos possible dans l'asile qu'il avait choisi, et s'abandonnait tranquillement à ses affections et à ses goûts. Mais dans les montagnes, c'est tout différent.

J'ai éprouvé, monsieur, en parcourant les Pyrénées pendant près d'un mois, à quel point l'air excitant des montagnes, la grandeur et la bizarrerie de leurs formes, l'infinie variété de leurs aspects, le bruit enivrant des sources jaillissantes, l'ardeur des beaux jours, le froid piquant des nuits, les courses éperdues sur le bord des abîmes, sans parler encore de l'action des eaux minérales dont je signalerai plus tard les effets; j'ai éprouvé, dis-je, à quel point toutes ces causes peuvent modifier l'économie du corps humain, affecter l'organisme, et quelle influence elles exercent sur notre caractère et sur nos habitudes. J'ai vu, et croyez bien que je ne recherche pas le facile mérite de multiplier des contrastes, j'ai vu des voyageurs d'un naturel habituellement calme et d'une vie sévère, que l'air des montagnes exaltait jusqu'à l'ivresse; d'autres, d'un tempérament vif et de mœurs pétulantes, que la même influence plongeait dans une mélancolie profonde. J'ai vu des femmes timides, emportées comme Diana Vernon sur le bord glissant des précipices, et à leur suite les hommes incertains et les chevaux effrayés. J'ai vu de jeunes filles gravir d'un pied assuré et d'un cœur ferme des rampes escarpées et mouvantes en avant de leurs guides pâlissants et laisser dans ces solitudes des noms que les pâtres répètent aux voyageurs. J'ai vu des généraux en activité se passionner pour la botanique, des professeurs grimper aux arbres, des marchands répandre l'argent à flots sur les chemins, des avocats perdre la parole d'émotion ou de tristesse, des chanteurs d'opéra devenir champêtres et naïfs comme des villageoises de la vallée d'Ossau.

Et remarquez, monsieur, que je n'invente rien, que je ne m'amuse pas à faire passer sous vos yeux des personnages nés de ma fantaisie. Il n'y a pas un seul des portraits que je viens de tracer qui ne soit gravé dans mon souvenir, et sous lequel je ne puisse mettre un nom connu, si l'on m'en défie.

Telle est donc, en général, l'influence des hautes montagnes sur les voyageurs qui les visitent en passant. Elle les jette en dehors de leur nature, elle les modifie, les transforme, les met en fusion comme le métal soumis à l'action d'un foyer ardent. Tout y concourt, le soleil, la pluie, les orages, toutes les variations, tous les accidents de l'atmosphère; car, au milieu des hautes montagnes, les phénomènes les plus ordinaires prennent un caractère étrange, insolite, et revêtent je ne sais quelles formes grandioses auxquelles l'habitant de la plaine ne comprend rien. Tout devient émotion, tout se tourne en drame. Il y a de la passion et de la personnalité, pour ainsi dire, dans le ciel qui vous couvre, sur le sol qu'on foule aux pieds, dans l'air qu'on respire. Si la pluie tombe, on dit que la montagne pleure; quand il tonne, c'est la montagne qui gronde; si des nuées blanches descendent sur son flanc, c'est un manteau d'hermine dont elle se couvre; si le soleil se couche dans des flots d'or, c'est la montagne qui a mis sa robe de pourpre. Je me rappelle une expression aussi juste que pittoresque dont se servent les paysans de la Limagne pour dire que le temps est à l'orage; ils disent : « Le Puy-de-Dôme a mis son chapeau. »

Il y a, monsieur, je vous l'assure, de l'enchantement, de la fascination dans cette vie-là. On résiste d'abord; mais l'influence de la montagne finit par l'emporter. On était venu pour cacher sa vie, pour l'abriter au fond de quelque gorge discrète et silencieuse, et un matin l'influence de la montagne vous saisit et vous entraîne. Elle vous dit : « Marche! marche! » comme Bossuet au pécheur éperdu et tremblant. Vous courez le jour, vous courez la nuit; vous franchissez comme le vent des espaces immenses; vous traversez à pied l'eau des torrents; vous sautez, plus léger que l'izard, sur la croupe décharnée du monstre, le long de ses flancs sillonnés par la foudre; vous atteignez sa tête; vous voilà à la source des cascades éternelles, debout sur les corniches chancelantes, entre le ciel et l'abîme! A ce moment, si philosophe que vous soyez, l'enthousiasme vous prend. Il n'y a pas moyen de regretter l'Opéra, le boulevard de Gand et la forêt de Marly. Vous étiez incrédule, vous êtes converti!

Un jour, le général Auvray [1], avec lequel j'ai eu le plaisir de visiter les Pyrénées, me voyant dans une de ces crises d'admiration dont je viens de parler (c'était, je crois, à la grotte de Gèdres) : « Bien ! s'écria-t-il, voilà notre Parisien révolté! » — Le mot était d'une singulière justesse; je le recueillis, et, en y pensant mieux, je compris que le général m'avait livré le secret de la métamorphose que j'avais vue s'opérer dans un grand nombre de voyageurs, partis comme moi de Paris ou de toute autre capitale pour se distraire dans la contemplation de quelque imposante scène de la nature.

Il y a des poltrons qui se révoltent; il y a aussi des Parisiens qui vont chercher des émotions un peu plus haut que la butte Montmartre, un peu plus loin que la terrasse de Saint-Germain. Cette classe de voyageurs est curieuse à observer. Naturellement frondeuse, elle commence toujours par se mettre en défense contre les idées qui ont cours, contre les impressions que tout le monde éprouve, contre les admirations qui ne s'adressent pas à elle. On dirait qu'il est impossible d'avoir vécu quelques années à Paris sans avoir fait provision de dédain pour la nature entière. C'est dans cette disposition que je vis Bordeaux. Vous le savez, monsieur, Bordeaux me subjugua; mais si je me livrai sans réserve aux séductions de cette enchanteresse, à peine lui avais-je tourné le dos, à peine avais-je fait quelques lieues sur cette interminable route des Landes, où M. le directeur des ponts et

---

[1] Il commandait alors le département des Basses-Pyrénées.

chaussées n'a sans doute jamais passé, et je l'en félicite, que je me sentis redevenir Parisien. Arrivé à Pau, j'y apportais donc, Dieu me le pardonne! cette humeur paradoxale, cette froideur déconcertante, ce scepticisme dédaigneux et railleur qui fait ordinairement partie du bagage d'un Parisien, lorsqu'enfin j'aperçus les Pyrénées. Or, monsieur, c'est à cet instant que commence presque toujours la révolution ou plutôt la révolte qui s'opère dans les idées du touriste venu de Paris. Voici comment :

En principe, un Parisien est un être blasé sur tout. Il y a pourtant deux choses dont il n'a aucune idée et sur lesquelles sa sensibilité nerveuse n'a jamais subi d'épreuve : la mer et les montagnes. Je me rappelle, à ce propos, le mot d'un enfant qui, descendu de voiture, s'était trouvé tout à coup en face de la mer, et à qui on demandait ce qu'il pensait de ce spectacle : « Elle est trop grande! » s'écria-t-il presque effrayé. La vue des montagnes produit, au premier abord, la même impression sur des yeux peu habitués aux grandes scènes de la nature. On ne voit que d'immenses masses grisâtres, toutes pelées, qui bornent l'horizon et derrière lesquelles on étouffe. Puis, on se trouve si exigu, si mesquin, si périssable, en face de ces géants immortels, de ces indestructibles colosses, qu'on éprouve comme un sentiment d'impatience et d'orgueil blessé. Ajoutez que le premier aspect d'une chaîne de montagnes est loin de satisfaire à ce besoin d'essor, de mouvement et d'espace qu'on cherche ordinairement, par compensation, quand on a laissé si loin derrière soi les délices de Paris. Ces montagnes ressemblent à une muraille sur laquelle la main de Dieu aurait écrit, comme sur les sables du rivage : *Tu n'iras pas plus loin!*

Et pourtant, au bout de quelques jours, cette vue vous sollicite et vous émeut; cette barrière éternelle vous attire, vous passionne, vous jette dans de singulières rêveries; le cœur se remplit de désirs; on veut voir, on veut connaître.

on veut partir! Il semble qu'il existe un monde nouveau, inconnu, quelque terre merveilleuse derrière ce mur à pic, et qu'il n'y ait qu'à monter sur le faîte pour la découvrir.

Pour les organisations vraiment parisiennes, cet état de lutte et d'anxiété dure toujours quelque temps. Un Anglais arrive à Pau, dîne, fait graisser sa voiture, demande des chevaux, part à huit heures du soir pour les Pyrénées et s'endort. Un Parisien y met plus de façon : il reste huit jours à Pau ou à Tarbes, et passe cette huitaine à scandaliser toute la ville par la médiocrité et la tiédeur de son enthousiasme; il passe tout ce temps à disputer sur les Pyrénées qu'il n'a pas vues, et à railler les admirations locales qu'il partagera demain; car déjà l'influence des montagnes opère. Depuis huit jours, les Pyrénées, qu'il n'aperçoit encore que de la terrasse où Henri IV, enfant, souriait à ses belles montagnes, les Pyrénées ont si souvent changé d'aspect, elles ont étalé tant de grâces charmantes ou tant d'austère beauté, elles se sont si coquettement parées des perles du matin, elles ont si noblement ceint leur tête des nuages dorés du soir; le Gave a tour à tour si amoureusement baisé leurs pieds ou si fièrement grondé entre leurs roches retentissantes; en un mot, la montagne a fait tant d'avances, prodigué tant de charmes et tant de caresses à notre Parisien enchanté, qu'au bout de huit jours, il n'y tient plus. Il a encore le sarcasme à la bouche; mais déjà la passion est au fond du cœur. Les Pyrénées se vengent en troublant ses nuits et en portant le désordre dans son âme, à peu près comme ces belles femmes dont on croit pouvoir se défendre en disputant sur leur beauté. Aussi, un matin, le Parisien se lève au point du jour dans une agitation extraordinaire, et au moment où l'hôtesse vient lui demander ses lettres pour le courrier de Paris : « Il s'agit bien de Paris! » dit-il en saisissant son chapeau; et à ces mots le Parisien part; il est parti!....

·   ·   ·   ·   ·   ·   ·   ·   ·   ·   ·   ·   ·   ·   ·   ·   ·   ·

. . . . Le soir (car toute cette histoire est la mienne), le soir, j'arrivai à Bagnères de Bigorre.

On m'avait conseillé de commencer ma course dans les Pyrénées par une promenade à Bagnères et dans la vallée de Campan, à peu près comme on fait pour les enfants, auxquels on apprend à lire en leur montrant des images. On craignait de me décourager en mettant sous mes yeux, du premier coup, les pages les plus difficiles et les plus sublimes de ce grand livre de la nature dans lequel j'allais lire. Ce fut donc par des images que je commençai.

Bagnères de Bigorre est en effet la plus charmante vignette que l'on puisse placer au frontispice d'un voyage dans les Pyrénées. Je ne sais rien, en France et en Italie, qui donne une idée de ce délicieux séjour. La jolie petite ville de Suze qui vous reçoit à la descente des Alpes, du côté du Piémont, dans son enceinte si riante et si hospitalière, ne peut lui être comparée que de très-loin. Vous allez en juger, monsieur. Imaginez une ville où les maisons ont partout des chambranles de marbre à leurs portes, des assises de marbre à leurs fenêtres, des terrasses suspendues et des murailles qui sont blanches comme la robe de noce d'une jeune fille; imaginez des rues, non pas tirées au cordeau, mais aérées, spacieuses et serpentant comme les allées d'un jardin autour d'un *cottage;* des rues, non pas pavées avec des cailloux pointus comme la plupart des villes du Midi, mais qui semblent avoir été battues et nivelées par Mac-Adam lui-même; et partout, le long des maisons, des ruisseaux d'eau courante et limpide qui ne se taisent pas plus que les cascades du grand Condé; et une promenade qui vous donne, en plein midi et au milieu d'une cité populeuse, la fraîcheur du bocage le plus retiré et le plus secret; et plus de vingt sources d'eaux minérales qui jaillissent à gros bouillons du sein de cette terre échauffée par les plus doux rayons du soleil; et des établissements thermaux dignes des Romains, si ce n'est

que, dévote à ses dieux autant que nous sommes devenus
matériels, Rome adorait des naïades où nous ne voyons que
des fontaines, et construisait des temples où nous bâtissons
des buvettes ; figurez-vous ensuite, monsieur, dans ces rues,
sur ces places, dans ces promenades, une population pressée,
mosaïque mouvante, bigarrure singulière de mœurs, de langage et de costume, où les modes de Paris luttent quelquefois sans succès avec la simple et rustique élégance du justaucorps montagnard, où l'habitué de l'Opéra coudoie le
rude chasseur des plateaux de l'Aragon, à peu près comme
si un des deux pôles rencontrait l'autre dans l'espace ; enfin,
représentez-vous cette scène dominée au nord par la flèche
hardie et le gracieux campanile d'une église gothique,
tandis qu'à l'extrémité opposée s'allonge le pic du Midi,
couché comme un sultan parmi les roches verticales qui se
dressent tout autour de lui, trop éloigné cependant pour
projeter ses grandes ombres sur la délicieuse vallée où Bagnères sourit et se joue sous l'azur de son beau ciel, n'em-
pruntant à la montagne que sa fraîcheur et lui laissant sa
majesté.

Telle est Bagnères de Bigorre. Oh ! c'est un enchantement,
monsieur, de parcourir cette ville joyeuse, de chercher
l'ombre sous ces beaux tilleuls qui lient la montagne à la
plaine par un chemin de verdure et de fleurs, d'ouvrir ses
poumons à cet air vif et pénétrant qui vous arrive tout chargé
des parfums de la vallée, de trouver au détour de chaque
rue une Naïade qui vous attend au fond de sa couche de
granit, où elle vous plonge mollement dans ses eaux tièdes
et caressantes ! C'est un rare bonheur d'habiter une ville si
neuve, si brillante, si fraîche, si bien parée, construite avec
un soin si minutieux, et qui semble aussi jeune qu'elle est
charmante ! Chose étrange ! Bagnères est une des plus anciennes villes de France ; non qu'elle remonte au siége de
Troie, comme le prétend Xavier Salaignac ; mais on sait

qu'Auguste y mit garnison romaine, et l'inscription suivante, qu'on a retrouvée dans des ruines, prouve que le vainqueur de Bagnères y avait un temple :

Nvmini Avgvsti
Sacrvm
Secvndvs Sembedo
— ns fil. nomine
Vicanorvm aqven
— sivm et svo posvit.

On sait aussi qu'après l'invasion des Francs, le Bigorre fut érigé en comté ; qu'au douzième siècle, Centule III lui donna une Charte ; que Gaston de Moncade y combattit la croisade. exterminatrice d'Innocent III ; que le traité de Brétigny livra Bagnères aux Anglais, et que l'insurrection la rendit à la France. Personne n'ignore non plus qu'au seizième siècle les guerres de religion y éclatèrent avec fureur, qu'en 1653 une contagion effroyable ravagea la ville, qu'en 1660 un tremblement de terre faillit la renverser de fond en comble ; que quinze ans après elle fut en proie à la famine et à la plus affreuse misère. Enfin, on sait que la renommée de ses eaux ne date pas d'hier : l'empereur Auguste, l'émir Abdheram, le comte de Montfort, Henri de Transtamare, le comte de Montgomeri, le roi de France Henri IV et sa mère Jeanne de Navarre, le philosophe Montaigne, le duc du Maine, madame de Maintenon, et combien d'autres ont pris les bains de Bagnères. Eh bien ! quand on arrive dans cette ville, je vous assure qu'à moins d'avoir le très-savant livre de M. Pambrun dans sa poche et dans sa mémoire, on ne se doute pas de tout cela. Bagnères est une ville qui semble être sortie de terre tout d'un coup et toute neuve, à peu près comme ces palais brillants et ces jardins magiques qui naissent sous la baguette des fées.

Vous comprenez maintenant, monsieur, que si les voyageurs accourent à Bagnères de tous les points de la France, c'est beaucoup moins pour s'y guérir que pour s'y distraire, et qu'il arrive là bien plus de gens malades de leur opulence et de leur oisiveté que d'autre chose. Bagnères, je lui en demande pardon, n'est qu'une ville de plaisir. Plus tard, en continuant ma course dans les Pyrénées, je vous montrerai des infirmeries véritables, cachées dans la profondeur de la montagne, bien tristes, hélas ! et bien solitaires, bien silencieuses, qui ne reçoivent que des malades convaincus, où l'on n'apporte que des souffrances sérieuses et une résignation imperturbable. Voilà des bains qui guérissent quand on n'y meurt pas d'ennui. Mais de quoi se guérirait-t-on à Bagnères ? On y trouve tout d'abord la joie, le bruit, le mouvement, la musique, la danse, le spectacle, bonne table, bon gîte, société charmante, en un mot tout ce qui faisait dire à Montaigne : « Qui n'y sait jouir des compagnies qui s'y trouvent et des promenades et des exercices à quoi nous convie la beauté des lieux où sont assises ses eaux, il perd la meilleure pièce et la plus assurée de leur effet. »

Je sais bien qu'on cite des cures merveilleuses. Je sais que Vauquelin a analysé, avec un soin scrupuleux, les principes contenus dans les eaux de Bagnères, et qu'il y a trouvé de l'oxyde de fer, du carbonate de potasse et du carbonate de chaux dans une quantité très-respectable. J'ai lu tout comme un autre les vers que M. le duc de Chartres y laissa en 1774, en reconnaissance d'une guérison célèbre :

> Adieu, cher bain du Pré ; adieu, je me retire :
> Charmé par tes bienfaits, je vais prendre ma lyre
> Pour chanter tes vertus, propres à tant de maux,
> Pour te donner le nom de la reine des eaux !
> Oui, mon aimable Pré, tu prolonges la vie !
> Oui, je dois aujourd'hui, sans nulle flatterie,
> Publier tes bontés, dire à tout l'univers
> Que ton eau peut guérir de mille maux divers.
> Il est donc très-certain que du Pô jusqu'au Tage,
> Toute eau, même le vin, devrait te rendre hommage !

J'ai lu ces vers sur le schiste noir où ils sont gravés, et je ne doute ni de leur sincérité ni de leur origine. Je crois aux propriétés curatives des bains de Bagnères; je prétends seulement qu'on n'y vient pas pour être guéri. On y vient pour s'amuser, comme faisait Montaigne; et je cite Montaigne, afin de ne blesser personne.

« Les eaux minérales de Bagnères-Adour agissent, dit M. Alibert, en excitant dans l'économie animale des mouvements qui deviennent salutairement perturbateurs. » — Voilà la vérité sur Bagnères. On y vient pour être salutairement secoué; et vous allez voir, monsieur, si la ville ment à sa renommée et si elle est d'humeur à se brouiller avec la médecine.

En arrivant à Bagnères, il ne m'avait fallu qu'un talent d'observation très-médiocre pour apercevoir tout d'abord que la population de la ville, si confuse qu'elle pût paraître quand on l'étudiait au point de vue pittoresque, se partageait pourtant en deux masses bien distinctes: les étrangers et les indigènes, les gens qui boivent les eaux et ceux qui ne les boivent pas, ceux qui s'abandonnent volontiers aux *effets perturbateurs* et ceux qui s'en gardent, ceux qui s'agitent et ceux qui restent calmes, ceux qui dépensent et ceux qui reçoivent, ceux qui jouissent de la beauté du lieu et ceux qui l'exploitent. Et remarquez que je ne veux pas faire ici une sotte querelle aux habitants de Bagnères; tout au contraire, je prétends les louer. Leur conduite est conforme aux éternels décrets de la Providence. Si les gens qui habitent Bagnères toute l'année étaient de l'humeur que j'ai vue à ceux qui n'y séjournent qu'en passant, l'équilibre, qui est une des premières lois de l'ordre physique et une des garanties de la société, serait infailliblement rompu entre le mouvement et la résistance, et personne ne peut prévoir ce qui résulterait d'un pareil état de choses. Quant à moi, voyageur et Parisien, ma place était naturellement marquée parmi les turbulents. Je m'y résignai, j'avalai quelques verres d'eau sulfureuse, je pris un cheval à loyer, et je m'abandonnai à mon étoile.

La ville, au moment où j'y avais mis le pied, m'avait paru atteinte d'une véritable monomanie. Je ne voyais que gens à cheval, hommes, femmes et enfants, gens qui partaient comme des fous, ou qui revenaient épuisés et haletants, qui faisaient claquer des fouets ou sonner des éperons; gens bien vêtus, mais avec une singulière recherche de façons cavalières, la jambe relevée, la hanche droite, le nez au vent, le chapeau de paille en tête, et le flanc serré par un ceinturon rouge qui retombait à longs plis sur le côté. J'arrivai pourtant, non sans avoir manqué d'être écrasé deux ou trois fois, à l'hôtel où j'allais loger, et là je reçus la liste que voici :

« CHEVAUX DE LOUAGE.

« *S'adresser* à Pierre Idrac, rue Traversière;
Joseph Idrac, rue de Lorry;
Jean-Marie Idrac, rue Longue;
Antoine Idrac, au pont d'Arcas;
Charlet, hôtel de France;
Uzac jeune, hôtel du Bon-Pasteur, etc. »

Je ne vous donne que quelques noms; la liste en contenait trente. Vous comprenez monsieur! Trente loueurs de chevaux dans une ville de cinq mille âmes! Faites une règle de proportion, et calculez ce qu'une pareille industrie, une industrie qui a la force de six cents chevaux, ainsi maîtresse d'une petite ville, peut y exercer d'influence et de domination. Aussi vous ai-je dit qu'à peine arrivé à Bagnères, je m'empressai de faire ma soumission à la dynastie des Idrac, et je louai un cheval avant d'avoir commandé mon dîner.

Le lendemain, je fus assez heureux pour être admis dans une des meilleures et des plus aimables sociétés de Bagnères,

4

dans une de ces colonies de baigneurs où un Parisien trouve tout d'abord protection et bienveillance. L'influence des montagnes régnait là sans contradiction, et le démon *perturbateur* des eaux de Bagnères n'y laissait reposer personne. On me proposa de me conduire dans la vallée de Campan ; j'acceptai. Quelques heures après, vingt chevaux, sellés et bridés, arrivaient devant la porte de l'hôtel. Nous voilà partis. Une dame me déconsidéra d'un mot. « Ce monsieur, dit-elle, ne m'a pas l'air de quelqu'un qui galope. » A Bagnères, c'est tout dire. C'est un jugement dont un homme ne se relève pas, eût-il fait l'*Iliade* ou inventé la machine à vapeur ; eût-il, qui plus est, gagné un prix dans sa jeunesse à Epsom ou à Chantilly.

Cependant cette dame se trompait ; car je partis au galop, tout comme mes dix-neuf compagnons, entraîné, à vrai dire, encore plus par mon cheval que par leur exemple. Mais quel galop, monsieur ! Nous dévorions l'espace. La vallée disparaissait sous un nuage épais que nous soulevions tout autour de nous. Les troupeaux effrayés fuyaient à notre approche, ou roulaient sous les pieds de nos chevaux, ou se précipitaient dans les fossés. Les bergers nous menaçaient du poing et du bâton, les gardeurs de pourceaux nous jetaient des pierres, les gardes champêtres nous criaient : Arrêtez !

> Mais qui peut dans sa course arrêter ce torrent ?
> Achille va combattre et triomphe en courant.

Et nous courions, et nous laissions derrière nous les bois, les prés, les hameaux, les riches métairies, les coteaux verdoyants, qui semblaient courir comme nous et comme atteints du même vertige ; nous franchissions à bride abattue toute cette délicieuse vallée, n'entendant rien, pas même le frémissement de l'Adour indigné, ne voyant rien que la route, rien que cette ligne blanche et sinueuse qui fuyait follement devant nous au milieu d'un tourbillon de poussière. Mes compagnons paraissaient accoutumés à cette allure, et n'accordaient pas un moment de relâche aux nouveaux venus. Quant à moi, les deux poings appuyés sur mes arçons, le corps en avant, le jarret tendu et le pied entièrement chaussé dans l'étrier, j'avais plutôt l'air d'*entraîner* un cheval pour les courses du Champ de Mars que de faire une promenade d'agrément. Aussi j'ai tant couru ce jour-là, que je ne suis pas encore bien remis de l'émotion ; et pour peu que j'oublie que je suis à Pau, en lieu sûr, en pays tranquille, chez des gens de mœurs douces et casanières, il me semble, monsieur, que je cours encore.....

Vous vous rappelez l'histoire de ce riche marchand de Rotterdam qui s'était fait faire une jambe de bois. Cette jambe était un chef-d'œuvre de mécanique ; mais à peine M. de Wodenblock (c'était le nom du marchand) eut-il essayé les premiers pas dans la rue, qu'il s'aperçut que sa jambe était plus forte que lui et qu'elle l'emportait. Il voulut s'arrêter un instant, l'infernale mécanique allait toujours ; il essaya de se cramponner à la muraille, mais les ressorts de sa jambe tournaient alors avec une telle violence qu'il eût été brisé sur le pavé. Il fallait marcher ! M. de Wodenblock marcha si longtemps, qu'au bout de quelques jours la diabolique jambe ne traînait plus qu'un spectre qui pourtant semblait avoir conservé par un don surnaturel la faculté de se mouvoir.

Telle est l'histoire du marchand de Rotterdam. Son fournisseur de jambes lui avait joué un bien mauvais tour ; il avait inventé pour lui le mouvement perpétuel...

C'est en vertu de la même force d'impulsion que je visitai la vallée de Campan. Mais je n'en mourus pas.

Le lendemain, je quittai Bagnères et je partis pour la haute montagne. Nous nous retrouverons à Gavarnie.

VI

LE CIRQUE DE GAVARNIE

Paris, novembre 1857.

Ma dernière lettre, datée de Pau, finissait par une promesse: « Nous nous retrouverons à Gavarnie », vous disais-je. Nous y voici, monsieur [1]. Malheureusement, depuis ma lettre, j'ai dû revenir à Paris ; et c'est donc à Paris que je vais continuer, si vous le voulez bien permettre, ce très-long récit d'un petit voyage.

Ecrire ses voyages avec des souvenirs tirés d'une valise, peindre ce qu'on a vu avec des couleurs qui ont eu le temps de sécher sur la palette, c'est un inconvénient sans doute. Mais voici, d'un autre côté, l'avantage que j'y trouve :

D'abord, monsieur, figurez-vous bien qu'on n'écrit jamais sur les lieux mêmes qu'on a visités. Ce qui est vrai des paysagistes ne l'est pas des faiseurs de livres on d'articles. Ceux qui vous écrivent dans ce style : « Je suis ici au milieu du désert, seul, en présence de la nature, sous son regard dur et sauvage, et je vous écris dans l'éternel silence de la montagne que trouble seulement le bruit lointain et monotone

[1] Le directeur du *Journal des Débats*.

des cascades séculaires, etc. » ; ceux-là mentent presque toujours. Avant d'écrire, ils ont commencé par sécher leurs habits, par se mettre à l'aise ; ils ont fermé leurs fenêtres et fait défendre leur porte ; et c'est ordinairement dans un bon fauteuil, enveloppés d'une robe de chambre, que ces amants de la nature procèdent à leur narration sur place. Elle n'en vaudra que mieux suivant moi.

Trop près du tableau qu'on veut peindre, l'imagination grossit les détails, elle rapetisse l'ensemble. Il y a une foule d'incidents qui vous ont ému sur le terrain, et qui sont mesquins et misérables vus à distance. Pourquoi voulez-vous que votre lecteur se passionne pour des riens qui, sous un beau soleil, à ciel ouvert, après un déjeuner copieux, vous ont ému comme un enfant? Règle générale : un lecteur d'*Impressions de voyage* est presque toujours un oisif qui a les pieds appuyés sur des chenets et qui veut bien que vous l'amusiez, si vous pouvez; mais voilà tout. Un de mes amis m'écrit à ce propos : « Votre dernier article sur les Pyrénées m'a paru un peu échevelé; j'y ai trouvé un peu trop l'allure des torrents; les gens de sens rassis sont toujours surpris de cet éclat soudain d'enthousiasme : *stupet inscius alto;* ce qui veut dire que les gens qui lisent cela au coin de leur feu trouvent qu'il y a un peu d'exagération dans vos tableaux, etc., etc. » Cette lettre était datée du château de B***. Veuillez, monsieur, me permettre de répondre à mon spirituel correspondant, sous votre couvert, que je suis revenu à Paris tout exprès pour n'avoir plus d'enthousiasme. Et maintenant voici ce que j'ai à vous raconter sur Gavarnie.

Le Cirque de Gavarnie est un des points des Pyrénées qui ont le privilége d'attirer le plus grand nombre de voyageurs. Il y a à Pau une phrase toute faite et que vingt personnes par jour vous répètent le plus sérieusement du monde : « *Vous ne pouvez pas* quitter les Pyrénées sans avoir visité le Cirque de Gavarnie. » Alors, si pressé que vous soyez, la honte vous prend et vous partez.

On arrive à Gavarnie ou plutôt à Saint-Sauveur par mille chemins commodes que la civilisation a ouverts dans la montagne. Si vous êtes à Bagnères de Bigorre, comme j'y étais, et que la saison ne vous permette pas de tenter le difficile passage du Tourmalet, vous redescendez jusqu'à Lourdes. De là vous traversez dans toute sa longueur la vallée d'Argelez, bien plus belle et bien moins célèbre que celle de Campan; vous grimpez sur les hauteurs de Saint-Savin, d'où votre vue découvre trois villes et vingt-trois villages, semés dans l'immensité de la plaine. Depuis Pierrefitte, vous suivez une corniche taillée sur le bord d'un précipice sans fond; et après avoir vu le pont d'Enfer jeté sur l'abîme, et tous les vieux châteaux de l'ordre de Malte perchés sur des amas de roches, et toutes ces délicieuses prairies, oasis de verdure, suspendues aux flancs des montagnes avec leurs troupeaux et leurs bergers, vous arrivez à Saint-Sauveur par un chemin qui n'est plus terrible qu'en souvenir.

Saint-Sauveur ressemble à presque tous les établissements thermaux des Pyrénées : une longue rue étroite et sombre, des maisons de marbre, la montagne par-dessus, une cascade dans le fond ; — pendant quatre mois, affluence de voyageurs, grand mouvement, table excellente, promenade le jour et jeu la nuit ; tout le reste de l'année, le silence du désert; les propriétaires des maisons s'en vont, les hôtels sont clos comme l'arche de Noë pendant le déluge ; seulement les ours sont dehors, seuls habitants de la haute montagne pendant l'hiver. Saint-Sauveur est le dernier établissement thermal des Pyrénées du côté de l'Espagne. La renommée de ses eaux est toute moderne. Un jour, dans le dernier siècle, un évêque de Tarbes, exilé à Luz, construisit une petite chapelle tout près de ces sources, et y inscrivit ce verset : *Vos haurietis aquam de fontibus Salvatoris.* Saint-

Sauveur doit à cette devise son nom, sa réputation et sa fortune.

En 1823, madame la duchesse d'Angoulême visita Saint-Sauveur. Quelques années après, la duchesse de Berry y fit un voyage. La municipalité du temps érigea, en mémoire de ce double séjour, deux colonnes de marbre blanc d'un assez beau travail. Vint la révolution de Juillet qui gronda, voyant ces colonnes, et qui peut-être les eût démolies si M. le maire n'avait eu l'heureuse idée d'y attacher une lanterne. Cette lanterne fut très-agréable aux habitants de Saint-Sauveur, et mit tout le monde d'accord.

De Saint-Sauveur à Gavarnie, il y a quatre lieues de montagnes à gravir et trois régions très-diverses à traverser. La première appartient encore à la nature cultivée ; elle se termine au village et à la grotte de Gèdres. La seconde est ce qu'on nomme le Chaos. Dans la troisième, on commence à apercevoir les neiges ; la neige est sur toutes les cîmes de la montagne, au bout de tous les points de vue. Cette région est le dernier et le plus escarpé des trois immenses degrés par lesquels on monte à Gavarnie.

Nous partons, à six heures du matin, bien empaquetés dans nos manteaux, joyeux et chantant ; le froid est vif, la brume est épaisse, le soleil se cache derrière la montagne.

Jusqu'à Gèdres, la route est facile ; elle court étourdiment le long du rocher ; mais aux endroits dangereux, elle trouve une rampe qui l'arrête court et l'empêche de tomber de huit cents pieds de haut dans l'abîme, comme ce jeune cavalier dont nos guides nous racontaient l'histoire. La rampe, il faut l'avouer, ôte toute émotion, tout prestige à cette première partie du voyage. On n'a plus peur ; c'est un grand ennui. Il n'est plus possible de se rompre le cou au passage de l'Échelle ; c'est un vrai malheur. Une jeune dame de notre caravane disait très-sérieusement, en voyant qu'elle ne courait plus aucun risque sur la route de Gèdres : « Ah ! les malheureux ! ils nous ont gâté leurs Pyrénées ! »

Une société d'étrangers, partis le matin quelque temps après nous, et qui semblaient tenir à grand honneur de nous dépasser, comme dans une concurrence de grande route, était le seul danger que nous eussions à craindre ; mais celui-là était du genre le plus prosaïque et le plus ennuyeux. Ces voyageurs lançaient leurs chevaux à bride abattue, traversaient nos rangs commes des Numides ; et puis, s'arrêtant à quelque distance, nous attendaient pour nous dépasser encore ; et ce manége recommençait à chaque détour de la montagne. Il en résultait des mêlées d'hommes et de chevaux très-incommodes dans un si étroit sentier. Du reste, ces gens n'y mettaient aucune malice. Seulement, ils paraissaient plus préoccupés d'équitation que de montagnes. C'est le défaut d'un grand nombre de touristes dans les Pyrénées ; on dirait des jockeys qui voyagent pour leur instruction. Enfin, pourtant, grâce à la vigueur et à la persévérance de nos chevaux, grâce à nos guides qui nous montraient la bonne route, notre caravane parvint à se mettre à couvert de cet ouragan ; et cela, sans que nous ayons été obligés, comme on nous le conseillait, de jeter dans le Gave aucun de ces intrépides jouteurs. Nous les reverrons à Gavarnie.

Les guides et les chevaux des Pyrénées, deux espèces remarquables, deux races d'élite qu'il ne faut pas séparer dans ses éloges, quand on rend compte d'un voyage dans ces montagnes : les uns sobres, patients, infatigables, d'une intelligence et d'une adresse merveilleuses, ce sont les chevaux ; les autres enjoués, bavards, familiers jusqu'à l'impertinence, souvent courageux jusqu'à l'héroïsme, ce sont les guides. Il y a telle ascension périlleuse dans la région des neiges et des glaciers où les guides se sont dévoués comme des soldats montant à l'assaut, où ils ont péri comme des martyrs. Quel que soit le danger qui se présente, un guide ne recule jamais ; il vous avertit, vous conseille ; et si vous insistez pour passer outre, il vous suit d'un pas sûr et d'un cœur ferme, jusqu'au moment où le sol manque sous ses pieds et l'engloutit. Et vous auriez peine à croire, monsieur, à combien d'épreuves de ce genre ils sont exposés. Le nombres des gens qui voyagent dans les montagnes sans but, sans mission, sans désir de connaître, sans préoccupation scientifique, ne cherchant dans le danger qu'une sorte de volupté puérile et de jouissance nerveuse, est plus grand qu'on ne l'imagine. Les guides sont de moitié dans ces expériences et dans ces hasards. Jamais ils n'hésitent, et le point d'honneur y fait plus que l'intérêt. Charles, le doyen des guides de Saint-Sauveur, est le type de cette race d'hommes énergiques à laquelle je ne puis comparer, faute de trouver mieux, que les chevaux qui partagent leur dévouement et leurs fatigues. « Ces chevaux, me disait Charles, ils valent encore mieux que nous ; ils sont durs comme le rocher. » Et Charles avait bien raison.

Mais nous voici à Gèdres, au premier tiers du voyage, à la limite de la zone cultivée et du désert. Encore un mot pourtant sur la route que nous avons parcourue. J'ai dit qu'elle serpentait au bord des précipices, fuyant par des pentes douces, sur un terrain battu, et nous entraînant dans les mille sinuosités qu'elle décrit. Un torrent la suit partout, grondant au fond de l'abîme, quelquefois couvert par les taillis épais qui tapissent les flancs du rocher à une profondeur effrayante, et roulant ses flots impétueux sous une voûte de verdure qui, protégée contre le vent de la montagne, semble immobile et pétrifiée comme elle. Quel est ce torrent ? C'est le moment de vous le dire.

Je ne sais plus quel est le touriste exalté qui a écrit que, depuis Saint-Sauveur jusqu'à Gavarnie, il se joue un grand drame, un drame muet, qui par les yeux va jusqu'au fond de l'âme, et dont les trois actes correspondraient aux trois degrés d'ascension que j'ai décrits. Mais ce que ce voyageur n'a pas dit, et ce qui est tout aussi vrai, c'est que le drame de Gavarnie a son héros. Ce héros est un fleuve. Tantôt captif au fond de l'abîme, tantôt frayant sa route au milieu des roches brisées; ici, caché sous la montagne qui semble l'accabler de tout son poids, là, courant à pleins bords entre deux rives de marbre; après avoir jeté aux échos du désert bien des frémissements de rage impuissante, après s'être perdu une dernière fois dans les débris qu'il a amoncelés, le héros reparaît, au moment où le drame finit, majestueusement assis sur la base inébranlable d'un rocher à pic de six mille pieds de haut, et couronné d'une auréole de neiges étincelantes.... C'est-à-dire, en langue vulgaire, que le Gave de Pau prend sa source sur les hauteurs et parmi les glaciers de Gavarnie (Gave-Béarnais); qu'il est le roi, le maître, le dominateur superbe de toute cette partie de la montagne; et, pour parler comme les géologues, qu'il est l'agent primitif et principal de toutes les modifications, de tous les bouleversements qu'a subis et que peut subir encore la contrée que nous parcourons.

Au delà de Gèdres, c'est le Chaos. Plus d'arbres, plus de culture, plus de maisons sur les coteaux, plus de prairies verdoyantes; nous entrons tout à coup dans le désert le plus sauvage et le plus affreux. A cet instant, monsieur, si vous aimiez les longues descriptions, j'aurais beau jeu avec vous. Imaginez, en effet, sur une étendue de plus d'une lieue, un éboulement immense de blocs de granit, des masses de dix mille pieds cubes (Ramond dit cent mille) entassées les unes sur les autres dans un désordre inexprimable, et comme si la main de Dieu lui-même eût secoué violemment le sol où elles reposent dans une confusion immémoriale. Imaginez ensuite ce que doit être le chemin qu'il faut suivre au milieu de ces ruines convulsives, parmi

ces roches déchirées et tranchantes, dans ces cavernes suspendues, sous ces voûtes qui, suivant l'expression du chevalier Bertin (il y a un madrigal de Bertin sur Gavarnie),
« de quelque côté qu'on les envisage, vous menacent..... »
Mais quelle que soit l'horreur de ce spectacle, c'est le moment de s'arrêter, de s'isoler, si l'on veut en jouir. Ainsi
ai-je fait. La caravane continuait sa route, pressée d'arriver.
Moi j'ai sauté sur un roc, et je me suis procuré pendant
quelques instants le plaisir de me voir seul au milieu de
cette immense scène de destruction, seul parmi ces formi-
dables décombres qui doivent avoir été le champ de bataille
des Titans contre le ciel : plaisir mêlé de tristesse, d'humilité, de jactance et d'effroi, le tout ensemble ; car on pense
vite à cette hauteur, les sentiments se succèdent avec rapidité ; et debout sur ces masses imposantes dont l'équilibre
dure depuis des siècles et peut être rompu en une seconde,
on est tout à tour effrayé de la faiblesse de l'homme et de
son audace.

A la sortie du Chaos, la montagne se resserre, les défilés
sont plus courts, les bassins plus étroits ; c'est la troisième
période d'ascension vers les hauteurs de Gavarnie. Le drame
se complique d'incidents et de difficultés de toute espèce ;
vous touchez au dénoûment. En effet, à peine avez-vous
dépassé la belle chute d'eau de Saousa, que déjà les glaces
du Marboré se présentent à vos yeux, se détachant en créneaux argentés sur la voûte azurée du ciel. Les guides pressent le pas, les chevaux s'animent ; la caravane se rallie ;
on fait silence, et le cœur bat bien fort dans toutes les poitrines ; car maintenant, à chaque détour de la montagne,
la vue peut changer ; à chaque pas qu'on fait en avant semble réservée la surprise qu'on espère... Mais enfin, la montagne s'ouvre ; une vallée toute en pierre s'étend devant
vos yeux ; en face, un amphithéâtre immense : c'est le Cirque
de Gavarnie !

Un mot d'abord sur la situation de Gavarnie au point de vue géographique. Gavarnie est un mot complexe : il s'applique tour à tour au village par lequel on débouche dans la vallée, au cirque qui la termine, à la cascade qui la couvre de sa poussière d'argent, et enfin au passage pratiqué au milieu des neiges de la montagne. Placé sur le haut de la crète longitudinale des Pyrénées qui forme la barrière entre la France et l'Espagne, le *port* ou *passage* de Gavarnie occupe à peu près le point central entre les deux extrémités de cette immense chaîne qui, d'un côté, descend à l'Océan par une dégradation lente et successive ; de l'autre, après s'être sensiblement abaissée depuis la vallée d'Aran jusque dans l'Ariége, tout à toup se relève dans le Roussillon, se dresse avec le Canigou jusqu'à une hauteur considérable, et, pressée par le voisinage de la Méditerranée, semble sauter brusquement dans cette mer plutôt qu'y descendre. Situé à peu près à égale distance de Bayonne et de Perpignan, par le sud Gavarnie regarde l'Espagne du haut des tours du Marboré ; du côté du nord il domine toute la portion centrale des Pyrénées françaises, ayant à sa droite le Mont-Perdu, en face le pic de Bergons et Baréges ; à sa gauche le Vignemale, le lac de Gaube, et le délicieux plateau où sont assis Saint-Sauveur et Cauterets.

Descendons maintenant, et partons du village par lequel nous sommes entrés dans la vallée de Gavarnie.

Quand on a dépassé les trois ou quatre maisons qui composent ce misérable hameau, on arrive à l'embranchement de deux sentiers, dont l'un, à droite, conduit au *passage* pratiqué sur la crète de la montagne, tandis que l'autre suit la direction du monument qui s'élève à gauche. C'est là que le voyageur s'arrête toujours et qu'il reçoit une première impression. Or, voilà le spectacle qui se présente à sa vue : en face, un cirque naturel, formé par un mur semi-circulaire qui a plus de douze cents pieds de hauteur et plus de dix mille en circonférence; sur le faîte de ce mur, les gradins d'un amphithéâtre blanchi de neiges éternelles; au-dessus, le Marboré, vaste couronnement de roches verticales dressées comme les tours d'une forteresse; à droite, la fameuse brèche que Roland, monté sur son cheval de bataille comme Bonaparte au mont Saint-Bernard, ouvrit de sa large épée; à gauche, le Gave béarnais, qui se précipite dans l'enceinte d'une hauteur de douze cent soixante-six pieds; sur toutes les faces, des torrents qui ruissellent; au pied du cirque, le pont de Neige sous lequel mugit le torrent; au-dessous du pont, une immense carrière de rochers confusément amoncelés. Et toute cette grande scène, dont je ne dessine que le trait pour éviter le reproche d'amplification, étincelait pour nous sous les rayons du plus beau jour; toutes les vives arêtes de la montagne, toutes ses saillies. toutes ses harmonieuses lignes, se détachaient sur un ciel pur; et l'incroyable transparence de la lumière prêtait une sorte de magie divine à tout ce tableau, répandait je ne sais quelle sérénité sublime sur l'immortel monument;

> Largior hic campos æther et lumine vestit
> Purpureo.

« Si j'étais encore au fond de l'Inde, s'écria mylord Butte, lorsqu'il fut pour la première fois en face de cette vue imposante, et que je soupçonnasse l'existence de ce que je vois en ce moment, je voudrais partir sur-le-champ pour en jouir et l'admirer! » Voilà un mot que j'estime et qui n'est pas trop anglais. Je vous demande pourtant la permission de vous expliquer, monsieur, pourquoi je n'aurais pas dit ce mot-là, à la première vue du Cirque de Gavarnie.

Il en est de Gavarnie comme de toutes les choses vraiment grandes et dont la grandeur n'est révélée que par l'étude, la réflexion, et souvent même par la puissance du calcul. Je ne veux pas dire pour cela que l'homme ne doive admirer la nature que le compas à la main. A tout prendre, les géomètres pourraient bien ne pas être d'aussi bons juges en cette matière que les poëtes. Néanmoins je me défie toujours un peu des enthousiasmes qui éclatent tout d'abord et à brûle-pourpoint en présence des grandes scènes de la nature. Il me semble que la nature est comme Dieu lui-même; il faut du temps et de la réflexion pour la bien comprendre.

Je me rappelle que lorsque j'arrivai à Rome, à quelques pas de la Porte du Peuple, je vis mon compagnon de voyage qui se tâtait le pouls avec une sorte de joie étrange. — Et qu'avez-vous donc? lui dis-je. — J'ai la fièvre; mon pouls donne quatre-vingt-dix pulsations à la minute. Et vous? — Moi, lui répondis-je, il me semble que je suis à l'état normal. — En effet, l'entrée de Rome ne m'avait paru rien moins qu'imposante, et j'attendis l'enthousiasme plusieurs jours; mais il vint.

Même impression quand j'eus dépassé la porte d'entrée de Saint-Pierre. La première vue me laissa froid. Mais en pénétrant plus avant, je vis que j'avais affaire à un monument admirable; je fus frappé de tant de grandeur jointe à une si merveilleuse harmonie, à une si étonnante légèreté dans les proportions; ces pilastres si élancés et si gracieux étaient énormes, ces bénitiers étaient portés par des anges qui m'avaient paru des enfants et qui étaient des colosses; ces statues avaient cent coudées, ces voûtes étaient dans le ciel; toute cette grandeur, ainsi étudiée, ainsi mesurée, me subjuguait.

Tel est l'effet que produit l'aspect de Gavarnie. Vu à distance, vous n'en avez que l'idée la plus fausse et la plus imparfaite. Sa grandeur vous échappe. Vous pouvez vous croire à quelques pas d'un cirque bâti de main d'homme et sur un plan donné par un architecte du département. Mais avancez : le cirque vous semblait tout près de vous; eh bien!

vous allez juger de sa grandeur par sa distance. Il ne vous fallait, disiez-vous, qu'un quart-d'heure de marche du point de départ ; voici une heure que vous marchez, et vous n'avez pas encore pénétré dans l'enceinte ; vous montez, vous montez toujours, vous traversez les bassins de plusieurs grands lacs aujourd'hui taris ; vous cheminez au milieu des roches aiguës, sous un soleil ardent, et, à chaque pas que vous faites, le but que vous touchiez du doigt au départ semble s'éloigner davantage et fuir devant vous. Cette déception vous irrite. J'ai vu des voyageurs s'arrêter de fatigue et de dépit avant d'avoir franchi la limite qui les séparait encore de l'enceinte, et tourner le dos à la montagne perfide qui les avait appelés de si loin et semblait se retirer à leur approche. D'autres se couchaient sur le rocher, les yeux fixés sur l'inaccessible barrière, et la contemplaient douloureusement avec le sentiment de leur petitesse et de leur impuissance. Nos intolérables concurrents de la route de Gèdres, ces pourfendeurs de rochers qui avaient failli nous culbuter dans le Gave et qui étaient tout feu sur leurs chevaux, n'avaient pas même essayé le voyage, forcément pédestre, du grand cirque. Ils s'étaient arrêtés au village, et nous les y retrouvâmes attablés, et dans cet état d'hébétement où jettent une fatigue récente et un grand appétit démesurément satisfait. Cependant nous étions arrivés au terme de notre course. Nous touchions du pied le pont de Neige ; nous recevions sur nos fronts et sur nos habits les perles que jette follement au vent du désert la gigantesque et capricieuse cascade ; nous nous arrêtions dans une émotion pleine de ravissement et de respect sous ces vieux murs scellés par la main du temps à la frontière de deux empires ; nous mesurions des yeux ces tours du Marboré qui dressent leurs créneaux de marbre jusqu'à une hauteur de dix mille pieds ; en un mot, monsieur, car il faut finir, nous étions ravis d'enthousiasme ; non cet enthousiasme factice qui est la monnaie courante des voyages, mais un bon et solide enthousiasme, conquis à force de patience, et capable de résister à la chaleur, aux roches aiguës, à la fatigue, et même à la faim.

Et savez-vous l'idée qui nous vint quand nous nous trouvâmes ainsi réunis au milieu de cette formidable enceinte, tout près de ces places vides, au-dessous de ces gradins abandonnés depuis la création? L'idée nous vint de les remplir. C'était affaire d'imagination; on se mit en frais. L'un convoquait un peuple, l'autre une armée, Charlemagne ou Napoléon ; celui-ci déchaînait dans l'immense hémicycle la danse des morts de Holbein ; celui-là y plaçait les assises du jugement dernier. Pour moi, j'aurais voulu y voir éclater un orage. Un orage si près du ciel, ce doit être un beau spectacle ! ordinairement on ne voit la tempête que dans un coin, sur une étendue bornée de toutes parts; on n'en jouit pas, on n'a qu'un fragment d'orage. Il semble au contraire que le Cirque de Gavarnie est assez vaste pour contenir une tempête toute entière, qu'on y verrait se déployer dans toute sa grandeur et dans toute sa puissance. Je crois vraiment, monsieur, que cette idée était la meilleure de toutes. Une tempête envoyée par Dieu, c'est là le seul acteur qui soit de taille à jouer sur ce grand théâtre.

Rêvant ainsi, nous revenions au village de Gavarnie...

Au village, on nous montra le cimetière, et, sous la terre fraîchement remuée, la tombe de deux jeunes gens morts de froid, le 26 août dernier, sur les hauteurs du Vignemale. On nous montra l'église du hameau, récemment détruite par un éboulement de la montagne ; et, en un coin du sanctuaire en ruines, les têtes de douze Templiers décapités dans ce désert, le jour même où les chants cessaient à Paris sur le bûcher de Jacques Molay; et tout près, sur un débris détaché du marbre, le nom de celle qui fut Dauphine de France, gravé de sa main ; et, dans un sentier solitaire, un pauvre prêtre catholique, triste et pleurant son église, en face de cet autre temple admirable qui nous avait paru si plein de Dieu... A ce moment, une jeune femme cueillait quelques fleurs sauvages, nées furtivement entre les décombres, et cachait dans son sein ces souvenirs fragiles et périssables d'une grande émotion et d'un grand spectacle.

Et je compris que tous ces contrastes, cette puissance de création à côté de ces ruines, ces cadavres sous l'abri de ces rochers indestructibles, ces fleurs d'un jour cueillies sur le granit, étaient la grande leçon que donnent les hautes montagnes, quand on n'a le temps d'y étudier ni la géodésie, ni la géognosie, ni même la botanique.

VII

LE HARAS DE POMPADOUR

I

Septembre 1858.

Un établissement moderne dans un vieux château, tel est le premier aspect sous lequel se présente le haras de Pompadour. Permettez-moi donc, monsieur [1], de vous raconter d'abord l'histoire du château.

Vous savez que par lettres patentes de 1745, Jeanne-Antoinette Poisson, femme du sous-fermier Lenormand d'Étioles, et maîtresse de Louis XV, fut créée marquise de Pompadour, quoiqu'elle n'eût rien de commun avec l'illustre famille de ce nom, qui était du Limousin et qui s'éteignit en 1722. Ce que l'on sait moins, c'est que la terre de Pompadour ne lui fut donnée que seize ans plus tard, à une époque où la favorite n'était plus jeune, et où elle pouvait dire comme l'ambitieuse mère de Néron :

> Je vois mes honneurs croître et baisser mon crédit.

En effet, Louis XV commençait alors à s'ennuyer terriblement de sa maîtresse.

J'ai trouvé, dans les archives du château de Pompadour,

[1] Le directeur du *Journal des Débats*.

l'acte passé devant Regnault, notaire au Châtelet, et par lequel le duc de Choiseul, pair de France, « cède, quitte, transporte et délaisse à titre d'échange, sous toutes garanties, au roi acceptant, la terre, seigneurie et marquisat de Pompadour et dépendances détaillées audit acte, et le duc de Choiseul accepte en contre-échange la baronnie, terre, seigneurie et domaine d'Amboise. » L'acte est du 25 mars 1761.

Cette date expliquerait bien des choses qui malheureusement n'appartiennent pas à mon sujet, telles que, par exemple, l'alliance de la favorite avec le duc de Choiseul, et les premières hostilités du gouvernement de Louis XV contre les jésuites ; mais elle donne surtout raison d'une circonstance qui semble, au premier abord, étrange et qui n'en est pas moins certaine : c'est que la marquise de Pompadour ne vint pas une seule fois dans ce beau domaine dont la possession ajoutait pour elle à l'éclat d'un vain titre la réalité et l'importance d'une propriété apanagère. « Elle n'y a jamais mis le pied, » telle est la réponse que vous font sans hésiter les vieux paysans limousins, quand vous leur demandez si la célèbre marquise est venue chez eux ; et on dirait, je vous l'assure, qu'ils en sont bien aises.

Mais comment serait-elle venue à Pompadour? Elle mourut trois ans après la donation, ayant passé tout ce temps à retenir à deux mains, et avec tout l'effort d'une coquetterie aux abois, la faveur qui lui échappait, n'osant quitter Louis XV, qui l'aurait prise au mot. S'éloigner du roi! mais c'était le livrer sans défense à toutes les séductions d'une cour où les femmes régnaient, où les plus graves décisions couvraient toujours les motifs les plus frivoles, où la politique se faisait moins sérieusement que l'amour. Aller à Pompadour, c'était abdiquer. La marquise resta donc à Versailles, et elle eut l'honneur d'y mourir dans le palais même, privilége qui n'appartenait qu'aux princes du sang. Quant à son domaine de Pompadour, il ne vit jamais rien d'elle que ses gens d'affaires, ses architectes et ses maçons.

« Passe encore de bâtir! » a dit La Fontaine, et ce mot excuse en masse tous les vieillards qui bâtissent. On pouvait demander pourtant à madame de Pompadour dans quel but elle faisait bâtir en si grande hâte et à si grands frais, sur une terre qu'elle n'habitait pas, à une telle distance de Paris, dans un pays où elle ne trouverait ni estime, ni respect, ni sympathie, et où le brillant souvenir d'une maison illustre, dont elle usurpait le blason, ne servirait qu'à éclairer son déshonneur,

Claramque facem præferre pudendis !

A tout cela, monsieur, la marquise pouvait répondre qu'elle avait un grand projet. Elle prétendait attirer Louis XV à Pompadour, l'y retenir loin de la cour et des affaires, l'endormir dans les délices d'une Capoue limousine, et régenter, du fond de sa province et sous l'ombrage de ses châtaigniers, Paris, l'Europe et les philosophes. C'était une bonne idée; mais il fallait une prompte et vigoureuse exécution. Pour en assurer le succès, madame de Pompadour avait envoyé dans son fief une légion d'artistes et d'ouvriers chargés de lui construire un château magnifique; l'ancien tombait en ruines, et il ne justifiait ni la vieille et brillante étymologie de son nom, ni sa nouvelle destinée, ni l'ambitieuse prétention de la favorite. On le conserva cependant, et nous y reviendrons tout à l'heure. Mais s'il fut préservé, ce fut par une inspiration toute semblable à celle qui fait choisir quelquefois, pour les mettre en compagnie de jeunes femmes charmantes, des duègnes abominablement laides. Sa laideur plaida pour lui. On se dit qu'elle ferait très-bien ressortir la jeune et fastueuse construction qu'on méditait. On laissa vivre le vieux château à cette condition, qu'il accepta.

Cependant le nouveau s'élevait comme par enchantement.

Madame de Pompadour était si pressée! sa jeunesse déjà si loin! le roi si ennuyé et si exigeant! On fit venir à grands frais du Périgord des pierres calcaires d'une taille facile, d'une blancheur éblouissante. Ces pierres, dont il ne reste que quelques débris, furent sans doute réunies en corps de bâtiment suivant les procédés pompeux de l'école d'architecture qui se signalait si tristement alors dans la construction des *villa* royales. Mais ces ruines attestent du moins que madame de Pompadour compensa par la richesse des ornements la pauvreté ambitieuse de la construction. Celles que j'ai vues semblent appartenir par la finesse et l'élégance du travail au plus bel âge de la renaissance : capricieuses arabesques, fleurs légères, chiffres entrelacés, animaux fabuleux, toutes ces fantaisies brillantes dénotent un ciseau exercé et un goût excellent. Il paraît que l'intérieur du château n'était pas moins riche. S'il faut en croire un des historiens de Pompadour, M. de Laborderie, qui n'a malheureusement publié que quelques pages fort incomplètes dans un journal de province, « la chambre à coucher de la marquise était regardée comme un chef-d'œuvre de l'art. » La chapelle, adossée à ce sanctuaire profane, resplendissait d'ornements et de sculptures. L'autel était d'une magnificence éclatante. Sur un des côtés de l'enceinte, une peinture à fresque, d'une exécution remarquable, représentait la maîtresse de Louis XV en couches, son lit de douleur entouré du roi, de la reine et d'une foule de courtisans. En face de ce tableau, un autre du même genre montrait monsieur et madame Lenormand d'Étioles à genoux, prosternés, et pleurant sur le tombeau de leur fille unique......

Tel était le château que madame de Pompadour fit construire sur le point le plus élevé de sa belle terre du Limousin, et qui se dressait, si riche et si magnifique, à côté du vieux donjon, la face au nord, comme s'il eût voulu appeler par toutes ses fenêtres ouvertes et souriantes « l'illustre ingrat » qui lui préférait Versailles. Mais le roi n'y vint pas, et la marquise mourut, de dépit peut-être, sans l'avoir achevé et sans l'avoir vu.

J'ai exhumé, de ces poudreuses archives du château de Pompadour, une lettre qui m'a d'abord frappé par une singulière coïncidence avec la vie et la destinée de la célèbre maîtresse de Louis XV. « Madame, écrit le signataire de cette pièce, j'ai reçu beaucoup de consolations en la lecture de la vostre et au récit que m'a faict celui qui me l'a rendue des grâces que Dieu vous faict et du bon estat de vostre maison pour le spirituel et pour le temporel. Plaise à sa bonté vous continuer ses faveurs et bénédictions, et vous donner toujours le moïen et la volonté de recognoistre les grandes obligations que vous avez de l'aimer et servir. Ne vous laisses point esblouir de l'esclat des biens et honneurs du monde ; mais rendes en grâces à celui qui vous les donne libéralement, et uses-en pour la gloire et le salut de vostre âme. Ce n'est pas ce qui vous doit rendre heureuse, mais le bon usage que vous en feres. qui sera une grâce que Dieu vous fera. beaucoup plns grande sans comparaison que toute la prospérité temporelle. Vous estes née d'une mère qui vous a laissé des exemples de toutes les vertus qui sont les plus requises en une dame chrestienne. Si vous l'imites, comme je me le persuade, vous seres humble en vostre grandeur, dévotieuse parmi le tracas des affaires mondaines, charitable envers vostre prochain, notamment le peuple de vos terres ; et après tout. vous aures un grand soing de vostre famille, afin que Dieu soit servi et honoré en vostre maison. Sa volonté soit faicte et la vostre toujours soubsmise à la sienne ; de quoi le suppliera, ce peu de vie qui lui reste, celui qui est, madame, vostre très-humble et très-obéissant serviteur, Jean Pitard. »

Cette lettre porte pour adresse : *A madame la marquise de Pompadour*, et pour cachet le sceau du recteur du col-

lége de Bordeaux, de la société de Jésus. Elle est sans date ;
et c'est pourquoi, après l'avoir lue une première fois, je me
suis arrêté quelques minutes à l'idée d'un rapprochement
qu'une plus sérieuse réflexion m'a depuis montré impossible.
Quelle qu'elle soit, cette lettre m'a semblé assez curieuse
pour être livrée aux conjectures de nos lecteurs, et elle ser-
vira au moins d'argument à ceux qui voudront essayer de
croire que le château de Pompadour fut habité par la maîtresse de Louis XV.

Comment périt le château de la marquise? la révolution
l'emporta. Une si riche proie devait tenter la cupidité des
démolisseurs. Le château fut abattu, mis en pièces et vendu
en détail. Roux-Fasillac présida à cette œuvre de vanda-
lisme. Mais tandis que sa bande noire détruisait un monument qui n'avait pas quarante ans de date, le vieux manoir
féodal résistait. Une incroyable fortune le protégea. Sa laideur avait servi aux projets de madame de Pompadour ;
mais comment aurait-elle arrêté la hache des niveleurs qui
ne cherchaient que du bois et du fer? Quoi qu'il en soit, le
vieux château tint bon contre la tempête, il est encore debout aujourd'hui, et c'est à lui que se rattachent toute l'ancienne histoire et toute la véritable illustration de ce beau
domaine.

Cette histoire est longue; pour en trouver le commencement, il faudrait remonter à Jules César, cet inévitable pré-
décesseur de tous nos châtelains féodaux, ce grand ingénieur
de tous les camps romains de la Gaule, lui dont le souvenir
couvre notre sol, dont le nom est inscrit d'office sur toutes
nos ruines, du jour où leur antiquité fait perdre la trace de
leur origine. Jules César est donc le fondateur de Pompadour ; les antiquaires le disent; pourquoi disputer? Comme
il se rendait dans l'Aquitaine, à la tête de son armée, le
conquérant des Gaules, arrivé sur l'emplacement où s'élève
aujourd'hui Pompadour, trouva la position bonne, le pays

fertile, la vue admirable ; il s'y arrêta, y construisit une forteresse, et très-vraisemblablement n'y revint plus. Plus tard, un gentilhomme milanais, qui se nommait *Pompadoro*, s'étant établi au milieu des ruines abandonnées de la forteresse de César, y vécut quelque temps misérable et leur laissa son nom obscur et harmonieux. Ce gentilhomme nous conduit jusqu'au onzième siècle. A cette époque, un nom fameux, Guy de Lastours, la *Tête Noire*, seigneur du Limousin, étant en guerre avec la maison d'Hautefort, l'une des plus puissantes seigneuries du Périgord, eut l'idée de relever les ruines romaines de Pompadour et il s'y fortifia. D'Hautefort étant venu pour l'assiéger à la tête de ses vassaux, trouva les gens de Guy de Lastours rangés en bataille à peu de distance du château, dans un lieu où s'élevait une petite chapelle dédiée à saint Pierre. Les deux seigneurs en vinrent aux mains ; le combat fut sanglant. D'Hautefort, vaincu, se donna pourtant la consolation de détruire la chapelle de Saint-Pierre, humble témoin de sa défaite ; mais Guy de Lastours la rebâtit avec magnificence, et dans des proportions très-vastes, sur le lieu même de son triomphe. Dédiée à saint Martial, premier apôtre d'Aquitaine, elle conserva pourtant le nom tout guerrier qui rappelait l'époque et le motif de sa fondation, et elle est restée, sous le titre d'église d'Arnac (*Arena*, le champ de bataille), un des monuments remarquables et justement célèbres du moyen âge.

Guy de Lastours était un prince riche, vaillant, généreux, grand fondateur de monastères ; il laissa de grands biens, un nombre considérable de chanoines dotés par lui, et une mémoire respectée dans toute l'étendue du Limousin. Il fut tué dans un combat près de Limoges, le 1er des calendes d'août 1046. Une femme lui succéda. Aalaarte, sa fille, mariée au vicomte de Limoges Adhémar, donna le jour à deux intrépides batailleurs qui firent grand bruit dans le monde au temps des croisades. L'un d'eux mourut au siége de Jérusalem ; l'autre, Gouffier de Lastours, monta le premier sur les remparts à la tête de ses Limousins, et s'y maintint, l'épée à la main, contre toutes les forces des assiégés. Après tant de prouesses, il mourut dans son lit.

A ce moment, l'éclat qui rayonnait depuis un siècle sur la famille de Lastours commence à s'obscurcir. Ce sont des femmes qui succèdent ; c'est une quenouille qui remplace la vieille épée du champ d'Arnac. Agnès de Lastours, par son mariage avec Constantin de Born, fait entrer la seigneurie de Pompadour dans la maison d'Hautefort, qui la conserve pendant longtemps, l'agrandit par des alliances, l'enrichit par des acquisitions considérables, et mêle partout à son histoire celle des plus grands noms de l'ancienne monarchie. Un jour, un des heureux possesseurs de Pompadour, messire Charles-Henri de Talleyrand-Beauville, s'intitulera dans ses actes : haut et puissant seigneur, prince de Chalais, vicomte de Pompadour, d'Excideuil, d'Hautefort, de Ségur, baron des baronies de Bret, de Treignac, de Saint-Cyr-la-Roche et autres places. Plus tard, en 1468, Alain le Grand, sire d'Albret, comte de Penthièvre, vicomte de Limoges, seigneur d'Avesnes, de Tartas et de Ribeyrac, ayant épousé Françoise de Blois, fille de Guillaume de Blois et d'Isabeau de Lastours, ajoutera à tous les titres des seigneurs de Pompadour la couronne de marquis que mademoiselle Poisson doit porter un jour. Enfin, avant de s'étioler tout à fait, nous verrons l'arbre généalogique de Pompadour porter des noms comme ceux de Beaupoil de Saint-Aulaire, de Catherine de Livron, de François de Choiseul, de Jacques d'Escars, de Marie de Rochechouart, de Louis de la Vallière ; et puis l'arbre tomber, ses branches se flétrir, son beau feuillage se faner, jusqu'au moment où Louis XV essaye de le ranimer un instant en greffant sur ce vieux tronc la noblesse empruntée et l'impertinente illustration de la favorite. *Habent sua fata !* Il y a une destinée pour les châteaux. Fondé par Jules César, défendu par Guy de Lastours, illustré par Gouffier, habité par les plus grands seigneurs et les plus nobles dames de notre pays, le château de Pompadour tombe en dernier lieu aux mains d'une courtisane ; et enfin, en 1771, quelques années après sa mort, quels sont les nouveaux habitants du vieux manoir? Deux étalons anglais, cinq juments de même race, envoyés par le prince de Lambesc, grand écuyer du roi, pour former le noyau d'un haras royal.

Ici commence une nouvelle destinée pour le domaine de Pompadour. Le château féodal devient un dépôt d'étalons; le dépôt s'élève en peu d'années à toute l'importance d'un haras de première classe; et il finit par atteindre ainsi à cette renommée qui le signale aujourd'hui comme un des plus beaux établissements de la France. Les étalons du prince de Lambesc ne sont que les prédécesseurs très-indignes des chevaux illustres dont il me reste à vous raconter l'histoire.

II

Octobre 1858.

En 1771 on n'avait pas encore inventé le *Jockey-Club* ; mais l'anglomanie était déjà une manie française. « Vous me *crottez*, monsieur, criait un jour Louis XV à l'écuyer qui chevauchait à sa portière. — Oui, sire, à l'anglaise » répondait l'imperturbable trotteur. De son côté le prince de Lambesc, voulant rendre au sang limousin son ancienne vigueur et son éclat historique, ne conçoit rien de mieux que d'envoyer à Pompadour des étalons anglais pur sang, pour former le noyau d'un haras français.

Ici, monsieur, je me vois forcé d'aborder sans retard une discussion qui me transporte du premier coup au temps où nous sommes, et m'oblige à sauter vingt feuillets de l'histoire du haras de Pompadour. Ce qu'essayait M. le prince de Lambesc en 1771, la direction des haras l'exécute en 1838. C'est la même pensée, c'est le même système ; et il n'est pas permis de passer outre sans dire un mot de ses procédés et de ses œuvres. Aussi bien, la chronique du haras de Pompadour, depuis sa fondation jusqu'à nos jours, n'aurait qu'un médiocre intérêt pour vos lecteurs. C'est l'histoire de quelques noms à peu près obscurs. Après le marquis de Tourdonnet, qui dirigea le premier ce grand établissement, viennent MM. de Seltot, de La Frange et de Bonneval. L'administration du commandeur de Fargue jette un vif éclat ; Pompadour acquiert alors une immense célébrité ; ses produits peuplent les écuries du roi, brillent aux carrosses de la cour et sous le costume de chasse ou de guerre des plus grands seigneurs. Il est bon toutefois de remarquer, en passant, et cette réflexion ne sera pas perdue pour la suite de cette lettre, que depuis 1774 jusqu'à la dispersion du haras pendant la terreur, le gouvernement ne recrute plus pour les juments limousines que parmi les étalons de sang arabe. En 1774, vingt-trois chevaux barbes et polonais, d'origine arabe et égyptienne, en 1779, huit étalons arabes et syriens sont envoyés à Pompadour. Plus tard, Louis XVI fait venir de Syrie douze chevaux pour son haras du Limousin. L'un d'eux, le *Derviche*, étalon admirable, est précieusement conservé, pendant l'époque la plus orageuse de la révolution, dans une ferme de M. de la Grenerie ; il échappe ainsi à la réquisition qui frappe les chevaux de luxe, et au lieu de traîner des canons à la frontière, il s'engraisse de repos, de bien-être et d'oisiveté. Cependant la violence de la persécution s'apaise ; *Derviche* sort de sa retraite au moment où la France commence à respirer après la tourmente. Aidé de son fils, il remonte les écuries du haras de Pompadour, rétabli en 1806 par les soins du duc de Cadore, et qui, après avoir éprouvé des fortunes bien diverses et subi, comme tous les haras de France, tantôt le patronage insouciant du gouvernement, tantôt l'imprévoyante parcimonie des Chambres législatives, se ressent aujourd'hui d'une protection plus éclairée, plus vigilante et plus habile.

Mais reprenons notre querelle avec M. le prince de Lambesc ; elle nous ramène, comme je l'ai dit, au temps présent.

Y a-t-il une race de chevaux limousins? Quelles sont les propriétés de cette race? Ces qualités suffisent-elles, sans aucun mélange, à former des sujets de premier choix? L'infusion du sang anglais n'est-elle pas contraire au développement des facultés qui distinguent le cheval limousin? Quel est le croisement qui leur est le plus favorable? Quel est celui qui, depuis l'établissement d'un haras limousin, a le mieux et le plus constamment réussi? Telles sont les questions auxquelles je me propose de répondre rapidement. Nous sommes à Pompadour, à la source même des informations; notre seule prétention, notre seul mérite est de les avoir attentivement recueillies. L'occasion est donc bonne : profitons-en.

Quant à l'existence d'une race de chevaux limousins, elle n'est pas plus contestable que ne l'est sans doute celle du Limousin lui-même. S'enquérir si cette race existe, cela équivaut à demander s'il y a un pays en France où se trouvent réunies à un degré éminent toutes les conditions d'une bonne nourriture et d'une éducation supérieure pour les chevaux : la douceur du climat, l'excellente qualité du sol, la saveur aromatisée des pâturages, l'abondance et la limpidité des eaux, et jusqu'à ces accidents d'un terrain montagneux qui contribuent pour une si large part au développement de la force musculaire dans les animaux. Or ce pays existe ; c'est le Limousin. Dans tous les temps, les avantages naturels que cette contrée tient de sa position, son climat, sa température, ses herbages humides et plantureux, son sol inégal et accidenté, ont concouru, avec cette autre puissance secrète et créatrice qui ne rend pas compte de ses procédés plus que de ses préférences, à former ces beaux types de l'espèce chevaline, ces magnifiques sujets, ces produits supérieurs qui ont, pendant plusieurs siècles, appelé l'attention et l'argent des connaisseurs sur ces haras privilégiés. A toutes les époques, jusqu'à celle du prince de Lambesc et jusqu'à la nôtre, le cheval limousin avait été considéré comme le premier cheval de selle français; et il a fallu qu'un étrange engouement, qu'une singulière fureur d'adoption des mœurs et des habitudes étrangères fît tourner les têtes les plus réfléchies et les plus sérieuses, pour que le sang limousin en soit réduit, comme il l'est aujourd'hui, à rechercher dans l'infinie variété des alliances et dans l'aventureuse épreuve des croisements, les rares qualités qui le distinguaient autrefois. Les hommes d'État qui président aux destinées de notre économie politique, les connaisseurs éclairés qui dirigent notre industrie chevaline, ont-ils donc oublié ce qu'était autrefois un cheval limousin?

> Ne vous souvient-il plus, seigneur, quel fut Hector?

Ne se rappellent-ils plus la grâce, la légèreté, la souplesse, la force, la vitesse, la longévité de ces animaux généreux qui avaient bu les eaux de la Vienne et de la Corrèze, qui avaient brouté les pâturages embaumés de la Vézère et mêlé à un sang impétueux la séve nourricière et la fraîcheur bienfaisante des herbages de Pompadour? Encolure fine et renversée, œil vif, naseaux ouverts, oreille mouvante, tête fière et portant beau, jambes nettes et sèches, aplombs remarquables, reins forts, queue bien attachée à une croupe un peu trop pleine, allures franches, mouvements souples, taille moyenne, mais vigueur peu commune, tel était le cheval de race limousine, avant qu'on eût imaginé de la détruire; cheval propre au manége par l'incroyable flexibilité de ses muscles, cheval de parade par sa beauté, coursier de guerre par son courage; rapide au galop, admirable au trot par le jeu puissant de ses épaules ; actif, sobre, infatigable, susceptible sans colère, ami de l'homme, vivant vieux sans jamais rien perdre de la netteté de ses formes ; orgueilleux dans la bonne fortune, résistant aux mauvais traitements, mais soumis au malheur, pouvant passer de l'état-major au presbytère, parader sous le prince, trotter l'amble sous le manant, fournir des étapes de trente lieues sans boire ni manger ; semblable en tout pour le caractère au paysan limousin si intrépide, si infatigable, et tour à tour si dévoué et si rétif, qui vous défendra jusqu'à la mort si vous savez gagner son cœur et discipliner son zèle, et qui, autrement, est capable de vous tuer si vous touchez à son chien.

Telle était, monsieur, et si supérieure entre toutes les races de chevaux français, celle qui devait aux pâturages du Limousin et aux soins intelligents de ses éleveurs une si antique et si brillante renommée. Comment cette race a-t-elle à peu près complétement disparu ? Comment ne trouve-t-on plus en France que quelques juments limousines, conservées par de vieux propriétaires encroûtés, comme des reliques du moyen âge par des amateurs de *rococo?* D'où vient enfin qu'il ne reste plus, dans la province même qui devait une partie de sa bonne renommée aux prouesses de ses chevaux, que des sujets abâtardis, types dégénérés de l'ancienne race?

Le voici, monsieur. On était parti d'une très-bonne idée : la nécessité d'améliorer la race limousine, à laquelle les connaisseurs reprochaient, avec raison, quelques défauts essentiels, comme, par exemple, une certaine disposition à un embonpoint exagéré. Corriger ce défaut et d'autres peut-être, par une sage éducation, par une hygiène bien raisonnée, ou même par des croisements intelligents et calculés plutôt encore sur la somme des qualités qu'on avait intérêt à préserver que sur celle des vices qu'on voulait détruire, telle était la marche que conseillait le bon sens, qu'indiquait l'ex-

périence, et que commandait aussi une étude attentive des
lois de la nature à ceux qui veulent bien la compter pour
quelque chose dans l'éducation des chevaux. Au contraire,
prétendre à confondre, par des croisements sans harmonie,
des races qui n'avaient entre elles aucun rapport, condamner
à un mariage forcé des types incompatibles, détruire l'originalité des espèces par le mélange aveugle de leurs qualités et
de leurs défauts, assimiler des éléments inconciliables et ac-
coupler des contrastes, enfin imposer le niveau d'une éducation uniforme à des créations si diverses, appliquer une nourriture indigène à des produits exotiques, c'était une entreprise
insensée ; car c'était attaquer l'œuvre de la nature ; c'était
détruire ce qu'on voulait corriger. Or, c'est précisément ce
qu'a fait M. le prince de Lambesc et ce qu'on essaye encore
après lui.

Voulez-vous savoir comment on obtient aujourd'hui un
cheval limousin ?

Vous prenez un étalon anglais et vous lui livrez une jument limousine. Comme il n'y a entre eux aucun rapport de
conformation, aucune affinité d'humeur, aucun lien naturel
et sympathique, vous obtenez presque toujours de ce mélange
un produit manqué, décousu, d'une gaucherie affligeante,
sans harmonie dans ses proportions, sans élégance dans ses
formes ; vous déshonorez ainsi deux races illustres d'un seul
coup. Voyez cette tête mal attachée, ce gros corps sur des
cuisses grêles, ou ces jambes épaisses sous un flanc éreinté ;
voyez cette grande charpente inerte, sans lien, sans vigueur,
sans souplesse, sans grâce, où vous cherchez en vain les qualités éminentes qui distinguent les deux espèces, où ce qui
est anglais porte gauchement la grâce de la jument limousine,
où ce qui est limousin paraît embarrassé dans la roideur naturelle au cheval anglais. Voilà pourtant, monsieur, le cheval anglo-limousin, tel qu'on l'a inventé en 1771 ! Voilà le
produit de l'alliance anglaise en 1838 !

J'aime l'alliance anglaise. Ce sera longtemps pour nous une alliance d'intérêt et de principe, mais de caractère et d'humeur jamais. Entre l'Angleterre et la France, il y a plus que le Pas-de-Calais. Il y a l'abîme d'incompatibilité morale qui sépare deux races faites pour s'estimer, se soutenir, qui signeront tant qu'on voudra des traités de commerce et des protocoles, mais qui ne se mêleront jamais. Essayez de marier et de confondre les qualités qui distinguent les deux peuples ; vous aurez un mélange ridicule et affreux. Eh bien ! qu'on me permette de le dire avec William Holcroft, ce poëte distingué qui fut garçon d'écurie : « Tels hommes, tels chevaux. Toutes les nuances du caractère de l'homme, de ses vengeances, de ses ombrages, de ses susceptibilités se retrouvent dans le cheval. » Il est bien certain aussi que les races chevalines tiennent par quelques côtés au caractère particulier des peuples au milieu desquels le sort les a fait primitivement naître ; et ce n'est pas un paradoxe si étrange que de rechercher dans leur conformation physique et dans leurs habitudes morales quelques rapports avec celles des hommes qui respirent le même air, subissent les mêmes influences atmosphériques, boivent les mêmes eaux, tirent leur nourriture du même sol. Le cheval anglais est bien anglais. L'andalous rappelle quelques-uns des défauts particuliers à la race espagnole. J'ai vu des chevaux romains, issus d'une vieille souche, hennissants, impétueux et fiers comme ceux de leurs ancêtres qui conduisaient Paul Émile ou Marcellus au Capitole. D'où vient cette bonne intelligence, on pourrait dire cette amitié qui unit ensemble l'Arabe et son coursier, si ce n'est d'une parfaite conformité de caractère ? Enfin, n'est-il pas facile de reconnaître, à quelques-uns des traits par lesquels j'ai essayé de peindre la physionomie des chevaux limousins, qu'ils sont tout à fait des produits de notre sol et des enfants de notre pays ?

La conséquence de ce rapprochement, c'est qu'il ne faut

pas forcer la nature par des croisements aventureux, par d'imprudents mariages comme ceux que nous voyons et qui s'en vont détruisant chaque jour ce qui reste encore de la vieille race limousine. Le cheval anglais peut réussir en Normandie ; il trouve là une conformation qui répond mieux à sa nature, un sang qui se mêle volontiers au sien, des qualités qui s'accordent dans le mélange, des éléments d'amélioration qui se confondent sans se neutraliser ; mais en Limousin, l'infusion du sang anglais n'est bonne qu'à détruire l'espèce indigène. Si c'est là le but qu'on veut atteindre, on n'y réussit que trop ; mais on doit le dire. Il ne faut pas qu'une des plus belles provinces de la France soit frappée dans une de ses ressources, stérilisée dans sa plus noble industrie, humiliée dans un de ses titres de gloire, sans qu'on ait eu le courage de prononcer à haute voix l'opinion qui l'a jugée et l'arrêt qui la condamne.

Je ne veux accuser personne, et je me sers à dessein de la plus indéfinie des particules, pour qu'on ne me reproche pas de mettre en cause des noms que j'honore et des services que je respecte. J'ai rendu justice au talent et à l'expérience des administrateurs actuels du haras de Pompadour, et personne ne songera à les rendre responsables d'un système dont ils ne sont que les instruments habiles et dévoués. D'un autre côté, il faudrait être bien malavisé pour attaquer la direction supérieure des haras, au moment où M. le ministre du commerce vient de présenter au roi les chevaux de ses dépôts du Nord, qui ont été vainqueurs dans toutes les courses du Champ de Mars[1]. Évidemment cette direction est intelligente, et sur quelques points elle réussit. A qui donc la faute si la race limousine est à la veille de périr, et si une province est menacée dans une de ses industries les plus productives? La faute en est à tout le monde et à personne.

---

[1] Écrit en 1838, après les courses d'octobre.

Personne en effet n'a conspiré sciemment, avec préméditation, la ruine des chevaux limousins ; mais tout le monde cependant (j'entends tous ceux qui se préoccupent de courses et de chevaux, et ce n'est pas encore toute la France) s'est laissé plus ou moins entraîner à l'engouement qui donne le ton, à la mode qui dispense de réfléchir, à l'anglomanie qui, chez beaucoup de prétendus connaisseurs, tient lieu de mérite et de savoir. Tout le monde est donc coupable en ce point, les uns (car il en existe) pour avoir montré une malveillance véritable au Limousin,

Et les autres pour être aux méchants complaisants.

Quel est le remède au mal? Est-ce bien à moi de l'indiquer? Je me suis fait l'écho de plaintes que j'ai recueillies, de regrets qui éclatent sans trop de réserve, peut-être de prétentions provinciales que Paris trouvera fort ridicules. Visitant Pompadour, j'ai épousé la cause du pays auquel ce magnifique établissement semblait d'abord particulièrement consacré ; mais je n'ai pas du moins le tort de me croire plus compétent, en pareille matière, que les hommes instruits et recommandables à qui reviennent de droit la solution de ces difficultés et le redressement de ces sérieux griefs. Les Limousins se plaignent qu'on abâtardit leurs chevaux en livrant la reproduction à des étalons anglais qui n'ont avec la race indigène aucun rapport de conformation et de caractère ; mais ils ne prétendent pas pour cela que la race indigène soit sans défaut ; ils comprennent qu'un sang appauvri par tant d'expériences malheureuses a besoin d'être ranimé et rajeuni par le mélange ; suivant eux, le sang limousin doit remonter à sa source pour reprendre toute sa force et tout son éclat.

Il n'est pas facile de dire quelle est la source du sang limousin. Pourtant, en rapprochant les qualités qui le distinguent de celles qu'on attribue au cheval arabe, on est frappé du rapport qui existe entre ces deux espèces nées sous des latitudes si diverses et séparées par de si grands espaces. Faut-il croire ce que la tradition rapporte, que vers le treizième siècle un chevalier de la maison de Lastours, revenant de la croisade, ramena d'outre-mer les premiers chevaux arabes qui aient pâturé dans les herbages de Pompadour, et que ces nobles hôtes du vieux château féodal sont les véritables auteurs de la race qui a jeté tant d'éclat sur l'histoire agronomique du Limousin? Je le voudrais bien pour ma part; car cette tradition historique servirait les prétentions des éleveurs limousins. S'il était prouvé, en effet, que l'espèce limousine est d'origine arabe, que pourrait-on mieux faire, dans un moment où ceux qui ne veulent pas son extinction totale se préoccupent si justement de la nécessité de l'améliorer; que pourrait-on essayer de mieux que de retremper ce sang appauvri dans la source d'où il est sorti? Il est certain que ce croisement a toujours réussi. Nous avons vu la période qui s'est écoulée de 1774 jusqu'à la révolution française, presque entièrement remplie par des essais de ce genre; et c'est la plus brillante époque de l'histoire du haras de Pompadour. Aujourd'hui presque tous les croisements arabes tentés dans le Limousin ont des produits remarquables. Il semble donc que ce soit là un très-bon système à suivre, jusqu'au moment où la race limousine, enfin régénérée, pourra se suffire à elle même; ce qui sera, pour la province qui a donné cette source de richesse à la France, une bonne fortune bien méritée et une légitime réparation.

VIII

BADE

Septembre 1840.

Je reviens de Bade, et j'espère que vous me permettrez, monsieur [1], d'ajouter un *post-scriptum* de quelques lignes aux très-spirituelles lettres que M. Frédéric Soulié a datées pour vous de cette ville. M. Frédéric Soulié est accoutumé à traiter de main de maître tous les sujets qu'il aborde, et il ne laisse guère qu'à glaner stérilement après lui dans les champs qu'il a moissonnés. Ne craignez donc pas que j'essaye de suivre sa trace, et que je vous donne, en les affaiblissant, une seconde épreuve de ses impressions. L'auteur des *Mémoires du Diable* a un privilége que je n'aurai jamais. Il a pu visiter Bade en poëte, et le décrire en touriste railleur et désabusé. Mon point de vue est tout autre. Ce que M. Frédéric Soulié a vu à Bade, quand il n'est pas sorti de son étroite enceinte, c'est un club d'oisifs opulents, une maison de jeu, une salle de danse. J'y ai vu, moi, monsieur, permettez-moi le mot, tout un congrès. On sait que Bade est depuis longtemps un rendez-vous de politiques et de diplomates. Cette année, et pour cause, les politiques et les diplomates y abondaient.

[1] Le directeur du *Journal des Débats*.

C'est le théâtre de ce concile politique que je veux décrire.

Un mot d'abord, monsieur, sur le grand-duché de Bade. Sa configuration géographique peut à elle seule donner une idée de sa destinée. Dieu semble l'avoir jeté comme un terrain neutre, entre la France et l'Allemagne, entre le nord et le midi de l'Europe. Placé à une égale distance de Vienne et de Paris, on dirait un point de relâche entre les pays de droit divin et les gouvernements constitutionnels, une sorte d'oasis politique au sein de ce continent européen, si incurablement troublé par les querelles des peuples et des rois. Voyez-le resserré étroitement entre ses frontières de l'est et celles de l'ouest, s'alonger du nord au sud dans une étendue de près de quatre-vingts lieues, le long du Rhin qui baigne mollement ses campagnes toutes chargées de verdure et de fleurs; et en face, de l'autre côté du fleuve, deux invincibles gardiens de sa rive gauche, deux départements français! Si la position du grand-duché sur la rive droite, où s'arrêtent nos regrets et nos espérances, le garantit de toute convoitise de notre part, l'étroit espace qu'il occupe en largeur lui interdit toute importance politique. On peut le traverser tout entier en quelques heures d'une frontière à l'autre, et le couper en tronçons presque égaux sur tous les points de son territoire. Plus compacte, qui sait si le grand-duché de Bade n'aurait pas eu la prétention de devenir, lui aussi, un royaume tout comme le duché de Bavière, au lieu de servir d'hôtellerie à toute la diplomatie de l'Europe? Mais Dieu lui a donné la grâce et lui a refusé la force. Prédestiné à une neutralité immémoriale, sa population, son gouvernement, ses lois, sa dynastie, tout concourt, avec sa conformation physique, à lui assurer ce caractère; et, ce qui est plus rare chez les humbles, tous ses efforts tendent à le conserver. Sa population, presque partout agricole, est essentiellement vouée aux arts et aux industries de la paix. Le peuple, propriétaire du sol qui le nourrit, est bienveillant et hospitalier. On ne trouve plus là ni grande fortune territoriale, ni vieux noms aristocratiques, ni aucun vestige de cette féodalité allemande qui survit ailleurs si fière et si exigeante. Son gouvernement est parlementaire, assez libéral pour plaire à la France, pas assez libre pour effaroucher l'Autriche. La chambre des représentants est composée de soixante membres, dont quarante au moins sont des fonctionnaires, inamovibles après cinq ans d'exercice, et qui se donnent le plaisir innocent de faire de l'opposition au grand-duc, sans causer aucune espèce d'ombrage à M. de Metternich. Le grand-duc est un des princes les plus doux et les plus sociables de l'Europe. Il a pris au sérieux le rôle, à la vérité très-humble, qui lui a été assigné sur cette terre ; il se contente de faire le bonheur de quinze cent mille âmes, sujets de sa loi, et il assure la plus complète liberté à tous ceux qui viennent, des quatre coins du continent, boire ses eaux chaudes et respirer sous ses beaux ombrages. Bade est le seul pays de l'Allemagne où il soit permis de lire publiquement tous les journaux français, depuis le *National* jusqu'à la *Quotidienne*, et où un voyageur qui passe ou qui veut séjourner n'ait pas à subir le fastidieux *visa* de ses papiers dans les bureaux de la police.

Tel est le grand-duché de Bade. N'y cherchez pas une ville importante, ni rien qui ressemble à une capitale.

A un si faible état, il ne faut qu'une résidence. Les margraves de Bade résidaient autrefois dans une petite ville dont le nom m'échappe, à quelques lieues du Rhin. Ils pourraient aujourd'hui habiter Manheim, qui deviendrait un débouché important en d'autres mains ; mais ils l'évitent à cause de son importance même, et ils se contentent d'y reléguer leurs douairières. Ils aiment mieux résider à Carlsruhe, qui n'était, il y a cent ans, qu'un rendez-vous de chasse. Un jour en effet, un margrave de Bade, ayant nom Charles Guillaume, s'était égaré en chassant dans la forêt du Hart ; exténué de fatigue, il s'arrêta dans une métairie et promit de bâtir à sa place un palais, s'il était rejoint par ses officiers dans cette masure. Les officiers arrivèrent, le palais fut bâti ; la ville ensuite. On l'appela *le repos de Charles* (Carlsruhe). Ce sont de grandes rues tirées au cordeau en forme d'éventail, quelques monuments massifs dans le style de la décadence française, et un nombre considérable de petites maisons qui contrastent avec la largeur et le grandiose du tracé. Du haut du clocher, on dirait une de ces villes en miniature que les Allemands excellent à fabriquer, et qu'on enferme dans de grandes boîtes pour servir de jouets aux enfants. C'est la résidence du grand duc, de sa femme, la spirituelle fille de Gustave de Suède, et de sa charmante famille. C'est aussi le siége de son gouvernement et de sa cour. Malgré tout, Carlsrhue n'est pas la ville importante du grand-duché. Sa vraie capitale, c'est Bade, qui pourtant ne serait qu'une bicoque entourée de paysages délicieux, si la destinée n'avait fait de cette ville le lieu de prédilection de la diplomatie européenne.

Je vais vous dire maintenant, monsieur, quelle est la diplomatie que l'on fait à Bade.

S'il fallait compter toutes les formes que prend la diplomatie pour arriver à ses fins, qui sont de tout prévoir, de tout voir et de tout savoir, autant vaudrait vous renvoyer aux vers célèbres par lesquels Virgile décrit les métamorphoses infinies du vieux Protée ; mais le respect m'interdirait une pareille citation. Ce qu'il est permis de dire, c'est que jamais la diplomatie n'a exercé plus d'empire dans les destinées du monde qu'elle ne l'a fait depuis dix ans, que jamais elle n'a été plus active, plus empressée, plus entreprenante, plus occupée d'écrire et de parler. Et cela pour une bonne raison : c'est que, dans l'ordre diplomatique, les nations sont toutes sur le pied de guerre. Précisément parce qu'on ne se bat pas sur les champs de bataille, malgré les profonds dissentiments qui séparent les cabinets et les haines qui fermentent au fond des cœurs, on dépense énormément de paroles, on fait prodigieusement de démarches et d'efforts, on use une effroyable quantité de papier pour satisfaire aux exigences d'une situation si difficile. Autrefois il y avait entre les cabinets des rivalités plutôt que des haines; dans les querelles des rois le point d'honneur était plus souvent engagé que le principe des gouvernements; on se battait plus souvent. Au dix-septième siècle les diplomates, quel que soit le mérite de leurs correspondances récemment publiées, ne viennent qu'après les généraux. Aujourd'hui les diplomates valent les généraux. Ce sont eux qui font cette guerre de papier où tous les intérêts du monde sont engagés. Leur habileté consiste à empêcher qu'une guerre plus sérieuse n'éclate avant l'heure où ils croiront qu'on pourra se battre sans trop de risque pour le pays que chacun d'eux représente. Oui, monsieur, je ne crains pas d'avancer que telle est aujourd'hui la mission tacite et la secrète pensée de tout diplomate. La diplomatie européenne joue une partie terrible au bout de laquelle elle sait bien que quelqu'un doit perdre. Elle sait que la guerre des plumes remplace et ajourne celle des baïonnettes; et elle la fait, il faut le dire, avec une activité, avec un ensemble que n'ont jamais déployés les généraux les plus expérimentés et les plus habiles.

Mais on n'écrit pas toujours. A côté de la diplomatie dirigeante, celle qui, par exemple, serait représentée en Russie par M. de Nesselrode, en Autriche par M. de Metternich, en France par quelques noms d'une importance incontestée, M. Molé, M. Sébastiani, M. de Broglie, M. Guizot, M. le maréchal Soult; à côté de ces diplomates qui résident, soit au centre de l'action gouvernementale, soit auprès des cours étrangères, il y a les diplomates qui voyagent, ceux qui sont chargés de porter au dehors et de transmettre aux dépositaires de la confiance des cabinets, accrédités à l'étranger, leur pensée intime, la pensée qu'on ne dit pas dans les conférences, qu'on n'écrit pas dans les traités, celle qu'on tremblerait de confier au papier. A la suite de ces diplo mates qui jouent le rôle de confidents,

> On nous faisait, Arbate, un fidèle rapport,
> Rome en effet triomphe, et Mithridate est mort...

il y a ceux qui ont à jouer toutes sortes de rôles, et que les cabinets envoient partout, sans caractère officiel, sans instructions écrites, sans mission avouée, pour suivre les mouvements des corps politiques, pour voir, pour écouter, pour semer les nouvelles qu'on a intérêt à répandre, pour dire ce qui est et ce qui n'est pas,

> ..... *Pariter facta atque infecta canebat ;*

espèce de frelons diplomatiques qui n'entrent que par fraude dans la ruche où travaille la diplomatie régulière, et qui gagnent pourtant à ce métier de l'importance et des croix.

Tous les gouvernements ont à leur solde de ces agents secrets qui encombrent les chemins de traverse de la diplomatie. Faut-il leur en faire un crime? Mais qui a jamais reproché à un général d'armée l'envoi de ses émissaires dans le camp ennemi? On trouve donc partout en Europe, et sous toutes les formes, de ces observateurs diplomatiques; mais les jardins embaumés de Bade ont particulièrement le privilége de les attirer. C'est là qu'ils vivent, comme les insectes de l'Hypanis, un jour ou deux, bientôt remplacés par d'autres qui assurent, une saison durant, la suite et la perpétuité à leur action.

Cette année, la diplomatie haute et basse avait réuni à Bade un personnel plus nombreux et plus considérable qu'il ne le fut jamais, et les circonstances expliquaient de reste une si extraordinaire affluence. On savait que les puissances

du Nord, signataires du traité de Londres[1], y auraient leurs
représentants avoués ou secrets. et qu'elles y diraient leur
mot. On y était donc venu de toutes parts, avec ou sans mission, mais avec un parti pris presque unanime, celui de ne
pas prendre les eaux de Bade ; car ces eaux, par une de ces
contradictions qui semblent une moquerie du destin, sont,
monsieur, ce qu'il y a de plus antipathique au tempérament
des diplomates. Elles exalteraient des gens qui ont besoin
de rester calmes ; elles prédisposent à l'expansion et à la
franchise ; il faut les laisser aux Anglais attaqués du *spleen*.
La diplomatie s'était donc réunie à Bade de tous les points
de l'Europe. Au nombre de ses représentants officiels on
remarquait plusieurs noms d'une notabilité respectable,
parmi lesquels il suffira de citer le comte de Medem, le baron de Strogonoff, le comte d'Eyragues, le baron de Blit-
tersdorff, et le ministre du grand-duché auprès de la
cour de Vienne, le vieil ami de M. de Metternich, le très-ho-
norable et très-influent général Tettenborn. Quant à la diplomatie secrète, on peut chercher les noms de ses envoyés
dans le *Bade Blat*, cet insipide moniteur des aubergistes de
Bade, qui charme pourtant les interminables ennuis de la
table d'hôte, et dans lequel j'ai eu le plaisir de me voir imprimé tout vif. Mais bien habile qui distinguerait, dans le
Bade Blat ou ailleurs, au milieu de ce déluge d'étrangers
que le Rhin verse incessamment dans les hôtelleries de Bade,
ceux qui y viennent avec une mission secrète de ceux qui
ne cherchent que le plaisir de se promener en char à bancs
et de jouer à la roulette. L'habileté des diplomates nomades
consiste précisément à savoir se cacher dans cette confusion
et à jouer leur rôle de voyageurs ennuyés avec aisance et
aplomb. On les reconnaît pourtant : mais si ce n'est au visage, c'est à l'action. Cette action devient, au bout de quel-

---

[1] Le fameux traité qui faillit allumer en Europe une guerre générale.

ques jours, parfaitement sensible aux moins clairvoyants. Je n'étais pas depuis quarante-huit heures à Bade que j'avais compris sur quel terrain je marchais; et si je n'étais arrivé de France, si j'avais été un de ces bons Allemands d'outre-Rhin sur lesquels la diplomatie opère avec tant de facilité et de succès, il n'aurait tenu qu'à moi de croire que nous sommes de grands fous, nous autres Français, de nous préoccuper si fort du traité de Londres. Car savez-vous quel était le mot d'ordre de la réunion de Bade? c'est que le traité de Londres est parfaitement insignifiant.

Ne croyez pas que j'exagère à plaisir, monsieur. Tel était bien réellement le mot d'ordre donné aux diplomates. Mais il faut savoir quel était le but et quel pouvait être le succès de la campagne qu'on entreprenait. Le but, c'était de convaincre l'Allemagne que les trois grandes puissances continentales, signataires du traité de Londres, n'avaient eu, en donnant cette signature, aucune arrière-pensée hostile contre la France. En effet, les États qui composent la Confédération germanique, qui entretiennent une force armée permanente très-considérable, et qui sont obligés, en cas de guerre, de fournir un contingent disproportionné avec leurs ressources, ces États ne veulent pas la guerre, ou du moins ne voudraient la faire que pour de sérieux motifs. L'antagonisme qui existe entre le principe russe et le principe français, entre la démocratie française et l'oligarchie autrichienne, est sans doute, le cas échéant, une sérieuse cause de guerre entre les puissances du Nord et la France. Mais cette dissidence, si vive quand on remonte au nord de l'Europe, s'affaiblit quand on se rapproche de l'Allemagne; et là, si on n'a pas l'esprit français, il y a du moins, comme dans les provinces rhénanes, des sympathies, des tendances, et, sur quelques points, des espérances toutes françaises.

L'Allemagne se disait donc, en apprenant la signature du traité du 15 juillet, fait sans la France et en apparence contre elle, et en voyant l'émotion toute belliqueuse que cette coalition diplomatique des grandes puissances avait causée dans notre pays, l'Allemagne se disait : « Mais qu'avons-nous donc à démêler avec le pacha d'Égypte, pour qu'on nous engage dans une querelle contre la France, à propos de lui? Nous étions en paix depuis vingt-cinq ans; la sagesse des cabinets avait habilement tourné toutes les difficultés qui pouvaient la troubler depuis la révolution de Juillet; et voilà qu'après avoir laissé la France assiéger Anvers, occuper Ancône, étendre sa domination dans l'Algérie, tripler ses forces dans la Méditerranée, signer le traité de la quadruple alliance, bombarder la Vera-Cruz et bloquer indéfiniment les ports de la Plata, voilà qu'on lui cherche querelle à propos du pacha d'Égypte! Nous avions le droit de croire à la paix, et d'appuyer sur cette croyance la sécurité de nos intérêts et de nos affaires. Toutes les questions vraiment européennes, on les avait résolues de manière à ménager les susceptibilités françaises. En voici une qui ne nous touche par aucun côté sensible, et on l'envenime à plaisir, et on ne craint pas de ranimer toute la vieille irritabilité de la France révolutionnaire; on éveille tous ses instincts belliqueux et propagandistes! Et si la France vous fait la guerre, n'est-ce pas nos contingents qui vous serviront d'auxiliaires? Ne sommes-nous pas le champ de bataille prédestiné de toutes vos querelles avec nos impatients et ombrageux voisins? »

Telles étaient les plaintes de l'Allemagne; et elles arrivèrent à Berlin, à Saint-Pétersbourg et à Vienne par toutes les voix de la diplomatie.

Les cabinets s'en émurent pour deux raisons : d'abord, c'est que ces réclamations de l'Allemagne donnaient un grand poids à celles de la France : ensuite, c'est qu'elles semblaient annoncer, au profit de l'influence française, un détachement dont il importait de prévenir les suites. C'est alors que, sous prétexte de rendre visite à l'impératrice de

Russie qui prenait les eaux d'Ems, une nuée effroyable de diplomates russes vint s'abattre sur l'Allemagne comme une plaie d'Égypte. C'est alors que, de toutes parts, l'armée des agents secrets fut mise en campagne ; c'est alors enfin que fut donné le mot d'ordre qui retentissait, au moment de mon arrivée à Bade, dans tous les salons et dans tous les jardins de cette résidence. On disait : « Le traité de Londres est affaire de forme ; nous avons voulu simplement résoudre la question d'Orient. Le cabinet français s'est séparé de nous pour ne pas contrarier l'opinion qui est favorable, en France, au pacha d'Égypte. Au fond, il nous laissera faire. Les intentions sont d'accord. Le gouvernement français ne remuera pas ; car il sait bien que nous sommes avec lui contre ses véritables ennemis, les républicains et les radicaux. Le traité du 15 juillet constate, sur un seul point, une dissidence plus apparente que réelle. Nous sommes en parfaite intelligence sur tous les autres. »

Il fallait, monsieur, pour accepter les explications des puissances, et pour croire à l'insignifiance politique du traité de Londres, beaucoup plus de crédulité que n'en comporte ma nature. J'arrivais d'ailleurs en pays étranger, comme notre ami Frédéric Soulié, ce traité sur le cœur ; et ce n'est pas moi qui pouvais croire qu'on avait fait cet outrage à mon pays, de l'exclure d'une décision si importante, sans une arrière-pensée d'hostilité sérieuse. Mais l'Allemagne ne s'est pas montrée si difficile. Elle a accepté, ou peu s'en faut, le commentaire envoyé par M. de Metternich et M. de Werther ; et bientôt, monsieur, grâce à l'habileté de ces diplomates et à l'infatigable adresse de leurs agents, l'Allemagne est capable de croire que c'est nous qui voulons la guerre, et qui nous sommes fait exclure du traité de Londres pour avoir un prétexte de la commencer ; que c'est nous, plénipotentiaires éliminés de la convention du 15 juillet, qui menaçons l'Europe ; nous enfin qui, en réclamant le *statu quo*, troublons le monde. C'est ainsi que, sous l'influence d'une diplomatie active, les dispositions de l'Allemagne sont à la veille de changer. Au début de cette affaire, elle ne nous aimait pas encore peut-être, mais elle nous défendait : aujourd'hui, elle ne nous hait pas, mais elle nous soupçonne. Je ne veux pas paraître attacher une importance exagérée à des circonstances qui pourraient être, en réalité, insignifiantes. Mais au moment où je quittais le grand-duché de Bade, cet inoffensif État passait des revues. Un camp allait être formé sur sa frontière et celle du Wurtemberg, composé des contingents de ces deux pays et de celui de Hesse-Darmstadt, montant à près de trente mille hommes. Une affluence considérable de princes, grands et petits, le roi de Wurtemberg, le prince royal de Prusse, le grand-duc de Bade, sans parler d'une foule d'officiers autrichiens, russes et prussiens, s'y étaient donné rendez-vous. Quel que soit le motif avoué de cette réunion de troupes, il était bon que la France y fût représentée. Elle l'a été par des hommes d'un noble caractère et d'un nom cher à l'armée française, le général Négrier, le duc d'Elchingen et le fils du général Beuret. Puisse leur présence avoir affermi les dispositions de l'Allemagne, et leur langage avoir dissipé les ténèbres sous lesquelles on a essayé de cacher les véritables motifs du traité de Londres!

Quoi qu'il en soit, monsieur, la réunion diplomatique de Bade a constaté, cette année, un nouveau triomphe de la diplomatie absolutiste. Faut-il, pour cela, accuser la nôtre de négligence ? A Dieu ne plaise ! nous sommes représentés en Allemagne comme partout ailleurs, j'en ai la confiance, par des hommes de talent et de cœur qui ont souci de notre honneur politique, et qui sont capables de plaider notre intérêt. Ils ne pêchent donc ni par le zèle, ni par l'esprit ; mais c'est leur position qui manque de force. La mobilité, qui est mauvaise en toute chose, est funeste en diplomatie.

Ou il faut prétendre que dans le choix d'un agent diplomatique la personne est indifférente, et que c'est la grandeur et la puissance du pays représenté qui sont tout ; ou il faut admettre qu'un pareil agent emprunte une force considérable, non pas seulement à son mérite personnel, mais à la stabilité de sa position et à la durée de son mandat. Il importe sans doute de bien connaître le pays qu'on représente ; mais il est de quelque utilité de n'être pas complétement étranger à celui où on réside ; et, pour acquérir cette connaissance, il faut une chose dont les gouvernements constitutionnels tiennent malheureusement trop peu de compte : il faut le temps. L'occasion peut faire de bons généraux : Condé était un grand homme de guerre à vingt ans. Le temps seul, je ne dis pas l'âge, fait les bons diplomates. Il n'est pas indifférent, pour agir sur la politique d'un pays, d'y être établi depuis longtemps, d'y avoir une situation forte et respectable, d'y être mêlé au mouvement de la société, de l'aimer même, comme nous l'avons vu de quelques diplomates étrangers (je pourrais les nommer), qui avaient fini par aimer la France, et qui n'en avaient que plus d'influence et plus de poids dans les conseils de la politique européenne. La stabilité, c'est la force de la diplomatie étrangère. Il y a tel diplomate qui a vu chez nous crouler deux trônes, et qui est encore debout auprès du troisième. Presque partout la politique des grandes puissances est représentée par des noms qui ont survécu aux agitations et aux destructions de notre époque, comme ces chênes séculaires qu'on épargne dans l'abatis général d'une forêt. A cet élément de puissance, la durée, se joint celui que je signalais plus haut, l'avantage d'avoir une diplomatie active et voyageuse à côté de la diplomatie sédentaire et inamovible. C'est ainsi que l'activité intelligente et l'ardeur cosmopolite des jeunes diplomates se joint à l'austère expérience et à la science traditionnelle des anciens, et que Bade vient en aide à Vienne et à Saint-Pétersbourg. Notre diplomatie, il faut bien le dire, ne possède qu'à un degré très-inférieur ces deux éléments de toute action internationale. Notre diplomatie sédentaire est d'une mobilité effrayante, et notre diplomatie voyageuse, d'ailleurs très-restreinte par les exigences du budget, est sans valeur et sans portée. Il n'y avait à Bade, pendant que je m'y trouvais, que d'estimables légitimistes qui apparemment n'avaient pas mission de représenter la diplomatie du gouvernement de Juillet, hommes de loisir, causeurs spirituels, danseurs élégants et qui, pour le quart d'heure, je le suppose, n'élevaient pas plus haut leurs prétentions. Si j'avais vu à Bade, sous prétexte de prendre les eaux, un plus grand nombre de mes compatriotes, au lieu de cette solitude dans laquelle notre diplomatie se morfond, j'aurais été sans doute moins préoccupé de tout ce que j'ai vu et entendu en Allemagne ; et peut-être ne vous aurais-je pas écrit cette lettre...

. . . .

IX

ALGER

I

Avril 1841.

J'ai à rendre compte d'un excellent ouvrage sur l'Algérie [1]; mais je demande d'abord qu'on me laisse mettre une préface à mon travail. J'ai séjourné deux mois à Alger; j'en ai rapporté bien des souvenirs, et je suis heureux de pouvoir en publier quelques-uns aujourd'hui sous l'invocation d'un nom aussi justement honoré et aussi légitimement *africain* que celui de M. le général Létang. Je commence donc par mes réminiscences personnelles. J'arriverai plus tard à son livre.

Quand on arrive à Alger par la mer, il est facile de se figurer, à la première vue, quelle pouvait être autrefois la physionomie de cette ville qui fut, trois siècles durant, un repaire de pirates audacieux et impunis. Avant d'aborder la côte et à une certaine distance, rien ne paraît changé dans son aspect. La ville est fièrement assise sur une colline escarpée dont les degrés rapides soutiennent ses maisons

[1] *Des moyens d'assurer la domination française en Algérie,* par le maréchal de camp baron Létang. Paris, 1841.

sans toiture et sans fenêtres, comme autant de citadelles inaccessibles ; et elle semble de là tout à la fois observer et défier la mer qui vient se briser avec bruit sur les roches de ses rivages. Ainsi perché sur la montagne, au fond d'une immense baie dont la tranquillité souvent perfide attire les navigateurs entre deux riants promontoires, qui semblent étendre leurs grands bras pour les protéger, Alger figure assez exactement un nid de vautours sur un rocher. On dirait que la ville s'est retranchée là pour y guetter sa proie, la saisir et la dévorer, sans courir elle-même aucun risque ; car elle domine la mer dans une étendue considérable. Du côté de la terre, de hautes murailles et des forteresses longtemps invincibles la défendent. Adossée aux premiers mamelons de la montagne, l'Atlas étend autour d'elle tout ensemble une ceinture brillante et une ligne de défense redoutable. Enfin on voit se dresser à gauche les crêtes aiguës du Jurjura qui détache sur l'azur du ciel son front couvert de neiges éternelles ; limite imposante, muraille gigantesque, qu'on dirait élevée pour fermer l'Orient de ce côté et barrer la route aux firmans oppresseurs et aux envoyés sanguinaires de Constantinople.

Telle était donc la physionomie extérieure de cette ville fameuse, au temps où quelques corsaires intrépides régnaient dans la Méditerranée par la terreur, se faisaient servir à boire par Michel Cervantes et chasser les mouches par notre poëte Regnard, bravaient la présence de Charles-Quint et les bombardes de Louis XIV, et levaient d'insolents tributs sur les rois et les républiques ; et tel Alger se montre encore aujourd'hui quand on le découvre, de loin, à travers la fumée du paquebot qui vient d'entrer dans la rade. On pourrait se croire encore au temps de Kaïr-Eddin et de Barberousse. Mais, une fois à terre, le spectacle est bien différent.

La mer vous avait montré une ville mauresque ; vous en-

trez dans une ville française. C'est une ville française qui
vous reçoit, qui étend devant vous ses rues populeuses, qui
vous ouvre ses hôtels, ses cafés, ses restaurants, ses boutiques étincelantes : c'est elle qui vous héberge, qui vous ha-
bille, qui vous nourrit. Il ne tient qu'à vous d'y mener vie
joyeuse et confortable comme à Bordeaux, à Marseille ou à
Paris. Mais avancez ; voici la colline qui vous montre ses
premières assises toutes chargées de constructions étranges.
Vous sortez de la ville française pour entrer dans la ville
mauresque. Ces deux villes ont chacune leur physionomie :
l'une figure l'Europe, l'autre l'Orient ; — chacune leur
destinée : l'une commence, l'autre finit. Ici le berceau d'une
colonie, là le dernier effort d'une civilisation qui s'éteint.
L'une s'allonge et s'étend commodément sur la côte, l'autre
rampe péniblement sur le flanc de la montagne ; l'une est
tout bruit, tout mouvement, toute confusion, toute poussière ; l'autre est toute immobilité, tout silence. Il y a donc
lutte entre ces deux villes, une lutte dont l'issue n'est pas
douteuse. La ville européenne tend à supplanter peu à peu
la ville africaine ; la ville qui s'agite et qui fait du bruit gagne insensiblement du terrain sur celle qui reste immobile
et silencieuse. Cela est dans l'ordre. Le siècle le veut ainsi ;
et n'est-il pas juste après tout que les gens qui veillent prennent la place de ceux qui ne savent que dormir, que le travail se porte hardiment l'héritier de la paresse? Voici pourtant une prière que j'adresse aux Français établis en
Algérie : qu'ils ne se pressent pas trop de détruire ce qui
reste encore du vieil Alger ; qu'ils respectent la ville haute
comme le monument d'une histoire qui a duré trois siècles
et qui n'a pas été sans enseignements et sans éclat. On a eu
raison de démolir, entre le port et la colline, toutes les constructions mauresques qui entravaient l'essor de la ville
neuve. Mais la ville neuve doit s'arrêter au pied de la montagne, qu'elle ne peut gravir sans des frais énormes, et où

elle ne saurait vivre à l'aise. La ville française doit s'étendre sur la côte, en reculant à droite et à gauche l'enceinte où le génie l'enferme aujourd'hui. Ainsi, tandis que la civilisation moderne se donnera carrière sur le rivage de la mer étendu et assaini, la vieille Afrique conservera du moins un asile sur la montagne. Il y a quelques maisons mauresques qui méritent d'ailleurs, comme monuments d'un art ingénieux et charmant, que le marteau des démolisseurs s'arrête devant elles. L'hôtel du Gouverneur, où j'ai trouvé pendant deux mois une élégante hospitalité, est une habitation pleine d'enchantements. Le palais de l'Évêque est, en abrégé, un des modèles les plus raffinés et les plus riches de cet art délicat qui couvrit de broderies sculptées les poétiques murailles de l'Alhambra. Conservez donc la ville mauresque. Respectez le peu de monuments qu'elle renferme ; et quand vous voudrez les approprier à nos habitudes, ne défigurez pas, comme je l'ai vu faire, le style de l'architecture originale ; n'introduisez pas, dans ces maisons bâties pour les réfugiés de Séville et de Grenade, les procédés en usage dans la rue Quincampoix et la rue aux Ours. J'ai vu de bien affreuses mutilations auxquelles je pourrais donner un nom propre et une date. J'ai vu d'élégantes murailles, qui soutenaient des plafonds d'un travail exquis et d'une incroyable richesse, dépouillées de leurs revêtements de faïence dorée et badigeonnées comme les murs d'un cabaret. J'ai vu l'indiscrète fenêtre s'ouvrant sans pitié et sans grâce au fond de ces réduits charmants consacrés par le silence, le mystère et la solitude. Mais je ne veux pas dire tout ce que j'ai vu ; l'espace me manquerait. La concurrence de deux civilisations, forcément rapprochées par la conquête, présente d'ailleurs bien d'autres spectacles curieux à voir, bien d'autres contrastes utiles à étudier.

Le premier et le plus singulier de ces contrastes est celui des races qui se pressent, en nombre infini, dans l'enceinte étroite de la ville. Au premier abord, ce mélange donne l'idée d'une confusion inextricable. On dirait une Babel touchée par le doigt de Dieu. Les langues, les costumes, les gestes, les visages, les couleurs se mêlent, se confondent, se groupent, se détachent, se heurtent, se combattent avec l'infatigable activité du mouvement perpétuel. Toutes les contrées du monde y ont des représentants. Tous les types primitifs de la race africaine, tous ceux qu'a transplantés sur ce vieux sol l'émigration ou la conquête, s'y retrouvent, les uns altérés par le croisement, les autres préservés par l'invariable coutume et l'immémoriale pratique de la vie nomade. A côté des Mozabites, originaires de Sodome, et qui ont l'étrange prétention de descendre d'un inceste, on retrouve les Juifs, jetés sur cette côte par le coup de vent qui les a dispersés dans le monde entier ; les Kabyles indomptés, que les enfants d'Israël désignent sous le nom de Philistins pour attester leur commune origine ; les Coulouglis ou fils de Turcs, qui, après avoir quitté la milice, avaient fini par s'incorporer à la population mauresque et occupaient, sous la domination du dey, une partie des emplois civils ; les Maures, qui représentent soit la première et antique invasion des Arabes, postérieure à l'émigration juive ; soit la grande conquête qui vint, des bords de la mer Rouge et du golfe Persique, supplanter, au septième siècle, dans l'ancien et éphémère empire des Vandales, le règne des empereurs de Constantinople ; soit enfin les démembrements successifs de l'Espagne mauresque, dont la côte africaine avait été longtemps la vassale, et dont elle devint un jour le refuge. La conquête française a chassé les Turcs ; mais elle a ouvert les portes de la ville à une foule de tribus indigènes, attirées par l'appât du gain autour de nos magasins, de nos bazars et de nos vaisseaux, et qui, sous le nom de Biskeris, se livrent le jour aux travaux les plus rudes, transportent les marchandises du port dans la ville, et le soir, enrégimentés, la médaille au col et le livret en poche, fournissent des auxiliaires aux patrouilles de sûreté qui parcourent ses rues étroites et son indéfinissable labyrinthe.

J'en passe, et des meilleurs... mais j'aurais beau multiplier les noms, débrouiller le chaos du passé, analyser subtilement les origines, faire passer les uns après les autres sous vos yeux tous les habitants de cette cité bizarre, il faut bien, tôt ou tard, que j'arrive à cette conclusion désolante, que de toutes les races qui fourmillent dans l'enceinte des murs d'Alger, la nôtre, celle des Européens, est incomparablement la plus chétive et la plus laide. On est même effrayé, au premier abord, de la disproportion physique qui semble exister entre les nouveaux possesseurs du sol et les anciens : les uns taillés en Hercule, la stature haute, les épaules larges, les bras musculeux, les traits fortement caractérisés, la face mâle et le front sérieux ; les autres (je parle surtout de la population civile qui pullule dans les rues d'Alger), les autres souffreteux, chétifs, des corps grêles, des fronts déprimés, des traits goguenards, des bouches indiscrètes, des yeux plombés par la fièvre ; ceux-ci enveloppés dans de moelleuses étoffes et portant avec noblesse même les haillons, ceux-là emprisonnés dans des justaucorps étroits, dont la gêne, sous ce ciel brûlant, ne peut être égalée que par leur laideur. Et pourtant, de ces deux races, c'est la plus faible qui domine l'autre, c'est la moins nombreuse qui règne. « Les Européens, disent les Maures d'Alger, ont trois puissances qui nous manquent : la puissance des armes, celle de l'argent et celle de l'esprit. » Quant à la puissance de l'esprit, les Maures d'Alger nous font, ce me semble, bien de l'honneur. S'ils trouvent que nous avons dépensé beaucoup d'esprit depuis dix ans dans l'organisation et le gouvernement de notre conquête, c'est qu'ils y mettent de la complaisance. La puissance de l'esprit français, qui est si grande sur le continent, n'a pas encore passé la Méditerranée. Il n'y a guère que notre or et nos soldats qui aient fait le voyage. Mais c'est encore, malgré tout, un curieux spectacle et qui prouve du moins la supériorité de notre organisation militaire et celle de nos finances, que la vue de cette ville où quelques soldats français, échappés aux hôpitaux, tiennent dans l'obéissance une population de vingt-cinq mille sectateurs du prophète qui appuya sur le sabre et propagea par l'extermination sa religion formidable.

Ce constraste s'explique facilement. La population musulmane qui est établie à Alger ou qui y séjourne est le rebut de la régence. Nos vrais ennemis ne sont pas là. Les Arabes qui descendent en ville, pendant que leurs frères se battent contre nous dans la plaine ou sur la montagne, y sont attirés, comme je l'ai dit plus haut, par l'appât du gain. Ils y font un métier que flétrit de noms ignominieux l'indépendance altière de leurs compatriotes engagés dans la querelle d'Abd-el-Kader. Ce sont des bêtes de somme qui tremblent devant le bâton des facteurs. J'en ai vu battre qui ne savaient que pleurer l'affront et ne songeaient pas à le venger. Ces gens-là ne sont pas à craindre. Portefaix le jour, espions le soir, sbires pendant la nuit, vivant de peu, couchant sur les places ou le long des galeries, comme les lazzaroni de Naples, ils gagnent à ce triple métier un pécule qu'au bout de quelques mois ils rapportent dans leurs montagnes. L'argent est discret. Il ne trahit pas son origine. Après s'être humiliés devant les Français, bien souvent ils se tournent contre eux, achètent un cheval et un fusil, et changent en lingots de plomb l'or ramassé dans les chantiers et dans les égouts de notre capitale africaine. Ils rachètent ainsi l'opprobre de nous avoir servis. Mais tant qu'ils restent à Alger, ils servent bien. Ces gens ont une fidélité d'une espèce particulière. Ils sont fidèles tant qu'il ne leur convient pas de changer de maîtres. Ils ne disent pas comme les Français : « Notre ennemi c'est notre maître. » Au contraire, ils le servent, comme s'il était leur ami. Mais défiez-vous d'eux le jour où ils vous quittent. Les représailles sont quelquefois terribles. Combien de Français qui ont succombé sous les coups de ces affranchis qui s'abaissent aujourd'hui pour se relever demain !

Reste donc la population mauresque de la ville d'Alger ; car pour les juifs je n'en parle pas. La conquête française les a émancipés et gagnés. D'esclaves rampants, conspués et battus, elle a fait des sujets de la loi française, cette maîtresse commode et indulgente. Les juifs ne sont pas seulement devenus les égaux des Maures, privilége inespéré il y a dix ans ; ils sont les concitoyens de leurs vainqueurs, et ils les servent, il faut le dire, avec intelligence, ardeur et dévouement. Deux cents jeunes israélites, appartenant aux premières familles de cette race industrieuse et énergique, ont récemment offert au gouverneur général de former, à leurs frais, une compagnie tout armée et tout équipée pour faire la guerre aux Arabes. Il n'y a donc, de ce côté, aucun ombrage à concevoir pour la sécurité de la domination française dans la ville d'Alger.

Les Maures ne nous aiment guère, et ils ont bien raison. D'abord nous avons apporté avec nous sur la terre d'Afrique des manières et des façons d'être qui choquent toutes leurs habitudes religieuses et domestiques. Nous avons donné à leurs femmes les plus fâcheux exemples. Nous avons contribué à rendre plus étroites ces éternelles prisons où elles vivent. Nous avons fermé pour elles les terrasses qui s'élèvent au-dessus des maisons, et où elles passaient autrefois, le soir, quelques heures privilégiées. Dans ce bienheureux temps, un homme qui osait paraître sur la plateforme de sa maison à l'heure réservée pour la promenade des femmes risquait sa tête. Aujourd'hui tous les sexes sont égaux devant la loi, et la Charte de 1830 permet de se pro-

mener à toute heure, même à Alger. Aussi les femmes
mauresques, celles qui se piquent d'une certaine éducation,
ne quittent-elles plus leurs appartements intérieurs; les
terrasses, témoins discrets de tant de charmantes causeries,
de tant de confidences dérobées à l'oreille des maris, sont
devenues silencieuses et désertes. Premier grief.

Mais les Français ont des torts bien plus sérieux envers
les Maures d'Alger. Parmi ces derniers, les uns étaient propriétaires, les autres vivaient d'emplois publics; la plupart
faisaient le commerce. L'occupation a porté le trouble dans
la propriété, transporté aux Français l'exercice des fonctions publiques, augmenté le prix des subsistances et des
loyers; en même temps la concurrence a diminué les produits du commerce.

Autrefois le commerce rapportait aux négociants de la
ville près de 40 pour 100; aujourd'hui les bénéfices ne
vont pas à 4. «A la vérité, nous faisons beaucoup plus d'affaires, me disait un jour un d'entre eux, homme jeune, spirituel et instruit, mais nous gagnons moins. Plus de peine
et moins de profit, tel est pour nous le résultat de la conquête. » Se donner plus de peine, travailler, s'agiter, condamner son intelligence à la pensée, obliger son corps à
sortir de l'immobilité sacramentelle qui semble un des dog-
mes de leur foi religieuse; telle est, pour les Maures d'Alger, la loi du nouveau régime importé par la conquête française; loi de salut sur le continent européen, loi de fer sous
le ciel d'Afrique, loi qui révolte tous les préjugés mauresques, et qui décime incessamment cette population pares-
seuse, soit par la ruine, soit par l'expatriation, soit par la
mort. Beaucoup succombent à cette concurrence que l'activité de nos comptoirs livre sans relâche à leurs échoppes
endormies et enfumées; quelques-uns meurent à la peine;
d'autres quittent cette terre qu'a bouleversée l'industrie européenne, et qui brûle comme une fournaise ardente sous

leurs pieds. Ils s'en vont à Tunis, où une hospitalité intéressée les accueille, et où, réfractaires de la domination
française, ils revendiquent pourtant auprès de nos consuls
le privilége de nos lois protectrices; contradiction qui, pour
le dire en passant, mérite d'être sérieusement signalée.

Ceux qui restent ne sont pas redoutables. Les Maures sont
doux et timides, sans instruction, sans lumières, sans préjugés fanatiques; car ils sont sans caractère et sans énergie.
Ils ne savent ni manier une arme, ni guider un cheval, ni
présider un conseil, ni poursuivre une résolution; ils ne
sont ni conspirateurs, ni intrigants, ni guerriers. Ce sont,
pour me servir du mot employé par les Arabes de la campagne pour les désigner, « des marchands d'épices. » Seulement ils ne sont pas encore électeurs. Le gouvernement du
pays n'a donc pas à compter avec eux. Ce sont des alliés
suspects qui ne seront jamais vos ennemis déclarés, des rivaux commodes qui vous cèdent la place partout où il faut
déployer quelque énergie pour la défendre, des voisins frondeurs mais paisibles, qui vous voient sans enthousiasme
mais sans envie, qui ne prennent aucune part à vos fêtes,
mais qui ne se réjouissent pas insolemment de vos désastres; une race en un mot qui est tout à fait le juste milieu
entre la paix et la guerre, entre la soumission et la révolte,
et de laquelle nous ne devons attendre ni hostilité ni dévouement.

Les Maures sont donc trop faibles pour faire courir aucun
risque à la conquête française au sein de leur ville; mais
ils sont restés trop attachés à leur loi religieuse pour accepter nos mœurs modernes, et le contraste extrêmement tran-
ché qui existe entre leurs habitudes civiles et les nôtres est
une des plus réelles curiosités de cette ville, où il y en a si
peu. Je n'oserais affirmer que, par opposition à nos mœurs,
celles des Maures d'Alger soient irréprochables, mais elles
sont assurément fort discrètes. Nous disons en France que

la vie privée doit être murée; mais cela n'est vrai qu'en Afrique. En France, la liberté laissée aux femmes et l'infatigable inquisition qui les poursuit ont enlevé tout mystère à la vie intime. Les dieux pénates ont abandonné le sanctuaire où vit la famille, et ne la protégent plus contre l'œil du public. Toute famille est à jour. Il n'y a plus de *simple histoire*, comme celle de miss Inchbald; car le public se mêle toujours plus ou moins de nos affaires domestiques, et leur donne ce cachet un peu théâtral qui est celui de toute l'époque. Mais l'Afrique! voilà un pays où la vie intime est matériellement murée, et où elle défie les regards les plus curieux et les recherches les plus actives! Imaginez, en effet, des maisons cachées dans les mille sinuosités d'un immense labyrinthe de pierre, perdues et étouffées dans ses mille replis, et qui ne vous montrent que quatre murailles, pâles et silencieuses comme la face des muets du sérail. Si vous frappez, une petite porte doublée de fer s'ouvre timidement, vous jette un regard effrayé, et se referme presque toujours, si vous n'êtes le maître ou le serviteur du logis. On entre dans une mosquée bien plus facilement que dans une maison mauresque. J'ai visité, tout botté, la mosquée de Sidi-Abderaman, grande chambre blanchie à la chaux, où sont suspendus toutes sortes de chiffons votifs, et qui figure assez exactement une de ces boutiques où les teinturiers font sécher des étoffes sur des barres transversales. J'ai vu cette mosquée, mais je n'ai pu voir, si ce n'est par fraude, l'intérieur d'une maison mauresque. J'ai assisté ainsi, caché derrière une tapisserie, à un mariage civil. Pendant que tous les hommes réunis dans une salle basse se livraient à l'innocente joie d'un mauvais dîner, les femmes de la famille entouraient la mariée, qui faisait mine de s'ennuyer horriblement; car elle posait, immobile sur sa chaise, les yeux teints, les mains coloriées, empaquetée dans l'or et dans la soie, comme une sainte dans sa niche; et ses respectables parentes lui mettaient des anneaux aux mains, aux pieds, aux oreilles, lui chargeaient la poitrine d'un déluge de perles et l'abreuvaient de café froid. Le lendemain, après la nuit des noces, même immobilité. La mariée était assise, son mari couché à ses pieds comme un chien de Terre-Neuve. Il fallut partir; je n'en sus pas davantage sur la vie privée des Maures, si ce n'est que cette étrange lune de miel dure chez eux huit jours. Pendant huit jours le maître de la communauté prélude, en cette posture, au gouvernement de la maison.

Maintenant, que se passe-t-il derrière ces murailles si discrètes? Quelle vie y mène-t-on? « On s'y ennuie, me disait mon jeune Maure. (Je dois dire, pour être exact, qu'il arrivait de Paris.) Nos femmes passent leur vie à se teindre les mains et les yeux; et nous n'avons de refuge contre cet ennui que les bazars, où nous voyons périr notre commerce, et les cafés maures, qui sont de hideux cabarets auprès des vôtres. » En effet, cet homme, distingué par sa naissance, possesseur d'une assez belle fortune, doué d'un esprit facile, et d'humeur tout à fait sociable, passait sa vie accroupi sur la devanture des échoppes, devisant avec les marchands d'épices ou savourant le café au fond d'estaminets obscurs et souterrains.

« Et vos femmes, comment supportent-elles cette solitude?

— Elles y sont nées, elles y mourront. D'ailleurs elles ont les bains maures. »

Les bains maures sont en effet le lieu de rendez-vous habituel des femmes de la ville. On sait la différence qu'il y a entre un bain maure et un bain français. Dans le bain français, le baigneur est libre; dans le bain maure, il est le martyr de trois bandits qui, après s'être emparés de sa personne, lui font subir une série de traitements barbares et grotesques que la plume se refuse à décrire. C'est à ces bains que se rend la bonne compagnie de la ville, là que se rassemblent les femmes. C'est le salon du grand monde. Quelquefois les personnages y tiennent leurs assises en peignoir, ou même dans un déshabillé plus simple. Toute la sociabilité mauresque gravite autour d'une étuve infecte ou d'une douzaine de portefaix, hommes ou femmes, qui font métier de frotter les gens du matin au soir ; les hommes le matin, les femmes dans l'après-midi. Celles-ci sortent de leurs maisons, couvertes de la tête aux pieds, ridiculement emmaillottées dans une profusion de voiles blancs qui les font ressembler à des paquets de linge ; et elles vont au bain accompagnées de leurs esclaves. Elles se réunissent ordinairement dans le vestibule d'entrée, et s'y livrent à un ramage qui étourdit les passants. C'est là qu'elles étalent tout le luxe de leur toilette, là qu'elles épanchent leur âme dans d'intarissables confidences, là qu'elles se jalousent, se disputent, là qu'elles médisent, là qu'elles vivent en un mot de la vie des femmes de l'Orient. Rentrées chez elles, elles ne sont plus que les servantes d'un mari.

J'ai hâte de finir ; un mot seulement. Dans Alger, j'ai montré comment la question de souveraineté s'était naturellement décidée entre la population conquise et le peuple conquérant, non que les vieux préjugés ne résistent, non que le passé accepte sans protestation l'empire du nouveau régime ; mais il se sent vaincu. Aujourd'hui, partout où l'esprit de l'Orient se rencontre avec l'esprit européen, il recule aussitôt, étourdi par le bruit, ébloui par la lumière, effrayé par l'assurance avec laquelle nous procédons d'ordinaire à nos prises de possession politiques. L'esprit européen, je devrais dire l'esprit français, a pénétré dans l'Orient à la suite de Napoléon. Il y est resté. Il y restera. L'histoire de l'Égypte, celle de l'Empire ottoman tout entier ne sont plus, depuis quarante ans, que l'analyse de cette lente décomposition du passé qui aspire à se transformer. Mais cette transformation des empires ne réussit pas partout au même degré. Le Dieu manque souvent au succès de la métamorphose. Il faut que le passé ait conservé quelque vie pour être habile à se transformer. Les nations décrépites sont aussi impuissantes à se reconstituer que les corps usés à rajeunir. On peut les détruire ou les partager; on ne les renouvelle pas, même avec des Chartes constitutionnelles. Où l'Égypte trouve la vie, l'Empire ottoman peut rencontrer la mort. La ville d'Alger y a trouvé jusqu'à présent la source d'une immense prospérité matérielle, mais prospérité factice, comme serait celle d'une hôtellerie bien achalandée dans le voisinage d'une garnison. Il me reste à rechercher maintenant à quelles conditions cette prospérité peut être sérieuse et durable.

II

Il y a un fait qui est plus fort et plus obstiné que toute l'éloquence des adversaires de notre établissement d'Afrique. C'est la nécessité de le garder.

Si nous pouvions céder honorablement notre conquête aux marchands d'épices d'Alger ou aux *réguliers* d'Abd-el-Kader, et n'avoir de successeurs que les indigènes, je concevrais les partisans de l'abandon, sans être pourtant de leur avis. Mais nous n'avons pas le choix. Il faut que l'Algérie soit à nous, ou qu'elle tombe aux mains de toute autre puissance maritime de l'Europe que notre départ y appellera. Comme souverains, les Turcs ne sont plus possibles à Alger; les indigènes y sont ridicules. Abd-el-Kader n'a pas l'étoffe d'un Genseric ou d'un Jugurtha. Le premier vaisseau de guerre européen qui entrerait, après la retraite des Français, dans le port d'Alger, y abattrait à coups de canon la bannière de l'émir et y planterait la sienne. Nous avons donné l'Algérie à l'Europe. Elle lui appartient. Nous ou nos rivaux, choisissez. Mais c'est un pavillon européen qui doit briller sur les murs de la Casbah. Si ce n'est le coq français, c'est l'aigle russe ou le léopard britannique qui doivent se chauffer aux rayons du soleil d'Afrique.

Remarquons, en passant, qu'aussi loin que remonte l'histoire de ce vaste littoral, dont nous occupons aujourd'hui une portion si considérable, il n'y a pas trace d'un conquérant du pays qui ait été supplanté par les indigènes. Les indigènes ont reçu la loi de tout le monde, et ne l'ont faite à personne. S'ils ont quelquefois inquiété l'établissement du vainqueur, ils ne l'ont jamais ni empêché ni détruit. C'est toujours du dehors qu'est venue sa ruine. Les dominateurs de l'Afrique traversent tous la mer. Ce sont des vaisseaux rapides qui portent les bagages des conquérants. Le vent du nord les pousse avec les flots soulevés vers ce beau rivage. Les Romains chassent les Carthaginois, et sont chassés par les Vandales. Bélisaire détrône Gelimer. L'invasion arabe succède à la conquête gréco-romaine. Les gouverneurs espagnols remplacent les kalifes, et sont vaincus par les corsaires de Constantinople. Nous, les derniers venus, nous avons chassé les Turcs. Nous sommes les successeurs d'Abd-el-Malek, de Gomarez et de Barberousse. Étrangers, nous avons recueilli l'héritage de la domination étrangère. Nous avons succédé à ses droits, à ses charges, à ses vicissitudes, à ses périls. Après nous, ce ne seront pas les Arabes qui ramasseront le sceptre de la conquête africaine. Leur main n'est plus assez forte pour le porter. A qui donc laisserions-nous l'Afrique? A nos ennemis ou à nos rivaux du continent.

Depuis onze cents ans qu'ils habitent le sol africain, les Arabes y ont pris racine. Ils en sont aujourd'hui les véritables indigènes. Ils subissent à leur tour la loi d'infériorité qui a de tout temps pesé sur la population aborigène de cette terre prédestinée à l'invasion : ils sont impuissants à organiser et à gouverner. Ils nous résistent ; je le crois bien !

C'est nous-mêmes qui les avons, en quelque sorte, dressés pour la résistance. C'est notre politique inconsistante qui les a encouragés à la révolte; c'est notre amitié infidèle qui les a livrés à l'influence d'Abd-el-Kader; c'est la stérile stratégie de nos expéditions périodiques qui les entretient dans cette alliance. Mais, malgré les fautes de notre politique et de notre tactique, les indigènes ne prévaudront pas contre nous. Supposons un système plus habile, et ils se tourneront de notre côté. Ennemis dangereux, alliés suspects, voisins incommodes, ou partisans déclarés de l'occupation française, qu'importe? les Arabes ne seront jamais nos héritiers. Ce n'est pas contre eux qu'il faut garder l'Afrique. Je dis plutôt que c'est avec eux qu'il faut la conserver et la défendre contre l'étranger.

Ce point de vue est celui de M. le général Létang, et il le développe avec un talent remarquable dans l'ouvrage qui a été l'heureuse occasion de cette étude. M. le général Létang, qui a su faire en Afrique deux choses qui semblent là plus difficiles que partout ailleurs, vaincre et gouverner, ne veut pas qu'on abandonne cette terre inondée de sang français. Il ne veut pas non plus qu'on ne la possède qu'en la ravageant. Il n'accepte ni l'occupation restreinte, qui lui semble un abandon hypocrite, ni la conquête illimitée, qui ne procède que par extermination. Que propose-t-il donc? Un système qui ne serait ni l'abandon ignominieux, ni la guerre perpétuelle, qui ne serait ni timide et impuissant comme la domination restreinte, ni fanfaron et ruineux comme la conquête illimitée; un système qui unirait les mérites de la prudence aux bénéfices de l'action, et ne sacrifierait pas l'avenir pour la plus grande gloire du présent. Ce système, c'est celui de l'occupation progressive. Ne conquérir que pour coloniser: n'avancer qu'en se fortifiant, et n'occuper militairement que la portion du territoire qu'on peut cultiver; faire concourir à la culture des terres, avant et après l'ar-

rivée des colons civils, la population indigène et l'armée active ; concilier les indigènes à la colonisation en rétablissant les
villes musulmanes, en reformant l'administration française,
en créant des hospices pour les Arabes, en donnant à leurs
milices les villes de l'intérieur à occuper et à défendre ; s'ils
résistent, les frapper dans leur liberté plutôt que dans leurs
biens, et envoyer en France des prisonniers qui en rappor-
teraient des habitudes et des idées civilisatrices ; quant à
l'armée, la cantonner dans de grands camps destinés à devenir des bourgades ou des villes chrétiennes, et d'où elle
rayonnerait en colonnes mobiles dans un espace qui serait
successivement conquis, pacifié et colonisé : tels sont les éléments principaux du système proposé par le général Létang.
On le voit : ce plan repose sur deux grands principes, le
respect de la nationalité arabe et son initiation graduelle
aux intérêts et aux destinées de la conquête ; en second
lieu, l'application des troupes françaises aux travaux de la
vie coloniale. J'omets dans ce résumé tout ce qui n'est
qu'accessoire et secondaire. Le système vit par ces deux
principes ; ce sont les deux grands moteurs qui, combinés
avec un nombre infini de rouages très-compliqués, font marcher cette savante machine, avec laquelle le général Létang
veut lentement fonder un empire français dans l'Algérie.

Je crois, quant à moi, que s'il existe des moyens de fonder
un établissement durable en Algérie, le système proposé par
M. le général Létang est un des meilleurs. A l'état de théorie,
il est irréprochable ; et on conçoit qu'un homme aussi pro-
fondément pratique que l'ancien gouverneur de la province
d'Oran s'arroge le droit de répondre de son exécution. Je
crois donc M. le général Létang sur parole. Son système, si
exclusivement théorique qu'il paraisse à la première vue, est
en réalité applicable. L'illustre maréchal Valée l'a inauguré
en partie et avec succès, avant que le général Létang eût rien
écrit, dans la province de Constantine ; et tout porte à croire

que ce système sera un jour la loi commune et l'évangile
politique de la régence. Il est si absurde, en effet, de sup-
poser que nous n'avons conquis l'Algérie que pour en faire
un vaste entrepôt de comestibles et de liqueurs fortes, un
champ de manœuvres pour nos troupes, ou un Botany-Bey
pour nos forçats, qu'il faut bien lui chercher une autre destinée et un autre emploi. Oui, lorsque par la pensée on embrasse tout ce magnifique littoral où, sur une étendue de
deux cents lieues, le drapeau français brille partout dans
l'inaltérable azur du ciel africain ; quand on contemple ces
riches campagnes, ces immenses pâturages, ce sol si fécond,
ces cultures si variées ; quand on songe que l'Algérie produit
tout ce que la France a intérêt à recevoir, le blé, le coton,
la cire, l'huile, la soie, le tabac, toutes les matières premières
qui coûtent à la consommation et à l'industrie française plusieurs centaines de millions payés annuellement à l'étranger ;
lorsque ensuite, en élevant un peu son point de vue, on songe
que Mers-el-Kebir, la grande rade, est à une demi-journée
de Gibraltar, qu'à l'autre extrémité Bone, la sainte ville,
touche à la Sardaigne et à la Sicile ; que Constantine nous
lie à Tunis et à tout le commerce intérieur du continent africain ; quand on voit Alger, le front dans l'Atlas, les pieds
dans la Méditerranée, entourée d'une ceinture de forteresses
et retranchée derrière son môle en construction, comme une
sentinelle préposée à la garde de cette mer qu'on a appelée
un lac français ; et lorsque enfin, pénétrant plus avant dans
les terres, on y reconnaît les vestiges d'une civilisation puissante, et partout, gravées sur la pierre, les glorieuses initiales
de ce grand peuple qui construisait des amphithéâtres pour
les oisifs de ses municipes, dans des lieux où nous avons
peine à dresser quelques baraques pour nos soldats blessés ;
quand, dis-je, on évoque ainsi par l'imagination tous les
souvenirs de cette contrée célèbre, on recule devant l'idée
de réduire cette belle et noble conquête aux proportions mi-

sérables d'une occupation restreinte! On s'indigne à la pensée
de faire de toutes ces villes. acculées à la mer, le monopole
de quelques aubergistes et la prison de quelques soldats! Au
lieu de cela, on se prend à rêver un vaste empire, une sorte
de France africaine, avec ses chefs jeunes et entreprenants,
son armée moitié gauloise et moitié numide, son peuple de
colons intrépides et industrieux, sa pépinière de marins infatigables, sa civilisation libérale et cosmopolite, son gouvernement quelque peu oriental et fastueux, sa politique
toute nationale, dont la pensée serait à Paris, et le bras, mais
un bras libre d'entraves, partout où le soleil de Mauritanie
éclairerait un drapeau français! Oui, voilà l'Afrique que je
rêve[1], quand je vois tout ce que la nature a fait pour ce
pays admirable, tout ce que le ciel a répandu de beauté sur
ses formes et de fécondité dans son sein! Quand la conquête
est si belle, c'est du génie que l'on souhaite au conquérant!
Quand le cadre est si éclatant. on veut que le tableau soit
magnifique!

Aujourd'hui l'Afrique semble vouée, comme la France, à
la mesquinerie et à la médiocrité qui se glissent insensiblement dans nos habitudes et dans nos affaires. Nos chefs
sont vaillants, nos soldats intrépides. Nous avons en Afrique des noms jeunes et illustres, des drapeaux déchirés.
des tombes glorieuses. Avec tout cela, notre œuvre est
petite. Les acteurs sont excellents, la pièce est médiocre. Nos
demi-dieux jouent le mimodrame. D'où vient ce contraste?
c'est que depuis dix ans nous n'avons envoyé en Algérie
que de l'argent et des hommes, et pas une idée. Il n'est pas
sorti de nos conseils, préoccupés de divisions intestines, un
plan sérieux, un système praticable, bon ou mauvais. On a
vécu au jour le jour. On a administré l'Afrique comme une

---

[1] Ce qui était un rêve en 1841 était devenu, au moment de la chute
de la monarchie de Juillet, et sur bien des points, une réalité.

sous-préfecture de France ; on a traité Alger comme une bonne ville. On est allé y chercher des emplois, des grades, des décorations, y refaire sa fortune ou sa renommée, et puis on est revenu sans se soucier si on y laissait la misère ou le désordre. Pendant ce temps-là nos soldats se battaient bien. Ils mouraient en héros au fond des ravins ou sur le plancher des hôpitaux. Cela nous suffisait. Il semble, en effet, que nous ne demandions à l'Afrique que l'émotion d'un spectacle terrible et lointain. « Comment vous trouvez-vous ici ? demandait-on à un fiévreux gisant sur la paille d'une ambulance. — Nous mourons ! c'est l'ordre. » Nous recueillons ces traits d'héroïsme et ces paroles de sublime résignation : nous les enregistrons dans les journaux, et puis nous allons à nos affaires et à nos plaisirs. Qui a songé sérieusement depuis dix ans à féconder ce sang généreux ? Qui a fait sortir de toutes ces épreuves une leçon profitable ? Qu'on nous montre un système qui ait prévalu dans les conseils du gouvernement ! Qu'on nous en montre un à qui on ait laissé le temps de s'établir dans ceux de la régence ! Pendant ces dernières années, l'Afrique a été gouvernée par deux systèmes à la fois : l'un qui se rapprochait du plan conciliateur du général Létang, l'autre qui employait des procédés absolument contraires. Où était la vérité ? Était-ce à Constantine ? Était-ce à Alger ?

Et depuis que la guerre est partout, comment avons-nous montré notre supériorité sur les Arabes ? En leur faisant la grande guerre, la guerre de manœuvres et d'échiquier où les masses sont tout, où l'individu n'est rien, pendant qu'ils nous faisaient, eux, la guerre de tirailleurs, la guerre d'escarmouches, de surprises et de guet-apens. A cette guerre tout individuelle, en quelque sorte, nous avons répondu par la guerre des gros bataillons. Qu'en est-il résulté ? C'est que les Arabes, vaincus dans cent combats, mais jamais entamés sérieusement, se croient aujourd'hui plus forts que nous ; ils croient à leur supériorité physique sur chacun de nous :

ils nous craignent comme nation, ils ne nous redoutent pas
comme individus. Quelque absurde que soit cette confiance,
elle les soutient, elle les exalte ; elle leur donne parfois l'audace de se commettre avec nos gros canons. Les Arabes,
c'est l'avis du général Létang, du commandant Pélissier et
de tous ceux qui ont bien vu l'Afrique ; les Arabes ne sont
pas une race de fanatiques incorrigibles ni un peuple fortement lié par l'indestructible ciment des intérêts et des lois.
Un grand nombre d'entre eux seraient encore avec nous et
combattraient dans nos rangs, si nous l'avions bien voulu.
Mais ils se croient individuellement plus forts que nous, et
c'est par là qu'ils résistent. Rassemblement d'individus sans
autre cohésion que la contrainte factice et éphémère qu'Abd-
el-Kader exerce aujourd'hui sur eux, c'est, quoi qu'on en
dise, la seule force qu'ils nous opposent. Quelle est notre
force, à nous? le sentiment de notre puissante unité nationale. Nous savons qu'une grande nation est derrière nous ;
que chacune de nos victoires retentit jusqu'au fond des entrailles de cette mère commune, que chaque désastre peut
être réparé avec ses trésors ; qu'elle met à notre service ses
finances, ses dépôts, sa marine, ses états-majors, son organisation formidable. Là sont la force et la sécurité de notre
établissement en Afrique. Mais chez nous, disons-le, l'individu isolé se sent chétif ; et c'est ce qui explique comment,
à une grande distance de nos frontières, quand des désastres
sont venus nous frapper, le découragement individuel à
tout à coup succédé à l'enthousiasme collectif de nos armées
et entraîné d'irréparables malheurs.

L'Arabe, au contraire, est une personnalité hardie, un
individu qui a confiance en soi; c'est une puissance qui se
compose d'un cheval rapide, d'un fusil à longue portée,
d'un yatagan et d'un cœur bien trempé. Avec ce bagage,
un Arabe se met en campagne, et il est toujours prêt, comme
les héros d'Homère, à railler sur leur petite taille nos con-

scrits à la mine chétive et à l'âme intrépide. Abd-el-Kader lui-même, quoi qu'il fasse en ce moment pour créer une véritable nation arabe, comprend la force de ce sentiment qui relève la puissance de l'individu. Il en est le type accompli, l'expression vivante. Qu'on se rappelle son entrevue avec le général Bugeaud, chef d'une armée française et représentant d'un puissant empire. D'où venait la confiance de ce barbare à la vue de son rival, qui fut, si j'ai bon souvenir, obligé de lui donner une leçon de politesse? C'était, qu'on me pardonne de le dire et si mesquine que ma réflexion paraisse, c'était qu'il se sentait plus habile cavalier que son adversaire. Aussi comment reçut-il le général français? « Abd-el-Kader, dit le narrateur officiel de cette entrevue, était à quelques pas en avant, monté sur un beau cheval noir qu'il maniait avec une dextérité prodigieuse. Tantôt il l'enlevait des quatre pieds à la fois; tantôt il le faisait marcher sur les deux pieds de derrière. » Suivant lui, ces tours de voltige, qui amusent les enfants chez Franconi, devaient donner à son adversaire une grande idée de sa supériorité et de sa force. Tous les chefs barbares sont un peu fanfarons. Qu'on se rappelle ces rois chevelus si admirablement peints dans les *Martyrs*. Quel est le fond de leur confiance et le motif avoué de leur orgueil? C'est le sentiment de leur force physique. Il suffit d'ouvrir l'histoire pour y voir le rôle qu'a joué partout, dans l'enfance des sociétés, ce sentiment exalté par la convoitise et entretenu par la guerre. Abd-el-Kader est un chef habile et entreprenant; mais je crains qu'on ne l'ait grandi outre mesure. C'est un politique de troisième ordre enté sur un matamore. Otez à cet homme la croyance que vous ne pouvez rien contre lui qu'avec un attirail de guerre considérable; enlevez aux Arabes le sentiment de leur supériorité physique; montrez-vous aussi lestes, aussi infatigables, aussi tempérants, aussi patients qu'eux-mêmes. Au lieu d'entreprendre contre eux ces expéditions ruineuses qui ressemblent à une campagne sur le Rhin et de combattre Abd-el-Kader comme l'archiduc Charles, traînant après vous d'immenses convois qui ne devraient être que l'instrument et qui semblent le but de toutes vos entreprises ; au lieu d'étaler devant votre insaisissable ennemi toute cette vieille tactique dont se moquent des gens qui n'acceptent jamais la bataille ; au lieu de faire marcher vos armées comme si vous deviez avoir pour étape Wagram ou Marengo, sachez que vous avez affaire à un ennemi qui ne vous résistera sérieusement que dans les défilés de ses montagnes, et que vous n'atteindrez en plaine qu'en le poursuivant à outrance. Mobilisez donc, comme le conseillait si judicieusement le général Bugeaud, mobilisez vos bataillons, au lieu de les concentrer. Soulagez leur marche ; dégagez leur allure ; faites-les rayonner sur tous les points dans la campagne, au lieu de les traîner péniblement dans les ornières de vos expéditions précédentes. Qu'ils apparaissent partout à la fois, imprévus et terribles ; et qu'au lieu de s'étendre en lignes de bataille savantes et symétriques devant les Arabes, qui ne font qu'en rire, ils se divisent et se morcellent à l'infini. Que les Arabes les trouvent partout. ravageant leurs champs, brûlant leurs silos, enlevant leurs armes et leurs chevaux ; qu'ils soient partout surpris, châtiés, dépouillés, affamés ; et alors, insensiblement, l'idée de votre force pénètrera dans leur esprit. Vous les soumettrez au seul joug qu'ils acceptent, celui de la force[1]. Aujourd'hui ils ne voient en vous qu'une race industrieuse qui a sur eux la supériorité de ses finances et qui fait la guerre à prix d'or ; ils croient plus à votre habileté qu'à votre puissance.

C'est donc cette opinion qu'il faut détruire. « Il faut, dit M. le général Létang, rechercher désormais dans nos opéra-

---

[1] On sait que c'est le système que le maréchal Bugeaud a glorieusement pratiqué et qui a assuré la conquête définitive de l'Algérie à la France.

tions militaires une série d'heureux coups de main plutôt que des victoires qui ne profitent qu'à notre amour-propre, mais nullement à nos intérêts. » L'année dernière nous avons pris Médéah. Pour notre armée, pour nos princes, pour nos généraux, c'était un brillant fait d'armes; pour notre politique africaine, c'etait une défaite. On avait pris une ville; on n'avait pas conquis un pouce de terrain. Médéah était une prison d'où le général Duvivier ne pouvait sortir qu'avec l'escorte d'une armée. Il avait pour cinquante jours de vivres; il serait mort de faim, comme en pleine mer, avec toute sa troupe, si on n'était venu le ravitailler deux mois après. Dans la ville prise, il n'était pas resté un homme vivant. Abd-el-Kader n'y avait laissé qu'une folle décrépite, comme une injure et un défi à nos prétentions de souveraineté. Et, en effet, qui est aujourd'hui le maître du pays, de lui ou de nous? N'avons-nous pas en ce moment dix mille hommes, commandés par le gouverneur général, qui font campagne uniquement pour escorter les pourvoyeurs de Milianah? Tel est l'état des choses. Il ne m'appartient pas de m'en plaindre. Je n'ai mission de censurer personne, et tout homme de guerre a droit de décliner ma compétence. Je n'ai pas pris plaisir à relever des fautes commises; je n'ai constaté que des malheurs réparables. S'il y a un coupable, c'est tout le monde. Parmi les généraux qui ont successivement gouverné l'Afrique, les uns ont laissé des souvenirs honorables; les autres, comme le maréchal Valée, des traces glorieuses de leur passage. Tous ont légué à leurs successeurs une expérience qui ne sera pas perdue. Mais, pour que les leçons du passé profitent à l'avenir, il faut que quelqu'un les enregistre et qu'une voix respectée les proclame. C'est dans cette intention que M. le général Létang a publié son livre. Il n'en est pas en effet qui joigne à une connaissance plus profonde de la question la preuve d'un patriotisme plus sincère et une plus ardente recherche de la vérité.

X

DE BAYONNE A MADRID

I

Décembre 1846.

Vous vous souvenez, monsieur [1], de ce conte de Boccace où figure un juif qui va se convertir à Rome. Étant arrivé, par un temps de grande corruption, dans cette capitale du monde chrétien, voici le raisonnement que fit ce juif : « Puisque la religion catholique a pu résister à tant de désordres, c'est qu'elle est sainte. » Et il demanda le baptême. J'ai raisonné de même. J'étais venu en Espagne, la tête pleine du souvenir de ses soixante dernières années, persuadé de n'y rencontrer que le simulacre d'un gouvernement et l'ombre d'un peuple. Mais j'ai dû faire le même raisonnement que le juif. Puisque l'Espagne a résisté à toutes les causes de décadence sociale et politique qui la travaillent depuis plus de deux siècles, c'est qu'elle est forte et vivace. Et là-dessus, je me suis mis à admirer démesurément l'Espagne et les Espagnols.

J'essayerai, monsieur, dans la suite de cette correspon-

____

[1] Le directeur du *Journal des Débats*.

8

dance, de justifier ce début apologétique, qui ne sera pas, je le prévois, du goût de tout le monde. De ce côté-ci des Pyrénées, nous jugeons sévèrement l'Espagne, comme une nation qui fait trop parler d'elle. De son côté l'Espagne se cabre volontiers contre nos critiques. Elle est sur ce point d'une intolérance quelquefois excusable, trop souvent injuste. Croiriez-vous, par exemple, que la société de Madrid n'a pas encore pardonné à M. Théophile Gautier le charmant livre dans lequel il a raconté son voyage *tra los montes*, chef-d'œuvre accompli d'inoffensive raillerie, de verve descriptive et de vérité pittoresque? Je reviendrai quelque jour sur cet amusant ouvrage, auquel les Espagnols ne devraient pas du moins refuser le mérite de n'avoir ni chargé ni flatté leur portrait. Mais c'est de cela peut-être qu'ils se plaignent. L'Espagne, comme la plupart des gens qui se font peindre, pardonne l'exagération; elle se révolte contre la ressemblance.

Et maintenant, monsieur, je me sens plus à l'aise pour donner carrière à mes souvenirs de quinze jours dans la suite de ce rapide travail; car, si la liberté de mes jugements risque de choquer parfois la susceptibilité un peu farouche de mes lecteurs ultrapyrénéens, il est impossible cependant que l'Espagnol le plus ombrageux, en songeant à mon début, soit inquiet de ma conclusion.

J'ai traversé en très-peu de temps quatre provinces de la monarchie espagnole; je les ai vues en courant. Ce sont mes notes de voyage que je vous adresse. Elles ne valent que par la sincérité du témoignage qu'elles contiennent. Je n'ai pris conseil que de mes impressions personnelles; et toutefois je n'aurais pas eu l'idée de les communiquer au public, vieilles de deux mois, si les nouvelles qui nous arrivent en ce moment d'Espagne ne m'avaient paru confirmer la plupart des observations que j'en ai rapportées. Il arrive quelquefois que nous jugeons, à première vue, sur leur mine bonne ou mauvaise, les gens à qui nous avons affaire, et nous attachons toujours une certaine importance à cette première et trop décisive impression. Il est absurde de s'y obstiner, si une expérience plus approfondie vient la contredire. Mais si l'événement la confirme, il est sage de s'y tenir. Je dirai donc, sans y rien changer, l'opinion qu'une première visite m'a laissée de l'Espagne et des Espagnols. Si je déplais, c'est sans malveillance, et si je me trompe, c'est de très-bonne foi.

Et d'abord, monsieur, c'est un grand embarras, je vous l'assure, quand on se met en quête d'impressions générales, et qu'on voudrait résumer dans une synthèse un peu fidèle la masse flottante de ses souvenirs, de se trouver du premier coup en face d'une telle diversité et de pareils contrastes. Entre le Guipuscoa et l'Alava d'une part, la vieille et la nouvelle Castille de l'autre, on pourrait vraiment croire, au premier abord, qu'il n'y a de commun que ce nom générique sous lequel les nomenclatures géographiques classent invariablement tous les membres dispersés de ce grand corps qui forme l'Espagne. Oui, c'est l'Espagne sur la carte. Ce sont en réalité plusieurs peuples avec des physionomies, des mœurs et des instincts différents. Ils ne se ressemblent, à la première vue, que par la plus détestable institution qui puisse servir de lien à une nationalité dissoute, par la soupe à l'huile, cet affreux ordinaire de toutes les auberges espagnoles depuis la Bidassoa jusqu'au Manzanarès.

Mais, en dépit de la soupe à l'huile, essayez donc, quand vous avez parcouru ce qu'en Espagne on nomme les Provinces, et que vous entrez ensuite dans les Castilles, de placer dans le même cadre l'image de ces deux pays, le portrait de ces deux peuples. Vous allez juger de la difficulté. Quand je suis entré dans les Provinces (c'était peu d'heures avant le coucher du soleil), j'ai été frappé d'un spectacle qui a reporté mon esprit aux souvenirs les plus classiques de mon enfance.

Dans la plupart des villes et des villages que je traversais, une espèce de cirque était établi sur un des côtés de là route : au milieu, une place libre pour le jeu de paume et les exercices du corps ; tout autour, la population du lieu, mais la population entière, hommes, femmes, vieillards et enfants, en habits de fête, empressée, joyeuse, prenant part à cette lutte de la force et de l'adresse par ses applaudissements et ses cris. On eût dit une bourgade de la Grèce héroïque au jour de quelque olympiade. C'était, pour des voyageurs, un spectacle d'une nouveauté charmante. J'arrive à Burgos, capitale de la Vieille-Castille ; c'était également le soir. Descendu de voiture, je cours à la place, une place immense. Un sombre portique règne à l'entour. Sous cette galerie, j'aperçus la foule des promeneurs, mais si serrée et si lente que je fus obligé de prendre le pas. Je prêtai l'oreille ; les bouches étaient closes.

Enveloppés de manteaux bruns ou noirs, dont un des plis, rejeté sur l'épaule gauche, est également collé sur la bouche, les hommes, ainsi affublés et couverts du *sombrero* qui ne laisse voir que l'étincelle de l'œil brillant dans l'obscurité de ses larges bords, avaient l'air, non de paisibles bourgeois qui prennent le frais, mais de conspirateurs qui méditent un mauvais coup. Quoi ! toute une ville conspirer ! à ciel ouvert, en place publique ! Cela n'était guère probable, d'autant que les princes français étaient passés quelques heures auparavant et avaient été fort honorablement reçus. Je fus donc obligé d'en convenir : cette ronde mélancolique autour de la place de Burgos, digne du pinceau de Holbein, c'était la promenade du soir des habitants de la Vieille-Castille. Mais je me ressouvins des jeux de paume du Guipuscoa. Même surprise à Madrid. On m'avait prédit que je retrouverais à la *Puerta del Sol* une image du *Forum* ou de l'*Agora*. J'y trouvai une cohue de désœuvrés, quêteurs de nouvelles, chercheurs de places, curieux avec des airs d'indifférence, mécontents avec des attitudes de résignation, passionnés qui dissimulent, importants qui se perdent dans la foule ; tout cela froid, immobile et pétrifié... Que j'étais loin de Rome et d'Athènes ! Non, je ne croirai jamais que ce soit là le cœur de la fière et noble Espagne. On sentirait battre et frémir les artères au foyer de ce sang généreux. On y verrait le mouvement, la passion et la vie, au lieu de ce spectacle à dormir debout. Quelqu'un a-t-il calculé le temps qu'un habitué de la *Puerta del Sol*, bien enveloppé de son manteau, peut rester, à la même place, dans cette immobilité de fakirs sans parole, ni geste, ni regard ? Pour ma part, je ne l'essayerai pas. Je le répète, j'aime mieux les jeux de paume du Guipuscoa.

J'insiste sur ces différences, et jugez, monsieur, de celles que j'aurais pu relever, si, au lieu de traverser seulement quatre provinces de l'Espagne, j'avais pu les parcourir toutes; si, en regard de la physionomie du Guipuscoan et du Madrilègne, j'avais pu faire poser celle de l'Andalous et du Valencien. Mais si j'insiste sur ces diversités du type espagnol, ce n'est pas besoin puéril de chercher des contrastes, ni désir d'en exagérer le caractère et la portée. Je sais où ils s'arrêtent, et où se rencontrent les signes communs de cette nationalité vivace et virile dont la lutte contre tant d'invasions successives est, depuis tant de siècles, l'entretien et le spectacle du monde. « Les Espagnols n'ont jamais fait bonne mine à leurs vainqueurs. » Ce mot, que j'ai recueilli de la bouche d'un amiral qui leur a fait longtemps la guerre, m'a semblé résumer admirablement toute leur histoire. J'essayerai d'y joindre plus tard quelques-unes de mes impressions. Je ne veux en ce moment que signaler l'embarras du voyageur qui, ayant franchi la frontière et roulant sur les routes de l'Alava et de la Castille, y cherche naïvement l'Espagne. Pour une qu'il demande, il en trouve trois sur un parcours de moins de cent lieues. s'il regarde au langage, aux mœurs et aux habitudes extérieures de la population ; et, si c'est au paysage qu'il s'arrête, c'est bien autre chose.

J'ai passé deux fois la Bidassoa pour entrer en Espagne, et dans des circonstances bien différentes. La première fois (c'était, je crois, en 1837), Irun était bloquée ou à peu près par les troupes de don Carlos, dont on apercevait les avant-postes à une portée de fusil. L'intérieur de la ville présentait un aspect lamentable ; les christinos s'exerçaient sur le rempart au tir du canon, et on se demandait, en les voyant, si ces hommes, qui maniaient des instruments de mort, étaient réellement en vie, ou si ces guenilles héroïques dont ils étaient à moitié couverts cachaient des fantômes de soldats. Rien n'est triste comme le spectacle de soldats qui souffrent de la misère, et qui portent avec des bras affaiblis par le besoin les armes qui sont le salut de tous. Cependant, monsieur, au moment de cette première excursion sur le sol espagnol, tels étaient la beauté de la perspective, l'éclat du ciel, le rayonnement du jour sur les coteaux verdoyants qui forment une si charmante ceinture à ce délicieux pays ; tel était le prestige de ce beau cadre, que j'oubliai le tableau. J'emportai d'Espagne le sentiment et le souvenir d'une nature admirable. J'oubliai les hommes qui souillaient de leur sang ces vertes campagnes.

Cette année je suis revenu en Espagne. Les temps étaient bien changés : la paix régnait partout dans les provinces. Le ciel n'était pas plus brillant ; il paraissait plus serein. Le pays, un instant agité par le mouvement et le bruit des fêtes, avait repris son calme accoutumé. Je me livrai sans réserve à l'admiration de cette belle nature qui m'avait rendu moins amer, en 1837, l'affreux spectacle de la guerre civile. Pendant que les douaniers espagnols fouillaient mes malles avec une politesse de marquis et que mes compagnons de voyage mangeaient un dîner à l'huile avec un appétit digne d'un meilleur sort, je pris le chemin qui conduisait au fleuve, et d'où la vue s'étendait sur un paysage d'une beauté incomparable. J'étais sur la rive espagnole. Sur l'autre, c'était la France qui semblait nous faire ses adieux en étalant devant nous une dernière fois tous ses charmes, riants coteaux, vertes prairies, bois suspendus à la cime des montagnes, et Béhobie baignant ses pieds dans les eaux du fleuve, et au loin le golfe de Gascogne perdu dans ce mélange inimitable qui ne se produit qu'aux beaux jours, quand l'azur de la mer se confond dans celui du ciel.

Tel était l'adieu que nous envoyait la France. Du côté de l'Espagne, un spectacle non moins charmant m'attirait. Je suivis un sentier qui conduisait à l'église, laquelle, discrètement cachée dans l'ombre d'un petit bois dont le feuillage caressait son austère façade, semblait plutôt un lieu de recueillement solitaire que de prière publique. Aussi bien les portes en étaient fermées. Je me ressouvins seulement que j'y avais admiré en 1837, au fort de la guerre et de la misère de cette triste époque, un autel resplendissant d'or massif, d'un goût médiocre, d'une richesse inouïe. Ce que j'admirais, c'était l'héroïque abnégation du soldat, dont la détresse s'était arrêtée devant ce trésor confié à sa garde, et qui mourait de faim sur les marches de cette somptueuse église.

Irun est une sentinelle de l'Espagne sur la Bidassoa. Elle n'a pas d'autre importance. Au point de vue descriptif, elle donne dès l'abord une idée exacte des villes et des villages que vous allez traverser avant de gagner les Castilles. Elle est la très-fidèle introduction de ce beau poëme pittoresque qui va se déployer sous vos yeux jusqu'à Vittoria. Jusqu'à cette capitale de l'Alava, le pays ne change guère. Ce sont partout les doux aspects et les riantes perspectives que vous avez laissés dans les Basses-Pyrénées. Le sol est cultivé, la montagne se couronne de bois, les fabriques sont agréablement perchées sur le flanc des coteaux ; les vallées se succèdent étroites, sinueuses, courant le long des torrents rapides, s'arrêtant aux défilés que la route aborde le plus souvent de face avec une hardiesse qui fait frissonner le voyageur suspendu au bord de l'abîme. En général, la route qui conduit d'Irun à Burgos est ce qu'on appelle vulgairement un casse-cou. Quand la route rencontre le torrent, comme aux abords de Tolosa, elle est excellente, car on sait que dans les pays de montagnes le torrent est un ingénieur admirable. Mais quand ce guide lui manque, la route fait mille folies, parmi lesquelles je signalerai la descente de la Descarga, en avant de Villaréal, comme un des défis les plus audacieux que le génie civil ait jamais faits à l'intrépidité des *majoral*, qui n'a de comparable que leur adresse. Malgré tout, le voyage est un enchantement continu de la frontière aux Castilles. Un péril certain pourrait arrêter le voyageur, un peu de risque l'aiguillonne. Et puis, comme Montesquieu l'a dit de la liberté : « Si chère que soit la rançon du plaisir, il faut bien la payer aux dieux. » Quand on a parcouru les provinces, on ne trouve pas le marché mauvais : un peu de fatigue pour beaucoup de plaisir. Partout des villes commerçantes, actives, populeuses dans une étroite enceinte, avec une allure de liberté, de bonheur et d'aisance qui fait rêver de l'âge d'or, ce mensonge de la mythologie. Les moindres villages affectent un air d'élégance et de rectitude architecturale où se remarque cette aptitude des peuples méridionaux à ajuster aux lignes harmonieuses de leurs horizons les plans de leurs constructions les plus simples. Bordeaux, Florence, Turin, autant d'écoles de cette architecture pittoresque dont il semble que les constructeurs des provinces espagnoles aient pris les leçons. Pas une église qui ne soit à sa place et pour ainsi dire dans sa lumière la plus favorable au milieu du paysage ; pas un hôtel de ville qui ne puisse montrer, dans un jour parfaitement libre, les lignes régulières et nobles de sa physionomie municipale ; pas une maison de curé qui n'ait choisi sa place au soleil avec autant de soin et de goût que la maison de plaisance d'un seigneur. Maintenant, groupez autour de ces villes, jetez sans ordre, mais non sans art, autour de ces masures élégantes, les grandes masses de verdure, les champs suspendus, les bois profonds et sombres, et toutes ces surprises de la montagne que vous retrouvez à chaque pas dans les Pyrénées ; et vous aurez une idée de l'aspect charmant de ces provinces, qui sont en quelque sorte le seuil de l'Espagne ; degrés riants et magnifiques par lesquels on entre dans le vaste pays dont l'Èbre semble la vraie limite du côté de la France, et dont la capitale de la Vieille-Castille, l'antique Burgos, est la clef.

Mais ici tout change.

II

Ici tout change, disais-je en terminant ma lettre d'hier, au moment de franchir la limite qui sépare les provinces du Nord des deux Castilles.

Non que le changement soit brusque et soudain, monsieur, comme celui d'une décoration d'opéra. Il n'y a guère de ces changements à vue dans la nature. Les gorges d'Ollioules entre Marseille et Toulon, le Chaos dans les Pyrénées, le Gosier de Pancorbo, entre l'Èbre et Burgos, ce sont là des exceptions dans l'ordre pittoresque. La nature y met d'ordinaire plus de façons ; et c'est par une pente douce, en ménageant les transitions comme dans le livre le mieux conçu, qu'elle vous introduit au cœur de la Vieille-Castille. Ceci est le fait de la nature. Voilà celui des hommes : ils ont placé une seconde ligne de douanes sur l'Èbre, en sorte qu'après avoir été rançonné à Irun pour les marchandises que vous apportez de France, vous l'êtes de nouveau à Miranda pour celles qu'on vous a vendues dans les Provinces. C'est ainsi que mes compagnons de route durent laisser entre les mains, d'ailleurs discrètes et polies, d'un sergent de douaniers, d'admirables cigares de la Havane dont ils avaient rempli leurs poches à Vittoria. Mais passons, et laissons derrière nous ces merveilleuses flèches de la cathédrale de Burgos, chef-d'œuvre d'un art qui semble avoir emprunté à Dieu lui-même le secret de faire des miracles ; car il ne s'agit pas pour nous de l'Espagne gothique, mais de la Castille constitutionnelle. Étudions sur ce nouveau terrain la série des contrastes que nous cherchons.

La Vieille-Castille se distingue des Provinces par un triple aspect : le pays, les hommes, les constructions. Quant à ces dernières, une fois en dehors de Burgos, ce ne sont plus des habitations, mais des repaires. On entre en général dans les maisons par l'écurie. Les murs ont cette apparence morbide et malsaine, cet air désespéré, décrépit, qui se reflète sur les habitants. Il n'y a sous ces toits misérables ni beauté, ni fraîcheur, ni jeunesse. L'enfance elle-même semble atteinte du poison de cette virilité précoce qui dessèche une génération dans sa fleur. Un enfant de douze ans qui avait mené, à cheval, la voiture qui nous conduisit de Vittoria au relais d'Aranda, près de cinquante lieues de France, disait en écartant du fouet les mendiants groupés autour des voyageurs : « Faites comme moi, chiens ! travaillez, vous ne mendierez pas ! » Cet énergique enfant avait tort. Ces mendiants étaient le seul ornement de ce paysage désolé : c'étaient de grands vieillards à la face rugueuse, illuminée par un œil profond, des vieilles indescriptibles, des jeunes filles aussi desséchées que la paille de maïs chassée par le vent dans l'espace ; le tout admirablement groupé pour l'observateur, couvert de guenilles fabuleuses, fièrement trouées, mais non moins fièrement portées. Et que ferait donc la Vieille-Castille si elle perdait ses mendiants? On voit, au musée de Madrid, une

toile de Velasquez qui prouve à quel point la mendicité était
une des gloires pittoresques de la vieille Espagne. Velasquez a représenté dans ce tableau des mendiants qui ont
le verre à la main et qui ont l'air d'avoir dîné. C'est là,
il est vrai, une des variétés les plus rares du mendiant
espagnol. Mais, pour que le peintre ait fait ce chef-d'œuvre,
il faut que le sujet l'ait puissamment inspiré. J'ai causé,
pour ma part, avec plusieurs de ces mendiants ; car il en
est qui parlent français : quelques-uns ont servi dans nos
armées, nobles pauvres, ma foi ! à qui on est tenté de ser-
rer la main en y laissant l'obole de Bélisaire.

Mais quel est donc ce pays où de telles misères se produisent ? Ce doit être quelque terre aride où le soc de la charrue
n'a jamais passé ? Ne le croyez pas ; c'est une terre cultivée,
fertile, où la vigne abonde, où poussent toutes les formes et
toutes les qualités de céréales. Son aspect est triste, ses horizons sévères ; une ceinture de montagnes, lointaines et
sombres, semble l'étreindre sans la borner, sous un ciel al-
ternativement glacial ou torride. Sa physionomie générale
n'est pourtant pas dépourvue d'une certaine grandeur, mais
de cette grandeur, semblable à celle de l'Océan, qui donne
l'idée de l'infini et qui plonge l'âme dans toutes sortes de
tristesses inexprimables. Tel est l'aspect de la Vieille-Castille.
Mais qu'importe la tristesse du paysage ? cette terre peut nourrir ses habitants. Elle pourrait les enrichir. J'ai entendu
faire ce calcul : la *fanègue* de blé moissonné dans la Castille,
c'est-à-dire à peu près cinquante-cinq litres de nos mesures,
coûte de 25 à 30 réaux ; à ce prix, l'hectolitre de blé vaudrait de 12 à 14 francs de notre monnaie à quelques lieues
de notre frontière, tandis qu'on le paye 26 à Bayonne... Et
il y a, disions-nous, des émeutes sur un grand nombre des
marchés de France ! Et l'Irlande s'agite et se consume dans
les convulsions de la faim ! Et les gouvernements qui main-
tiennent ces disproportions meurtrières entre la disette des

uns et l'abondance des autres, ces gouvernements sont à la tête de la civilisation du monde! Il est vrai que tous les Espagnols mangent du pain blanc, hormis les soldats (ce qui est une honte non moins en Espagne qu'en France) ; mais à quel prix? Entrez dans la Vieille-Castille ; franchissez, si vous l'osez, le seuil des chaumières ; soulevez les haillons qui couvrent à peine les épaules de ces mangeurs de pain blanc, et demandez-vous ensuite si l'agriculture reçoit les encouragements dont elle a besoin, si le revenu de la terre suffit à ses charges, si l'usure ne ronge pas le cultivateur, si la division des héritages, ce germe fécond d'où est sortie la France nouvelle, doit s'arrêter à la rive droite de l'Èbre ; enfin si ce n'est pas à l'extension illimitée de la grande propriété, ce fléau de l'ancienne Italie (*latifundia perdidére Italiam*), qu'il faut attribuer la misère endémique des plus riches provinces de l'Espagne moderne! Toutes ces questions, si délicates et si périlleuses qu'elles soient, il est bon, monsieur, de les poser de temps en temps, même sans y répondre. Les peuples, et, ce qui vaut mieux encore, les gouvernements, éprouvent quelquefois le besoin de les résoudre.

Car veuillez remarquer que je ne conclus rien de ce qui précède contre le gouvernement actuel de l'Espagne. Tout le monde connaît ses bonnes intentions, le bien qu'il a fait, celui qu'il médite, et la puissance d'avenir que donne à son intelligente volonté le récent mariage de la reine Isabelle. Je n'oublierai jamais ce qu'il m'a été donné d'entendre, quelques heures avant ce mariage, de la bouche même de l'infant qui devait s'asseoir, le lendemain, sur le trône d'Espagne : « Le gouvernement constitutionnel doit être une vérité « de ce côté-ci des Pyrénées comme du vôtre. » Mot profond dit à Madrid en 1846, comme il le fut à Paris en 1830 ; car il était le désaveu de cette parodie stérile et sanglante que, pendant dix ans, en Espagne, la corruption des hommes politiques a jouée de concert avec la violence des partis. Il se-

rait donc injuste d'attribuer au gouvernement actuel de la
monarchie espagnole le tort de ce contraste qui existe entre
la prospérité de certaines provinces et la misère de quelques
autres. Le mal vient de plus loin. C'est l'arriéré de deux
siècles qu'il faut régler ; et comme c'est le despotisme qui a
creusé ce gouffre, il est naturel de penser, ainsi que tous les
hommes de bons sens le croient en Espagne, que c'est la liberté seule qui peut le combler. Quant à la facilité avec laquelle les provinces du Nord ont réparé les maux de la guerre
civile et repris ces habitudes de bien-être et cette physionomie de bonheur dont le souvenir me poursuivait pendant
mon triste voyage à travers la Vieille-Castille, un seul mot,
fâcheux à écrire, explique cette différence. Les provinces du
Nord se gouvernent elles-mêmes. Aujourd'hui, comme au
temps d'Auguste, le Cantabre indocile résiste aux lois de la
métropole. *Cantabrum indoctum juga ferre nostra*, disait
Horace. Il faut le dire encore des provinces du Nord. La capi-
tulation de Bergara a garanti leurs franchises et régularisé
leur opposition. Elles ne payent pas l'impôt. Elles n'envoient leur contingent à la conscription que dans le cas de
guerre. Elles forment, au seuil de la monarchie espagnole,
une petite Suisse active, florissante et libre, qui n'a que l'inconvénient, très-grave à mon sens, de donner raison à ceux
qui rêvent une Espagne fédéralisée par la loi comme elle
l'a été par la nature ; système absurde qui, pour satisfaire à
l'orgueil provincial et aux prétentions étroites de quelques
cités, sacrifie le pays tout entier.

Et puisque cette question s'est présentée sous ma plume,
laissez-moi, monsieur, expliquer un fait qui se rattache au
récent passage des princes français en Espagne ; je veux parler de l'accueil qu'ils ont reçu dans les Castilles et dans les
provinces. Ceci n'est plus de la politique ni de l'historiogra-
phie, c'est de l'histoire. A mon point de vue, c'est une face
de plus par où peuvent être étudiés les contrastes que je si-

gnale. Dans les Castilles, c'est l'esprit politique, l'esprit central qui a fait accueil aux princes français ; dans les provinces, c'est l'esprit local. La différence, si elle a existé, vient de là. Dans les Castilles, et à Madrid particulièrement, l'accueil a été grave, respectueux, solennel, contenu peut-être, comme il convenait à une ville qui est le siége d'un gouvernement libre, le chef-lieu de la presse influente et l'arène habituelle des partis politiques. Et aucun Français, que je sache, ne s'en est ni étonné ni affligé. Nous en aurions fait autant à Paris si le meilleur de nos alliés (quand nous avions des alliés) était venu en grand équipage épouser une fille de notre roi. Dans les relations internationales, je parle des meilleures, il n'y a pas d'amis : il y a des alliés. Des alliés qui se rencontrent ne se jettent pas dans les bras l'un de l'autre ; ils y mettent un peu plus de cette réserve qui ménage l'avenir, et ils n'oublient pas cette dignité qui relève la force ou protége la faiblesse. Madrid ne l'a pas oublié vis-à-vis des fils de son puissant allié [1]. Malgré son penchant à les fêter comme des princes dont la jeunesse, l'intelligence et le courage font partie du patrimoine commun de l'Europe libérale, elle les a reçus comme les représentants glorieux d'une influence que ses vœux secrets appellent, devant laquelle sa nationalité veut rester libre. C'est par là que Madrid s'est montrée une ville vraiment politique. Quant aux provinces, je n'ai pas l'intention de revenir en ce moment sur des détails qui ont été racontés ailleurs ; tout le monde les a lus, et chacun sait aujourd'hui s'il était possible que la réception faite à nos princes fût plus expansive et plus cordiale. C'est que les provinces ont fêté dans leur personne la France, non-seulement comme alliée, mais comme voisine immédiate, et le système français, non-seulement comme

---

[1] On voit assez, sans que j'y insiste, que ces réflexions ont déjà près de dix ans de date ; mais elles ont été vraies un jour. C'est pour cela que je les reproduis dans ce récit.

influence politique, mais comme garantie de paix et de stabilité pour elles-mêmes. Il ne faut pas l'oublier, en effet ; la France constitutionnelle n'était pas dans le camp de don Carlos. Entre elle et les provinces, il s'est donc fait, par la convention de Bergara, comme une sorte de pacification morale qui avait besoin d'être cimentée. Le passage des princes a paru une occasion admirable de protester en faveur de cette réconciliation ; les provinces l'ont saisie. Et pendant que le télégraphe, semblable à la renommée de Virgile,

..... Pariter facta atque infecta canebat,

répandait les nouvelles les moins vraisemblables, montrant tour à tour le pont de la Bidassoa intercepté par les guérillas, les défilés de Pancorbo couronnés par les espartéristes échappés des dépôts de France, et l'hospitalière maison du général Espeleta, minée, à Vittoria, par une nouvelle conspiration des poudres, voici en réalité ce qui se passait : A Irun, un magnifique banquet attendait les princes voyageurs ; à Tolosa, la ville entière semblait piquée de la tarentule ; à Pancorbo, au lieu des fusils espartéristes brillant aux sommets du défilé, le soleil, dorant les cimes, jetait sur ces rochers sinistres, au moment du passage des princes, des rayons d'une sérénité inaltérable ; enfin à Vittoria... voici ce que j'ai vu : J'avais l'honneur d'accompagner M. le duc d'Aumale quand il revint en France, précédant de deux jours le prince son frère. Il comptait sur l'*incognito ;* et de fait, dans les Castilles, les choses se passèrent très-convenablement. Mais l'Èbre franchi, la fête commença. On eût dit que toutes les horloges avançaient de quarante-huit heures. Il faisait nuit et il pleuvait à faire déborder le Manzanarès lui-même. C'était le cas de supprimer les compliments, ou tout au moins de les dire par la fenêtre. Mais, bah ! tous ces empressés étaient dehors, en habits de fête, culotte de soie, chapeau à plume, poussant des cris de joie, des torches dans chaque main, des flambeaux aux fenêtres, des amas de pétards et des gerbes de fusées qui éclataient derrière chaque buisson. On eût dit le pays en feu et que les cloches, lancées à toute volée, au lieu de sonner une fête, appelaient au secours. C'était d'une joie à faire frissonner. Les voitures étaient emportées au galop des mules, peu habituées à ce vacarme ; et c'est en ce sens que la dépêche qui, de la frontière, dénonçait les amas de poudre de Vittoria, a failli s'accomplir de point en point. Ces démons de la nuit, qui poursuivaient, la torche à la main, la course éperdue de nos attelages, avaient bien la mine de s'être liés par serment à nous faire sauter dans les précipices. Quant à moi, c'était mon avis, quand, par bonheur, nous arrivâmes à Vittoria. Il était minuit, et la ville me sembla si folle de sa joie, si enivrée de sa poudre, si obstinée à danser sous la pluie battante jusqu'au matin, et le dîner d'ailleurs, servi par les soins de l'*ayuntamiento*, me parut si bon, que je fus bien obligé de croire à la sincérité d'un enthousiasme qui se traduisait par des témoignages si sensibles. D'autant que le lendemain la fête recommença, ou, pour mieux dire, elle n'avait pas cessé, et elle accompagna M. le duc d'Aumale jusqu'à la frontière.

Un seul moment, je crus à une intermittence de la joie publique, je pourrais dire à une suspension d'hostilités de la part des clairons, fifres, tambours et tambourins, cloches, clochetons et musettes, et autres instruments de musique locale qui attendaient le prince au passage ; et j'avais raison. Il était alors deux heures du matin ; c'était à quelques lieues de la frontière de France, au village d'Oyarsun, et à un moment où la tempête qui a soulevé, dans la nuit du 22 octobre, les flots du golfe de Gascogne ne semblait pas moins ébranler ses rivages dont nous approchions. Les Pyrénées étaient plongées dans une nuit profonde dont les éclats intermittents de la foudre interrompaient seuls l'obscurité re-

doutable. Naturellement les gens d'Oyarsun s'étaient couchés. Le vent avait éteint leurs lampions, les redoutables
musiques avaient fait retraite ; et c'est ainsi que la fête continuelle réservée au duc d'Aumale avait trouvé là, par force
majeure, le premier et le seul entr'acte qu'elle ait subi. Et
encore ne fut-il pas complet. Je n'oublierai jamais ce spectacle. Pourquoi M. Théophile Gautier ne l'a-t-il pas vu pour
l'écrire, et M. Decamps pour le peindre, avec ces priviléges
de la plume ou du pinceau romantiques qui n'appartiennent
pas à tout le monde? Oyarsun est un gros bourg couché au
pied d'une église, laquelle se dresse fièrement sur un des
contre-forts de la montagne. Le village dormait, mais l'église
veillait. Sa grosse cloche, mise en branle par une main vigoureuse et invisible, rendait des sons éclatants. Deux flambeaux, fixés aux ouvertures latérales de son clocher, pouvaient figurer deux yeux ouverts sur cette scène de désolation ; et c'était un étrange spectacle pour le voyageur, ainsi
réveillé subitement, que la vue de cette vieille tour jetant
au ciel ses cris désespérés, la tempête secouant sur son front
des groupes de nuages gris comme une chevelure de vieillard, et l'éclat de ses yeux hagards perçant, sans la dissiper,
la profonde obscurité de la nuit. Je n'ai jamais rien vu qui
m'ait donné, de la pierre brute et insensible, l'idée de quelque chose de si passionné et de si vivant.

Une réflexion me frappe au moment de terminer cette
digression ; c'est la facilité avec laquelle les provinces du
nord de l'Espagne ont secoué le manteau de fidélité absolutiste sous lequel elles ont combattu dix ans à la suite de
don Carlos ; et cela, sans perdre le droit d'inscrire, comme
elles l'ont fait, sur tous les arcs de verdure dressés pour le
passage des princes français, ces mots tracés en majuscules
triomphantes : *La très-noble et très-loyale province de* * * * ! —
Oui, les provinces du Nord n'ont pas cessé d'être loyales en
cessant d'être carlistes, car elles n'avaient d'engagement

qu'avec elles-mêmes. Don Carlos n'était que le prête-nom de
cette guerre de l'esprit local contre la centralisation, et les
provinces lui ont donné des bataillons sans jamais lui donner
un parti. Les partis survivent aux armées. Quel est aujour-
d'hui celui de don Carlos? S'il y a une impuissance démontrée,
c'est celle de son fils ; impuissance d'argent et d'opinion,
deux grands défauts chez un prétendant. La plupart des
adhérents de don Carlos ont accepté la convention de Ver-
gara qui a renversé d'un trait de plume son trône d'un jour.
Le général Urbistondo, qui commandait une division pour
le roi durant la guerre, commande aujourd'hui la province
d'Alava pour la reine, et il n'a pas cessé de jouir de l'estime
publique. C'est lui qui a fait les honneurs de Vittoria aux
princes français. Et à son tour il a reçu d'eux une hospitalité royale au château de Pau, dans ce berceau des Bourbons
où un traitre à leur sang aurait rougi d'entrer. C'est ainsi
que la trace de don Carlos s'est effacée dans le cœur des populations et dans les souvenirs du pays. Il n'en reste, sur le
sol, que quelques maisons brûlées dont les ruines attristent
encore les regards, et, dans le cœur des hommes, que quelques-uns de ces regrets rares et solitaires que la mauvaise
fortune laisse après elle. Un soir que j'attendais des chevaux
à la poste de Bergara, j'aperçus, à la lueur d'une lanterne, un
hidalgo à manteau troué qui fumait stoïquement un *cigarito*,
par une froide nuit, appuyé à la borne de l'écurie, et témoin
impassible de mon impatience : « Vous perdez ici un quart
d'heure, me dit cet homme; don Carlos y a perdu sa couronne! »

Je reviens aux Castilles. Quand on a franchi avec toute
sorte d'émotion française, mais aussi avec bon nombre de
précautions hygiéniques, que je recommande aux poitrines
délicates, ces glorieuses et froides gorges de la Sommo-Sierra
où la brise déchaînée, qui semble murmurer à vos oreilles
un nom de victoire, vous souffle en même temps et presque en
toute saison les frimas de l'hiver; quand vous avez franchi

ce passage, vous êtes sorti de la Vieille-Castille; vous entrez dans la Nouvelle. « C'est le commencement de l'Afrique, » me disait quelques jours plus tard, à Madrid, le commandant de B*** en me montrant un curieux bivouac de muletiers dans un des bas-fonds abandonnés de l'orgueilleux et impuissant Manzanarès. M. de B*** avait raison; mais ce n'est pas tant à Madrid que commence l'Afrique qu'à la Sommo-Sierra. Tout ce que j'ai pu voir de la Nouvelle-Castille, Madrid excepté, lui appartient. Les deux Castilles sont sœurs et se disputent le privilége d'être laides. Seulement j'aime mieux la laideur de l'aînée. Il y a là de poétiques échos qui répondent au nom du Cid, de majestueux reflets qui de la flèche aiguë des cathédrales descendent dans l'aride vallée, deux grands fleuves qui semblent avoir mission d'unir, au centre même de ces campagnes fertiles et désertes, la Méditerranée et l'Océan. Que sais-je? on peut faire des rêves de poëte, d'historien et surtout d'économiste dans la Vieille-Castille. On a le cœur serré, le regard navré au sein de cette triste réalité qui, de toutes parts, vous entoure dans la Nouvelle. Un de nos princes, parlant de l'Escurial, disait: « C'est Philippe II en pierre. » On pourrait croire que cette immense thébaïde qui s'étend autour de Madrid a été également créée pour la sanctification de ce roi inquisiteur, qui employa une moitié de sa vie à tourmenter son peuple et l'autre à torturer son âme. La Nouvelle-Castille est en effet un admirable lieu de pénitence. On se sent digne du paradis rien que pour l'avoir traversée au galop des mules. Un sol pelé comme la peau rugueuse des vieux ânes qui y paissent une herbe introuvable; une culture précaire et en quelque sorte nomade comme celle de l'Afrique; des horizons plats, des sables arides, je ne sais quoi qui dessèche le cœur et les yeux fatigués à suivre, dans l'immensité de ces aspects sans couleur et sans vie, leur monotonie désespérante; des villages clair-semés et habités par une population en guenilles; de distance en distance, sur la route, la triste *galera* traçant lentement son ornière, ou l'*arriero* qui jette sur vous en passant avec la fumée de son cigare l'éclair sinistre de ses yeux farouches; ou la longue file des mulets empanachés suivant d'un pas mélancolique la sonnette enrouée de la *capitana*, et étalant au milieu de ces plaines grises l'étrange luxe et les couleurs éclatantes du harnais national : tel est, pour le voyageur qui passe, l'aspect général de la Nouvelle-Castille. Quant à des arbres, n'en cherchez pas; vous n'en trouverez pas un dans un parcours de cinquante lieues; de l'eau, pas un mince filet ; de maisons de campagne, pas l'ombre. Et ici, je ferai remarquer que, depuis Irun jusqu'à Madrid, je n'ai pas aperçu, en dehors des villes ou des villages que j'ai traversés, une seule habitation qui eût figure de maison de plaisance, un clos qui donnât l'idée d'un jardin. Il faut franchir les Pyrénées pour comprendre toute la justesse du proverbe : « Bâtir des châteaux en Espagne. » Un château en Espagne est en effet le plus ambitieux des rêves, et je ne conçois pas trop pourquoi on est attendu, à l'entrée des Castilles, par un grand lion héraldique appuyé sur un écu semé de châteaux. Est-ce un souvenir ou une promesse?

La Nouvelle-Castille, c'est la campagne de Rome moins la grandeur, c'est l'Afrique moins ses chauds rayons. Le plateau sur lequel s'étend cette province èst habituellement ouvert aux grands courants qui soufflent des hauteurs neigeuses du Guadarrama et y entretiennent, une partie de l'année, une température âpre et froide. M. de Humboldt remarque que Madrid est la plus élevée de toutes les capitales de l'Europe, et pour ma part je n'ai pas souvenir d'avoir eu jamais plus froid que dans la Castille. Aussi est-ce le pays classique des manteaux. Chose singulière! plus on approche de la capitale, plus la désolation augmente. On arrive de gradation en gradation au désert pur, au Sahara africain, et il ne tient qu'à vous, si vous avez une vocation d'anachorète, d'y choisir une place sur la terre nue, derrière quelque rocher frissonnant.

A peu de distance de Madrid, on trouve deux ou trois villages où la route royale cesse tout à coup pour faire place à de véritables fondrières, la seule voie ouverte aux voitures. Est-ce un privilége de ces villages, ou une négligence du génie civil, si soigneux partout ailleurs? Je ne sais, et je ne signale au surplus ce léger désagrément qui attend le voyageur à quelques lieues d'une grande ville, que parce qu'il m'a paru se rattacher aux mœurs de l'endroit. Ces villages, en effet, grossièrement bâtis en pisé, sans eau, sans verdure, sans routes, habités par une population en apparence misérable, à la mine farouche, au regard menaçant; ces rares villages, ainsi jetés aux abords d'une cité riche et populeuse, semblent les avant-postes de quelque invasion sauvage. C'est à la civilisation à se défendre et à se garder.

Disons-le franchement, monsieur, un des plus grands obstacles qui se présentent en Espagne aux progrès de cette centralisation dont le triomphe peut relever si haut sa fortune, c'est la position de Madrid au milieu d'un désert. Cette situation est unique au monde; car Rome est une ruine, et Saint-Pétersbourg, adossé à des sables arides du côté de la terre, communique à la mer par la Néva. Le Manzanarès n'est qu'un fleuve ridicule. Presque toutes les grandes capitales ont une raison d'être. Véritables foyers d'influences et de lumières, on sent, au rayonnement qui se fait autour d'elles, la puissance d'initiative qu'elles exercent au loin. Paris, Londres, Vienne, Milan et tant d'autres s'annoncent par leurs environs populeux, par le réseau de voies de tout genre dont ces villes sont le centre, par je ne sais quelle agitation contagieuse et irrésistible qui forme autour d'elles comme une vaste sphère de vitalité et d'action. Madrid, au milieu de son désert immobile et froid, est comme une planète perdue dans l'espace, un astre brillant qui brûle sans éclairer. Placée loin de tous les centres secondaires qu'elle aspire à dominer, dépourvue en partie des moyens de communication qui lui permettraient de les atteindre, sans bois, sans eau, sans pierre, sans population indigène, sans industrie expansive, sans autre commerce que celui qui entretient son luxe, Madrid, au premier abord, donne l'idée d'un effet sans cause, d'une sorte de défi jeté à la nature par le caprice d'un roi. C'était autrefois une bourgade fortifiée qui eut pourtant l'honneur d'être assiégée par le Cid. Avant Philippe II, qui vint y établir le siége de son gouvernement, c'était, dit-on, un rendez-vous de chasse royale. On voulut en faire une ville; elle n'a jamais été qu'une cour. Mais aussi bien, c'est le secret de l'influence qu'elle a exercée en dehors de toutes les conditions qui font naître et vivre les grandes cités. Madrid a poussé comme une plante rare dans la serre chaude d'un palais. Elle y a puisé cette séve plus ardente que vigoureuse, ce tempérament irritable et lymphatique, et ces proportions démesurées mais un peu factices qui la distinguent. Encore aujourd'hui, dans le langage officiel, Madrid est moins une ville qu'une cour, *real corte;* nous lisions ces mots sur toutes les affiches pendant les fêtes. J'ai dit que ce fut sa force dans le passé, quand l'Espagne tout entière gravitait autour d'un trône absolu. Ce serait sa faiblesse dans l'avenir.

J'ai vu, en parcourant l'Italie, de petits royaumes qui avaient de grosses cours. C'était en pays d'absolutisme. Il est de grandes et puissantes monarchies qui n'ont que de petites cours ou qui n'en ont pas du tout, comme la France; ce sont les pays libres. Soyez sûr que dès qu'une Constitution s'élève et se consolide quelque part, c'est le signe que le règne des courtisans est passé. Où croissent les ministres constitutionnels, les chambellans végètent. L'influence de la tribune remplace celle de l'Œil-de-Bœuf. Les cent voix de la presse font taire les intrigues de la *camara*. Madrid en prendra son parti. Après avoir été une ville de loisir, quand le soleil, qui ne se couchait jamais sur les terres de son obéissance, faisait mûrir pour elle les fruits des deux mondes; après avoir été ensuite une ville de bon plaisir, quand vint le tour de la royauté, non plus chevaleresque et conquérante, mais bigote, fainéante et domestique; après avoir passé par ces deux phases, Madrid en voit arriver une troisième. Elle est devenue le chef-lieu d'un gouvernement constitutionnel. C'est un grand honneur. Elle a reçu mission de le faire aimer et de centraliser partout son action, sans s'arrêter aux prétentions scissionnaires et aux préjugés fédéralistes d'une partie du royaume. C'est un grand problème à résoudre; mais l'avenir de Madrid est intéressé à cette solution. Madrid, qui a été opulente par la conquête, brillante par la cour, peut devenir puissante par la liberté. *Hæ tibi erunt artes!* Cette ville, quoi qu'on fasse, ne sera jamais ni marchande ni usurière. Elle sera la tête politique du pays, sous le sceptre de sa jeune reine. C'est là son avenir. Mais pour cela il faut s'attacher avec une fidélité sérieuse au gouvernement représentatif, le vouloir avec franchise, le pratiquer avec loyauté, l'asseoir sur la tribune et non sur le tabouret. A ces conditions, Madrid ne sera plus une cour, cela est vrai; mais elle sera la capitale politique de l'Espagne, et elle ne perdra rien au change.

J'étais à Madrid pendant les fêtes du double mariage, et j'ai trouvé le peuple très-monarchique dans ses démonstrations. Ceci n'est-il pas de bon augure pour l'avenir que je signale? Le peuple de Madrid, tout au contraire de celui des grandes villes, paraissait sérieusement attentif au mariage de sa reine, et s'associait avec une préoccupation visible à toutes les pensées de ce grand jour. De son côté, la cour lui montrait une confiance entière, et le soir de la cérémonie qui fut célébrée au palais, on eût dit, à l'affluence de la foule tout à l'entour et jusque sous les fenêtres des appartements les plus intimes de la résidence royale, tandis qu'un petit nombre d'équipages stationnaient sur la place, que le peuple était le seul invité. Cette foule ne crie pas. A Madrid le silence du peuple n'est pas une leçon comme ailleurs. On accourt, on salue, on lève les chapeaux ; les femmes sont au balcon et agitent des mouchoirs. Les balcons se pavoisent, à grands frais, d'étoffes éclatantes ; pas une maison qui ne mette ses habits de fête sur le passage de la reine : tapis précieux, soie et velours, robes de gala et robes de bal, car tout y sert. C'est ainsi que se fait une démonstration monarchique.

Ce peuple est, du reste, médiocrement curieux. Ainsi la cour a voulu procurer un divertissement au peuple. Le cortége d'Atocha n'avait pas d'autre but. Quand les royautés modernes mettent sur le pavé tant de valets galonnés, tant de chevaux caparaçonnés, tant d'équipages de tous les régimes (il y avait, au cortége d'Atocha, des carrosses qui avaient dû porter Philippe V ou la princesse des Ursins), quand les royautés constitutionnelles se mettent ainsi en frais d'exhibition archéologique, je ne veux pas croire que ce soit avec le dessein de se fortifier dans l'esprit des peuples par le prestige qu'on suppose attaché à ces brillantes exhumations des coutumes antiques. Non, certes, on ne cherche pas à tromper la foule, mais à l'amuser. Toutefois, je le dirai, le peuple de Madrid, malgré les témoignages très-vifs qu'il a prodigués aux personnes royales, n'a pas paru savoir beaucoup de gré aux ordonnateurs du cortége d'Atocha de la peine qu'ils avaient prise. Il a accueilli tous ces débris du passé avec cette curiosité froide qui vous fait aller à l'Armeria ou au Musée d'artillerie. J'en dirai autant des illuminations municipales, qui étaient magnifiques, et de ces danses nationales pour lesquelles des tréteaux étaient dressés sous les fenêtres de la reine et sur toutes les places de la ville. Ces danses m'ont ravi, comme une des expressions les plus nobles, les plus charmantes et les plus originales de la nationalité espagnole. Mais à Madrid la foule n'avait que des regards ennuyés pour ces merveilles : le peuple ne se réveille, il ne s'anime que devant les taureaux du cirque. Si donc vous voulez savoir la cause de cette indifférence dédaigneuse qui fait parfois ressembler le peuple espagnol à ce sceptique des satires d'Horace, dont toute la philosophie consiste à ne rien admirer, *nil admirari* (excepté lui-même peut-être), cette cause est facile à trouver. On connaît la sobriété proverbiale des Espagnols : elle dépasse tout ce qu'on en peut dire. Un Espagnol ne boit guère de vin, un morceau de pain blanc suffit à sa journée ; mais s'il n'a pas l'ivresse du vin, il a celle du cirque. Le cirque lui tient lieu du cabaret ; un combat de taureaux l'exalte jusqu'à la démence ; il en sort avec un profond dégoût pour des divertissements plus tranquilles.

Je ne veux pas calculer jusqu'où cette indifférence peut s'étendre, ni faire remarquer que l'inquisition exploitait avec une habileté terrible, dans l'intérêt de l'unité religieuse, ce goût des spectacles sanglants qui poussait la foule aux auto-da-fé ; et qu'aujourd'hui encore le gouvernement constitutionnel peut se permettre en Espagne des violences que des sociétés régies par le droit absolu ne supporteraient pas. Je ne répéterai pas non plus, avec un voyageur, que tandis qu'en France on crie : *A bas !* les jours d'émeute, en Espagne on crie : *Muera !* le jour d'un *pronunciamiento*. Je glisse sur ces conséquences de la tauromachie qu'on pourrait accuser d'exagération ; mais je maintiens celle-ci : le goût des distractions tauromachiques est exclusif de tous les autres. Le cirque remplace le théâtre. Où règne le taureau, le comédien est condamné à mourir de faim. Les émotions qu'on va chercher à la porte *d'Alcala* expliquent pourquoi on s'ennuie au parterre *del Principe*, et pourquoi on bâille à l'Opéra, même en présence de la cour, jusqu'à se décrocher la mâchoire. Aussi ne vous dirai-je rien, monsieur, des théâtres de Madrid. Ils n'existent que pour mémoire.

Je veux seulement terminer par une réflexion. Le peuple espagnol, et c'est justice, passe encore en Europe pour celui qui a le mieux conservé la tradition des qualités qui formaient ce qu'on a appelé les mœurs chevaleresques d'une portion du moyen âge. Dans l'ordre des préjugés chevaleresques, toute idée d'honneur, de loyauté, de courage, d'adresse et de force physique, de constance et de vigueur morale se rapporte à l'idée de cheval. Le chevalier est tout; le *caballero* répond à tout. Tout ce qui ne porte pas l'épée ou l'éperon est de race infime. Tout ce qui ne procède pas de la chevalerie est le fait des traficants, des juifs et des usuriers. Le prêtre lui-même monte à cheval. Nous avons encore vu tout récemment les membres du Sacré-Collége escorter, dans cet équipage, la prise de possession solennelle du nouveau Pape. Comment donc se fait-il qu'un peuple qui, presque seul en Europe, se pique aujourd'hui de chevalerie, que ce peuple se plaise à des spectacles qui ont pour moyen l'ignominie publique du cheval, et pour but sa mort hideuse et inévitable? On mène aux combats du cirque, comme à l'abattoir, des chevaux qui n'ont plus à montrer que leur squelette recouvert d'une peau vendue d'avance à l'entrepreneur; et ces fantômes de chevaux, on les livre ainsi aux risées du public, on les accable de brocards et de mépris. S'ils tombent, avant d'être tout à fait morts, dans les ruisseaux de leur sang, ou s'ils se prennent les jambes dans leurs intestins, on les siffle comme des comparses qui auraient manqué une entrée, ou comme des coryphées qui chanteraient faux. C'est ainsi que la tauromachie, qui, chez un peuple de chevaliers, devrait être la gloire du cheval, en est aujourd'hui la honte; et, je le répète, justement parce que je ne suis pas suspect d'un engouement ridicule pour les us et coutumes du moyen âge, je ne sais

rien qui donne moins l'idée d'une nation chevaleresque que
la cruauté avec laquelle la foule, composée de toutes les
classes de la société, assiste à cette mort sanglante et outra-
gée du fier animal que nous avons appelé, nous, de ce
côté-ci des Pyrénées, *la plus noble conquête de l'homme*. Au
moins, si nous le menons à l'abattoir, nous ne livrons pas
au mépris de la foule le spectacle de sa décrépitude, de son
humiliation et de son supplice !

III

On arrive à Madrid (après avoir traversé le désert que j'ai
décrit), affamé de verdure, soupirant après l'eau des fontaines, rêvant de cascades ; et je n'oublierai jamais, monsieur,
la joie puérile que j'éprouvai à la vue des eaux factices et des
ombrages problématiques du Prado. Je m'arrêtai bien un
quart d'heure sur l'appui de marbre de la fontaine de Neptune, regardant l'eau jaillir et tomber les feuilles d'au-
tomne, non pas avec la distraction d'un philosophe préoccupé d'autres pensées, mais avec la volupté d'un sensualiste.
J'en dirai autant de toutes les impressions qui signalèrent
pour moi mon arrivée à Madrid. Tout m'y souriait. D'abord
j'y retrouvai le soleil que je croyais perdu ; je revis des maisons ; je rencontrai des figures humaines, très-humaines. Je
pris une tasse de chocolat au café Suisse. J'achetai une demi-
douzaine d'éventails de bois doré rue San-Jeronimo.... Ce
sont là des actes qui vous paraissent d'une simplicité primitive. Pour moi, c'étaient des événements à inscrire sur mes
tablettes. J'attachais un prix infini à voir des gens aller,
venir, entrer dans les boutiques, passer en voiture, d'où
quelques-uns m'éclaboussaient. Je crois vraiment que je leur
en savais gré, tant j'avais besoin de me reprendre aux souvenirs et aux habitudes de la vie parisienne. C'est dans cette

préoccupation que je traversai la rue d'*Alcala* et la rue *Mayor*, enivré d'air, repu de soleil, aspirant toutes ces brises qui avaient passé par des portes et par des fenêtres ; admirant tout, les façades des maisons badigeonnées de rose, de jaune serein, de vert tendre (je ne sais rien de moins monumental), les balcons grillés comme des geôles, les rues qui semblent pavées avec la pointe de gros clous, les omnibus à six chevaux, et les cabinets de lecture dans des paniers. Tout cela, monsieur, si étrange que fût parfois ce spectacle, c'était pour moi la civilisation, cette chose dont nous ne pouvons nous passer, nous autres enfants dégénérés de la sainte barbarie de nos pères, et à laquelle au contraire les Espagnols semblent se résigner beaucoup plus par respect humain que pour la satisfaction de leurs goûts personnels. La civilisation, à Madrid, est une espèce de produit exotique ; elle n'a pas l'air d'être de la maison. On dirait une étrangère à laquelle on a fait une place dans le logis, mais qui n'est pas de la famille. De là tous les contrastes qui se multiplient sous vos yeux.

La cité moresque, silencieusement couchée sur les rampes abruptes du coteau d'Alger, ne contraste pas plus avec la ville française qui, enfermée dans la même enceinte, s'étend commodément sur la plage, qu'une moitié de Madrid avec l'autre. On dirait qu'il y a là deux villes sur le même terrain, deux villes distinctes, non par l'époque ou le caractère des constructions, mais par les usages et les mœurs. Il reste très-peu de monuments du passé dans la capitale de l'Espagne, et le style des bâtiments est uniforme, la couleur seule diffère. La plupart des édifices publics remontent à Charles III, cet infatigable créateur de l'Espagne monumentale et routière, qui ne fut qu'un grand administrateur à une époque où, pour réparer les ruines du passé, il aurait fallu un grand homme. Charles III disait des Espagnols de son temps : « Ce sont des enfants qui crient quand on les nettoie. » Et, en effet, un jour, après beaucoup de réformes contestées, il avait entrepris celle des chapeaux; une violente émeute l'obligea de quitter son palais et sa capitale. Malgré tout, monsieur, son nom est resté populaire. Ce fut un homme de sens, car il se brouilla avec les jésuites; ce fut un philosophe et un politique, car il avait compris, comme son aïeul Louis XIV, qu'une aristocratie qui consentait à s'absorber exclusivement dans les charges de cour n'était plus un pouvoir avec qui il fallût compter; et c'est lui qui disait d'un de ses valets de chambre, à qui la grandesse refusait l'entrée de sa garderobe : « Je le fais duc, et qu'il vienne me mettre ma chemise. » Charles III aurait régénéré la vieille Espagne si elle avait pu l'être sans révolution. Mais Madrid, rajeunie et renouvelée par ses soins, n'en a pas moins conservé, même aujourd'hui, sa double physionomie, l'une qui semble un peu forcément tournée vers le progrès, l'autre qui sourit à la routine. C'est ce contraste qui la rend si curieuse à observer; un économiste peut s'en effrayer, un amateur du pittoresque s'en amuse.

Pour moi, monsieur, je l'avoue, je trouvais une sorte de sérieux plaisir à observer cette lutte de l'ancien régime espagnol, qui, chassé de toutes les positions importantes qu'il occupait autrefois, le trône, l'Église, la municipalité, s'est maintenu dans la toilette des femmes, la tenue des *posadas*, l'ordinaire des tables bourgeoises, les habitudes du bas peuple, le goût de certains spectacles, la tradition de certains usages. Madrid, en effet, est la terre classique des contradictions : c'est le royaume (passez-moi le mot) de l'*incomplet*. Suivez cet homme; il est arroseur public; il est grand et vigoureux; voyez-le attacher une longue ficelle à la tige d'où l'eau doit jaillir sur la terre desséchée, et, placé derrière à distance, secouer cette tige par un mouvement de bras saccadé et monotone. L'eau jaillit : mais, comme vous le prévoyez bien, le plus arrosé, c'est l'homme. On arrosait ainsi l'Espagne avant la bataille de Xérès. Au palais de la reine, je vis des journaliers qui transportaient de la terre dans des brouettes. Ils emplissaient successivement de petits paniers plats comme des galettes de sarrasin, et les superposaient jusqu'à ce qu'ils eussent formé à peu près la moitié d'une charge d'homme; puis ils s'attelaient à la brouette d'un air nonchalant. Les porteurs d'eau (*aguadores*), qui sont, à Madrid, une corporation importante et justement estimée, portent sur une seule épaule la charge de deux avec une fatigue et des efforts inouïs. Les portefaix des marchés sont de vrais *biskeris* africains. C'est ainsi que dans les habitudes du peuple se trahit partout le souvenir et le génie du passé. La classe moyenne est plus près de nos mœurs; mais à certaines heures de la journée, c'est encore l'Orient; l'amour du gain, qui est le nerf des professions industrielles, cède le pas à cette passion du *far niente*, qui est le bonheur et la faiblesse des Orientaux. A ce moment-là, le boutiquier chez qui vous entrez vous reçoit comme un importun; le portier à qui vous avez affaire vous accueille par un bâillement; le garçon d'auberge, à qui vous demandez un service, vous ajourne au lendemain. L'incomplet est partout. Vous allez chez un des premiers restaurateurs de la ville; la cuisine est bonne, mais vous partez après une heure d'attente, faute d'une fourchette. Vous entrez au café par un vent furieux qui vous a chassé de la rue; vous y trouvez des rafraîchissements admirables, et pas une cheminée pour vous chauffer. Le vin qu'on vous sert est d'un cru excellent; c'est du *val de pennas* de la meilleure année, les Espagnols ne connaissent pas encore l'art de falsifier le vin; mais il sent le bouc. Même à la cour, où le service de la reine peut être cité comme un modèle d'élégance et d'urbanité, le mauvais génie de l'incomplet, chassé de tous les coins du palais, s'était réfugié dans le cabinet de travail de la jeune reine. On sait que c'est faute d'un cordon de sonnette que S. M. fut obligée de céder à la contrainte dont le contre-coup renversa le ministre qui l'avait exercée sur sa main royale.

Il en est partout de même. Les hôtels de la grandesse ont parfois des façades brillantes avec des vestibules souillés. Cette femme, qui étale des diamants au cercle de la reine, n'a pas une paire de draps à donner à sa camériste. Tel hidalgo qui roule carrosse entre Neptune et Cybèle va souper avec des pois chiches. Cet autre a mis sa montre en gage pour être vu en loge au cirque d'Alcala. Non-seulement le luxe, comme dans toutes les grandes villes, confine à la misère, mais il cohabite avec elle. L'orgueil, plus que la vanité, condamne une foule d'existences à une dispendieuse représentation, qui nulle part ne couvre plus d'embarras secrets et d'indigence noblement supportée. Je n'ai jamais vu autant d'habits brodés qu'à Madrid et mieux brodés. C'est le pays du galon. Les Espagnols le portent en grands seigneurs, non en valets. Même le baisemain, si antipathique à nos mœurs, est chez eux une cérémonie qui a sa noblesse. L'Espagnol qui s'agenouille devant son roi le regarde en face, et le grand d'Espagne se couvre à ses côtés. La fierté castillane procède de cet instinct héroïque qui inspirait au sénat romain de complimenter Varron après la bataille de Cannes, pour n'avoir pas désespéré de la république. L'Espagnol non plus ne désespère jamais, mais il ne se presse pas. « Nous avons mis dix siècles à chasser les Maures, » répond-il à ceux qui sont pressés. La fierté les soutient dans les grandes crises et les grandit dans les petites ; elle les sauve du découragement dans la défaite, de la bassesse dans l'oppression, du désespoir dans la ruine. Elle leur fait supporter la souffrance ; elle leur inspire une sorte de résignation fataliste à la pauvreté. Mais le pauvre, à quelque rang de la société qu'il appartienne, veut sauver l'honneur. S'il a une maison en ruines, il la fait peindre en rose ou en jaune pour le plaisir du passant, comme le marchand peint sa boutique pour l'achalandage ; s'il a une charge à la cour, il vend sa vaisselle pour acheter une broderie ; s'il n'a qu'un manteau troué, il le porte avec la majesté d'un empereur romain. Nulle part, en un mot, la lutte de l'homme contre les exigences de la vie positive n'est signalée par plus d'héroïsme véritable mêlé à plus d'indifférence apparente.

Ce serait peut-être ici le moment, monsieur, de justifier l'opinion que j'ai exprimée tout au début de cette correspondance. J'ai commencé en disant que j'avais rapporté d'Espagne une sincère admiration pour le caractère espagnol. Je me sens d'autant plus autorisé à le répéter aujourd'hui, que j'ai plus franchement dit la vérité sur tout le reste. En effet, quelque triste que soit le spectacle qui s'est parfois offert à mes yeux, nulle part ce spectacle, quand il m'a montré l'image de la misère, ne m'a donné l'idée de la décadence. Je croyais trouver au delà des Pyrénées un de ces peuples sur lesquels l'histoire n'a plus qu'à jeter le linceul. Je me trompais. Le peuple qui habite le territoire appauvri et dépouillé de l'Espagne a conservé, du moins en partie, les qualités qui constituent les races fortes et les populations vivaces. Pour être juste envers l'Espagne actuelle, il faut remonter aux premiers et aux derniers siècles de son histoire, regarder à ce qu'elle a souffert, et se demander si un autre peuple aurait supporté une rigueur si constante et si implacable de la fortune. Les traces, je l'avoue, en sont partout manifestes, dans l'ordre matériel, sur le sol espagnol ; mais, au milieu de cette détresse et de ces ruines de la matière, l'homme est resté debout ; et si l'influence collective de la nation a suivi le déclin de sa destinée, l'individu a conservé, fortement empreint dans toute sa personne, le sceau de l'énergie, de la vitalité et de la grandeur. On a dit de l'homme que « c'est un dieu tombé qui se souvient des cieux. » L'Espagnol est un dominateur déchu qui n'a pas oublié sa puissance. Je n'ai vu nulle part plus de véritable dignité dans les gestes, dans les attitudes et dans les visages, plus de noblesse alliée à plus de bonne grâce dans les classes élevées, plus de fierté avec plus de politesse dans les inférieures.

Mais si la fierté des Espagnols tient à des qualités sérieuses, elle emprunte aussi quelque chose à leurs défauts. Je l'ai dit plus haut, l'Espagnol s'admire beaucoup lui-même. Cet amour exagéré de sa personne a l'inconvénient de le cantonner trop étroitement dans ses vieux usages, dans ses préjugés rétrogrades, et de le rendre moins accessible au progrès, ce grand mot qui en Espagne ne désigne qu'une petite chose, c'est-à-dire une coterie politique, quand il devrait être le mot d'ordre et de ralliement de la nation tout entière. Quoi qu'il en soit, et quand on ne cherche, comme je l'ai fait pendant mon rapide voyage, que les impressions extérieures, rien de plus curieux à observer que ces allures du caractère espagnol qui se trahit, quoi qu'il fasse, dans tous les actes de sa vie discrète et monotone. Par exemple, un Espagnol, en présence d'un étranger, n'a jamais l'air de douter que l'Espagne ne soit la première nation du monde. Ce sentiment est remarquable surtout chez les hommes de la classe inférieure, où il semble, suivant le mot d'un observateur judicieux, que la dignité de l'homme s'élève à mesure que son rang descend. On dirait que la livrée elle-même ne couvre chez eux que des sentiments généreux et désintéressés. Notre spirituel collaborateur, M. Barrière, racontait fort plaisamment, il y a quelques jours, une avanie qui lui fut faite au Musée de Berlin ; on voulut retenir son chapeau comme garantie du pourboire exigé par les gardiens galonnés. Au musée de Madrid, un homme à qui j'offrais une gratification me répondit poliment, mais avec un geste de sénateur : « Vous êtes ici, monsieur, dans le palais de la reine ! » Je m'inclinai devant ce Romain. Ils ont d'ailleurs un mot qui répond à tout : *Somos españoles*. Si vous les louez d'une bonne action ou d'un trait de courage, leur orgueil habile se retranche derrière le mérite de la nation elle-même. Nous sommes Espagnols ! Cela veut dire qu'ils acceptent l'éloge, mais qu'ils en partagent l'honneur avec le pays. Quelles que soient les différences, les jalousies et même les haines qui séparent entre elles les provinces de la monarchie, soyez sûr qu'il y a le principe d'une centralisation vigoureuse dans ces seuls mots : *Somos Españoles*. Ce cri, la vanité le pousse bien souvent ; mais la politique doit le recueillir, et la civilisation en profiter !

Un des plus singuliers symptômes de ce patriotisme exclusif qui a cours dans les rangs inférieurs du peuple espagnol, c'est l'apparent mépris qu'ils professent pour les gens qui ne parlent pas correctement leur langue nationale ;

Barbarus his ego sum quia non intelligor illis...

J'ai pu faire, dans l'Espagne de 1846, la même remarque que faisait, il y a dix-huit siècles, le poëte Ovide relégué chez les Scythes du Pont-Euxin. Une fois les Pyrénées franchies, ne comptez plus en effet sur ces mille complaisances par lesquelles les Parisiens et en général les gens du Nord attirent et séduisent les étrangers. Une partie de l'achalandage de Paris est fondé sur le talent avec lequel les marchands font mine de comprendre et en réalité devinent les idiomes les plus ingrats, malgré leur incorrigible maladresse à les parler. Mais en Espagne un homme qui ne sait pas l'espagnol est naturellement au-dessous de celui qui le parle, et j'ai souvent surpris ce sentiment, qui se trahissait par un sourire de supériorité satisfaite, chez de simples postillons ou *majorals* à qui j'essayais de faire comprendre ma pensée dans le plus magnifique baragouin. Ces gens me regardaient comme un être tombé de la lune.

J'ai parlé de la politesse espagnole. Ce n'est pas même chose que la prévenance, sorte de mérite qu'ils n'ont pas. Leur politesse tient à un sentiment que j'ai vu partout do-

 minant dans le pays que j'ai parcouru, le respect au moins
apparent de soi-même. Quels que soient le fond des âmes et
le secret caché dans les replis du cœur, l'homme extérieur a
toujours les allures de la courtoisie et les dehors de l'urbanité. Mais ces dehors couvrent, on ne peut en douter, un orgueil et une personnalité inexorables. On comprend, à les
voir, que des gens si polis doivent être des vengeurs inflexi-
bles de leur honneur et de leur droit. La politesse est une
sorte d'inviolabilité individuelle dont chacun s'entoure ; mais
sous les plis élégants du manteau il y a la pointe d'une
épée et la lame d'un poignard. Le duel, quelquefois le meurtre, sont le corollaire de cette urbanité terrible à laquelle
les gens du peuple eux-mêmes ne manquent jamais. Vous
avez entendu parler quelquefois de brigands polis et même
sensibles. La race en est espagnole. Mais d'ailleurs, polis ou
non, le métier de bandit devient de jour en jour plus rare
en Espagne, par une raison excellente : il coûte plus cher
qu'il ne rapporte. Un bandit qui se respecte est obligé à une
certaine tenue, dont les mendiants pacifiques sont exempts :
il y faut le chapeau à galons, le gilet de velours, les boutons
d'argent, la ceinture de soie rouge, sans parler d'une bonne
lame de Tolède dans sa gaîne de maroquin, de l'espingole
en bandoulière et du classique manteau sur l'épaule. Un pareil costume ne rend pas ce qu'il coûte, depuis que les gendarmes, si admirablement organisés par le loyal et habile
général Ahumada, couvrent les principales routes de l'Espagne. Aussi les brigands espagnols sont-ils passés à l'état de
problème dont les amateurs enragés du pittoresque cherchent vainement la solution. M. Théophile Gautier a parcouru l'Espagne entière, en 1840, sans avoir eu le bonheur
de faire une seule rencontre un peu épouvantable. Récemment encore, à Madrid, les gens qui aiment à plaisanter
(on voit que je veux parler des Français) racontaient que
M. Alexandre Dumas s'était mis en quête d'une bande de

brigands encore existant, disait-on, sur les terres du duc
d'Ossuna, et qu'il avait obtenu de cet aimable seigneur la
promesse d'une belle aventure. Je ne sais si l'attaque dont
M. Dumas et ses compagnons ont été l'objet, une nuit qu'ils
revenaient de Tolède, se rattache à cette plaisanterie ; mais
le récit que j'en ai lu m'a médiocrement convaincu que l'a-
venture fût sérieuse. Tout ce qu'il m'a été possible d'en conclure, c'est que les brigands qui ont attaqué M. Dumas
étaient de l'espèce polie ; car, voyant qu'ils dérangeaient
notre spirituel compatriote, ils se sont éloignés. Ceci, vous
le voyez, monsieur, rentre dans mon sujet.

Tels sont donc les principaux caractères de la physionomie extérieure du peuple espagnol, de celle qu'une observation rapide permet de saisir : une fierté contenue, mais
réelle, une politesse générale fondée sur une personnalité
jalouse et irritable, une grande confiance en soi qui s'exalte
dans les circonstances extraordinaires, mais qui n'est habituellement ni fanfaronne ni bavarde ; la sobriété, la patience, la réserve prudente ou hautaine, une sorte de mu-
tisme oriental que Voltaire attribue à cette crainte héréditaire
de l'Inquisition qui entretenait le soupçon jusqu'au sein des
amitiés les plus intimes ; et enfin, si de ces habitudes en
quelque sorte morales de la physionomie espagnole nous passons à ses traits physiques, l'Espagne, quoi qu'on ait pu dire
de ce dépérissement manifeste de quelques tiges détachées
du vieux tronc aristocratique, l'Espagne est encore le pays
des beaux hommes. A la vérité, ce cachet de beauté sévère
se rencontre surtout dans les rangs de l'armée espagnole, où
le simple soldat joint à une qualité bien rare dans nos contrées septentrionales, à la régularité des traits, une autre qui
ne l'est pas moins dans le Midi, la mâle gravité du maintien. On peut étudier ce type admirable, non-seulement dans
les hauts rangs de l'armée, où il est relevé par l'éclat d'ailleurs excessif des décorations et des uniformes, mais sur le

seuil de la caserne et sous la guérite du factionnaire. Partout le soldat espagnol a ce caractère de beauté sérieuse, de gravité martiale et de vigueur physique qui distingue les races militaires. On comprend que ces hommes sont nés pour la guerre, c'est-à-dire à la fois pour l'obéissance et pour l'action, capables d'élan et de discipline, et on ne s'étonne plus que le général Narvaez ait pu mettre sur pied, en si peu de temps, une armée d'une apparence si respectable et d'un esprit si excellent. Je voudrais toutefois que dans un pays où les simples soldats ont l'air, plus que partout ailleurs, d'avoir leur bâton de maréchal dans la giberne, la constitution de l'armée fût plus largement démocratique; j'ai vu parfois avec surprise, à la tête d'escadrons magnifiques, des jeunes gens à peine sortis de l'enfance, et qui auraient pu figurer autrefois avec avantage à la tête de *Royal-Bonbon*. Je m'empresse d'ajouter que ces anomalies sont rares, et c'est bien au contraire parmi les officiers inférieurs de l'armée espagnole qu'il faut chercher le plus beau type de la race. Je veux rappeler à ce propos quelques lignes d'un récit du *Quarterly Review*, citées par la *Revue britannique*, d'où l'on conclura sans doute que je n'ai pas mis mes impressions personnelles, dans cette circonstance plus que dans les autres, à la place de la réalité : « La première fois que j'aperçus les troupes de la reine, dit le narrateur (c'était pendant la guerre civile), leur mauvais équipement me surprit. En les observant de plus près, je reconnus que les forces physiques des soldats et l'énergie de leur nature ne demanderaient qu'à être bien guidées pour enfanter des conquêtes. Leur beauté personnelle est en général fort remarquable, chez les officiers surtout. On ne peut s'empêcher de s'arrêter devant ces physionomies expressives, ces traits fins, aux contours délicatement fermes, ces fronts hautains qui s'élèvent pour ainsi dire à pic, cet air impérieux et contemplatif, ces grands yeux noirs et mélancoliques, ces sourcils et ces moustaches d'un ébène si éclatant, d'une forme si délicate, que vous les auriez crus tracés par le crayon d'un artiste. »

'J'ai dit que l'Espagne est le pays de la beauté physique, et cependant je n'ai pas parlé des femmes. Voici les motifs de cette réserve : J'ai vu à Madrid, pendant les quinze jours que j'y ai passés, des réunions brillantes, bals, concerts, festins splendides, dont j'épargne l'énumération et le détail à nos lecteurs. Je n'y ai pas vu la société. Dans ces représentations presque officielles, la société pose comme un régiment à la parade ; elle ne livre pas son secret. Pour le surprendre, il aurait fallu la pénétrer dans le mystère un peu oriental de ses habitudes ; il aurait fallu se faire ouvrir ces portes derrière lesquelles se cache la famille, où l'amitié elle-même se retranche, discrète et soupçonneuse. Le temps m'a manqué pour cette épreuve. Je m'arrête donc avec respect devant le seuil de cette vie intime que je n'ai pu franchir. Beaucoup en ont parlé, je le sais, qui ne la connaissaient pas mieux que moi. Un honnête voyageur allemand commence ainsi un chapitre consacré aux femmes espagnoles : « Si les hommes se distinguent ici par le caractère, les fem- « mes se font remarquer par le tempérament. » Ceci était écrit en 1802. Je me refuse à croire que ce soit le dernier mot de la sociabilité espagnole en 1846. Ceux qui connaissent l'Espagne, et surtout Madrid, ont eu beau me dire que rien n'était changé dans les mœurs de la société depuis quarante ans ; que l'éducation des femmes était détestable, étrangère à toute instruction sérieuse, livrée, pour tout frein, aux pratiques les plus minutieuses de la *dévotion aisée*, ce mensonge de la vraie piété, qui permet d'accorder ensemble des devoirs faciles et d'irrésistibles instincts, qui mène de front la messe et l'amour, le confesseur et le *cortejo:* voilà ce qu'on m'a dit. Mais comment concilier cette opinion, qu'inspire en général aux voyageurs étrangers l'étude un peu suivie de la société espagnole, avec ce singulier ascen-

dant que les femmes y exercent visiblement? Il n'est pas de
contrée au monde, ceci n'est plus en question, où l'influence
de la femme, autrefois plus esclave que partout ailleurs,
soit aujourd'hui plus réelle qu'à Madrid ; et il n'est pas nécessaire d'assister aux drames plus ou moins voilés de la vie
intime pour y trouver la preuve de cette domination incontestable. Il suffit de sortir de chez soi ; il suffit de voir avec
quel abandon plein de dignité, de grâce et de pudeur les
femmes espagnoles livrent, à la vue et à l'admiration du public, cette beauté proverbiale qui est le charme et l'honneur
des rues de Madrid ; car les femmes y circulent en tout
temps, la tête nue, le front découvert, avec une confiance et
une fierté toutes castillanes, protégées par leur propre décence et par le respect public. En arrivant à Madrid, on
croyait entrer dans le royaume des maris jaloux ; après quelques tours de promenade, on se croirait dans le pays de la
femme libre.

L'Orient, qui a laissé tant de traces encore profondes au
cœur de la vieille Espagne, s'est-il donc retiré tout à coup
devant les femmes? Devenues libres, de quel prix ont-elles
payé leur liberté? Devenues maîtresses de la société espagnole, est-ce leur beauté seule qui a fait les frais de l'inves-
titure? ou faut-il chercher à cet empire qu'elles ont conquis
un fondement plus sérieux et plus solide? Ces Espagnoles de
Madrid, qui affectent une si admirable décence dans une liberté si étrange, jouent-elles une comédie publique avec cette
ineffable hypocrisie qui est le fruit des éducations mystiques ;
ou bien ces femmes qui ont un si grand air avec des figures
si charmantes, des yeux d'un éclat si imposant et si doux ;
ces femmes qui ne prennent le bras de personne à la promenade, et que leurs élus n'abordent qu'avec une sorte de
confusion et de respect, sont-elles vraiment dignes de ces
hommages? Toutes questions délicates, monsieur, et que j'ai
peut-être le tort de poser, n'ayant pas le moyen de les ré-

soudre. Aussi bien je ne vous ai pas promis des jugements, mais des impressions. De toutes celles que j'ai rapportées de ma course au delà des Pyrénées, la plus agréable est assurément la vue des femmes de Madrid, quand elles promènent au Prado le luxe charmant de leurs mantilles de dentelles, si gracieusement rattachées au peigne d'or ou d'écaille qui rassemble au sommet de ces têtes olympiennes leur belle et abondante chevelure. La mantille est tout ce qui reste de l'ancien costume espagnol : mais elle suffit pour assurer aux Madrilègnes, sur les femmes de tous les pays (j'entends à la promenade), une supériorité de grâce indisputable. A Madrid, auprès de la plus simple mantille, le plus beau chapeau de Paris, sur la plus jolie tête, a toujours l'air de coiffer une laide. La mantille, au contraire, accompagne admirablement ces beaux yeux brillants comme des escarboucles, ces traits nobles et fins où se peint l'esprit de domination domestique, ces bouches railleuses et discrètes, ces lèvres vermeilles, ces tailles si souples et si élégantes, ces allures si vives et « ce port de déesses, marchant sur les nues », a dit Saint-Simon ; en un mot, tous ces dons naturels et tous ces artifices ingénieux qui forment l'ensemble à la fois sévère et provoquant de la beauté espagnole.

Ce serait ici le lieu de remarquer peut-être que l'influence des femmes, si elle est de date assez récente dans la vie privée des Espagnols, n'a jamais été contestée dans la vie publique et dans les grandes affaires. Le droit des femmes à succéder à la couronne était, avant Philippe V, une loi de l'État, aussi vieille que la monarchie, et confirmée, si j'ai bonne mémoire, dans les *Partidas* d'Alonzo X, surnommé le Sage, et bien plus encore par les faits eux-mêmes. Et, en effet, quel avait été le droit de la maison d'Autriche, et, plus tard, quel fut celui qu'invoqua la maison de Bourbon, si ce n'est le droit de succession féminine ? Philippe V, qui devait le trône à cette loi, la suspendit ; et, chose singulière! le droit des femmes fut mis en question précisément sous le règne où leur influence parut le plus irrésistible. Philippe V voulait-il se venger, sur le vieux droit espagnol, de la princesse des Ursins et d'Élisabeth de Parme? Quand les Cortès de Cadix, en 1812, et plus tard le roi Ferdinand VII, rétablirent cette antique loi que la désuétude n'avait pu atteindre, ce n'est pas seulement à la législation fondamentale de la monarchie qu'ils rendirent hommage ; ils se montrèrent vraiment politiques en faisant cette concession aux vieilles mœurs de l'Espagne. Disons-le : si orageuse qu'ait été l'épreuve de ces quinze dernières années pour la royauté espagnole, aucun prince mineur n'aurait traversé avec moins d'obstacles et moins de dangers ces temps difficiles que ne l'a fait la jeune reine Isabelle, protégée par ce respect loyal et ce dévouement chevaleresque qui sont aujourd'hui la plus solide base de son trône.

D'où vient maintenant, monsieur, car il faut finir, d'où vient que tant de qualités supérieures, tant de nobles instincts, tant de souvenirs de gloire et de puissance, tant de ressources et de richesses naturelles, une si admirable situation géographique, une si longue et si incroyable prospérité, une domination si vaste, n'ont abouti qu'à cette détresse des soixante dernières années, qui pour beaucoup ressemble à une décadence et n'est pourtant, il faut le croire, qu'une halte sur la limite qui sépare l'ancien régime du nouveau? D'où vient cela?

L'Espagne a éprouvé plus de peine qu'aucune autre nation de l'Europe à franchir cette limite, par beaucoup de causes. J'en veux signaler une seule. L'Espagne, à peine affranchie de la domination des Maures, presque tombée en barbarie pour avoir chassé ceux qu'elle appelait barbares, a eu cette fortune insigne de découvrir un monde qui a suppléé, pendant deux siècles, aux mécomptes de son activité et de son industrie. Partout ailleurs, les nations s'enrichis-

10.

saient à la sueur de leur front ; l'Espagne, avec une poignée de soldats et de prêtres, quelques livres de poudre et d'encens, mettait la main sur les plus riches trésors du monde, et encaissait, avec l'avidité d'un joueur heureux, la recette des deux Amériques. Elle fit alors comme ce propriétaire imprudent qui, ayant une année d'abondance, établirait sa maison sur le pied de ce produit extraordinaire. La conquête de l'Amérique a été la bonne année de l'Espagne ; elle lui a donné une confiance qu'aujourd'hui même, malgré de cruelles leçons, l'Espagne n'a pas perdue ; d'autant plus qu'à la confiance trompeuse inspirée par cette espèce de mirage du passé, toujours présent à ses regards pour les fasciner et les éblouir, se joint la présomption non moins décevante du caractère national. Il y a des riches ruinés qui deviennent fous. Leur folie consiste à se croire toujours riches. Tous les navires chargés de denrées qui entrent au Pirée leur appartiennent. Douce erreur ! s'écrie Horace ; funeste égarement, dirai-je à mon tour, quand c'est celui d'un peuple entier. On a calculé que, sous le règne de Philippe II, la domination espagnole s'étendait sur plus de trois mille lieues de côtes, et qu'en un peu plus de deux siècles, de la fin du quinzième au commencement du dix-huitième, elle avait retiré de l'Amérique la valeur de 25 milliards de notre monnaie. Et pourtant, en 1604, Philippe III, le même qui mourut, dit-on, victime de cette folle et puérile religion de l'étiquette monarchique, dont le grand prêtre était à Madrid, Philippe III n'eut pas de quoi payer son armée des Pays-Bas, dont trois mille hommes passèrent sous les drapeaux de Maurice ; et, au dernier siècle, Voltaire faisait remarquer que le revenu du gouvernement espagnol ne s'élevait pas à 100 millions de piastres, et sa population à sept millions d'habitants. Le déchet était évident. L'Espagne n'a pas voulu y croire. En vain son territoire se dépeuplait ; en vain ses rois firent-ils des édits extravagants, comme d'accorder la noblesse aux cultivateurs, pour rendre aux terres incultes la valeur que leur avait donnée l'admirable culture des Mauresques, deux fois chassés : la première par les armes, c'était la bonne ; la seconde par l'intolérance. Cette seconde expulsion coûta plus à l'Espagne que la révocation de l'édit de Nantes, cette autre folie d'un despote plus sérieux, ne devait coûter elle-même à la France.

Malgré tout, l'Espagne s'obstina longtemps à croire à sa puissance et même à sa richesse ; et aucun peuple n'entra plus tard dans les voies que la bienfaisante philosophie du dix-huitième siècle ouvrait partout à la science du gouvernement, aux efforts de l'économie politique et aux réformes de la sociabilité. Pendant que ces docteurs admirables, Voltaire, Rousseau, d'Alembert, agitaient et fécondaient le monde, l'Espagne, accroupie entre le trésor des Indes vide et le tribunal toujours occupé des inquisiteurs ; l'Espagne, n'ayant pas de révolution à faire contre l'aristocratie dans un pays où les édits royaux avaient donné la noblesse aux conducteurs de charrue et aux valets de ferme, n'en voulant pas faire contre le clergé régulier, dont les couvents nourrissaient le bas peuple, et lui rendaient par l'aumône ce qu'ils lui enlevaient par la mainmorte ; l'Espagne enfin, ainsi pétrifiée dans l'admiration stérile de sa grandeur passée, que vouliez-vous qu'elle devînt, monsieur, sans la révolution française, qui encore, pour se faire entendre au delà des Pyrénées, a été obligée de tirer le canon ? C'est ainsi que le dix-huitième siècle est entré en Espagne. L'Espagne a combattu héroïquement les hommes qui l'apportaient : elle a gardé les idées. Ces idées germent ; la moisson se fera comme elle s'est faite en France, non sans peine, en dépit des résistances du vieil esprit. J'ai vu partout en Espagne le mot de *Constitution* inscrit sur les édifices publics. C'est l'enseigne du régime nouveau. L'enseigne est beaucoup, mais il faut que la marchandise soit bonne. L'ancien régime a pendant trois siècles trompé l'Espagne sur ses vraies ressources : le nouveau doit lui dire la vérité sur les causes réelles de sa misère. Pour l'Espagne, le vrai remède au mal, c'est de se connaître. C'est pour elle qu'a été dit le mot de Socrate.

Et puisque j'ai mis en présence l'ancien esprit et l'esprit nouveau, l'Espagne de l'absolutisme et celle de la liberté, permettez-moi un souvenir par lequel je veux terminer cette longue lettre. Un jour que je passais sur la route de Burgos à Lerma, je vis (*horresco referens!*) un vieux paysan, accroupi dans un champ de maïs, et qui se faisait rendre par un enfant, debout derrière lui et les deux mains dans ses cheveux blanchis, ce genre de service que les mères seules, dans nos campagnes, rendent à leurs enfants en bas âge. L'enfant faisait son office avec une distraction visible. Derrière lui, une tour en maçonnerie s'élevait sur un monticule, et semblait agiter de grands bras noirs qui se dessinaient sur l'azur du ciel. C'était le télégraphe qui fait communiquer Paris et Madrid par Bayonne, le lien visible de deux gouvernements libres, le silencieux intermédiaire de deux tribunes ; et, tout en remplissant son devoir de fils, l'enfant attachait ses yeux à la mystérieuse machine avec une sorte de curiosité inquiète, ardente et prophétique. Peut-être mon imagination, en ce moment bercée par le mouvement rapide d'une chaise de poste, fit-elle les frais de ce rapprochement ; mais il me sembla voir en présence deux civilisations, deux époques, presque deux peuples différents : l'un représenté par ce vieillard indolent, sale et absolu ; l'autre, qui avait pour symbole cet adolescent à l'œil vif, au front pur, au teint fauve et ardent, et qui, attaché à cette besogne honteuse comme à une glèbe servile, de son regard d'enfant semblait entrevoir et respirer l'avenir.

Le vieillard, monsieur, c'était l'Espagne absolutiste, intolérante et routinière ; l'enfant, c'était l'Espagne nouvelle !

XI

LES COURSES DE TAUREAUX A MADRID.

Madrid, le 16 octobre 1846.

. . . . . . Toute l'Europe s'occupe de l'Espagne en ce moment, monsieur [1], et l'Europe ne sait pas que la chose dont l'Espagne s'occupe le plus de son côté, ce sont les combats de taureaux. Le mariage de la reine a paru une excellente occasion de jeter sur *la place* quelques centaines de ces terribles animaux, escortés de leurs quadrilles, et Madrid s'est naturellement distingué dans ce concours de la tauromachie appliquée à la manifestation de la joie publique. Outre sa course (*corrida*) ordinaire de chaque lundi, qui réunit de douze à quinze mille spectateurs au cirque de la porte d'Alcala, Madrid donne en ce moment une série de représentations extraordinaires qui comprennent trois jours (la course est double chaque jour) et auxquelles assistent plus de trente mille spectateurs.

Faites le compte, monsieur, et dites-moi si un peuple qui peut faire une pareille dépense de son loisir et de son argent est un peuple qui doive causer tant de soucis aux politiques. Mais passons. Nous sommes au milieu des fêtes. La

[1] Le directeur du *Journal des Débats*.

fête dure depuis dix jours presque sans interruption, même la nuit, si ce n'est quand le vent d'autan se met de la partie et souffle sur les splendides illuminations de la ville. Si ce peuple cache au fond de son cœur des pensées sinistres et des projets révolutionnaires, comme c'est l'avis de quelques écrivains de Londres et de Paris, il fait absolument comme le tyran bien connu de nos anciens mélodrames, « il dissimule; » mais ce n'est pas, en ce moment du moins, pour mieux feindre; c'est pour s'amuser. Occupons-nous donc, comme lui, de ses plaisirs.

Il n'y a, monsieur, entre un combat de taureaux tel que j'en ai vu successivement deux au cirque de la porte d'Alcala, et la représentation de ce jour, aucune espèce de rapports, du moins pour moi. L'un est une affreuse boucherie, l'autre un magnifique coup d'œil. Le cirque d'Alcala, c'est l'abattoir à l'état de spectacle. Le combat de la place Mayor, c'est une grande et curieuse manifestation de pompe royale et d'empressement populaire; c'est une arène ouverte à la force, à l'adresse et au courage des hommes et des chevaux. Les courses de la place Mayor s'appellent royales (*funzion reale*); elles n'ont lieu que dans un petit nombre de circonstances déterminées, l'avénement, la majorité et le mariage du roi ou de la reine, deux ou trois fois dans le cours des plus longs règnes. La cour et la ville en font les frais; mais, si j'en crois l'immense concours qu'attirent ces fêtes et le prix que se payent les moindres places, la recette doit dépasser de beaucoup la dépense. Tous ces revenus de la tauromachie reçoivent du reste l'emploi le plus honorable : ils servent à l'entretien des hôpitaux. Ce qui vient du peuple retourne au peuple; ce que son désœuvrement a donné, sa vieillesse ou sa pauvreté le recueillent. Rien n'est plus sagement conçu et plus libéralement accompli. Mais il faut voir, monsieur, les alentours de la place Mayor et la place Mayor elle-même au moment de la fête. Imaginez d'abord qu'une ancienne tradition assure à la ville le privilége de disposer, au profit de la course, de toutes les fenêtres des maisons qui donnent sur cette place, laquelle forme un carré long et a une étendue immense. Imaginez que toutes les boutiques du rez-de-chaussée, qui sont fort nombreuses, sont condamnées, pendant tout le temps que durent les courses et leurs préliminaires, à une obscurité complète ; car on élève un amphithéâtre de gradins jusqu'à la hauteur du premier étage ; et la place Mayor, qui contient plus de douze cents fenêtres, se trouve ainsi tout entière en inter-dit, expropriée pour cause de divertissement public. Mais personne ne se plaint, car tout le monde s'amuse. Les pro-priétaires finissent toujours par obtenir une place ou deux dans leur propre maison ; les boutiquiers prennent leurs vacances ; les gens qu'on chasse de chez eux au profit de la fête louent des stalles pour l'aller voir. On n'est pas de meilleure composition ; et aussi bien, monsieur, je ne sais pas de trait plus singulier dans le caractère d'un peuple que celui-là. Il en est un autre cependant qui mérite d'être relevé : dans le plus grand empressement de ce plaisir na-tional, au milieu de ce labyrinthe inextricable de petites rues qui enserrent la place Mayor, dans ces abords encom-brés et sous ces galeries fermées au jour *par ordre*, trente mille spectateurs, munis de billets, sans parler de ceux qui n'en ont pas, circulent sans désordre, s'entassent sans cris, et finissent par se placer sans confusion et sans gendarmes. On dirait le chaos qui se débrouille de lui-même et sans l'intervention d'un dieu.

Le coup d'œil que présente la place Mayor une fois qu'on est entré dans son enceinte est un des plus imposants qui se puissent décrire. La place, comme je l'ai dit, forme un carré régulier de deux cents mètres à peu près de longueur sur cent cinquante de large ; sur ses quatre faces règne un portique auquel sont appuyés les premiers gradins de l'am-

phithéâtre ; au-dessus s'élèvent les maisons, construites sur
un plan uniforme, dans tout le périmètre de la place,
d'une architecture simple, mais élégante, et ornées de balcons à leurs trois étages. Au milieu, et sur le même plan
que les autres constructions, mais avec un singulier relief
d'ornements sculptés et d'éclatantes peintures, se dresse le
bâtiment réservé à la famille royale, et au front duquel
brille en saillie un dais de velours et d'or magnifique. Ce
bâtiment a été autrefois, m'a-t-on dit, le siége de la municipalité de Madrid et le rendez-vous de plus d'un *pronun-
ciamento*. C'est aujourd'hui la résidence de l'Académie
d'histoire.

Au-dessus du dais royal flotte le pavillon espagnol. Au
premier et au second étage des maisons, les balcons sont
recouverts d'une immense tenture d'étoffe rouge pour le
premier, jaune pour le second (on sait que ce sont les couleurs espagnoles), laquelle, relevée d'une frange d'argent,
fait tout le tour de la place. Au troisième étage, c'est une
bande bleue relevée d'or. Tous les balcons sont chargés de
spectateurs ; en arrière, et dans la largeur des fenêtres, se
dressent des gradins d'un prix inférieur. L'amphithéâtre du
rez-de-chaussée est comble. Tous les assistants sont vêtus
de leurs habits de fête, et rien ne peut donner une idée de
la bonne tenue, de la décence, du calme admirable qui
règnent, avant l'ouverture de la course, au milieu de ces
flots de spectateurs que contient à peine cet immense espace. Ce calme, il est vrai, va bientôt faire place au déchaî-
nement de toutes les passions qui fermentent dans le cœur
d'un véritable *aficionado*, et auxquelles le grand air, la
foule, l'émotion et la contagion du spectacle donnent, dans
ces représentations extraordinaires, une puissance irrésistible. Mais attendons : tous les préliminaires du spectacle
ne sont pas réglés. Il y faut le temps, et en Espagne on met
le temps à toute chose, et surtout au plaisir.

Entre une troupe d'archers de la reine, deux cents hommes environ, qui vont se placer, sur trois rangs de profondeur, en avant des gradins qui descendent sous la loge de Sa Majesté. Cette troupe remplit le vide de la barrière qui partout ailleurs protége l'amphithéâtre contre les assauts du taureau furieux. C'est donc une barrière vivante qui s'étend là au lieu d'une barrière de bois, barrière hérissée de piques et formée avec les poitrines de braves soldats. La reine peut être tranquille, elle est bien gardée.

A gauche de la loge royale, on voit le *toril*. C'est l'endroit où les taureaux sont gardés dans des cages sans jour et d'où ils se précipitent dans l'arène. Au-dessus se place l'orchestre, qui règle le combat, sonne la mort et la victoire. En face du balcon royal se voit le *matadero*, c'est-à-dire l'issue par laquelle sont entraînés les cadavres attachés au croc; ce sont les gémonies des animaux. L'infirmerie destinée aux hommes était cachée au rez-de-chaussée d'une maison à l'angle gauche de la place.

La reine Isabelle, accompagnée du prince son époux, venait d'arriver. Elle s'était assise dans sa loge, formée d'un long balcon régnant sur dix fenêtres de face, la reine Christine et l'infant don François de Paule à sa droite; à gauche le roi, la duchesse de Montpensier, le duc de Montpensier et le duc d'Aumale. Des applaudissements qu'on peut bien appeler unanimes accueillent l'entrée de la reine et des princes français. L'assistance était complète; on n'aurait pu placer dans cette immense enceinte le moindre des enfants de la plus petite école primaire de Madrid; on n'aurait pas remarqué une tête, un regard, un geste, dans une autre direction que l'arène, vide en ce moment, mais toute pleine d'émotions à venir; enfin l'éclat et la douceur de la température, la splendeur du soleil déjà incliné sur son couchant, les lignes si pures des constructions dont les toits chargés de spectateurs dessinaient de sombres et curieuses silhouettes sur l'azur du ciel, la variété charmante des couleurs, la richesse des toilettes et des uniformes qu'on distinguait aux premières loges, et cette immense teinte noire formée par la foule des amphithéâtres, et au milieu de laquelle éclataient, comme des pierres précieuses, les yeux si expressifs, si animés et si brillants du peuple espagnol : tout cela formait un spectacle qui, je vous l'avoue, monsieur, au souvenir de ce que j'avais vu de rebutant à la porte d'Alcala, semblait devoir me tenir lieu et me consoler de tout ce qui allait suivre. Le cadre était si riche, que je me serais volontiers passé du tableau. Mais silence ! la barrière s'ouvre sur le côté qui fait face à la loge royale. Un groupe de *toreadores* se forme en avant. Un d'eux se détache, court au balcon de la reine, met le genou en terre, et demande la permission de commencer la fête. Sa Majesté l'accorde d'un geste. On remarque que le quadrille des *toreros* porte cette fois, au lieu de la *mantera* des courses ordinaires, le vrai chapeau espagnol, en forme de demi-lune, coiffure au surplus fort incommode pour des gladiateurs.

La barrière s'ouvre de nouveau, et l'on voit entrer dans la place (l'arène) quatre voitures à six chevaux, précédées de piqueurs, et sur lesquelles brillent les éclatantes livrées et les antiques armoiries des plus grands noms d'Espagne : c'est le duc d'Altamira, le duc d'Abrantès, le duc d'Ossuna, le duc d'Albe. Que viennent-ils faire? Ils ont revêtu le grand costume de cour et ceint l'épée comme pour une réception de chevaliers ; leurs chevaux, couverts de harnais magnifiques, ont la crinière tressée d'or et la tête ornée de rubans et de roses pompadour. Une armée d'écuyers et de valets de pied les escorte. Les ducs défilent fièrement le long des barrières, et chacun d'eux s'arrête à son tour devant la loge royale. Que demandent-ils?

C'est ici le moment de rendre compte d'un usage qui se rattache à la grande tauromachie espagnole. Les *funziones reales*, outre l'avantage qu'elles ont de se distinguer tout à fait des courses ordinaires, soit par la magnificence de l'appareil, soit par le programme du spectacle, ont le privilége d'enrôler des *picadores* de distinction, fils de famille, officiers de l'armée, qu'attirent dans ce danger l'honneur et l'appât de la récompense promise au courage qui ose l'affronter. Les *caballeros* qui consentent à courir le risque d'une course aux taureaux en présence de la reine, un jour de fonction royale, reçoivent pour leur vie, s'ils échappent, une pension de 8,000 réaux et le titre d'écuyers de Sa Majesté. L'amorce est friande, et on assure que les concurrents sont nombreux. Cela ne doit pas étonner d'un peuple aussi naturellement intrépide que le peuple espagnol. Mais les conditions d'admission sont sévères; il y faut un renom de vigueur et de courage incontesté, peut-être aussi un peu de faveur. Quoi qu'il en soit, chaque *caballero de plazza*, comme on les appelle, je crois, est obligé de trouver un parrain qui le présente à la reine à l'entrée de la carrière, et qui se fait le répondant de sa loyauté et chevalerie. Les plus grands seigneurs se prêtent volontiers à la dépense et à la fatigue qui résulte pour eux de l'exercice de ce patronage, et font des frais considérables pour donner de l'éclat à leur apparition sur la place. C'est ce qui explique et la somptuosité du cortége dont je viens de donner une description affaiblie, et cette halte où nous avons laissé les voitures devant la loge de Sa Majesté.

Le duc-parrain en descend le premier et il offre la main au *caballero* qui l'accompagne. Tous deux s'inclinent devant la reine qui fait signe qu'elle consent, et ils remontent en voiture. Chaque voiture est suivie par un quadrille de gens du métier, *picadores*, *chulos*, *banderilleros* et *espadas*, vêtus de leurs plus beaux costumes, et, après avoir accompli la cérémonie du salut et de la présentation, défile le long des *tablas* (barrières), saluée elle-même par les applaudisse-

ments de la foule et les joyeuses fanfares de la musique officielle. Après le défilé des voitures, il y a celui des chevaux
de selle, de ceux qui doivent courir sous le *caballero*, et
affronter pour lui les redoutables cornes du taureau. Tous
ces chevaux, au nombre de trente, viennent des écuries de
la reine. Au lieu de ces tristes rossinantes, vouées (passez-
moi le mot, il rend à peine la chose) à un étripaillement
systématique et inévitable, qui figurent dans les courses
ordinaires et en sont la honte et le dégoût, ce sont de nobles
coursiers qui sauront se défendre, éviter le taureau, l'attaquer vigoureusement, affronter le danger ou le tourner, suivant les vicissitudes de la lutte, et qui mourront, s'il faut
mourir, d'un tout autre air, au grand jour de cette arène
triomphante, que sous le couteau du charnier ou sur la
paille de l'abattoir.

Les chevaux de la reine, couverts de selles bleues et vertes, la crinière tressée aux couleurs du harnais, conduits par
des palefreniers en livrées d'or, après avoir parcouru fièrement la carrière, sont ramenés dans leurs écuries, moins les
quatre qui doivent figurer les premiers; et alors commence
la course par le défilé des combattants. En tête, un peloton
de hallebardiers en costume du seizième siècle; derrière, les
caballeros de plazza, à cheval, lance à la main. Le premier
porte un manteau de velours bleu et des plumes blanches
et jaunes à son chapeau; le second, un manteau vert, plumes
vertes et blanches; le troisième, un manteau rouge, plumes de
même couleur; le quatrième, un manteau vert et des plumes noires. Chacun d'eux a une épée suspendue à sa ceinture et qui bat les flancs du cheval. Les culottes et les bottines de peau, armées de longs éperons, complètent le
costume. Entre chaque cavalier, marche à pied une sorte
de *comitiva*, composée d'écuyers revêtus de manteaux bleus
avec des capes rouges, portant sur une espèce de plastron les
armoiries des seigneurs-ducs, et suivis par un quadrille de

toreadores de profession, lesquels ont chacun le costume
de leur emploi. On sait que rien n'est plus élégant, plus
brodé, plus pimpant et plus leste que l'accoutrement de ces
hommes dont le métier est d'affronter une mort horrible,
quatre fois par mois pour le moins, pendant les deux tiers
de l'année...

A la queue du cortége marchent les alguazils à cheval,
couverts du manteau noir traditionnel, le chapeau à plumes
sur la tête, la baguette de police à la main ; au lieu de saluer
seulement la loge royale comme tous ceux qui les ont pré-
cédés, ils s'y arrêtent, forment une ligne de bataille en face
des hallebardiers, les yeux fixés sur les personnes royales,
immobiles et imperturbables, autant que le permet la fortune du combat; car il arrive vingt fois, pendant le cours
de la joute, que le taureau se dirige avec des intentions perfides du côté de ces respectables surveillants de l'ordre public, qui alors sont bien obligés de quitter la place avec toute
sorte de confusion et de péripéties divertissantes; l'un est
emporté par son cheval et perd son chapeau ; l'autre perd la
tête, ce qui est plus grave, et vide les arçons. Un d'eux, entraîné par une course rapide et effrénée, fit trois fois le tour
de l'arène, suspendu des deux mains à sa selle, et ne s'arrêta
que pour tomber sous la corne du taureau. Par bonheur, un
toreador le sauva. Tous ces incidents excitent dans la foule un
rire homérique, une hilarité foudroyante et des applaudissements furieux. Les alguazils, qui ont l'air d'être là pour l'ordre
public, n'y sont en réalité que pour le plaisir de la multitude.
Ce sont les niais et les paillasses du drame, avec cette différence que, faisant ce métier sans vocation décidée comme les
paillasses ordinaires, ils n'en sont que plus amusants pour
la foule. « Cet âge est sans pitié ! » Cela peut se dire des peuples comme des enfants.

Après les alguazils viennent les attelages de mules destinés
à l'enlèvement des cadavres; des muletiers en veste de ve-

lours bleu relevé par deux rangs de boutons d'argent, conduisent comme pour une fête ces indociles pourvoyeurs du charnier, qui marchent trois par trois, richement enharnachés et agitant des colliers de sonnettes retentissantes.

Alors un des alguazils sort des rangs et met le genou en terre. Le président de la *funzion reale* jette, du haut de la loge de Sa Majesté, les clefs du *toril* entourées de rubans roses. L'alguazil remonte à cheval, court au *toril* et remet les clefs au gardien. Au même instant sonne une fanfare ; une nuée de pigeons de toutes couleurs s'échappe d'une volière et fuit à tire-d'aile par-dessus la tête des spectateurs, pendant que la porte du *toril* s'ouvre, et que, furieux d'une longue réclusion, l'œil hagard, la tête au vent, à la fois étonné et excité par le ciel éclatant, les cris de la foule et les couleurs ennemies qui étincellent au loin sur la place, le taureau se précipite, comme avide de livrer son dernier combat et de hâter sa dernière heure.

Le combat commence.....

Les quatre premiers taureaux appartiennent de droit aux *caballeros de plazza*. Aussi sont-ils là tous les quatre, la lance au poing, le corps en avant, le genou rivé à la selle, l'œil fixé sur le redoutable ennemi qui s'avance. Quant à lui, du premier bond il a mis le désordre dans la place ; les alguazils sont en fuite, les hallebardiers ont baissé leurs piques, les *toreadores* ont sauté la barrière ou se sont couchés à terre sous la protection des hallebardes ; la terreur est partout... D'un second bond, le taureau aborde un des *caballeros* et le renverse ; d'un troisième coup de corne il blesse grièvement un cheval qui s'échappe emportant avec lui son cavalier. Jamais combat n'avait commencé avec des apparences plus terribles ; et sans la retraite éperdue des alguazils qui entretenait la bonne humeur dans l'assistance, le drame semblait tourner au tragique. Le taureau poursuivait sa victoire ; mais il avait compté sans Romero.

Don Romero est un des officiers du régiment de la reine Christine. Il est jeune, hardi, d'une force et d'une adresse qu'on va juger à l'œuvre. Il portait le manteau vert à la Henri III avec la toque aux plumes de même couleur. Il montait un cheval ardent et souple, qu'il maniait avec une grâce admirable en présence d'un si grand danger. Don Romero, voyant le taureau maître du terrain, pousse au monstre, comme l'Hippolyte de Racine, mais avec plus de succès. Du premier coup de lance sa défaite est assurée. Le fer est resté dans la plaie; l'animal pousse un mugissement affreux, et bientôt harcelé, tourmenté par la troupe des *toreadores*, livré à une rage impuissante, il succombe. Un coup de couteau l'achève. Les fanfares sonnent la victoire de don Romero, qui vient saluer la loge royale au milieu des applaudissements de la foule. Les *aficionados* font remarquer en ce moment aux spectateurs novices, comme moi, que toutes les règles de la tauromachie sont suspendues en l'honneur du *caballero*. C'est lui qui remplit, à cheval, le rôle du *matador*. Tout le reste est sacrifié à son succès; et les plus renommés champions de la place, Montès lui-même, ne semblent en ce moment que des comparses chargés de l'escorter, de le faire valoir, de lui ménager des coups décisifs, et de célébrer ses vertus et son triomphe, comme un chœur de tragédie grecque.

Le taureau qui entre dans l'arène après ce premier combat avait la vie dure. Le *caballero* le frappe cinq fois de sa lance; l'animal ne tombe qu'au cinquième coup.

Le troisième taureau se précipite avec une telle fureur sur l'intrépide Romero qu'il renverse son cheval; mais don Romero lui fait, en tombant et sans vider les arçons, une blessure mortelle. Le cheval se relève et le cavalier avec lui. Le taureau va tomber à quelques pas. Des applaudissements frénétiques accueillent ce coup extraordinaire et presque unique dans les annales de la tauromachie.

Enfin le même vainqueur met fin à la lutte des caballeros en tuant de deux coups de sa lance le quatrième et dernier ennemi qui se présente. Ses compagnons, blessés et désarçonnés, ont successivement quitté la place. Lui seul a soutenu le combat jusqu'au bout, sans avoir ni souillé son manteau, ni laissé tomber sa toque, ni dérangé sa coiffure. Il ramène son cheval blessé, mais vainqueur, et, après avoir fait le tour de l'amphithéâtre au milieu des témoignages d'un enthousiasme universel, il se retire enfin sur un ordre gracieux de la reine, non sans avoir exécuté quelques voltes hardies avec l'adresse d'un cavalier accompli.

J'ai vu bien des ovations dramatiques dans ma vie, monsieur ; je n'ai rien vu de pareil au triomphe de Romero. Il y a des capitaines qui ont gagné des batailles rangées, et qui n'ont pas reçu un tel accueil en rentrant dans leur patrie. Combien de héros qui ont contribué par leur courage et au prix de leur sang à l'indépendance de l'Espagne, et qui auraient pu être jaloux en ce moment de la gloire de Romero ! Pour moi, je savais un gré infini à ce *caballero* de m'avoir sauvé l'horreur de ces boucheries officielles, en y transportant un genre d'intrépidité inattendue et chevaleresque qui se fait désirer dans ces fêtes sanglantes. La tauromachie venait d'avoir son carrousel héroïque. Ces scènes me reportaient par l'imagination aux plus vaillantes passes d'armes et aux plus nobles coups d'épée de nos aïeux. Mais ce n'était que le premier acte du drame ; il en avait deux.......

Madrid, le 17 octobre 1846.

..... Je vous ai donné, dans ma lettre d'hier, le récit du premier acte de la course royale du 16. C'était l'acte héroïque. Ma tâche était facile. Elle est moins agréable aujourd'hui. Nous sortons de la tauromachie d'amateurs pour entrer dans la tauromachie classique. Nous échappons à la fantaisie. La tradition et la routine nous saisissent. Il n'y a plus à capituler avec elles. Bien qu'une course royale soit, en général, l'image très-effacée des combats ordinaires, de ceux où se plaît la foule et où triomphent les *aficionados* (dilettanti), tout s'y passe cependant avec ce respect de la règle et des précédents, qui est une des prétentions de la foule quand il s'agit de spectacles ; et je n'oublierai jamais par quelle brutale explosion de sifflets fut accueillie l'entrée de la cour à une des dernières représentations de la porte d'Alcala, parce que cette entrée tardive avait obligé le quadrille des *toreros* à faire une seconde fois sa procession par devant la loge royale, en interrompant la course : ce qui est contraire à la règle. Le peuple espagnol est formaliste par essence, et les amateurs de taureaux sont d'un purisme impitoyable. Chaque assemblée du cirque a son tribunal officieux qui juge les incidents de la lutte avec la dernière rigueur ; et malheur à ceux qui tombent sous le coup de cette juridiction improvisée et inflexible !

Une fois rentrés dans la routine d'une course de taureaux ordinaire, rien de plus monotone, monsieur, pour les assistants étrangers, qu'un pareil spectacle. Voici, invariablement, les trois péripéties par lesquelles le drame est obligé de passer. On lâche un taureau qui, d'ordinaire, et après le coup de corne donné au *sombrero* de son gardien, marche droit aux *picadores* rangés à cheval, la lance au poing, le long de la barrière et presque appuyés sur elle. Ces hommes sont bourrés de coton comme des mannequins et bardés de fer comme des Croisés. L'animal *décroche* un, deux, quelquefois trois chevaux, suivant la force ou la fureur dont il est doué. Comme les *picadores* ne montent que des chevaux échappés à l'abattoir, aucun ne résiste ; ils sont à peu près infailliblement éventrés. Mais s'ils ne sont pas tués sur le coup, le *picador* remonte à cheval, et le voilà chevauchant de nouveau à l'encontre de la bête furieuse, et la provoquant de la lance pendant que sa monture traîne entre ses jambes ses entrailles ensanglantées. Un *picador* ne renonce à son cheval que quand il est tout à fait mort. C'est la règle, fondée sur l'exigence du fournisseur. Souvent un cheval laissé pour mort sur la place est de nouveau attaqué et fouillé par le taureau. J'en vis un, au cirque de la porte d'Alcala, que le taureau, d'un vigoureux coup de cornes, remit sur ses jambes. Le pauvre animal y resta quelques instants, jetant autour de lui et sur la foule indifférente son triste et morne regard. Il fit ainsi le tour de l'arène de l'air d'un ressuscité, marquant son passage par une rivière de sang, et puis on le vit tomber tout d'un coup pour ne plus se relever. Ces épisodes sont fréquents. Ils sauvent, mais d'une façon bien horrible, la monotonie du spectacle.

Mais voici le tour des *banderilleros* ; c'est la seconde période de la course. Les *banderillas* sont des flèches aiguës, garnies de papier de couleur, que des hommes résolus enfoncent dans le cou du taureau pour l'exaspérer, le pousser à bout et lasser sa fureur en l'excitant. Cette opération, qui semble périlleuse au premier abord, n'est cependant qu'un jeu pour ces coureurs agiles qui ne se font jamais faute d'une retraite rapide par-dessus la barrière, quand le taureau ne s'y prête pas. Il y a plusieurs espèces de *banderillas*. A la course d'hier, les flèches étaient garnies de rubans, de fleurs ou de filets d'où s'échappaient des oiseaux ; d'autres fois, quand le taureau est trop lâche, on lui met les *bande-rillas de fuego* : ce sont des artifices qui éclatent sur sa tête en fusées retentissantes, et qui jettent dans une colère inex-primable l'animal le plus résigné.

Ainsi livré au supplice d'une fatigue sans relâche, d'une excitation sans pitié et d'une agonie sans rémission ; harcelé par les *chulos* qui viennent incessamment secouer devant ses yeux leurs manteaux de toutes couleurs, par les cris de la foule qui tour à tour le poursuit d'imprécations formi-dables, s'il fait mine de se retirer, ou d'applaudissements frénétiques, s'il défend son terrain avec vigueur ; arrivé enfin à la troisième phase de cette lutte inégale, le taureau se trouve en face de son bourreau, celui qui est chargé du dé-noûment de la pièce, qui autrefois se nommait *matador*, et qui aujourd'hui s'appelle *espada* (épée). C'est en effet l'épée d'une main et la *muleta* (drap rouge) de l'autre, que le *ma-tador* s'attaque au taureau. Il n'y a pas deux manières de tuer un taureau : il faut le frapper en face, loyalement, noblement, d'une main ferme et d'un coup assuré. Il faut que l'épée aille droit au cœur, et qu'elle s'y enfonce jusqu'à la garde. C'est encore la règle, mais tous ne la suivent pas. C'est le nœud du drame. Un bras vigoureux et exercé peut seul le trancher. Car d'une part l'animal n'y met pas de bonne volonté, de l'autre les bons *matadores* sont rares. Le grand intérêt de la course se résume donc, dans ce moment su-prême, la mort du taureau. Cette mort est quelquefois une boucherie, comme il est arrivé à la course royale d'hier, où un *espada* maladroit a donné plus de dix coups d'épée im-puissants ; alors la foule s'impatiente, elle siffle outrageuse-ment, elle appelle à grands cris une lutte plus loyale et une fin plus prompte, mais le *matador* ne peut être remplacé devant son taureau ; il tient au bout de son épée, comme sa propriété, ce dénoûment insaisissable, et c'est un grand ennui, je l'avoue, quand cette péripétie se prolonge ; mais le cas est rare.

A la course d'hier, trois *espadas* d'un haut renom se disputaient la faveur de la foule, et les dénoûments marchaient grand train. C'était tour à tour le célèbre Montès, le Ciclanero et le Cucharès. Ce dernier a tué son taureau d'un coup foudroyant derrière la tête. L'épée avait à peine touché, mais elle avait coupé la moelle épinière. L'animal est tombé comme frappé de la foudre ; ce n'était qu'un coup d'épingle. Montès y a mis plus de façons. Après avoir salué la reine, il s'est avancé lentement vers le taureau avec le calme et l'aplomb d'un homme qui a gagné quatre millions de réaux à ce métier ; et une fois en face de son redoutable ennemi, il l'a amusé quelque temps, puis tout à coup, par un mouvement horizontal de la main, d'une sûreté et d'une justesse remarquables, il lui a plongé l'épée tout entière dans la poitrine. Le taureau était mort.

Ce coup de Montès est fort estimé des amateurs. Rien ne peut d'ailleurs donner une idée de la sérénité parfaite avec laquelle cet habile *matador* accomplit son périlleux office. On comprend, à le voir, l'enthousiasme de la foule, même si on ne le partage pas. Mais il faut savoir que le *matador* est pour la foule espagnole une espèce de *deus ex machinâ*, celui qui tient dans sa main tout l'intérêt de la pièce, et auquel s'attachent toutes les passions engagées dans la lutte. Chacun a son *matador* préféré. Montès a un grand parti ; le Ciclanero a le sien qui n'est pas moindre ; le Cucharès commence à les balancer tous les deux. Les jeunes épées font pâlir les vieilles. Encore une fois, monsieur, si on veut se rendre compte de l'intérêt, d'abord inexplicable, qu'un peuple intelligent, poli, loyal, qui a une littérature dramatique célèbre dans le monde entier, prend à ces scènes de carnage qui durent des jours entiers, au grand détriment de plaisirs plus civilisés et d'affaires plus sérieuses ; si on veut avoir le mot de cette énigme, il faut se figurer que le public espagnol est partagé, comme autrefois les spectateurs du cirque à Constantinople, en factions qui se disputent sur la prééminence des *matadores* et sur celle des taureaux, qui se prononcent avec passion pour ou contre tel pâturage, pour ou contre tel coup d'épée, et qui attachent au maintien des règles de la tauromachie ce respect jaloux qui semble en faire une des institutions du pays. C'est là peut-être qu'est le secret de cette insigne faveur dont jouissent encore, dans l'Espagne moderne et constitutionnelle, ces traditions d'une époque barbare. A Epsom et à Chantilly, cherchez (sans comparaison) ce qui passionne les *sportsmen*, vous verrez que ce n'est pas toujours la noble prétention de pousser au développement de la race chevaline. De même, à Madrid, demandez-vous pourquoi toutes les classes de la société, depuis les plus humbles jusqu'aux plus illustres, rivalisent d'entraînement pour les combats de taureaux. Vous trouverez qu'il entre dans cette passion beaucoup moins d'inspirations héroïques et de goûts sanguinaires que les flatteurs ou les envieux de la nation espagnole ne le supposent. Comment! le peuple espagnol aurait besoin du retour périodique de ces boucheries pour rester brave! Cela est absurde. Et, d'un autre côté, ce serait le goût du sang qui seul donnerait raison de ces spectacles; et le gouvernement d'un grand pays consentirait à les encourager et à les perpétuer pour cette fin! Cela n'est pas moins impossible. Non, les combats de taureaux, jugés avec nos mœurs et nos habitudes françaises, sont un spectacle horrible, rebutant, et, qui pis est, ennuyeux (quand ce n'est pas la reine qui les donne, comme celui d'hier). Mais le génie espagnol, inspiré par une longue tradition, y met ce qui nous échappe. Inclinons-nous devant ce mystère, ne cherchons pas à l'expliquer au détriment d'un peuple ami. Laissons-le rester Espagnol dans la mesure où il lui plaît de l'être, avec ce mélange de fierté, de politesse, d'humeur jalouse et d'instincts violents qui le caractérisent à un si haut point. De notre côté, restons Français, et ne nous engouons pas follement, comme on nous y pousse aujourd'hui, de mœurs, de ridicules et de spectacles étrangers! Ne laissons déteindre sur nous ni le jargon du *sport* anglais, ni la métaphysique du club allemand, ni le sang versé dans les *corridas*, même royales!

J'achève mon récit. J'ai vu tuer hier, dans la seconde partie de la course royale, sept taureaux avec les circonstances que j'ai racontées. J'ai vu blesser quelques cavaliers, éventrer une demi douzaine de chevaux : la chose s'est faite, et bien faite, en moins d'une heure. Un taureau qui refusait le combat a été livré aux pétards; la foule demandait les chiens : *Perros! perros!* c'est une des variétés de ce terrible plaisir. Être livré aux chiens est pour le taureau le comble de l'ignominie. Quand la douzième victime allait être lancée dans l'arène, il faisait nuit; la reine s'est levée, et le spectacle a été renvoyé au lendemain. Le spectacle d'aujourd'hui a duré dix heures, comme celui de la veille; même fête demain. En tout, trente heures et cent taureaux. Malgré cela, l'enthousiasme de la population ne s'est pas affaibli. Chaque jour d'ailleurs, dans cette trilogie meurtrière, a son cachet particulier. Hier, c'était la reine qui donnait la fête avec les pompes que j'ai décrites; aujourd'hui, c'est l'*ayuntamiento*. La fête est municipale au plus haut degré. Les *caballeros de plazza* ont pour parrain le corrégidor. Tout s'y passe comme dans la journée du 16, moins la magnificence et le chevaleresque dans le spectacle. Demain, c'est la fête du peuple. Plus de cavaliers à blason, plus de patrons à parchemins; une bonne et vigoureuse course, classique à faire frémir ; de bons coups de lance à renverser des tours, d'épouvantables coups de corne à enfoncer des bataillons! Et pour que tout le monde jouisse à son aise du spectacle dans cette immense enceinte, la *plazza* sera divisée en deux par une barrière. Deux taureaux combattront à la fois ; la barrière étant médiocrement haute, il arrivera souvent qu'un des deux taureaux la franchira d'un seul bond, et alors le conflit sera terrible. Dans un espace ainsi restreint, deux animaux furieux se disputeront les hommes et les chevaux, jusqu'à ce que tous deux meurent presque à la même place,

Alterum in alterius lapsantem sanguine...

Tel est le spectacle qui terminera les fêtes de Madrid.

Oh ! monsieur, pour qui a vu, ces jours derniers, pendant la première période de cette allégresse populaire, les éclatantes illuminations du Prado, et tous les balcons tendus de somptueuses étoffes, et les maisons des riches habillées de velours rouge et brochées d'or comme des duchesses un jour de *gala;* pour qui a vu ces merveilles de l'éclairage en verres de couleur qui semblaient l'occupation et la rivalité de la ville entière, et ce pompeux cortége qui conduisait la famille royale et nos princes à l'église d'Atocha, curieuse et brillante page de l'histoire d'un autre âge conservée par la piété monarchique du temps présent ; pour qui a été témoin de ces manifestations irrécusables de l'esprit civilisé et du goût excellent qui caractérise la nation espagnole, qu'il est triste d'aboutir aux boucheries de la Plazza Mayor ! Vous savez que j'ai fait mes réserves pour la beauté du coup d'œil que la place elle-même présentait, indépendamment du spectacle. Je n'ai pas tout dit. C'est un des plus magnifiques que j'aie vus. Le soleil était de la fête, et à mesure qu'il déclinait davantage sur l'horizon, on eût dit qu'il voulait lutter par l'éclat, même affaibli, de ses rayons et par le jeu de sa lumière expirante contre les émotions de l'amphithéâtre. Pour moi, monsieur, le vrai spectacle était là. J'ai rarement vu une scène d'un plus imposant effet, et je compris alors ce que m'avait dit, quelques jours auparavant, un des plus spirituels historiens de la tauromachie qui en est en même temps un admirateur passionné, M. Théophile Gautier : « Il n'y a pas, me disait-il, de véritable combat de taureaux sans soleil. » Vous savez, monsieur, que l'institution des courses royales remonte à Philippe II. La fête d'hier a été une représentation rigoureusement exacte de celles du seizième siècle. Depuis cette époque, il est d'étiquette que la course royale n'ait pas lieu si le soleil, qui est le premier invité de toute fête espagnole, ne répond pas à l'invitation du monarque. En d'autres termes, les taureaux ne sortent pas par le mauvais temps.

Je ne finirais pas, monsieur, si je voulais rassembler dans cette lettre, écrite à la hâte, tous les épisodes qui, en dehors de la place elle-même, où la monotonie règne trop souvent, ont signalé ces jours consacrés à la tauromachie officielle. On raconte que M. le duc de Montpensier a fait remettre à l'intrépide don Romero, le héros de ma lettre d'hier, une magnifique épée en témoignage de son estime. M. Alexandre Dumas, qui est arrivé ici à la tête d'une sorte de colonie littéraire composée d'écrivains distingués, tels que M. Maquet, et de peintres célèbres, tels que M. Louis Boulanger ; l'auteur de *Monte-Cristo* assistait dernièrement à une course au cirque de la place d'Alcala. Dans un moment d'enthousiasme, après un magnifique coup d'épée du Ciclanero, M. Alexandre Dumas lui jette son étui à cigares, que le *matador* a ramassé (l'usage le permet) au milieu d'un tonnerre d'applaudissements qui s'adressaient autant à l'*aficionado* français qu'à l'*espada* espagnol. A la course royale, M. Dumas a offert une place dans sa loge au brave Romero, dont il racontera sans doute la biographie quand viendra pour lui le moment de résumer ses impressions de voyage. Les œuvres de M. Dumas sont affichées à Madrid avec des lettres longues de deux mètres. On le traduit et on le recherche. Il s'est placé du premier coup au nombre des partisans les plus passionnés des combats de taureaux. Je lui ai entendu dire, comme il sortait d'une course : « Faites donc des drames après cela ! » Hier, l'auteur des *Mousque-taires* dînait chez la reine. Après dîner, je le vis, dans le salon de Sa Majesté, faisant éclipse avec sa haute stature à deux ou trois grands d'Espagne, et racontant ses émotions de spectateur et de touriste. Je me réjouis, monsieur, pour l'honneur des lettres françaises, que notre célèbre romancier ait été l'objet de ces attentions à Madrid. Qui sait? il y a peut-être encore des pays en ce monde où M. le marquis de la Pailletterie aurait eu plus de succès avec ses plaques d'or et d'argent que M. Alexandre Dumas avec ses livres.

Et maintenant adieu, monsieur; vous excuserez la longueur de cette lettre ; car, vous le savez, aux gens qui voyagent le temps manque pour bien écrire et surtout pour abréger.

XII

LES EAUX DE PLOMBIÈRES

Août 1852.

Plombières a été autrefois à la mode, et Plombières n'y est plus. Il y a une raison, ou tout au moins une cause à cela : Plombières est aujourd'hui surpassé en fait d'élégance, de confort, de distractions et de plaisirs mondains par tous les établissements thermaux qui ont l'entreprise d'attirer le monde. Plombières ne s'est amélioré que par le côté pratique et sérieux ; il n'a rien donné au luxe. Il est devenu, sur beaucoup de points, hygiéniquement supérieur ; il est resté, quant aux accessoires plus ou moins superflus (d'autres diront plus ou moins nécessaires), dans une immuable infériorité.

Il n'est pas besoin d'être médecin et d'écrire avec autorité, ainsi que l'a fait sur ce sujet même notre ami le docteur Donné[1], pour s'apercevoir que Plombières a fait de très-grands progrès comme établissement thermal, dans le sens sérieux du mot ; — et il n'est pas nécessaire non plus d'être excessivement mondain pour trouver qu'on ne s'y amuse guère, si par hasard on y vient pour s'amuser. Mais c'est qu'aujourd'hui les malades sont devenus si exigeants !... Autrefois, quand on avait quelque bonne maladie chronique

[1] L'article de M. Donné a paru dans le *Journal des Débats*. J'ai souvenir de l'article, non de la date.

à soigner, rhumatisme, gastro-entérite, obstruction du foie,
de la rate, du pancréas ou du mésentère, — on était modeste, on ne demandait qu'à guérir. Aujourd'hui on veut
s'amuser en attendant, ou même au risque de retarder la
guérison. Un voyage aux eaux était autrefois toute une affaire : on y arrivait par des chemins effroyables, on y habitait, quoi qu'en dise Montaigne, de sales masures ; on y vivait d'eau claire, la seule chose qui n'y manquait pas ; et
on se félicitait de toutes ces épreuves (les Mémoires en font
foi) si la santé était au bout. Aujourd'hui, si le bain ne vous
offre pas la chance de quelque beau coup de lansquenet ou
de quelque intrigue d'amour ; s'il n'est pas l'occasion d'étaler un grand luxe de toilette et de coudoyer une demi-dou-
zaine d'altesses royales, la santé n'est rien. — Amusez-nous
d'abord, disent les gens du monde, vous nous guérirez
après, si vous pouvez. — Plombières commence par le plus
difficile. Il vous guérit, mais il s'arrête là, et vous envoie...
vous promener ailleurs, si vous demandez davantage.

Ce n'est pas que Plombières manque d'agréments naturels ; il est peu de pays mieux situés. La ville, couchée sur
la source même qui la fait vivre et qu'elle semble couver
comme un trésor, s'étend dans le creux d'une étroite vallée,
toute retentissante de cascades, plutôt protégée que dominée
par de vertes montagnes, d'où se répand à l'entour la saine
odeur des prairies suspendues au flanc des coteaux et des
forêts séculaires qui les couronnent. Quatre grandes routes
y aboutissent ; celles de Remiremont et d'Épinal, au nord ;
celles de Luxeuil et de Saint-Loup, au sud ; et chacune de
ces routes est à elle seule une excursion délicieuse. Je ne
dis mot de la *Promenade des Dames*[1], qui tient à la ville

---

[1] Ainsi nommée en souvenir de la protection qu'étendait sur tout le
pays la riche abbaye de dames nobles, fondée, il y a plus de douze
siècles, sous la protection de saint Romaric. (Voir le *Guide* de M. Friry,
tome II, page 6.)

même, à l'entrée de la route de Remiremont. Cette promenade est charmante, et de tout ce qui peut y attirer les promeneurs, grands arbres, douce fraîcheur, ombre épaisse, verts gazons, eaux murmurantes, rien n'y manque, hormis quelques dossiers à des bancs moins rustiques. Rien n'y manque, et personne n'y vient. C'est là un des travers de la province : plus une promenade y est magnifique, moins elle y est fréquentée. A Plombières, il n'y a guère non plus de milieu ; on sort de la ville, ou on reste chez soi. Une fois dehors, il est vrai, les promeneurs n'ont que l'embarras du choix. Toute route mène à quelque sentier qui s'enfonce dans la vallée, court le long des torrents, s'égare dans les bois ou grimpe sur la montagne. Il en est qui vous mènent lentement, et par de fraîches allées, toutes remplies d'ombre et de mystère, jusqu'à des hauteurs prodigieuses d'où se découvrent tout à coup, comme à la *Fontaine Stanislas* (sans compter d'assez mauvais vers du chevalier de Boufflers), des perspectives infinies ; d'autres qui descendent par des rampes rapides, habilement ménagées pour les voitures, dans de riches vallons, comme est celui qui, des ruines féodales de Fougerolles et du village de Laitre, conduit à la vallée des Roches et à l'antique et riante abbaye d'Hérival en traversant le val d'Ajol. Le val d'Ajol, baigné par les eaux de la Combeauté, n'a de comparable, dans mes souvenirs de voyageur, que la vallée d'Argelez sur le gave d'Azun, dans les Hautes-Pyrénées.

Que si vous êtes curieux de souvenirs historiques et d'archéologie pittoresque, arrêtez-vous un instant avant de descendre dans la plaine ; l'horizon est là sans limites. Voici à droite, dans cette brume légère et bleuâtre qui les voile à peine, les verts coteaux de la Bourgogne ; voici la côte d'Aigremont, qui se souvient d'Arioviste[1] ; en face ce sont les

[1] *Guide* de M. Friry, tome I, pages 50 et suivantes.

lieux témoins des pieuses extases de saint Colomban ; à gauche est Olichamp, où les Bourguignons furent vaincus en 1472, et les paysans lorrains ont fait un proverbe, par allusion à cette déroute :

> C'est comme tambours de Bourgogne,
> Beaucoup de bruit, peu de besogne...

Les Bourguignons s'en sont bien souvenus depuis. Quant au val d'Ajol lui-même, il garde le souvenir de cet héroïque et infidèle Charles IV, qui osa résister à Richelieu, à Mazarin et à Louis XIV; et M. Friry cite à ce propos une anecdote toute lorraine qu'il a trouvée dans un biographe contemporain. Je la cite à mon tour, parce qu'elle peint le vieux temps sans avoir vieilli :

« . . . . . Ce prince ne voulait pas laisser le camelot à la discrétion du velours et de la soie. Il savait le dangereux sens que les praticiens, les procureurs et les avocats donnaient aux lois, les détours captieux qu'ils donnent aux causes, les emplâtres qu'ils appliquent aux maux pour les rendre plus cuisants et les entretenir, et surtout la torture qu'ils donnent à la bourse des clients pour en tirer le sang jusqu'à la dernière goutte... Un jour il rencontra aux portes de Nancy un vieil Vosgien qui y amenait deux de ses fils; il lui demanda ce qu'il voulait faire de ses deux garçons; et, comme il lui eut répondu qu'il les amenait aux études pour en faire des avocats qui démêlassent tant de mauvaises affaires qu'il avait, — le duc eut peu d'égards à sa barbe blanche, et lui commanda de ramener ses fils à la garde de ses bœufs, lui disant que s'ils devenaient avocats, ils brouilleraient plus ses affaires qu'ils ne les nettoieraient, et *qu'à la fin ils lui dévoreraient toute sa vosge...* »

Une fois sorti de Plombières, rien n'est donc plus facile, vous le voyez, que de multiplier ses jouissances pittoresques, de varier ses impressions, de satisfaire à la fois ses yeux et son esprit, de faire provision de souvenirs, d'appétit et d'érudition. Plombières est le centre d'un pays admirable, trèspeu connu quoiqu'il soit à cent lieues de Paris, et dans lequel on peut faire de véritables voyages de découverte. Beaucoup de baigneurs, par exemple, vont chercher la rivière du Belliard à l'endroit où elle fait le périlleux et bruyant *saut de la cuve*; d'autres poussent jusqu'au pays de Gerardmer, naviguent sur son beau lac, et se procurent la satisfaction de s'asseoir sur *la pierre de Charlemagne*; quelques-uns vont voir le lever du soleil sur la cime granitique du Ballon d'Alsace. Mais ce sont là de véritables expéditions; les promeneurs moins entreprenants s'arrêtent au voisinage. Remiremont surtout les attire par l'antique renommée de ce chapitre de dames nobles dont la première abbesse fut sainte Mactefelde, en 627, et la dernière, Louise-Adélaïde de Bourbon-Condé, en 1786; — longue et curieuse histoire, toute mêlée de passions et d'orgueil, de bienfaisance et de sainteté; histoire que M. Friry[1] raconte à merveille, où il n'oublie rien, ni les démêlés du chapitre avec le pouvoir séculier, ni les querelles intestines, ni les prétentions, ni les commérages, ni les projets de réforme avortés, ni les tentatives de clôture cénobitique repoussées à force ouverte[2], — et qu'il termine par un trait de maître. Louis XIV avait dû visiter un jour la basilique de Saint-Pierre de Remiremont; le chapitre s'empressa de consulter Bossuet lui-même sur le cérémonial à suivre. « ..... Je ne hésiterois point à mettre un grand daix assez exhaussé sur le prie-Dieu du prince, leur répond l'illustre

---

[1] Dans le *Guide* déjà cité.

[2] « ..... Et le 2 mai de cette année, le révérendissime évêque et l'illustrissime abbesse, avec leur suite, se présentèrent devant la porte du cloître qui regarde la ville. Là étaient déjà arrivées et assemblées la dame doyenne, *opposée aux prétentions de la dame abbesse*, et les chanoinesses avec leurs servantes et une bonne partie du peuple de la ville. « Alors ledit évêque requit les ouvriers d'apporter les ventillons pour les « apposer aux portes du cloître, et en ce fesant, lesdites dames ou bonne « partie d'icelles vinrent publiquement heurter de telle roideur le me- « nuisier Demange et les ouvriers qui l'aidoient à porter, qu'ils furent « contraints de les laisser tomber par terre, *sur lesquels lesdites dames* « *montèrent aussitôt et les foulèrent aux pieds.* »

(Procès-verbal d'enquête du 14 mai 1619.)

prélat. J'approuve le compliment en cet endroit, *mais il doit être fort court et convenable à la modestie du sexe...* » Et maintenant je reviens à Plombières.

J'ai dit en commençant que Plombières, comme établissement thermal, était en progrès. Nous sommes bien loin du temps, en effet, où Voltaire écrivait à M. Pallu, dans un accès de mauvaise humeur trop justifié :

> Du fond de cet antre pierreux,
> Entre deux montagnes cornues,
> Sous un ciel noir et pluvieux,
> Où les tonnerres orageux
> Sont portés sur d'épaisses nues ;
> Près d'un bain chaud, toujours crotté,
> Plein d'une eau qui fume et bouillonne,
> Où tout malade empaqueté,
> Et tout hypocondre entêté,
> Qui sur son mal toujours raisonne,
> Se baigne, s'enfume et se donne
> La question pour la santé...

Aujourd'hui Plombières ne ressemble plus à ce portrait, d'ailleurs peu flatté, qu'en a tracé l'impatient philosophe. Le progrès est manifeste. Ici pourtant il faut s'entendre. On a beaucoup fait ; il reste beaucoup à faire. L'État, qui est le véritable régisseur des eaux, a mis la main à des améliorations considérables. Mais le docteur Turck, qui représente à Plombières, et quelquefois avec une verve de jeune homme, le progrès en toute chose, signale bien d'autres redressements indispensables non-seulement dans l'intérêt des malades indigents, selon lui trop oubliés, mais aussi pour la bonne distribution des eaux thermales qui se perdent là faute d'emploi, tandis qu'ailleurs, comme à Vichy, c'est l'eau qui manque aux malades. M. le docteur Turck a d'excellentes idées sur tous ces points. Il a surtout raison quand il recommande à l'attention de l'autorité administrative l'entretien de ces merveilleux travaux de canalisation souterraine qui remontent aux premiers temps de l'ère chrétienne, et où se retrouve encore, après dix-huit siècles, l'indestructible empreinte du génie romain. M. Turck y signale des dégradations sérieuses [1]. M. Beaulieu, qui a écrit sur Plombières quelques pages savantes et excellentes [2], et qui a visité ces travaux, les pieds dans l'eau, la torche à la main, remarque que « quelques filets d'eau thermale qui ont réussi à s'ouvrir une issue à travers le béton, viennent se perdre dans le torrent. — Si l'on parcourt son lit à pieds nus, dit-il, il est facile de reconnaître, par la chaleur que l'on ressent, les places où ils jaillissent..... » Plombières, en effet, a été à plusieurs reprises le théâtre de catastrophes redoutables qui l'ont maintes fois détruit de fond en comble. Un incendie au seizième siècle, une inondation en 1661, un tremblement de terre en 1682, un autre débordement de l'Eau-Gronne en 1770, tel est le martyrologe de cette ville, qu'une incroyable vitalité a toujours relevée de ses ruines. Après l'inondation de 1770 notamment (et c'est de cette époque que date sa reconstruction moderne et ce caractère de régularité monumentale qui la distingue), Louis XV, voulant rebâtir Plombières, mit un impôt extraordinaire sur la Lorraine. La ville se releva ; et on peut la croire aujourd'hui, le feu excepté, à l'abri des fléaux qui l'ont si souvent désolée, mais à une condition : l'entretien assidu des conduits souterrains de ses eaux thermales. Cette ville, qui vit de sa source (c'est un produit de près d'un million par année pour Plombières et ses environs), est

---

[1] . . . . . Le conduit qui mène l'eau de la grande source au bain des Romains est rempli de fissures. L'eau qu'il devrait contenir s'échappe en partie dans la rivière et coule en partie en nappe sous la rue. Il est indispensable de faire un grand travail pour recueillir cette source *et toutes celles perdues aujourd'hui sur les deux rives de l'Eau Gronne, etc., etc.*

(*Du mode d'action des eaux minéro-thermales de Plombières,* par M. Léopold Turck. *Avant-propos,* page xix.)

[2] *Antiquités des eaux minérales de Vichy, Plombières, Bains et Niederbronn.*

minée par son torrent. On appelle ce torrent l'Eau-Gronne, et
je comprends que l'attrait de chercher des étymologies ait fait
rapporter ce mot au surnom sous lequel Apollon était honoré
en Allemagne et en Écosse[1]. « L'*Apollo-Grannus*, dit M. Friry,
a été le protecteur des sources de l'Austrasie s'écoulant vers
le Rhin, et de celles qui jaillissent dans la partie méridio-
nale des montagnes des Vosges dont nous nous occupons... »
Mais Plombières, resserré entre deux montagnes, couché
sur le lit d'un torrent rapide, obligé d'exhausser les voûtes
sur lesquelles ses maisons sont bâties, pour échapper au
péril des inondations et préserver de tout mélange les sources
qui le font vivre; — Plombières n'a qu'un ennemi, c'est son
torrent. Quand le torrent monte, quand il mugit, quand les
flots se précipitent, quand l'eau gronde, M. Beaulieu a raison, c'est bien *l'eau qui grogne*. Le mot est moins savant. Il
est plus vrai. L'Eau-Gronne a renversé des maisons : on les
a rebâties; elles sont aujourd'hui une richesse; mais n'est-il
pas triste que l'église elle-même soit seule menacée désormais quand tout est debout, et que, pour réaliser la somme
nécessaire à sa reconstruction, l'excellent et charitable curé
de Plombières soit obligé de faire appel, par une loterie publique, à la piété des fidèles? Il faut quatre-vingt mille francs
pour reconquérir, sur les empiétements de l'Eau-Gronne,
le terrain de Dieu. Nous jugerons, par le succès de cette
pieuse entreprise, de la religion de ces contrées qui furent
évangélisées, il y a douze siècles, par saint Romaric et saint
Colomban.

Quoi qu'il en soit de ces réserves, à Plombières il n'y a
qu'à louer dans les résultats de l'action administrative et
dans l'intelligente direction qui est donnée à l'emploi de ces
eaux merveilleuses. Plusieurs médecins y concourent. J'ai

---

[1] Voir le *Dictionnaire de la Fable*, article *Grannus*. Isidore appelle
granni les longs cheveux des Goths.

naturellement cité le premier, dans cette étude, celui d'entre eux qui a le plus écrit et qui a fait le plus parler de lui par l'active expansion de sa bienfaisance, la vivacité fougueuse de son style et la hardiesse de ses méthodes. Après lui, le docteur Hutin a fait un livre qui n'est pas moins consulté par les malades que par les touristes. L'inspecteur des eaux, l'habile docteur Garnier, est un homme beauconp plus calme, et c'est à lui que M. Chomel envoie ses malades : c'est tout dire. Le docteur Garnier donne ses eaux pour ce qu'elles valent, et c'est beaucoup. Mais il n'en fait pas la panacée universelle. Ce ridicule est passé de mode à Plombières, et il n'y reviendra pas, quoi qu'on fasse et quoi qu'on écrive. Je trouve, dans quelques ouvrages de médecine thermale que j'ai là sous les yeux, des nomenclatures vraiment abusives des maladies que Plombières aurait charge de guérir ; pas une n'y manque. Plombières n'a pas besoin de ce programme de Fontanarose. Ce qui fait la vertu de ses eaux (de récentes expériences y ont fait découvrir de l'arsenic en dissolution), c'est leur chaleur naturelle, qui varie de 34 à 52 degrés Réaumur, leur douceur onctueuse et pénétrante, et leur inaltérable pureté. Si j'osais donner ici l'avis du plus incompétent des juges en ce point, je dirais que les eaux de Plombières agissent par leur innocence même, et qu'avant d'y trouver de l'arsenic, pendant plusieurs siècles d'observation, d'analyse et d'expérimentations successives, on n'y a rien trouvé du tout. « Je dois faire remarquer, dit à ce propos M. Francœur, qu'il est vraiment impossible d'expliquer comment des eaux *si peu chargées de principes étrangers* produisent des effets aussi marqués... » — « Les eaux de Plombières », écrit le docteur Constantin James, qui est maître en cette matière, « les eaux de Plombières sont extrêmement peu minéralisées... Ce sont, chimiquement parlant, des eaux *tellement insignifiantes*, qu'on ne sait à quelle classe les rattacher. Et pourtant, par un désaccord que nous avons bien souvent l'occasion de noter, *ces eaux jouissent des propriétés thérapeutiques les plus réelles et les plus importantes...* »

Quel était donc le secret de leur efficacité? Personne ne le savait. Leur vertu seule n'était pas contestable; et pendant longtemps cette incertitude au sujet de leur composition s'était étendue au régime même qui était prescrit pour en aider l'effet. Un certain mystère, une superstition qu'on eût dit empruntée en partie, comme le remarque très-bien M. Friry, « à l'astrologie judiciaire » présidait au traitement qu'il fallait observer. Ainsi, tantôt on vous plongeait les malades dans l'eau jusqu'au menton et on vous les y laissait une journée entière ; tantôt on permettait la boisson ; — Voltaire, qui disait : « Je prendrai les eaux en n'y croyant pas, comme j'ai lu les Pères de l'Église » , Voltaire les buvait coupées avec du lait ; — tantôt donc la boisson était permise, mais on interdisait le bain, ou on ne l'accordait qu'à certaines parties du corps. « En 1615, du temps « du médecin Berthemin, dit M. Friry, on se baignait « tout debout dans les bains de Plombières. Les Allemands « qui s'y rendaient demeuraient dans le bain tout le jour, « y grenouillaient et y faisaient même apporter leur soupe « quand ils se sentaient faibles. » Plus tard, à l'époque où vivait dom Calmet (on a de lui un *Traité des eaux de Plombières*), « on se baignait avec beaucoup plus de précaution, on n'entrait dans l'eau que jusqu'à mi-corps ou jusqu'à la poitrine, et on ne permettait pas d'y mettre les mains... » D'un autre côté, moitié religion, moitié routine, la série septenaire avait prévalu dans l'administration des eaux. On y consacrait vingt et un jours, ni plus ni moins. Pourquoi vingt et un? On vous eût trouvé alors fort curieux de le demander, et aujourd'hui même chacun se soumet à ce vieil usage sans savoir pourquoi. Je trouve pourtant dans un livre imprimé à Raon-l'Étape (Vosges), par son auteur même, aujourd'hui imprimeur à Plombières, livre très-inconnu, très-sérieux et très-singulier, toute une théorie sur le chiffre 3 combiné avec le chiffre 7, qui est peut-être, quoique appliquée à un ordre d'idées fort différent et traitée avec une imperturbable gravité de style et de dialectique, l'explication de cet usage immémorial des vingt et un bains.

« Dans le nombre *sept*, écrit M. Docteur, se trouvent enfermées toutes les attributions caractéristiques du feu élémentaire et du feu des esprits... Le nombre *sept*, en effet, est un nombre privilégié de l'Écriture sainte, et on voit dans ce livre divin qu'il forme en quelque sorte le pourtour ou l'encadrement de toutes les pensées de Dieu. C'est pour cela qu'il y a *sept jours* dans la semaine, et que tout est mathématiquement calculé sur ce nombre dans les scènes pittoresques et scellées d'un cachet divin que nous présente l'Apocalypse. Du reste, nous devons dire que ce n'est point pour atteindre le chiffre sacramentel et figuratif de l'Écriture sainte que nous avons enclos dans le nombre *sept* les formes caractéristiques de chaque agent matériel, mais que nous y avons été conduit par l'ordre même et la nature des divers phénomènes... *Vingt et une* actions se produisent donc dans l'univers pour produire toutes les merveilles que nous y voyons ; et ces *vingt et une* actions, qui procèdent du nombre *trois*, se rencontrent avec la même régularité dans le monde des esprits[1], » etc.

Quoi qu'il en soit de ces coutumes dans le passé et de ces divagations dans le présent, Plombières n'en a pas moins été, à toutes les époques, un rendez-vous d'illustres malades, et il n'en a pas moins conservé sa clientèle sérieuse en dépit de la mode qui entraîne ailleurs les souffrances superficielles et les malades peu convaincus. La liste serait longue des visiteurs de toute classe et de toute nation qui sont venus aux eaux de Plombières, depuis ce lieutenant de César dont le chien les découvrit en s'y brûlant les pattes, jusqu'aux humbles bourgeois qui viennent y braver, en pleine piscine, les ardeurs de la canicule. Pourquoi y vient-on ? Pourquoi

____
[1] La *Théorie de la matière*, pages 417, 418.

Montaigne, Richelieu, Voltaire[1], Boufflers, pourquoi tant de personnages illustres y sont-ils venus dans tous les temps ? Il n'est guère possible de répondre à cette question que la liste de Fontanarose à la main. On vient à Plombières à peu près pour tout ; mais on y revient rappelé par le souvenir de cette inexprimable douceur qu'on éprouve à s'y livrer aux tièdes caresses de sa naïade. Cela veut dire, en prose, qu'il n'est rien de plus voluptueusement agréable qu'un bain de Plombières. Quant aux agréments de la piscine, de ces bains en commun dont M. Francœur nous dit : « Qu'on y a les plaisirs de la société, de la conversation ; que souvent mille plaisanteries, la gaieté et les chants abrégent la lenteur des heures qu'on y passe ; » quant à ces plaisirs de la communauté et aux jouissances hydrosudopathiques du *trou d'Enfer*, j'en laisse la description à de plus éprouvés et de plus habiles.

> *Non mihi si linguæ centum sint, oraque centum,*
> *Ferrea vox !...*

On vient donc à Plombières, malade, pour la guérison ; on y revient, guéri, pour le plaisir, j'entends le plaisir de s'y baigner ; car Plombières, je l'ai dit plus haut, ne s'ingénie guère à vous en procurer d'autres. Plombières est une colonie de petits propriétaires hospitaliers qui ne vivent que pour loger les gens, sécher leurs chemises de laine et leur faire la cuisine.

> On devient cuisinier, mais on naît rôtisseur.

Tout le monde, à Plombières, est rôtisseur plus ou moins, tout le monde est logeur. Les femmes qui brodent, les hom-

---

[1] Il faut lire dans la Correspondance de Voltaire (juin 1754) le récit du curieux séjour qu'il fit dans l'abbaye de Senonnes, en compagnie de dom Calmet, avant de se rendre à Plombières, où l'arrivée inopinée de Maupertuis, dont il fut prévenu par sa nièce, l'empêcha quelque temps de s'établir.

mes qui polissent le fer et l'acier avec un art délicat qui a rendu ces deux industries justement célèbres, ne sont que l'ornement de cette société dont les logeurs sont le fond résistant. « C'est une bonne nation, libre, sensée, officieuse, » disait Montaigne en 1580 ; — race honnête et intelligente, dirai-je à mon tour, et serviable jusqu'au dévouement que celle de ces aubergistes-amateurs, nullement avides, cordialement polis, jamais envieux ni rivaux, personne ne cherchant à attirer la clientèle du voisin ni à disputer l'achalandage de sa maison ; si bien que vous n'êtes pas plutôt chez un de ces logeurs de l'âge d'or, que vous lui appartenez corps et âme. Vous chercheriez en vain un autre logis ; la ville entière vous est fermée. *Et désormais tu m'appartiens !* Vous êtes, s'il est permis de comparer la réalité à la fable, comme Robert sous la redoutable main de Bertram.

Par bonheur, Bertram est ici quelque bon homme d'hôte ou quelque femme attentive et vigilante qui ne vous laisse manquer de rien et qui vous fait la vie douce. La maison est petite mais agréable, *piccola ma garbata ;* le linge est blanc, les lits sont moelleux ; vous êtes aux antipodes de l'élégance et du luxe, dans le royaume de la propreté. La table est abondante, la chère excessive, la pâtisserie succulente, l'entremets sucré foisonne, les truites et les anguilles font partie de l'ordinaire, et il ne tient qu'à vous d'être malade du régime si vous ne l'êtes de la maladie. Vous savez le mot de cet ancien : « La table a tué plus de monde que l'épée » (*plures gula quàm gladius*). Les tables d'hôte à Plombières sont la contradiction permanente des prescriptions de la médecine thermale. Mais les truites de la Moselle se moquent de la Faculté, et le rôtisseur fait oublier le médecin. « On mange trop à Plombières, » dit énergiquement M. Francœur, et il a raison.

Mais que faire en un gîte, à moins que l'on n'y songe ?

Et que faire à Plombières, après s'être baigné, si on n'y mangeait pas? Aussi combien de gens viennent à Plombières, de tous les départements voisins, uniquement pour aller boire du kirschenwasser coupé de lait à la fontaine Stanislas, et dîner à bon compte à la table d'hôte! Combien de gens qui viennent y prendre leurs vacances par anticipation, sous prétexte de prendre les eaux, et qui en rapportent, après quelques semaines de ce régime pantagruélique, la gastrite qu'ils n'avaient pas! J'ai eu la curiosité de chercher, sur les listes qui sont distribuées aux baigneurs, le point de départ des quinze cents voyageurs qui sont venus cette année à Plombières, depuis le commencement de juin jusqu'à ce jour. C'était le moyen de savoir comment se forment ces courants périodiques qui y amènent, presque à jour fixe, une si nombreuse clientèle. Sur cette liste, je vois des étrangers venus de tous les coins du monde, de Suisse, de Belgique, d'Allemagne, d'Italie, d'Angleterre, d'Irlande, des États-Unis, de la Nouvelle-Orléans ; un baigneur même arrive de Smyrne, un autre de Sainte-Hélène ; — le tout ne s'élève pas à une cinquantaine, dont deux Anglais seulement. Quant à Paris, il n'a pas fourni au delà de deux cents baigneurs ; les départements éloignés, un nombre à peu près égal ; tout le reste, c'est-à-dire les deux grands tiers de la population nomade de Plombières, venait des départements voisins : Meuse, Meurthe, Moselle ou Vosges. Plombières est, à proprement parler, la baignoire de la Lorraine.

Cela n'ôte rien à la vertu de ses eaux, à l'attrait de ses promenades, à l'agrément de son hospitalité ; — au contraire ; mais je cherchais, en commençant, pourquoi Plombières est encore si peu à la mode, tandis que d'autres établissements du même genre et d'une vertu moins éprouvée attirent la foule dorée des baigneurs de haut parage. Nous le savons maintenant. Plombières est un lieu de grande simplicité, de vie paisible, de guérison patiente, j'allais presque dire une terre d'innocence et d'égalité. Cette simplicité révolte quelques parvenus et inspire un profond mépris aux importants et aux bégueules ; elle est acceptée par les gens du meilleur ton. On n'aime à Plombières ni le bruit, ni l'étalage, ni même le scandale. Si l'on y médit, c'est du bout des lèvres, et si l'on y danse, c'est pour n'en pas perdre l'habitude. Telles sont les mœurs des habitants de Plombières ; on voit que ce sont les bonnes. Les bourgeois lorrains s'en arrangent. Les Parisiens et « les étrangers de distinction » (comme on appelle tous les étrangers qui vont aux eaux) demandent en général autre chose. Je n'y contredis pas. Une saison à Baden ou à Hombourg est une chose en soi fort amusante ; mais rien de plus calmant qu'une saison à Plombières. On ne trouve là ni ces prétentions mondaines, ni cette vie étourdissante, ni ces plaisirs somptueux, ni cette ostentation de la grandeur et de la richesse, ni tout ce bruit que fait l'orgueil de l'homme en regard de ses infirmités les plus faites pour le rabaisser. Plombières seulement pousse à l'excès peut-être ce dédain des mœurs élégantes et cette insouciance des plaisirs mondains. Son *Casino* est un fort beau bâtiment dû à la munificence du roi Stanislas, ce roi qu'on retrouve partout en Lorraine, et dont le peuple se souvient, n'en déplaise à M. Turck (ce n'est pas là une opinion, c'est un sentiment). Eh bien ! pour avoir un bon orchestre, au lieu d'un mauvais, dans ces beaux salons, il suffirait d'y augmenter un peu la modique souscription dont on paye le droit d'y entrer. On aime mieux se passer de bonne musique que de bon marché. Le théâtre aussi a l'air d'avoir été construit pour les acteurs de M. Comte exclusivement, et la salle de concert est d'une surdité désespérante. On est donc réduit, pour tout plaisir, à part celui des promenades et des causeries avec quelques baigneurs préférés, — à la loterie du dimanche que la philanthropie municipale a instituée, qu'elle défraye largement avec les produits de l'industrie locale, et dont profitent les nombreux indigents de la ville et du canton. Ce plaisir des âmes charitables manque d'entraînement pour les mondains.

Telle est, malgré tout, la physionomie de Plombières ; et puisse Plombières, même avec ce qui lui manque, la conserver encore longtemps! Plombières est aujourd'hui à quinze heures de Paris, et la route qui y conduit de Nancy par Remiremont, en traversant la vallée de la Moselle, est une des plus riantes que je connaisse, une allée de parc sur le bord d'une rivière. Qui sait ce que de pareilles facilités, venant en aide à tous les motifs de sérieuse hygiène qui attirent les baigneurs raisonnables à Plombières, peuvent ajouter à la vogue de cet incomparable séjour! Plombières a eu la vogue autrefois quand le roi Stanislas y conduisait sa cour ; quand l'impératrice Joséphine y venait chercher la santé et peut-être la consolation solitaire de cruels mécomptes ; quand la duchesse d'Angoulême s'y arrêtait avec une prédilection manifeste ; quand la duchesse d'Orléans, dans une si grande et si juste confiance de sa destinée, y venait passer un mois de cette fatale année 1842 qui a commencé les malheurs de la France!..... Cette vogue que d'illustres patronages lui ont successivement donnée, un jour de fantaisie, un caprice de grande dame peut la rendre à Plombières. Mais ce que Plombières ne perdra jamais, si ce n'est par la fin du monde, c'est son riant paysage, ses fraîches montagnes, ses eaux fécondes et salutaires, sa population hospitalière et industrieuse ; et c'est tout cela qu'il lui importe de conserver sans altération et sans mélange.

Je termine ici cette revue plus pittoresque que littéraire. J'en demande pardon aux auteurs estimables que mon séjour à Plombières a faits pour un instant les justiciables de mon humble et insuffisante critique. Mais c'est un peu leur faute si j'ai oublié, par le plaisir de les lire, le soin de les juger ; leurs livres m'ont fait pénétrer dans les secrets de cette intéressante contrée, et ce sont leurs livres qui m'auraient appris à l'aimer, si mon penchant ne m'y eût porté. Et maintenant, bergers, aux écluses! voici l'eau qui déborde dans la prairie.

Claudite jam rivos, pueri; sat prata biberunt.

DEUXIÈME PARTIE

VOYAGEURS

I

VICTOR JACQUEMONT

(VOYAGE DANS L'INDE ANGLAISE.)

I

Juin 1834.

Le 26 août 1828, la corvette de Sa Majesté, la *Zélée*, appareilla de Brest, en destination pour le Bengale, ayant à bord M. de Meslay, nommé gouverneur de Pondichéry, et Victor Jacquemont, jeune naturaliste français, envoyé par le gouvernement pour entreprendre un voyage scientifique dans les Grandes Indes.

Nous laisserons voguer la *Zélée*, cap au sud et vent arrière, sans l'accompagner dans le cours de sa longue navigation; car la *Zélée* est un fort respectable bâtiment, très-sûr et très-solide, mais lourd marcheur, et nous perdrions bien du temps à la suivre. Nous n'avons mot à dire non plus de l'équipage, tous excellents marins qui savent parfaitement prendre la hauteur du soleil à midi, mesurer la distance de cet astre à la lune, calculer méthodiquement leur point sur le chronomètre, mais qui, pour le moment, ne nous apprendraient pas autre chose, si ce n'est peut-être à chanter des chansons de Béranger du matin au soir.

Il y a un des passagers de la *Zélée* que cette musique n'amuse pas : c'est Victor Jacquemont. Victor Jacquemont consacre à ses livres, à ses cahiers, tout le temps qu'il ne passe pas à philosopher sur le pont avec M. de Meslay, le seul philosophe du bord après lui. Jacquemont travaille, écrit, compulse, dessine, travaille sans relâche, « mais, dit-il, je ne sais pas le faire bien sur le pouce, comme les maçons déjeunent. Un peu de tranquillité m'est nécessaire. Béranger peut compter sur douze balles de plomb dans la tête, si, à mon retour en France, on avait la fantaisie de faire de moi un *Rey netto*. Figurez-vous qu'ils sont ici une cinquantaine au moins, officiers ou soldats, qui, du matin au soir, chantent à la fois, chacun dans le ton qui lui plaît et sans y demeurer fidèle, ce que nous autres libéraux nous appelons les odes de ce grand poëte. Cet abominable charivari dont Béranger fournit la matière première, me le fait prendre en horreur. » A part cette grande colère contre Béranger, Victor Jacquemont est un marin très-inoffensif et très-commode, du moins pour ses correspondants ; il leur fait grâce de toute poésie descriptive, à propos de la mer, de la lune et des étoiles, car la mer l'ennuie ; il est sans passion, sans poésie, sans illusions devant ce spectacle éternel d'un horizon monotone qui chaque jour recule sans se renouveler. Mais en revanche, toutes ses lettres datées de la *Zélée* sont remplies d'observations positives, d'ingénieux récits, de réflexions neuves et piquantes sur tous les pays où le bâtiment relâche, Sainte-Croix de Ténériffe, le Brésil, le Cap, l'île

Bourbon ; Jacquemont visite ces contrées en courant, et il en parle avec savoir et profondeur[1].

Nous arrivons dans l'Inde. La *Zélée* vient de mouiller devant le fort William de Calcutta ; c'est le 5 mai 1829, huit mois après son départ de Brest. Victor Jacquemont, habillé de noir de la tête aux pieds, et dans la plus grande tenue, saute sur le rivage, se jette dans un palanquin avec un énorme paquet de lettres de recommandation, crie aux porteurs : « *Pirsonn sahèbka ghœurmé !* » Et le voilà parti pour la maison de M. Pearson, avocat général, par laquelle il commence le cercle de ses visites aux notables Anglais de Calcutta.

Il nous faut connaître maintenant avec plus de détails ce jeune Français ainsi jeté par un vaisseau du roi sur une terre étrangère, à quelque mille lieues de son pays, seul, absolument seul, avec tant de dangers, tant d'aventures, tant de misères en perspective ; il nous faut le connaître tel qu'il est ; car nous avons bien peur qu'avec son habit noir, ses deux mille écus de haute solde et son bagage épistolaire, il ne soit médiocrement recommandé auprès des nobles représentants de la royale Compagnie, s'il ne paye prodigieusement de sa personne, s'il n'a du cœur, de l'esprit, beaucoup de bonne humeur, beaucoup de science, des qualités solides, des mœurs élégantes, l'indépendance de l'âme et du caractère. Fort heureusement Victor Jacquemont a tout cela.

Victor Jacquemont était un de ces jeunes hommes nés avec le siècle, qui n'avaient connu de l'Empire que sa gloire militaire pour l'avoir mainte fois gâtée en vers latins au collége ; que la Restauration, un instant libérale, avait ensuite comprimés quand ils avaient voulu prendre leur essor, et qui s'étaient franchement associés à toutes les espéran-

---

[1] *Correspondance de Victor Jacquemont avec sa famille et plusieurs de ses amis pendant son séjour dans l'Inde.* (2 vol. in-8°. Paris, **1833**.)

ces de progrès qu'avait inspirées l'avénement du ministère Martignac. Passionné pour l'étude, avide d'émotions scientifiques, impatient de trouver une carrière à l'incroyable activité de son esprit ; mais obscur, sans autres antécédents que quelques essais de critique et des voyages de recherches géologiques en France, en Suisse et en Amérique, où de cruels chagrins l'avaient quelque temps exilé ; sans autre fortune qu'une instruction immense, Victor Jacquemont avait accepté avec enthousiasme la mission que lui avait confiée le Conservatoire du Musée d'histoire naturelle ; et il avait compris que sa destinée, en le conduisant aux Indes pour y faire collection de couches coquillières et d'animaux rares, le chargeait aussi d'y représenter la France, et particulièrement cette génération si ardente à laquelle il appartenait. Ce qu'on appelait alors la jeune France (ce mot, Dieu merci, n'était pas encore tombé dans le monopole des coteries littéraires), toute cette jeunesse vraiment studieuse, vraiment sérieuse, qui se pressait autour de la chaire illustrée par M. Villemain et par M. Cousin, qui assiégeait le laboratoire de M. Thénard et l'amphithéâtre de Cuvier ; qui se passionnait pour Talma, pour madame Pasta, jusqu'aux larmes ; cette jeunesse si enthousiaste et si patiente, à qui le dernier siècle avait légué le scepticisme religieux et la philanthropie cosmopolite ; qui, chemin faisant et grâce aux écrits des grands publicistes et des grands orateurs de cette époque, M. Guizot, M. de Broglie, Royer-Collard, se recomposait une morale ; qui avait ses sages pour la délibération, ses guides pour la marche, ses héros pour le combat ; que l'expérience gagnait chaque jour, tandis que l'esprit de réaction précipitait de plus en plus les conseils du roi Charles X ; cette jeunesse, dont l'infortuné Georges Farcy est le type au 29 juillet, Victor Jacquemont fut pendant trois ans son véritable représentant, son plénipotentiaire habile et fidèle aux Grandes-Indes.

Suivons-le maintenant.

La première découverte que fit Victor Jacquemont après avoir parcouru pendant quelques jours les salons anglais de Calcutta, ce fut qu'avec sa lettre de change de six mille francs il était effroyablement pauvre. En effet, qu'allait-il faire aux Grandes-Indes? Voyager. Or, à quel prix voyage-t-on dans les Indes? Telle fut la première question que notre jeune compatriote se posa; voici ce qu'il apprit : un capitaine d'infanterie anglaise ne se met pas en route sans être accompagné de vingt-cinq domestiques pour le moins, savoir : un pour sa pipe, un pour sa chaise percée, sept ou huit pour planter sa tente, trois ou quatre pour sa cuisine; plus un relai continuel de douze hommes pour porter le palanquin dans lequel le héros s'étend lorsqu'il est las d'aller à cheval. Un collecteur anglais en tournée emmène sa femme, son enfant. Il a un éléphant, huit chariots pour les bagages, deux cabriolets, un char pour l'enfant, six chevaux de selle et de voiture, et, pour le transporter d'un *bungalow* (auberge officielle où il y a les quatre murs) à l'autre, soixante à quatre-vingts porteurs, indépendamment d'une soixantaine de domestiques de sa maison. Il fait trois toilettes par jour, déjeune, *tiffine*, dîne, et le soir prend son thé comme à Calcutta, sans en rien rabattre; cristaux, porcelaines sont dépaquetés, empaquetés du matin au soir, argenterie brillante, linge blanc, tout le reste à proportion.

Ce train de vie coûte cher, et pourtant un Anglais qui se respecte ne peut voyager à moins de frais. Mais « la vieille dame » (c'est la Compagnie anglaise, dans le langage des Indiens) a généreusement pourvu à ces dépenses. Un capitaine anglais a trente mille francs de traitement; le surintendant du jardin botanique en a quatre-vingt mille; un collecteur en a cent mille, sans compter les profits; le *chief-justice*, deux cent mille; l'avocat général, le respectable M. Pearson, de quatre à cinq cent mille; le gouverneur de l'Inde a plus d'un million. Lord William Bentinck voyage avec trois cents éléphants, treize cents chameaux, huit cents chars à bœufs ; et deux régiments, l'un d'infanterie, l'autre de cavalerie, lui servent d'escorte.

Victor Jacquemont fut très-émerveillé de tant de magnificence ; puis il calcula ce qu'il lui en coûterait pour voyager comme le moins magnifique de ces seigneurs ; mais, s'apercevant que le plus modeste équipage dépasserait encore ses moyens, il résolut de solliciter du gouvernement français le mieux justifié de tous les crédits supplémentaires, et d'attendre à Calcutta l'effet de cette demande, que devaient appuyer à Paris les plus honorables amitiés. Il attendit, il attendit longtemps !...

Le récit de son séjour à Calcutta pendant cette longue attente est l'histoire de la plus miraculeuse hospitalité dont aucun voyageur ait jamais fait mention ; et c'est ici que nous allons commencer à nous admirer, toute modestie à part, dans les prodiges de cet esprit français dont Victor Jacquemont est, comme nous l'avons dit, un modèle si achevé, un représentant si fidèle. Le premier miracle qu'opéra l'esprit français de Victor Jacquemont, ce fut de rendre les Anglais aimables. « Que ma fortune est bizarre avec les Anglais ! écrit-il (à mademoiselle de Saint-Paul). Ces hommes qui paraissent si impassibles et qui, entre eux, demeurent toujours si froids, mon abandon les détend aussitôt ; ils deviennent caressants malgré eux, et pour la première fois de leur vie. » En effet, Jacquemont est admis, recherché, caressé, dans les plus grandes maisons de Calcutta : on l'invite chez le gouverneur, il loge chez le grand juge ; il passe des mois entiers chez l'avocat général ; il est l'ami, le commensal, le confident du commandant de l'armée ; on le demande partout, et partout il rencontre ce luxe tout nouveau de bienveillance britannique ; partout sa gaieté spirituelle, sa noble franchise, lui ouvrent le cœur de ses hôtes. Et pourtant Jacquemont ne sait guère flatter leurs habitudes : à table, tandis que les Anglais s'abstiennent religieusement de tout mélange d'eau avec les vins les plus recherchés d'Espagne et de Portugal, il ne boit, lui, que de l'eau sucrée ; les Anglais font trois repas par jour, il déjeune avec du thé et il dîne avec du riz. Le dimanche, jour d'observance ascétique, il s'en vient jouer très-déterminément aux échecs avec sir Charles Gray, le *chief-justice*, qui n'oserait une pareille énormité avec d'autres. Il dort la nuit, ce qui n'est pas, comme on sait, une habitude anglaise, surtout dans l'Inde ; il se lève au petit jour, quand les Anglais se couchent ; il fait une guerre à mort aux plates conversations de leurs interminables dîners, les questionne, les contredit sur tout, sur leur commerce, sur leur administration, sur leurs revenus, sur leur marine ; et, malgré son audace, malgré sa pauvreté, Jacquemont n'en est pas moins l'enfant chéri de toute cette société de sensualistes anglais. « Toute leur glace, dit un ingénieux biographe, vient se fondre à son ardente sensibilité. » On l'héberge, on le voiture ; il a maison de ville et maison de plaisance, tout un musée pour lui seul ; il entre, il sort à tout propos. « J'ai fait révolution chez eux, dit-il, y introduisant l'usage des visites à toute aventure, le soir, après dîner, à l'effet de causer, etc. » C'est donc la causerie française importée aux Indes, la causerie selon le cœur et selon l'esprit, sceptique, enthousiaste, enjouée, sévère, mobile, universelle ; cette inimitable causerie des salons parisiens, avec tout son charme, tout son abandon, toute sa liberté. Mais rendons justice aux Anglais de Calcutta ; c'est par cette liberté même, c'est en portant sa pauvreté avec cette noble indépendance, c'est en l'honorant par un si grand esprit et un si bon cœur, que Victor Jacquemont parvint à plaire à ses nobles hôtes, et à se concilier cette bienveillance délicate et cette haute estime qui ne le flattait si fort que parce qu'elle rejaillissait sur le nom français.

Cependant le temps s'écoulait dans ce doux commerce ; les suppléments demandés n'arrivaient pas. Jacquemont, humilié d'attendre si longtemps l'aumône législative, résolut enfin de partir. Avec les économies qu'il avait apportées de France et ses épargnes depuis six mois, il se trouvait, comme il le dit, à la tête de douze mille francs, et il ne lui en fallait pas davantage pour voyager un peu moins bien qu'un sous-lieutenant de l'armée anglaise. Il se mit en route.

Nous allons le suivre jusqu'à sa première étape ; car de ce jour seulement nous sommes dans l'Inde. Tout à l'heure nous étions encore en Europe ; Calcutta, c'est une ville anglaise. Maintenant, nous allons voir des Indiens, des Indiennes ; nous pourrons juger d'un voyage indien.

Jacquemont voyage à cheval, suivi de son service, de ses bagages et de ses chariots traînés par des bœufs. Il est enveloppé d'une grande robe de chambre de nankin, avec une grosse étoffe de soie bien chaude pour ceinture ; le tout surmonté de sa figure pâle, éclairée par des lunettes et coiffée d'un énorme chapeau de paille couvert de taffetas noir. Cet accoutrement fait de notre savant compatriote un objet de curiosité très-vive pour les naturels du pays, lesquels, en toute rencontre, lui rendent avec usure l'attention indiscrète et quelque peu niaise que nous accordons à leurs pareils dans les rues de nos villes d'Europe. Jacquemont chevauche, en tête de sa caravane, avec deux pistolets de calibre dans ses fontes ; mais, ce qui est un grand scandale pour les Anglais, il ne porte ni fouet, ni éperons ; car son cheval, impatient de revoir les cimes de l'Himalaya, d'où il est venu, lui fait mille tours pendables, et Jacquemont n'a pendant quelque temps d'autre souci que de se maintenir en bonne intelligence avec lui. Le service du cavalier et de sa monture est réparti entre six domestiques, dont trois pour le cheval ; le premier l'étrille, le second lui coupe de l'herbe, le troisième lui apporte à boire. Viennent ensuite le grand maître de la garderobe, préposé à la garde des bagages, le maître d'hôtel qui fait la cuisine et sert à table (quand Jacquemont trouve une table), et enfin le laveur d'assiettes (Jacquemont a deux assiettes). Chacun de ces domestiques est armé ; les deux premiers, ceux du cheval, courent à côté de leur maître, la carabine au poing, quand il lui plaît de galoper ; et ils font avec lui, en suivant toutes ses allures, de six à sept lieues par jour. Le soir, tous ces pauvres diables soupent comme ils peuvent, puis se couchent autour de la tente de leur seigneur, et dorment habituellement d'un profond sommeil, pendant que d'honnêtes Sipahis font sentinelle à la porte.

C'est une vieille coutume indienne, entretenue par le laisser-aller de l'opulence anglaise, qui a réglé, ainsi que nous venons de le voir, le service des hommes à gages. Chacun a sa charge, travaille le moins possible, est paresseux, stupide et menteur, et refuse très-décidément tout service qui n'est pas dans son emploi. Ainsi, le cheval mourrait de faim sans le *gassyara* (coupeur d'herbes), ou de soif sans le *beetcheti* (porteur d'eau). Les deux assiettes de Jacquemont risqueraient fort de n'être jamais lavées sans l'utile serviteur qui est revêtu de cette charge ; ainsi des autres. Ce respect pour la spécialité du service fait partie des priviléges de la nation indienne ; et il ne serait pas prudent d'y manquer. Jacquemont en est persuadé, et pendant quelque temps il se tient dans la règle avec toute rigueur. Mais un matin il lui prend fantaisie de faire une révolution parmi ses gens ; il appelle le *beetcheti*, lui ordonne de déposer son outre sur un des chariots et de l'accompagner dans un taillis voisin, avec un herbier sous le bras : « Non pas, dit l'Indien, ce n'est pas mon affaire ; » et il prononce ces paroles d'un ton très-suffisant. « Alors, écrit Jacquemont, je n'hésitai pas à lui allonger sur-le-champ un grand coup de pied dans le derrière. » Ce coup de pied dans le derrière fit à lui seul une révolution. La domesticité indienne capitula ; le porteur d'eau mit bas son outre, apprit à sécher des plantes entre deux feuilles de papier ; et quant à Jacquemont, cette grande manière d'imposer le respect à des domestiques lui concilia tout d'un coup, et au delà de tout ce qu'on pourrait croire, la considération des Indiens.

Notre intention, comme on le pense bien, n'est pas de suivre Victor Jacquemont dans son voyage de sept cents lieues à travers l'Indoustan, non plus que dans son pénible et aventureux pélerinage de l'Himalaya, véritable entreprise que conçoit le génie scientifique, que dirige le bon sens, que soutient la patience, que le courage exécute et mène à terme. Signaler au lecteur les mille incidents, les infinies variétés de cette vie nomade où chaque pas est un progrès, une découverte, où la plus spirituelle originalité se mêle à la plus austère constance, ce serait le priver du plaisir de les rechercher lui-même, et dénaturer cette intéressante histoire en voulant l'abréger. Notre tâche, à nous, c'est de suivre à la trace toutes les manifestations de l'esprit français dans ce voyage que Victor Jacquemont lui fait entreprendre aux Indes, et elle dépasse encore de beaucoup (tant ces deux volumes sont remplis) l'espace que nous pouvons lui donner. Nous laisserons donc notre infatigable compatriote cheminer lentement, en tête de sa caravane, flanquée de droite et de gauche par une imperturbable escorte de Sipahis en habit rouge, faire ses deux repas matin et soir avec l'éternel pilau, descendre de cheval cinquante fois par jour pour étudier les plantes et les cailloux du chemin, dormir la nuit sous une tente dont les vents déchaînés lui disputent bien souvent la possession ; nous le laisserons traverser Bénarès, la sainte ville, Mirzapoor, Callinger, et tout ce pays de sel et de salpêtre, au sol sablonneux, à l'atmosphère pulvérulente, à la végétation rabougrie. qui s'étend depuis Agra, le long des deux rives désertes de la Jumma, jusqu'à Delhi, la ville impériale ; et nous nous arrêterons un moment dans cette

magnifique résidence où notre voyageur se repose quelques
jours et où de nouveaux honneurs l'attendent. Nous ne parlons plus de l'hospitalité anglaise; elle est prodigieuse, là
comme ailleurs. Jacquemont habite une maison somptueuse,
environnée de jardins superbes. Qu'il sorte en voiture, en
palanquin, ou sur un éléphant, il est suivi par une brillante
escorte de cavalerie. Mais il s'agit bien des Anglais! C'est le
Grand-Mogol lui-même, l'illustre descendant de Tamerlan,
le respectable Châh-Mohammed-Acber-Rhazi-Badchâh qui
veut recevoir dans son palais impérial de Delhi notre modeste
compatriote. Ce fut dans le voyage de Jacquemont une mémorable circonstance...

II

« Savez-vous ce qui a failli m'arriver ce matin? écrit Jacquemont à son père. J'ai manqué d'être *la lumière du
monde*, ou *la sagesse de l'État*, ou *l'ornement du pays*; mais
heureusement que j'en ai été quitte pour la peur. Vous allez
rire. Le Grand Mogol, auquel le résident anglais avait adressé
une pétition pour me présenter à Sa Majesté, tint gracieusement un *durbar* pour me recevoir.

« Conduit à l'audience par le résident avec une pompe des
plus passables, un régiment d'infanterie, une forte escorte de
cavalerie, une armée de domestiques, d'huissiers, le tout
terminé par une troupe d'éléphants richement caparaçonnés,
le grand maître des cérémonies me proclama *mistœur Jak-
mont saheb bahàdour*, ce qui signifie : *M. Jacquemont, seigneur, victorieux à la guerre*. Alors je présentai mes respects
à l'empereur, qui voulut bien me conférer un *khélat* ou vêtement d'honneur, lequel me fut endossé en grande cérémonie sous l'inspection du premier ministre; et, affublé
comme Taddéo en Kaïmakan (si vous vous rappelez *l'Italiana*

in Algeri), je reparus à la cour. L'empereur alors, de ses impériales mains, attacha à mon chapeau (un chapeau gris), préalablement déguisé en turban par son vizir, une couple d'ornements en pierreries. Je tins mon sérieux superbement devant cette farce impériale, attendu qu'il n'y avait point de glace dans la salle du trône, et que je ne voyais de ma mascarade que mes grandes jambes en pantalon noir sortant de dessous ma robe de chambre turque. L'empereur s'informa s'il y avait un roi en France et si l'on y parlait anglais. Il n'avait jamais vu de Français, et parut faire infiniment d'attention à la burlesque figure qui résultait de mes cinq pieds huit pouces, sans beaucoup d'épaisseur, de mes grands cheveux, de mes lunettes et de mon ajustement oriental par-dessus mes habits noirs. Après une demi-heure, il leva sa cour, et je me retirai processionnellement avec le résident. Les tambours battirent aux champs quand je passai devant les troupes avec ma robe de chambre de mousseline brodée. Que n'étiez-vous là pour jouir de votre postérité! »

Échappé aux honneurs du palais impérial de Delhi, Victor Jacquemont voulut courir le danger d'une chasse au tigre; et il suivit dans les steppes désertes de Kithul de jeunes officiers anglais de la résidence, traînant après eux une armée d'hommes, de chevaux et d'éléphants, et tout un attirail proportionnel de comestibles, de drogues et de *comforts* de toute espèce. La chasse devait durer six semaines et coûter dix mille francs. Était-ce trop pour chasser des tigres? Mais Jacquemont ne vit pas un tigre. On eut beau battre le pays dans tous les sens, remuer tous les buissons, mettre sur les dents hommes et bêtes, et se désoler, Jacquemont et ses compagnons ne tuèrent que quelques centaines de lièvres et de perdrix, comme ils auraient pu faire dans la plaine de Saint-Denis. Ainsi finit la chasse aux tigres.

Bientôt après, le 12 avril 1830, Jacquemont pénétra dans l'intérieur de l'Himalaya, avec une suite de près de cinquante

personnes, tant domestiques que porteurs et soldats d'escorte. Et c'est alors que commence pour lui cette longue
série de fatigues, de privations et de misères qu'il supporta
pendant plus de cinq mois avec une constance si admirable.
Qu'on ouvre sa correspondance, si l'on veut se faire une
idée de ses souffrances et de son courage; mais nous, comment les peindre? Il souffre de la faim, de la soif; il est
assailli de violentes tempêtes, inconnues sous le ciel d'Europe: il a de longues nuits, glacées, sans sommeil; ses gens
se révoltent, et il est seul pour les réduire à l'obéissance;
il y parvient, grâce à son énergie et à la solidité de son bâton. Une nuit, sous les cimes neigeuses de Kidar-Kanta, dans
une forêt élevée à dix mille pieds au-dessus du niveau de la
mer, il est saisi de douleurs d'entrailles si atroces qu'il en a
le délire. Le froid le torture. Pour échapper à ce supplice,
il est obligé de se déguiser de la tête aux pieds. « Je ressemble à un ours blanc, écrit-il, enveloppé dans de grandes
couvertures de laine, la tête enfoncée dans plusieurs bonnets
de soie, les jambes cachées dans de grosses guêtres, et le
visage orné de très-longues moustaches. »

Mais parmi toutes ces épreuves, sa constance ne l'abandonne pas; il poursuit son œuvre, ses collections se complètent, la sphère de ses idées s'agrandit, et son esprit semble
s'élever comme ces montagnes qu'il gravit si péniblement.
Chaque jour ajoute plusieurs souvenirs à son journal, plusieurs pages à sa correspondance qu'aucune adversité n'in-
terrompt. Si parfois son ame est triste, c'est quand il songe
à sa famille, à ses amis; c'est quand il interroge autour de
lui cette sauvage solitude, sans y trouver un être sensible,
un visage bienveillant, un écho qui sache répéter des mots
affectueux, un langage sympathique! Alors il s'écrie : « Vivre
seul! être seul à sentir! Hélas! au souvenir que je garderai
de ces lieux étranges, pas un souvenir ami ne viendra s'asso-
cier pour me les rendre chers! » Mais cette mélancolie ne

dure pas, d'autres pensées lui succèdent ; l'esprit français, la
gaieté française, se font jour à travers tous ses regrets, comme
un rayon de soleil vient percer les brouillards de l'Himalaya ;
et il écrit, pour rassurer ses amis, tandis que d'orageuses ra-
fales menacent de déraciner sa tente et de renverser la table
où il s'appuie : « Dites que je suis dans un pays aussi salu-
bre que l'Europe, mangeant des pommes et du raisin. bu-
vant du vin du cru (qui est détestable), et enfin,

> Sachez, sachez
> Que les Tartares
> Ne sont barbares
> Qu'avec leurs ennemis !

C'est en effet chez les Tartares, dans le pays de Kanawer,
sur les limites de la Chine, que Jacquemont passa l'été
de 1830. Étant si près du céleste Empire, il ne put résister
au désir de le visiter ; et par un beau matin, sans autre pas-
seport que ses cinquante montagnards bien armés, il franchit la frontière. Il avait à traverser tantôt d'interminables
déserts, tantôt des populations hostiles ; puis il fallait gravir
des montagnes plus hautes que la mer de dix-huit-mille pieds,
et jusqu'alors inaccessibles. Le seul M. Moorcroft avait pénétré
dans cette partie du Thibet, et quoiqu'il eût emprunté le dé-
guisement d'un fakir, il avait péri victime de son zèle, em-
poisonné, dit-on, par l'ombrageuse police de l'empereur.
Jacquemont le prit de bien plus haut avec Sa Majesté chinoise, et fut aussi plus heureux. Ayant mis le pied sur le
sol thibétain, et trouvant sur son passage le fort de Bekar
qui faisait mine de l'arrêter, il ordonna à ses gens de se
former en colonne serrée, et s'avança très-résolûment à leur
tête. Arrive le commandant du fort, qui se plaint de cette
violation du territoire de Sa Majesté ; mais comme il approchait beaucoup trop près de Jacquemont sans mettre pied à
terre, l'impertinent ! notre digne compatriote se sentit telle-

ment blessé de ce manque de respect, que, transporté de colère, il saisit le drôle par sa longue queue tressée, et le précipita à bas de son cheval. Cette façon de parlementer eut plein succès. La garnison chinoise se rangea tout aussitôt pour laisser passer le *Françis sâheb* avec sa troupe, et les portes de Bekar (si Bekar a des portes) s'ouvrirent respectueusement devant lui.

Jacquemont, avant de quitter le territoire chinois, eut encore à livrer deux ou trois grandes batailles comme celle de Bekar. Mais toujours sa présence d'esprit, sa décision silencieuse et froide, ou violente et impétueuse, selon le vent qui soufflait dans le désert, le tirèrent d'embarras; quand il ne réussit pas à frapper de stupeur ses ennemis, il les culbute et il passe. Il fit tant, qu'après avoir visité avec une patience de savant tous les lieux qu'il désirait voir, après avoir été reconnaître la source du Sutledge et celle de l'Indus, sur les bords du célèbre lac Mansarower, après avoir ajouté à ses collections une quantité considérable de plantes nouvelles et de débris organiques, étudié géologiquement un espace immense, à une hauteur à peine croyable, et conduit toute cette expédition, moitié militaire, moitié scientifique, assez rapidement pour que l'empereur, auquel il était venu faire si lestement la guerre, n'eût pas le temps d'user de représailles, il quitta le Thibet, repassa la frontière, chargé de dépouilles opimes, et redescendit dans les plaines de l'Indoustan.

Il suivait la route de Delhi. Un soir, à Shaurunpoor, sur la fin de novembre 1830, et par une belle nuit, comme il venait de se coucher et de s'endormir, après une journée d'études et de fatigue, le galop d'un cheval le réveilla. Sa tente s'ouvrit, un homme y entra précipitamment. C'était un messager apportant une gazette de Calcutta, imprimée dans une forme inaccoutumée, avec ce titre : *The new French revolution !*

Une révolution en France! Jacquemont se jeta sur le précieux bulletin, le dévora des yeux... Oui, c'était bien une révolution! commencée le 27 juillet, consommée le 29! La réaction vaincue, la loi maîtresse, l'ordre dans Paris, un ordre admirable sous la protection des baïonnettes de l'insurrection victorieuse!... Telle était la nouvelle qui était venue réveiller Jacquemont; il ne se rendormit pas, mais il crut rêver.

Et qu'on nous permette de demander ici à beaucoup d'honnêtes témoins de cette grande révolution, qui l'avaient vu faire sous leurs yeux, qui avaient entendu gronder le canon et mugir le peuple soulevé, si, le lendemain de leur victoire, ils se croyaient beaucoup plus éveillés que Victor Jacquemont. Il faut bien l'avouer : Paris vainqueur fut comme étourdi de la chute du trône qu'il renversait. Mais la révolution de Juillet fut sauvée par sa soudaineté même ; cette merveilleuse audace qui s'était si promptement mise au service d'une si bonne cause, fit sa force contre ceux qui n'étaient pas enclins à respecter son principe. Pendant que les rois absolus se frottaient les yeux, et, comme Jacquemont, croyaient rêver, la révolution de Juillet s'établit ; elle prit racine.

Jacquemont passa la nuit dans ces rêveries et dans cette extase ; puis, le matin, il s'endormit, « sans crainte, écrivait-il, d'être réveillé par de nouveaux coups de fusil ; » réflexion jetée négligemment dans son récit, et pourtant profonde ; car elle prouve que, du fond de l'Indoustan, son bon sens avait jugé de la puissance irrésistible et de l'avenir pacifique de notre révolution.

C'est ce parfait bon sens de Victor Jacquemont qui le rendait éminemment propre à représenter la France et la jeunesse française dans l'Inde, au temps de cette mémorable circonstance dont nous parlons. La position était délicate. En effet, Jacquemont vit bien aux empressements de la foule, aux félicitations qui l'accueillirent, et surtout à l'attention grave et respectueuse dont il devint l'objet de la part de ses hôtes de la Grande-Bretagne, que la révolution de Juillet l'avait grandi de plusieurs pieds, et que toute l'importance politique de ce prodigieux événement se résumait en quelque sorte dans sa personne : « Je défie M. de la Fayette lui-même, écrit-il à son père, d'avoir donné en un jour plus de poignées de main. »

Jacquemont en conçut un légitime orgueil ; mais en même temps il eut le bon esprit de comprendre que l'enthousiasme, assurément très-réel, de ses hôtes pour la nouvelle révolution, couvrait je ne sais quelle anxiété tout anglaise qui avait besoin d'être calmée. L'occasion s'en offrit bientôt ; les Anglais la firent naître. Victor Jacquemont était arrivé à Meerut, la plus grande station militaire de la Compagnie dans l'Inde. Les Anglais lui donnèrent une fête. En Angleterre toute fête est un banquet, tout banquet une réunion politique, toute table où l'on dîne une tribune aux harangues. Jacquemont savait tout cela de longue date ; il n'en accepta pas moins avec confiance le dîner qu'on lui offrait, et auquel avaient été invités, en nombre considérable, les officiers civils et militaires de la résidence. Jamais séance plus diplomatique, malgré la chaleur des protestations, ne cacha plus de difficultés et plus de piéges sous une joie plus expansive et plus bruyante ; car, il faut bien y songer, tous ces convives qui sont là réunis pour boire à la révolution de Juillet sont sujets de la Grande-Bretagne ; et quel est le ministre de la Grande-Bretagne? C'est lord Wellington. Et ce jeune homme qui va parler? C'est un représentant de l'éternelle rivale de l'Angleterre, un enfant de la France, un ami de ceux qui ont reconquis la liberté de la France à coups de fusil.

C'était donc un curieux spectacle qu'une pareille fête. donnée à notre spirituel compatriote par cette foule d'Anglais à la fois impatients et inquiets de l'entendre, comme si de la bouche de ce jeune étranger, si renommé dans l'Inde pour la maturité de son esprit, devait sortir quelque importante prophétie de la destinée de deux grands peuples. Qu'on se représente ensuite, comme un brillant accessoire de ce tableau, au fond, le ciel de l'Inde avec son azur éblouissant; d'un côté, les crêtes sourcilleuses et sombres de l'Himalaya, de l'autre Delhi, la ville impériale, avec ses toits dorés et ses pagodes étincelantes; au milieu une table immense, chargée de bronzes, de cristaux, de magnifique argenterie; des mets exquis dans des porcelaines de la Chine, des vins de France dans les glaces du Thibet; tout autour, les officiers de la résidence, vêtus de leurs brillants uniformes, avec des rubans tricolores à la boutonnière; aux quatre coins de la salle, les couleurs de la France flottant en nobles pavois, confondues avec les drapeaux tant de fois ennemis de la vieille Angleterre; et sur le premier plan, à la place d'honneur, un jeune homme en simple frac : c'est Victor Jacquemont, le héros de la fête. Les santés, les *vivat*, tombent sur lui de toutes parts; c'est une tempête de *toasts* successifs à l'honneur et à la prospérité de la France; le champagne coule par torrents, l'enthousiasme est à son comble...

Jacquemont se lève au milieu de ce tumulte étourdissant; quelle occasion pour faire un discours de propagande! mais Jacquemont ne donna pas dans le piége; il fit un discours libéral et mesuré, tout brillant de métaphores locales qui n'excluaient pas le bon sens, préparé avec une adresse qui s'alliait à la dignité. Nous voudrions pouvoir citer en entier ce *speech* vraiment remarquable, le citer dans sa langue, avec tout ce luxe de phraséologie orientale, si éloigné de la manière habituellement simple et précise de Jacquemont, mais qui empruntait du climat, du lieu, de la circonstance, un singulier éclat; nous voudrions reproduire tout l'effet de ce curieux discours; mais il est fort long : c'est tout le programme de cette politique libérale et pacifique qu'a suivie la France depuis la révolution de Juillet, et qu'une sorte de divination révélait en ce moment à notre jeune compatriote. Voici du moins comment l'orateur finissait : nous citons la version anglaise pour ceux qui veulent juger de sa facilité à improviser dans cette langue :

« Gentlemen, believe me that those feelings which I have so feebly expressed to you through a foreign language, but which live so warm in my heart, are shared in by the immense majority of the generation to which I belong, and which now assumes the political power in my country. Believe me, that equally proud of british friendship, equally convinced that the union of France and England, the leaders of modern civilisation, would prove a blessing to both, and countenance everywhere the generous efforts of liberty, and secure throughout Europe the steps of social improvements and promote human happiness; believe me, gentlemen, that all my countrymen would rise with me and rapturously propose with me the toast I beg to offer : *France and England for the world* [1]! »

---

[1] « Messieurs, ces sentiments que je vous ai si faiblement exprimés dans une langue étrangère, mais que mon cœur éprouve si vivement, croyez qu'ils sont partagés par l'immense majorité de la génération à laquelle j'appartiens, et qui vient de conquérir le pouvoir politique dans mon pays. Soyez persuadés que mes compatriotes, fiers comme moi de l'amitié de l'Angleterre, comme moi convaincus que l'union de la France et de la Grande-Bretagne, ces deux reines de la civilisation moderne, sera pour nos deux pays une source de prospérité, qu'elle encouragera tous les généreux efforts de la liberté, qu'elle hâtera dans toute l'Europe les progrès de l'ordre social, et assurera le bonheur de l'humanité : croyez, messieurs, que tous mes concitoyens se lèveraient comme moi, s'uniraient à mon enthousiasme pour soutenir le toast que je demande la permission de proposer : *la France et l'Angleterre pour le bonheur du monde !* »

Ainsi parla Victor Jacquemont. Il venait de prédire l'alliance anglaise, cette conséquence vraiment grande de la révolution de Juillet, dont nous doutions alors, qui fait notre principale force aujourd'hui (1834). Il la prédisait du fond de l'Indoustan, à quelque mille lieues du théâtre des événements, et plus de trois ans avant que lord Palmerston eût fait entendre, dans le parlement anglais, ces paroles mémorables : « Les relations qui unissent la France et l'Angleterre deviennent de jour en jour plus amicales. A mesure que les deux gouvernements se connaissent mieux, ils s'apprécient davantage, et c'est pour moi, je l'avoue, un véritable sujet d'orgueil et de satisfaction de songer que les préjugés qui divisaient les deux pays sont presque entièrement effacés [1]. »

Ainsi, le bon sens de Victor Jacquemont devançait les événements, et du premier coup frappait juste sur leurs résultats les plus cachés. Nous le demandons : qu'eût fait de mieux, à sa place, le diplomate le plus consommé?

Il n'eût fait aucune prédiction, de crainte de se tromper.....

III

Il est de toute nécessité maintenant que ceux de nos lecteurs qui se trouvaient fort bien dans l'Inde anglaise, et qui suivaient avec intérêt les progrès de notre compatriote dans la bienveillance de ses hôtes, se décident à passer le Sutledge, c'est-à-dire à laisser derrière eux ces bonnes tables, ces brillantes réceptions et toute cette vie élégante dans laquelle éclatent la politesse et le génie de l'Europe, pour courir les aventures, dans un pays inconnu, à moitié

[1] Séance du 15 mars 1834.

barbare, sur la foi de la jeunesse et de l'audace de Victor Jacquemont.

Le Sutledge descend des hauteurs inaccessibles de l'Himalaya (inaccessibles, non pas à Victor Jacquemont), et coule de l'est à l'ouest dans un espace de près de trois cents lieues jusqu'à son embouchure dans l'Indus. L'immense Delta formé au nord-est par la chaîne de l'Himalaya, au midi par le Sutledge, à l'ouest par le rapide courant de l'Indus, et dont la pointe est précisément le point de jonction de ces deux fleuves, c'est le Punjaub (*Pen-Jab, Penta-Potamis*) qui reçoit son nom des cinq grands cours d'eau qui le traversent et le fertilisent. Le Punjaub est divisé en deux royaumes qui portent le nom de leurs capitales, Lahore et Cachemyr, anciennes villes, autrefois riches, commerçantes et populeuses, l'une et l'autre situées au milieu d'une vaste campagne, et séparées par deux chaînes successives de montagnes qu'on peut considérer comme deux degrés descendants du versant méridional de l'Himalaya; de telle sorte que, tandis que l'Indus et le Sutledge, au sud, entourent tout le pays comme avec deux bras immenses, l'Himalaya semble compléter au nord le magnifique encadrement de cette contrée.

Au delà du Sutledge, je voudrais vous montrer un peuple; mais il y a là je ne sais combien de peuples qui diffèrent par les mœurs, par la religion, par le costume, les uns vivant des autres, les uns cruels et sauvages, les autres abâtardis, corrompus. Ce sont les Mogols, premiers conquérants de ces belles provinces; les Afghans, qui ont dépossédé les Mogols; les Sykes, qui ont chassé les Afghans. Les Sykes gouvernent, rendent la justice, font la police et la guerre, vont en recette le sabre au côté, le pistolet au poing; le reste de la population obéit, si elle habite la plaine, ou végète, rebelle et misérable dans la montagne. C'est ensuite une confusion de sectes religieuses à défier toute analyse. Il y a des mahométans en extase devant un cheveu, qu'ils appellent

Son Excellence le poil de la barbe du Prophète ; puis des brahmistes et des bouddhistes à proportion ; puis les akhalis, espèce de moines armés qui vous détroussent sur les chemins, mendiants sacrés qui reçoivent l'aumône du voyageur au bout de leur fusil. La population de Cachemyr se distingue dans cette foule par l'éclat de son histoire et la renommée de son industrie, si chère à notre vieille Europe. Comme chez toutes les nations dont la conquête et le pillage ont épuisé la séve, ses mœurs sont douces, sa physionomie est triste. C'est comme une autre Italie : un peuple ingénieux, brillant, habitant une riche contrée, qui comptait une longue suite de rois et plusieurs siècles d'indépendance, qui avait rendu le monde entier tributaire de son industrie, succombant après de cruelles guerres, ruiné par l'avidité de ses vainqueurs, corrompu par leurs vices et s'endormant dans l'esclavage, comme pour en rendre le joug plus léger. « A Cachemyr, dit Jacquemont, il n'y a guère plus de chance de souper pour celui qui laboure, file ou rame tout le jour, que pour celui qui, en désespoir de cause, dort tout le jour à l'ombre d'un platane. » Au Cachemyr comme en Italie, c'est donc à peu près la même cause qui condamne les peuples à dormir et les rois à veiller.

Runjet-Sing, le fameux roi de Lahore et de Cachemyr, est, heureusement pour lui, un roi très-éveillé ; et il ne faut rien moins que son activité, son génie entreprenant, et les talents militaires de quelques-uns de nos compatriotes qui ont discipliné ses armées, pour maintenir dans l'ordre tant de populations si diverses, et donner une apparence d'unité à cette confusion. Je ne sais pourquoi un géographe d'un rare mérite, M. Adrien Balbi, veut que Runjet-Sing soit mort en 1827 ; c'est une erreur. Runjet-Sing n'est pas mort ; il vivait à l'époque du voyage de Jacquemont, et tout porte à croire qu'il vit encore (1834). Runjet-Sing n'est pas un roi très-légitime ; c'est un soldat heureux. De simple gentilhomme de campagne devenu chef de bandes, de général passé roi par la grâce de vingt mille bandits intrépides et pillards, il est parvenu à soumettre à son joug toute la confédération des princes sykes, jadis ses égaux, et une partie considérable de l'ancien royaume de Caboul. Ceux qu'il n'a pu réduire encore lui payent tribut très-religieusement avec l'argent qu'ils volent aux voyageurs.

Runjet-Sing, même en Europe, ne serait pas un homme ordinaire; au milieu de son peuple, c'est un grand homme. Pour Victor Jacquemont, c'est tout simplement un original. Runjet-Sing a cinquante et un ans; il est de moyenne stature et porte une longue barbe blanche. Il est d'une santé chétive, mais d'un grande vivacité d'esprit. Il met son âme en règle tous les ans une fois, en faisant un pèlerinage au saint temple de Gourou-Govind-Singh, à Umbritsir; mais pour lui la dévotion n'est qu'un masque dont il ne fait pas abus. Runjet-Sing est brave, rusé, gourmand, et d'une curiosité qui contraste singulièrement avec l'apathie du caractère indien. Il aime les drogues, et il en commande par centaines qu'il s'amuse à faire prendre à ses amis et à ses domestiques. Il a pour les chevaux une passion véritablement furieuse; il a fait des guerres meurtrières pour saisir chez un voisin un cheval qu'on lui refusait. Il a un régiment de femmes, casernées dans un sérail, dressées à monter à cheval, et qui manœuvrent au soleil, jambe de çà, jambe de là, comme nos hussards. Voilà Runjet-Sing; dans le Punjaub, c'est un homme heureux, roi absolu, général habile, exacteur effronté, ayant une armée de quarante mille hommes, un budget de cinquante millions, un cuisinier à l'épreuve, et les plus mauvaises mœurs du monde. Tel est le pays, peuple et roi, que va visiter Victor Jacquemont.

Deux circonstances lui procurèrent bon accueil. D'abord, il était Français, et Runjet-Sing aime passionnément les

Français. C'est un officier français, M. Allard, qui commande ses armées. M. Allard est de plus un excellent rece-
veur des finances. Voyez plutôt : « La mère d'une nichée de
petits rajahs (princes) montagnards vient de mourir, écrit Jacquemont, en laissant neuf lacs de roupies (deux millions deux
cent cinquante mille francs) : les enfants se battent pour l'héritage, et Runjet-Ring vient d'envoyer M. Allard sur les lieux,
pour leur ôter tout sujet de querelle, c'est-à-dire les neuf
lacs. » Le compatriote d'un si habile financier est sûr d'une
réception distinguée auprès du roi de Lahore; mais il a un
autre titre à sa considération : Runjet-Sing s'est mis en tête
que Victor Jacquemont est un envoyé secret de l'Angleterre.
Or savez-vous quelle est la grande préoccupation de Runjet-
Sing quand il ne fume pas le houka, sur le dos de son éléphant, en compagnie de quelque courtisane, au nez de son
bon peuple de Lahore, ou qu'il ne court pas la campagne
en quête de quelque aventure? L'unique pensée de Runjet-
Sing, c'est que la compagnie des Indes doit finir, tôt ou
tard, par engloutir son royaume; et Runjet-Sing a bien
raison. C'est ainsi que son royaume finira [1].

En effet, le Sutledge, qui borne l'empire anglo-indien du
côté du Punjaub, est pour les Anglais une détestable ligne
de défense militaire; mais, en remontant l'Indus par la vapeur depuis Bombay jusqu'à Deyra-Ghazi-Khan, les bâtiments anglais feraient échec à toute armée russe venue de
la Perse avec des intentions hostiles, et qui oserait traverser
l'Afghanistan. Il est donc du plus haut intérêt pour l'Angleterre d'assurer le cours de l'Indus à sa navigation; et pour
cela il lui faut de deux choses l'une, ou se concilier le Punjaub ou le conquérir. Le conquérir est plus sûr, et je le lui
conseille; car la civilisation et l'humanité n'ont qu'à gagner

[1] Ceci était écrit en 1834. On sait que la prédiction n'a pas tardé à
s'accomplir.

cette conquête. Qu'elle attende seulement que Runjet-Sing
soit mort; mais qu'elle ne s'y fie pas! « C'est un rusé coquin! » écrit quelque part Victor Jacquemont.

Toute la politique de Runjet-Sing se réduit donc, en définitive, à ceci : se défendre contre une invasion anglaise.
Mais le roi de Lahore est au gouverneur général de l'Inde,
le Punjaub est à l'établissement anglais comme deux millions
sterling sont à vingt-cinq. La liste civile de Runjet-Sing
est donc la très-humble servante du gros budget de lord
W. Bentinck; il faut qu'elle le caresse, qu'elle le flatte, en
attendant qu'elle le trahisse. Aussi Victor Jacquemont fut
très-bien reçu ; Runjet-Sing le prit pour un espion anglais.

Il n'en était rien, Dieu merci ! Jacquemont, à aucun titre,
n'eût accepté une mission anglaise et secrète. Si Jacquemont a fait un discours politique à Meerut, c'est au grand
jour, vous le savez, et il n'avait reçu mission que de son
zèle patriotique. Tout le reste du temps, dans le Punjaub
comme en Chine et ailleurs, il n'a été que l'envoyé du Jardin des Plantes, beaucoup plus occupé des intérêts de la
science que des querelles de la politique, et ne dressant
d'embûches qu'aux animaux qui peuvent entrer dans ses
collections.

Jacquemont voyageait donc pour la science, en dépit des
soupçons de Runjet-Sing ; mais, bien qu'il ne cherchât pas
les aventures, son voyage en fourmille : à chaque instant,
l'aventure se présente et dispute le pas à la science, qui
est bien souvent obligée de céder. Heureusement Jacquemont, qui est un grand savant, est aussi un homme supérieur dans l'aventure. J'en ai déjà cité quelques preuves ; mais nulle part sa présence d'esprit ne se montre avec
plus d'éclat que sur cette *mer de montagnes*, comme il l'appelle, qui sépare la province de Cachemyr de celle de Lahore. Là, les épreuves sont de tous les jours. Il y a des
bandits qui vous rançonnent sur toutes les routes, de longs

fusils à mèche qui vous couchent en joue au coin de tous les bois, des voix formidables qui vous crient : « On ne passe pas ! » Jacquemont avait beau tirer de sa poche un firman terrible de Runjet-Sing, par lequel il enjoignait à ses amés et féaux de la plaine et de la montagne, non-seulement de laisser passer et circuler librement le *Platon de l'époque*, autrement dit le *seigneur Victor Jacquemont*, mais encore de pourvoir de foin et de paille la suite dudit seigneur, et d'obtempérer à toutes ses réquisitions ; lecture faite de ce sublime passe-port, les mêmes voix répétaient : « On ne passe pas, » et appuyaient leur défense de quelque énergique menace ; et il fallait, je vous l'assure, bien du mérite pour passer malgré cela.

Jacquemont passait. Une fois cependant il fut pris au piége chez un damné coquin, lequel commandait pour le roi, avec quelques centaines de fusils à mèche, une méchante forteresse dans la montagne. Neal-Sing était son nom. Ce jour-là, Jacquemont n'avait pas trouvé d'obstacle ; bien au contraire, des soldats apostés au pied de la forteresse lui avaient servi de guides. A peine arrivé, il se vit entouré de quatre cents brigands qui lui demandèrent l'aumône à bout portant. Leur chef lui déclara que sa volonté était de le retenir prisonnier jusqu'à ce qu'il fût agréable au roi de Lahore de payer, pour sa délivrance, une somme considérable : il s'agissait de trois ans de solde arriérée que Sa Majesté devait à la garnison.

Jacquemont, tombé dans ce guêpier, vit bien qu'il n'y avait qu'un moyen d'en sortir, et qu'il fallait lutter non de force, mais d'impertinence avec cette canaille. « Mon mépris les accabla, écrit-il ; ils n'avaient jamais entendu un de leurs rajahs parler de lui-même comme je le faisais, à la troisième personne ; Runjet-Sing seul le fait dans le Punjaub ; et tandis que je me rendais à moi-même tous ces respects, je ne leur parlais que comme à des serviteurs. Bientôt j'emmenai

Neal-Sing comme pour l'entretenir moins publiquement, et je le fis asseoir par terre, tandis que j'avais fait préparer pour moi une de mes chaises. Il semblait pressé d'entrer en matière ; mais j'appelai mon maître d'hôtel pour m'apporter un verre d'eau sucrée, ce qui fut long à préparer. Je commandai à un autre de mes domestiques de tenir un parasol au-dessus de moi ; à un autre, de m'éventer avec un plumeau de plumes de paon. Je pris toutes mes aises, non-seulement sans en rien rabattre de mon ordinaire, mais en y ajoutant, je vous assure, largement ; laissant Neal-Sing par terre, dans toute son humilité, pour réfléchir en silence sur la grandeur du crime qu'il allait commettre. »

Ce manége eut un commencement de succès ; le brigand rabattit de ses prétentions et proposa de relâcher son prisonnier, en ne retenant que son bagage. « Voyager sans mes tentes ! sans mes meubles ! sans mes livres ! sans mes vêtements ! s'écria Victor Jacquemont indigné ; moi qui en change deux fois par jour ! »

Le temps s'écoulait. Neal-Sing paraissait plongé dans ses réflexions. « J'ordonnai alors qu'on m'apportât du lait. — N'entendez-vous pas, dis-je à Neal-Sing, que le *seigneur* désire avoir du lait ? Envoyez au plus vite dans les hameaux voisins, afin que l'on en apporte sans retard. — Je vis partir les hommes qu'on expédia, et quand ils furent à une centaine de pas, je les rappelai, et je dis à mon maître d'hôtel de leur bien expliquer que c'était du lait de vache, et non de buffle ou de chèvre, qu'il me fallait, et qu'ils devaient le faire tirer devant eux. »

C'est ainsi que Jacquemont gagnait du temps. Neal-Sing subissait, sans dire mot, l'ascendant irrésistible que prenait insensiblement sur lui son audacieux prisonnier. Enfin, celui-ci croyant le moment favorable, et voulant faire la part du feu, offrit de donner une somme d'argent à titre de cadeau. « Eh bien, oui ! donnez-moi deux mille roupies, s'é-

cria Neal-Sing transporté. » Les fusils à mèche criaient :
« Dix mille ! — Non pas dix mille, ni deux mille, ni même
mille, répliqua Jacquemont, par la raison que je ne les ai
pas ; mais en considération de votre position malheureuse,
je vous donnerai cinq cents roupies. »

Ce fut le dernier période de la crise. Neal-Sing résista
quelque temps. Jacquemont tint bon, et le prit de si haut
avec son voleur, qu'il accepta les cinq cents roupies « en se
prosternant à terre et en s'écriant qu'il était le plus fidèle, le
plus reconnaissant, le plus dévoué de mes serviteurs, et, si
je lui permettais de prendre ce nom, le plus inviolable de
mes amis. » Après cette comédie, Neal-Sing laissa partir son
prisonnier, non sans lui avoir fait, à voix basse, la demande
d'une bouteille de vin. Jacquemont lui donna une bouteille
de râkh, qui lui servait d'esprit-de-vin pour ses prépara-
tions anatomiques, et qui était de force à prendre feu dans
le gosier du mécréant. Puis il tourna les talons, et redescendit la montagne.

Il nous faut ici prévenir ceux de nos lecteurs qui trouvent
que Jacquemont a payé un peu cher le plaisir de mystifier
un misérable, que ces roupies données si libéralement ne
lui coûtent absolument rien, que la peine de les recevoir ;
encore est-ce l'office de son trésorier. Du jour où Victor Jacquemont a mis le pied sur le sol du Punjaub, il tombe une
pluie d'or dans sa cassette. Runjet-Sing, quand il veut té-
moigner sa considération aux gens, n'y met pas tant de façons.
Au lieu de vous envoyer son portrait ou toute autre bagatelle
inutile, il vous fait donner un sac de roupies. Ces bienheureux sacs contiennent cent une roupies, à savoir deux cent
cinquante francs. Arrivé à Cachemyr, Jacquemont avait ainsi
reçu, en témoignages solides de la considération de Sa Majesté,
en preuves sonnantes de son amitié, environ quinze mille
francs, sans compter les approvisionnements de toute espèce,
une quantité innombrable de moutons, de poules, de sacs

d'orge, de riz et de farine, et, comme il l'écrit plaisamment, « une charge de cachemires à faire trembler tous les maris. » C'est ainsi qu'on traite les Français dans le royaume de Lahore. Cela ne ressemble-t-il pas un peu à l'Eldorado?

Je me suis souvent demandé, en lisant ces curieuses lettres, d'où pouvait naître cet incontestable ascendant qu'exercent les Européens sur les indigènes de l'Asie, ascendant tel, que la politique bien entendue des gouvernements de ce pays consiste surtout à nous en défendre la frontière ; et j'ai pensé qu'on pouvait l'expliquer par une cause toute générale, la supériorité du bon sens sur l'imagination. Cette vérité, que je ne veux qu'indiquer ici, éclate à chaque pas du voyage de Jacquemont. Son bon sens triomphe précisément par le côté qui frappe l'imagination des Asiatiques, par sa fermeté, par sa soudaineté, par sa justesse. Les Français ont quelque chose de plus encore, qui les rend considérables en Asie ; ils sont gais, ils sont frondeurs. Je ne sais qui a dit : Les femmes ne plaisent que par leurs défauts. On peut le dire aussi des Français qui voyagent en Asie. Leur esprit léger, frondeur, satirique, c'est là un défaut horrible en présence de la gravité asiatique, et c'est par ce défaut qu'ils plaisent, qu'ils dominent. L'Asie est triste et rêveuse, notre gaieté est étourdissante ; l'Asie est formaliste, notre esprit, libre penseur, saute à pieds joints par-dessus les formes ; l'Asie est superstitieuse et fataliste, l'audace de notre philosophisme brave la destinée et ne s'arrête pas même devant Dieu ! Je l'avouerai, il m'est arrivé quelquefois de trouver Victor Jacquemont bien impertinent. Je tremblais en le voyant jouer ainsi avec les redoutables préjugés de ses hôtes, ou bien exiger des honneurs qui, de temps immémorial, n'appartiennent qu'aux têtes couronnées. Mais il m'en donnait ensuite de si bonnes raisons, il me prouvait si bien que sa considération comme Français, que sa vie même était intéressée à ce manége, que j'aurais été désolé de le trouver plus modeste. « Si dans le Punjaub, dit-il quelque part, un seigneur quelconque se fût présenté chez moi sans laisser sa chaussure à la porte, je ne l'aurais pas reçu, et j'aurais écrit sur le champ à Lahore pour demander à Runjet satisfaction de cette insulte ; mais c'est une énormité qui ne pouvait venir à l'idée de personne. »

Victor Jacquemont passa en Cachemyr tout l'été de 1831. Il y vécut en seigneur ; logé dans un pavillon royal, sur le bord d'un lac, au milieu d'un jardin planté de lilas et de rosiers ; ayant une cour, un gentilhomme de la chambre à six roupies par mois, une compagnie de gardes du corps qui protégent sa porte contre la mendicité cachemyrienne ; tour à tour médecin, savant, haut justicier, philosophe, aumônier infatigable, correspondant favori de Runjet-Sing qui l'accable de présents, l'inonde de roupies et lui tend des piéges perfides, qui le traite de *demi-dieu* et le fait espionner ; mangeant des cerises, des abricots et des raisins comme à Paris ; lisant Sterne pour tenir lieu de l'esprit qui manque à ses courtisans ; faisant chasser, pour défendre l'intégrité de son caractère européen, des bandes innombrables de jeunes filles impudiques qui assiégent son palais ; courant dans les montagnes après les ours et les panthères, qui le lui rendent bien souvent ; pêchant des poissons pour M. Cuvier dans le beau lac qui entoure sa maison ; assistant à une émeute religieuse, suivie d'une répression orientale, c'est-à-dire d'un massacre, d'un pillage et d'un incendie. « Enfin, dit Jacquemont dans une piquante lettre qui résume son séjour à Cachemyr et son expédition dans le Punjaub, j'ai été pendant huit mois un fort grand seigneur, fort riche, fort magnifique, fort bienfaisant, et moyennant cela aussi pauvre aujourd'hui qu'avant ce singulier voyage. Prisonnier quelquefois, diplomate souvent, guerrier le moins qu'il m'était possible ; car c'est surtout dans l'art de la politique que je brille. Vous verrez qu'ils feront de moi un diplomate quelque jour. Nos habiles, à ma place, y eussent souvent été dans l'embarras. Ces vastes contrées sont fermées à la curiosité des Européens par la jalousie assez logique de leurs maîtres. Jusqu'ici tout va bien pour moi ; me voici revenu vivant et très-vivant, je vous l'assure, de Cachemyr, dont les montagnes ne sont pas si hautes, ni la vallée si pittoresque, ni les femmes si belles, ni les hommes si fripons qu'on le dit. Mon portefeuille est plein de lettres de rois. Le successeur de Porus m'écrivait tous les huit jours, » etc.

Ajoutons, comme dernier trait à ce tableau, qu'au moment où Jacquemont allait quitter le Punjaub, le successeur de Porus lui proposa très-sérieusement la vice-royauté de Cachemyr. Quand Jacquemont vit que son ami Runjet-Sing le prenait avec lui sur ce ton-là, il n'eut rien de plus pressé que de plier bagage ; et le 9 novembre 1831, il repassa le Sutledge.

IV

Ceux qui voudraient juger de la puissance des Anglais dans l'Inde par les hauts salaires que la Compagnie paye à ses employés civils et militaires, par la force de ses armées, par l'ampleur de son budget, ou même par le luxe de ses fêtes, la richesse et l'impertinence de ses modes, la somptuosité de ses banquets, n'en auraient, suivant moi, qu'une idée fort imparfaite. Leur puissance n'est pas là ; elle est presque tout entière dans l'esprit civilisateur et dans l'habileté administrative qui caractérisent cette nation. La Compagnie anglaise des grandes Indes, quoique la nécessité l'ait obligée à conquérir d'immenses provinces depuis cinquante ans, n'est pas essentiellement conquérante. Ses conquêtes commencent toujours par l'appauvrir. Il n'y a pas une des provinces conquises par elle qui paye ses frais de gouverne-

14.

ment et d'occupation militaire. Madras est en déficit ; Bombay ne couvre pas ses dépenses ; les provinces ouest et nord-ouest, récemment acquises, sont au-dessous de leurs revenus. Le Bengale paye pour tous. Quel est donc l'intérêt principal de la Compagnie dans ces immenses conquêtes ? évidemment un intérêt de civilisation. Que cet intérêt en cache un autre, que l'esprit de lucre, d'abord armé en guerre, prenne ensuite le masque du philanthrope et trouve son compte à cette métamorphose, que le génie civilisateur ne soit que l'agent et le précurseur du génie financier, qu'à cela ne tienne ! Ce n'en est pas moins la civilisation qui commence ; c'est elle qui sème ; et, quand c'est la civilisation qui sème quelque part, ce n'est jamais un gouvernement quelconque, si avide qu'on le suppose, qui fait à lui tout seul la moisson.

Jacquemont, voyageant dans l'Indoustan, se trouva un jour au milieu d'un peuple que la baguette magique d'un major anglais avait civilisé comme par miracle. C'était dans les montagnes du Mhairwarra, qu'on pourrait nommer les Abruzzes du Rajepoutanàh, à peu près à moitié chemin entre Delhi et Bombay. « Là, dit-il, j'ai vu un pays dont les habitants, de temps immémorial, ne connaissaient d'autre manière de gagner leur vie que d'aller piller les contrées voisines de Marwar et de Mewar ; un peuple de brigands, maintenant changé en un peuple de laboureurs et de bergers industrieux, paisibles, heureux ! Ni les chefs rajepoutes, ni les empereurs mogols, n'avaient pu subjuguer cette nation. Il y a quatorze ans tout était à faire pour elle, et depuis six ou sept ans tout est achevé. Un seul homme, le major sir Henri Hall, a opéré ce miracle de civilisation ; et, comme je sais que la réflexion suivante doit être agréable à votre cœur et conforme à vos opinions[1], j'ajouterai que le

____

[1] Cette lettre est adressée à M. V. de Tracy. Elle est écrite en anglais.

major Hall a pu accomplir son admirable expérience sans faire le sacrifice d'une seule vie.

« Il s'assurait des hommes les plus indomptables en les enfermant, en les chargeant de chaînes, en les condamnant à travailler aux routes. Ceux qui avaient longtemps vécu à la pointe de l'épée, sans être cependant connus pour se livrer à d'inutiles cruautés, il en faisait des soldats; et ceux-ci devenaient, en cette qualité, gardiens de leurs anciens camarades, souvent même de leurs anciens chefs. Le reste de la population apprit à cultiver la terre. Le meurtre des enfants du sexe féminin était un usage très-répandu chez les Mhairs; aujourd'hui cette pratique sanguinaire est abandonnée, et c'est à peine s'il a fallu punir un seul homme pour amener ce résultat. Le major Hall, au lieu de sévir contre les coupables, a fait cesser la cause du crime, l'a rendu inutile, nuisible même à ceux qui le commettaient; et il n'y en a plus un seul exemple.

« Sir Hall m'a montré sous les armes le corps qu'il a levé parmi ces ci-devant sauvages, et je n'en ai jamais vu de mieux discipliné parmi les troupes indiennes. Le major est justement fier de son ouvrage, et il n'a pas épargné ses peines personnelles pour me le faire voir dans son ensemble, pendant le peu de temps que j'avais à passer avec lui. Plus de cent villageois furent appelés des bourgs et des hameaux voisins; je m'entretins avec eux de leur ancien genre de vie et de leurs occupations présentes; la plupart de ces hommes avaient versé le sang humain. Ils me dirent qu'ils ne connaissaient autrefois aucun autre moyen d'existence, et, d'après leur récit, cette existence était misérable. Ils étaient nus, affamés; maintenant, bien que le sol de leurs petites vallées soit pauvre et que leurs montagnes soient stériles, tous les bras étant employés à la culture, ils en tirent de la nourriture et des vêtements en abondance; et ils apprécient tellement les immenses avantages que le gouvernement anglais leur a procurés, qu'ils lui payent volontiers un tribut qui est déjà de cinq cent mille francs, et qui s'accroîtra chaque année avec la richesse du pays. »

C'est ainsi que procède la politique du gouvernement anglais dans l'Inde. La conquête ouvre la marche, la civilisation arrive à la suite ; le percepteur des finances ne vient que longtemps après. La conquête, la civilisation, le tribut, trois faits qui ont chacun leur place, chacun leur temps ; système puissant qui soumet une population de soixante millions d'âmes à une armée de trente mille hommes.

Les journaux anglais nous ont appris récemment que la Compagnie des Indes vient de déclarer la guerre à un rajah du district de Mysore, et d'envoyer une armée pour conquérir ses États. Est-ce un coup de tête de la Compagnie? non, certes ; elle ne s'est émue qu'après nombre d'impertinences et de provocations adressées à son gouverneur général. Et comment procède-t-elle? en mêlant le prosélytisme à la guerre, en déclarant par *ultimatum* qu'il sera établi dans les provinces à conquérir un *système calculé pour assurer le bonheur de peuple* [1] ; j'ajoute que ce système aura pour effet d'augmenter aussi les revenus de la Compagnie dans un temps donné. Mais, quoi qu'il en soit de ma prédiction, la Compagnie tiendra sa parole.

Jusqu'où peuvent s'étendre les progrès de la civilisation anglaise chez le peuple indien? Jusqu'à la limite, malheureusement infranchissable, que lui assignent les préjugés religieux et domestiques enracinés chez cette nation. Accessibles à la civilisation anglaise dans toutes les habitudes de la vie civile, comme soldats, comme agriculteurs, comme négociants, leur vie domestique est murée ; elle n'admet ni nos usages, ni nos mœurs, ni le respect de la femme, ni les saintes et paisibles vertus de la famille ; nulle affection,

---

[1] Voir le *Globe* du 1er août 1831.

nulle sympathie; les enfants méprisent leur mère, le père maltraite ses enfants; d'implacables jalousies, des haines atroces, fermentent dans le cœur des frères. Mais c'est là un mal incurable : les majors Hall eux-mêmes n'y peuvent rien. Ainsi, dans le Mhairwarra, tandis que les habitudes civiles pliaient sous le joug, les mœurs domestiques, les préjugés de la famille, ont résisté; là une femme est un être impur que les hommes regardent à peine comme appartenant à leur espèce. Le mari achète sa femme, le père vend sa fille, le fils vend sa mère. Le déshonneur pour une femme consiste à n'être pas vendue ou à être mal vendue. La femme de Sganarelle, qui veut absolument être battue, serait donc un personnage très-peu extraordinaire et assurément fort peu comique dans se pays-là. S'agit-il de religion? c'est bien pis encore. Leur conscience repousse bien plus obstinément toute conversion religieuse que leur foyer domestique ne se ferme à nos lois civiles. « Les Indiens, tâtés partout, dit V. Jacquemont, n'ont voulu nulle part changer Mahomet ou Brahma pour Jésus-Christ ou la Trinité. »

Que résulte-t-il de cette obstination des Indiens à rester fidèles aux vieilles traditions de leur vie domestique et religieuse? L'impuissance pour le gouvernement anglais de s'assimiler complétement ce peuple; la nécessité d'une domination forte qui le maintienne sous le joug; enfin l'ajournement indéfini de tout projet d'amélioration politique dans un pays où le premier essai de l'émancipation serait la révolte. Car, il faut bien le dire, l'immobilité du peuple indien dans ses habitudes et dans ses croyances, sa résistance à épouser les mœurs de l'Angleterre, quoiqu'il accepte ou qu'il subisse patiemment tous les bienfaits de son administration éclairée, c'est là, si nous en croyons un observateur judicieux, Victor Jacquemont, le seul danger réel qui menace la puissance anglaise dans l'Inde. Les colonies anglo-américaines qui parlaient la même langue que la mère patrie.

qui avaient ses mœurs, sa religion, ses lois, ses usages, se sont affranchies du jour où leur civilisation s'est trouvée l'égale de la civilisation anglaise ; mais si l'Inde échappe jamais à l'Angleterre, ce sera par une guerre de religion. Voilà ce qui compromet l'avenir de la Compagnie, bien autrement que l'ambition de la Russie, qui ne sera jamais pour le gouvernement anglais dans l'Inde un sujet de grand effroi, surtout s'il veut conquérir le cours de l'Indus et l'assurer sans partage à sa navigation, depuis l'embouchure de ce fleuve jusqu'aux montagnes.

Nous avons laissé Victor Jacquemont dans les montagnes de Mhairwarra, au milieu de l'Indoustan ; mais nous avons oublié de dire comment il était arrivé là. Il nous faut donc revenir un instant sur nos pas, et reprendre le voyage de Jacquemont au moment où il a quitté le Punjaub, le 9 novembre 1831. Jacquemont venait de repasser le Sutledge ; il s'était reposé quelque temps à Delhi, dans les délices de l'hospitalité anglaise ; et le 14 février, après avoir employé plusieurs semaines à emballer ses collections, il s'était remis en route, le cap au sud, chevauchant en tête de sa caravane dans l'ordre imposant que nous avons précédemment décrit. L'intention de Victor Jacquemont était de visiter dans toute son étendue, du nord au sud, la presqu'île en deçà du Gange, et de s'arrêter à Bombay, après avoir traversé le Rajepoutanah, le pays des Marattes, et séjourné dans plusieurs villes importantes, Jaypore, Aymeer, Indore, Poona. De Bombay, notre voyageur devait gagner le cap Comorin, en longeant la côte de Malabar, derrière les Ghates ; puis remonter au nord par le plateau de Mysore, passer, dans les Montagnes Bleues, tout l'été de 1833, et enfin retourner en Europe vers la fin de la même année. Cette dernière excursion à travers la presqu'île devait faire du voyage de Jacquemont le plus complet qui eût jamais été entrepris aux Grandes-Indes.

Tels étaient les projets de Victor Jacquemont, et il en
exécuta une partie. Que ne pouvons-nous l'accompagner
encore, et le suivre pas à pas ! Ce nouveau voyage dans un
pays à peine exploré, cette pointe hardie vers les tropiques,
toute cette vie encore une fois jetée dans les aventures, quel
vaste champ pour la curiosité du lecteur ! J'ai montré Victor Jacquemont sous quelques-uns des jours où brille l'originalité de sa nature ; mais combien je suis loin d'avoir
complété l'histoire de son caractère et de son esprit, la seule
que j'aie voulu faire ! Nous avons vu Jacquemont à la table
des riches Anglais de Calcutta, subjuguant l'étiquette à force
de naturel, de franchise et de gaieté ; puis gravissant avec
la science les glaciers de l'Himalaya ; géologue intrépide et
guerrier sur le Thibet ; diplomate éprouvé, orateur éloquent,
hardi patriote à Meerut ; prisonnier et maître dans les montagnes du Punjaub, plus que roi à Cachemyr ; mais que
n'aurais-je pas à raconter encore, si je voulais puiser moins
discrètement dans cette mine intarissable que sa correspondance me fournit ! Chacune de ses lettres résume tant d'idées,
tant de faits, remue tant de souvenirs, provoque tant de
réflexions, et renferme quelquefois des pages d'un style si
achevé, qu'il aurait fallu donner, pour ne rien perdre, une
analyse de chacune d'elles. Mais aujourd'hui il faut finir, et
finir bien tristement.

Le 5 juin 1832, Victor Jacquemont arriva à Poona, ville
de cinquante mille âmes, située sur de hautes montagnes à
quelques lieues de Bombay, et l'une des plus importantes
stations militaires des Anglais dans la péninsule. Il y passa
l'été, c'est-à-dire la saison des pluies, qui est insupportable
à Bombay. Le 5 juillet, le choléra fit invasion à Poona avec
une violence effrayante ; il mourait au delà de soixante personnes par jour. Un des domestiques de Victor Jacquemont
fut atteint, et les soins de son maître ne purent le sauver.
C'était un excellent serviteur ; Jacquemont le pleura. Mais

le désespoir qui s'empara des Indiens, ses camarades, dépasse tout ce qu'on peut imaginer ; ils n'avaient cessé de le veiller pendant sa maladie, faisant bonne contenance près de lui, cherchant à l'égayer par des contes qu'il n'entendait plus ; puis, quand ils pouvaient s'éloigner un instant de sa chambre, se retirant dans le jardin pour se rouler à terre et sangloter. Quand il mourut, la douleur de ces malheureux éclata par des témoignages d'une telle violence, qu'elle ressemblait à de la fureur. Comment concilier cette sensibilité profonde avec ce que nous avons vu plus haut de l'apathique insouciance qui est le fond du caractère indien, et surtout avec cette indigence complète des sentiments et des vertus de famille ? C'est une énigme entre mille autres.

Jacquemont n'était pas *contagioniste* ; il ne ressentit donc aucun effroi de l'épouvantable fléau qui ravageait Poona, et se contenta de prendre toutes les précautions prescrites par l'hygiène du pays. Voici sa recette : « Je me soigne bien, bois une goutte d'eau-de-vie le matin, du vin à déjeuner, lorsqu'il m'arrive de manger de la viande, du vin à dîner, et quand je prolonge ma soirée dans les écritures, une grande tasse de thé mêlé de rhum. Sur quoi je me couche. Je me couvre extrêmement la nuit ; et, le jour, je porte un très-long châle de cachemire, roulé en ceinture, non autour de la taille, mais sur les hanches, de manière à me tenir l'estomac et le ventre à l'étuve, dans une température égale. Je crois qu'un grand nombre des maladies de ce pays proviennent d'un refroidissement, le plus souvent non aperçu, de cette partie. » Moyennant ces soins, Jacquemont tomba malade, le 22 juillet, d'une violente et soudaine attaque de dyssenterie, qui faillit de l'emporter. C'était la première maladie un peu sérieuse qu'il eût faite dans l'Inde ; il crut que c'était la dernière, et, voulant mourir en musique, *comme il avait vécu*, il donna ordre qu'on amenât près de son lit un excellent musicien qui, par hasard, se trouvait à Poona. Mais ce fut l'énergie de sa volonté, aidée d'un bon remède, qui évidemment le sauva.

Jacquemont était arrivé dans l'Inde avec une confiance robuste dans sa jeunesse, dans sa santé, et, toute superstition à part, dans son étoile. Aussi ne cesse-t-il, dans sa correspondance, de combattre par des raisonnements moitié sérieux, moitié plaisants, les inquiétudes de sa famille et de ses amis. Il prouve par de longs calculs de statistique qu'il ne peut pas mourir : « Il me semble qu'il faut être un peu sot pour se laisser mourir à trente ans, et j'ai la vanité de croire que je ne ferai jamais une telle sottise d'ici à très-longtemps..... Permets-moi de te dire, écrit-il ailleurs, que tu n'as pas assez de confiance en moi, ma bonne amie ; ouvre l'*Annuaire du bureau des longitudes*, où tu verras dans les tables de mortalité que les chances funestes à notre âge sont presque nulles. Je commence à me considérer comme un vieux vase, fragile par sa nature, mais endurci par le choc des accidents et habitué à tomber sans se briser. Ne rêve donc jamais en noir de moi. » C'est ainsi que Jacquemont joue avec l'idée de la mort. J'ai vu mourir bien des jeunes gens, robustes, pleins d'avenir, qui jouaient avec la mort ; et je vois vivre, avec une mauvaise santé, nombre de personnes qui en ont une peur effroyable. Il faut donc traiter fort sérieusement la mort, c'est-à-dire se garder des piéges qu'elle nous tend, et penser à elle le moins possible. Aussi bien, c'était le système de Jacquemont partout ailleurs que dans ses lettres ; il était trop sérieux pour compromettre follement sa vie ; et sa confiance, si vivement exprimée, tenait au soin même qu'il prenait de sa santé. Personne, en effet, n'était plus attentif à soumettre aux variations de la température les procédés de sa toilette. Nous l'avons vu, sur les cimes glacées de l'Himalaya, fourré comme les ours auxquels il donne la chasse, empaqueté comme un Lapon, bravant le froid sous la triple enveloppe d'une épaisse couverture. Arrivé dans le Deccan, par 22 degrés de latitude, sa toilette avait subi une réforme considérable. « Assis à écrire, je ne garde d'autre vêtement qu'un épais turban de mousseline blanche pour me tenir la tête fraîche, et des culottes, parce que, bien que le nom de cet objet soit peu décent (en anglais du moins il est d'une affreuse indécence), je tiens l'objet lui-même, les culottes, pour une des inventions les plus décentes dont la sagesse humaine se soit jamais avisée : veste, gilet, chemise et chemise de flanelle, bas et souliers, au diable ! Du tout, je fais un coussin sur lequel je m'assieds, et qui, au bout d'une heure, est trempé à tordre. Eh bien ! chose incroyable ! je me sens aussi frais d'esprit et aussi léger de corps que si, au lieu de 43 degrés de chaleur, il y en avait seulement 14 ou 15 ! »

Telle est la prudence de Victor Jacquemont. Par malheur elle l'abandonne quelquefois. Jacquemont ne sait pas sacrifier les intérêts de la science au soin de sa conservation. Dès que la science l'appelle, il marche ; adieu la santé ! adieu la vie ! son ardeur l'emporte ; et parmi toutes les chances de mort qui abondent dans ce long voyage, les dangers auxquels la science l'expose sont les seuls qu'il ne compte pas ! Le 15 septembre, il quitta Poona, et prit la route de Bombay. Il voulut visiter en passant l'île de Salsette. Et pourquoi ? L'île de Salsette, située au bas du versant occidental des Ghates, est un pays malsain, couvert de forêts empestées ou brûlées par les ardeurs d'un soleil dévorant. De plus, Jacquemont avait choisi pour ce voyage la saison la plus dangereuse de l'année. Mais qu'importe ? Il venait de recevoir un travail remarquable de M. Arago, sur les recherches géologiques de M. Élie de Beaumont. Cette communication inattendue avait réveillé son zèle scientifique ; c'était comme un noble défi d'ajouter par ses observations personnelles aux expériences déjà si décisives de ces deux savants célèbres ; il espérait découvrir au pied des Ghates, et sur leurs croupes, des couches tertiaires et alluviales, et trouver, dans les accidents de leur stratification sur ces montagnes, des éléments supérieurs à toutes les conjectures précédentes pour la solution du problème important de leur âge géologique. C'est ainsi que la science le tentait. Comment résister à la science? Il partit. Il parcourut, sous le feu des tropiques ou sous l'ombrage pestilentiel des bois, toute la longueur de cette île meurtrière, à la recherche de quelques lambeaux de ces terrains, dont l'étude et l'analyse le courbaient douloureusement pendant des jours entiers. « Il en résulte que je suis souffrant, ou plutôt chiffonné depuis quelques jours, écrit-il le 14 octobre. Perfide climat que celui-ci ! »

Il prit quelque repos à Tanna, et enfin, le 29 octobre, il arriva à Bombay, mais épuisé. Le lendemain il fut obligé de garder le lit ; puis on le transporta au quartier des officiers malades, où le gouvernement anglais le confia aux soins du plus habile médecin du pays.

Jacquemont, qui était lui-même un médecin fort instruit, ne se fit aucune illusion sur la nature de la maladie qu'il avait rapportée de son dernier voyage et sur le danger qu'il courait. C'était une inflammation au foie, dont il avait pris le germe au milieu des miasmes putrides de Salsette. Bientôt un abcès se forma dans l'intérieur de l'organe, et le peu d'espoir qui était resté s'évanouit. Le malade sentit ses forces diminuer de jour en jour ; mais, résigné, tranquille, il dissertait gravement sur son mal, en suivait comme avec l'œil le développement rapide et caché, et calculait avec un calme admirable ce qu'il lui restait de jours à vivre et à souffrir. Souffrir et mourir ! sur cette terre étrangère et funeste, loin de son vieux père qu'il ne reverrait plus, loin de ses amis dont le souvenir, dont la jeunesse réveillaient à chaque instant, sur ce lit de mort, des idées de patrie et d'avenir !

Mourir si jeune, après tant de travaux accomplis, tant de dangers bravés pour la science, au moment d'atteindre le terme d'une si longue épreuve et de toucher au but de tant d'efforts courageux, mourir! Est-ce ainsi que devait finir le voyage scientifique de Victor Jacquemont?

« Oh! qu'il sera charmant, écrivait-il à son frère, quelque temps avant la fatale excursion dans l'île de Salsette, de nous retrouver tous ensemble après tant d'années d'absence et pour moi d'isolement! Quelles délices de dîner tous les trois à notre petite table ronde, aux lumières; de manger du potage et de boire du vin rouge de France, et de ne bouger de là que pour aller dans la chambre de notre père, laissant les autres chercher du plaisir hors de leur maison, et nous, restant dans la nôtre, autour du feu, à nous conter les accidents de notre séparation les uns des autres! La larme me vient à l'œil, en pensant à ces joies! Si je me rappelle bien, cher ami, nous nous sommes embrassés la dernière fois sans pleurer, et c'était mieux comme cela; mais la première fois que nous nous embrasserons, nous laisserons nature faire à sa guise. Ce ne sera que du bonheur qu'elle pourra nous donner. Et notre père, comme il sera heureux! »

Quelques semaines s'écoulèrent, et toutes ces espérances étaient détruites. Victor Jacquemont, épuisé par trente jours de maladie, condamné par ses médecins et par lui-même, étendu sur ce lit de douleur qu'il ne devait plus quitter, adressait à son frère des adieux touchants et suprêmes.

« ... Ma fin est douce et tranquille : si tu étais là, assis sur le bord de mon lit, avec notre père et Frédéric, j'aurais l'âme brisée, et ne verrais pas venir la mort avec cette résignation et cette sérénité. Console-toi, console notre père; consolez-vous mutuellement, mes amis!...

« Mais je suis épuisé par cet effort d'écrire. Il faut vous dire adieu! — Adieu! Oh! que vous êtes aimés de votre pauvre Victor! — Adieu pour la dernière fois! »

Ici finit la correspondance de Victor Jacquemont. Cette dernière lettre que le mourant, étendu sur le dos, ne put écrire qu'avec un crayon, fut copiée par M. Nicol, négociant anglais, qui assista notre malheureux compatriote à ses derniers moments, et transmit à sa famille tous les détails de sa mort. Jacquemont vécut encore quelques jours, qu'il employa à donner à M. Nicol, avec une présence d'esprit admirable, toutes les instructions relatives à l'emballage et au transport de ses collections, de ses écrits, de ses catalogues, ainsi que de plusieurs objets, entre autres sa croix de la Légion d'honneur (il venait d'être nommé chevalier), qu'il envoyait à son frère. Il commanda ses funérailles, et composa lui-même son épitaphe. Le 7 décembre, il fut saisi de douleurs violentes qui annoncèrent sa fin. Mais la force du mal ne put troubler son esprit, ni ébranler son courage, ni altérer la sérénité de son âme. « Je suis bien ici, disait-il seulement, mais je serai bien mieux dans mon tombeau. » Quelques minutes après, il expira.

Ceux de nos compatriotes qui chercheront sa tombe sur cette plage lointaine où il mourut, la reconnaîtront à cette modeste inscription :

Victor Jacquemont, né à Paris le 28 août 1801, est mort à Bombay le 7 décembre 1832, après avoir voyagé pendant trois ans et demi dans l'Inde.

II

M. DE BARBÉ-MARBOIS A CAYENNE [1].

I

Octobre 1835.

Un homme de mœurs douces, d'un esprit modéré, d'un cœur droit, d'une âme ferme, un citoyen recommandable par l'exercice de toutes les vertus publiques et privées, un magistrat honoré du suffrage de ses compatriotes, député par eux pour représenter leurs intérêts et leurs droits au sein d'une assemblée politique, fut un jour arrêté à domicile, jeté dans une prison, puis enfermé dans une cage de fer bien verrouillée et cadenassée, puis placé sur une charrette qui prit la route d'un port de mer distant de là de quelque cent lieues.

Cet homme devait être un grand coupable ; car, indépendamment du supplice d'un pareil voyage dans une pareille voiture, partout où s'arrêtait son escorte pour s'y rafraîchir

[1] Le voyage que M. de Barbé-Marbois fit à Cayenne, après le 18 fructidor, fut, comme on le sait, très-peu volontaire. On ne se plaindra pas toutefois, surtout après avoir lu son livre (*Journal d'un Déporté non jugé*. Paris, 1835), que j'aie placé cet intéressant portrait dans ma galerie de voyageurs parmi ceux qui ont le mieux vu et le mieux raconté.

et y passer la nuit, on l'enfermait, lui, avec des voleurs, on le laissait confondu avec des galériens dans des cachots infects; ou bien on le montrait aux passants ainsi qu'une bête curieuse. En un mot, on semblait prendre à tâche de ne lui épargner aucun genre d'humiliation et de souffrance.

Arrivée au lieu de destination, la cage de fer s'arrêta devant une chaloupe amarrée au rivage. Le prisonnier descendit, et on l'embarqua. Mais ni lui, ni ses gardes, ni ses geôliers, ni personne ne pouvait dire quel crime il avait commis. Car il n'y avait eu, pour expliquer un tel châtiment, ni instruction préalable, ni jugement contradictoire, ni témoins entendus, ni défense d'aucune sorte, ni arrêt quelconque, rien de ce qui annonce que bonne justice a été faite, ou qu'on lui a du moins rendu une espèce d'hommage en respectant les formes qui la protégent contre la passion des juges.

Ceci pourtant se passait dans un pays libre et chez un peuple renommé pour la mansuétude de ses mœurs. Cet homme, que l'on conduisait en exil comme on mène une bête féroce à la foire, appartenait à la nation la plus civilisée de l'Europe; cet homme était Français, c'était M. de Barbé-Marbois, membre du conseil des Anciens. Il venait d'être frappé par la justice du Directoire exécutif de la République française; c'était un des déportés du 18 fructidor.

Mais il en était alors de la France, avec sa constitution soi-disant libre et toutes ses lois, en nombre incommensurable, qui prétendaient régler les mouvements de sa vie politique et civile, comme de cette statue que l'on voit aujourd'hui (1835) dans la salle des séances de la Chambre des députés, à droite du président. Cette statue porte d'une main un sceptre pesant, et le monde dans l'autre ; d'épaisses draperies couvrent ses épaules, et avec tout cela elle est chargée de représenter la Liberté.

La France du 18 fructidor croyait avoir conquis la liberté

électorale ; et tout à coup, en pleine paix, soixante de ses
représentants étaient frappés de proscription, arrachés à leurs
familles et condamnés à aller boire les eaux de l'Ohio ou du
Sinnamari. Elle croyait à la justice ; elle avait acheté par
d'assez longues épreuves l'institution de tribunaux réguliers ;
et le décret du 18 fructidor violait toutes les lois de procédure judiciaire, il modifiait le jury, il frappait de peines
affreuses un nombre considérable de citoyens « irréprochables, puisqu'ils ne furent pas jugés. » Enfin la France avait
une confiance extrême dans la liberté de la presse : ce devait être là le remède à tous ses maux ; et le coup d'État de
fructidor suspendait cette liberté vitale en soumettant les
journaux à l'injurieux visa de la police ; et un des proscripteurs s'écriait en pleine assemblée : « Les chefs de l'horrible
conspiration que nous déjouons sont bien atroces, mais ils se
sont servis d'hommes plus horribles encore, d'hommes dont
l'existence accuse la nature ; elle compromet l'espèce humaine. En y pensant, l'honnête homme voudrait fuir ses
semblables ; il voudrait en quelque sorte s'échapper à lui-
même.... Vous entendez que je veux parler des journalis-
tes ! »

Tel était donc l'étrange spectacle que présentait alors la
France, jouissant d'une constitution libre et perdant coup
sur coup toutes ses libertés ; république par la forme, mais
plus près de tomber en monarchie absolue qu'elle ne l'avait
jamais été dans tout le reste de son histoire.

Il n'entre pas dans mes intentions de porter aujourd'hui
sur le 18 fructidor un autre jugement que celui de l'auteur
même du livre que j'analyse. Je veux laisser ce grand événement politique dans la perspective où M. de Barbé-Marbois
l'a placé ; j'ai besoin de rester à son point de vue et de n'entrer, pour ma part, dans aucun détail sur les causes qui
amenèrent cette catastrophe. Il m'en coûterait d'avoir à défendre ce que les politiques appellent la raison d'État contre

les généreuses protestations du déporté de Cayenne, et de prononcer les circonstances atténuantes de l'arrêt qui condamne les proscripteurs. Un écrivain d'un immense talent et d'un sens admirable, M. Thiers, a eu plus que ce courage dans son *Histoire de la Révolution française;* il prend ouvertement le parti du Directoire. Mais je ne puis oublier que le général Bonaparte, du fond de l'Italie, où ses victoires couvraient alors par tant d'éclat les fautes du gouvernement français, blâma énergiquement le 18 fructidor[1] ; et pourtant ce coup d'État aplanissait la route où cheminait déjà si rapidement la brillante fortune du vainqueur d'Arcole.

Quoi qu'il en soit de ces jugements si divers, la corvette la *Vaillante* quitta Rochefort le 25 septembre 1797, en destination pour la Guyane, ayant à bord M. Barbé-Marbois et quinze autres proscrits, victimes comme lui du coup d'État de fructidor. Mais ces malheureux que rapprochait une commune adversité étaient loin d'appartenir à la même opinion, et il semblait au contraire qu'un caprice cruel du Directoire avait voulu réunir, dans cet étroit espace, des représentants de tous les partis qui divisaient alors la France ; royalistes, républicains, constitutionnels, patriotes sincères et désintéressés, toutes les opinions, tous les sentiments de la France étaient là ; tous les éléments inconciliables de la Révolution étaient là, mêlés et confondus dans l'entre-pont d'une corvette.

A leur tête brillait Pichegru ; Pichegru, qui avait été professeur de mathématiques du général Bonaparte au collége de Brienne; Pichegru, le conquérant de la Belgique, un des enfants chéris de cette révolution que la voix publique l'accusait alors si justement d'avoir trahie. Monk avorté, il représentait l'ambition et les espérances qui avaient souri plus d'une fois aux généraux de la République, lorsque la for-

---

[1] Consulter sur ce fait curieux les *Mémoires du comte de Lavalette.* (Paris, 1832.)

tune de la guerre les plaçait en présence des lignes peu formidables de l'émigration, et des séduisantes promesses que
leur prodiguaient les princes français. Pichegru, naturellement peu communicatif, renfermait ces espérances, s'il en
conservait toutefois, au fond de son cœur, et son maintien
froid l'isolait au milieu de ses compagnons d'infortune ;
aussi pouvait-on dire avec vérité qu'il était là seul de son
parti. Berthelot, La Villeheurnois et l'abbé Brottier représen-
taient l'opinion royaliste à l'état de conspiration flagrante,
d'exaltation et de martyre. On les appelait plaisamment les
commissaires du Roi. La Villeheurnois était un homme
ferme et décidé, et qui avait réponse à tout. Pendant le trajet de Paris à Rochefort, un jacobin, d'apparence chétive s'é-
tant approché du proscrit, lui ordonna de crier *Vive la République !* — « Oui, dit La Villeheurnois, quand elle t'aura
rendu plus gras ! » Delarue, Rovère, d'Ossonville, Willot,
appartenaient à la nuance modérée du parti royaliste. On ne
connaissait de Ramel que sa résistance énergique aux som-
mations du Directoire, en sa qualité de commandant des grenadiers du Corps législatif. C'était le plus jeune des proscrits. Bourdon de l'Oise était tristement fameux par ses excès
révolutionnaires pendant le règne de la Terreur. Enfin venaient Barthélemy, Laffon-Ladébat, l'un membre du Directoire, l'autre président du Conseil des Anciens, le général
Murinais, Tronson-Ducoudray, un des avocats de la reine ;
ces citoyens honorables formaient, avec M. Barbé-Marbois,
le parti constitutionnel, celui qui représentait, sur ce vaisseau qui les conduisait en exil (c'était presque dire à la mort),
le dévouement au pays et à ses lois ; hommes respectables par
leur âge, par de longs services rendus à l'État, par la modération de leur esprit et la noblesse de leur langage ; athlètes
infatigables, qui tenaient bon depuis dix ans, par la fermeté
de leur âme et de leurs principes, contre tous les excès des
factions anarchiques, devanciers courageux des résistances

qui ont sauvé de nos jours les conquêtes de nos deux révolutions !

Tels étaient les hommes, tels étaient les partis que le Directoire déportait à la Guyane. Après avoir proscrit tout à la fois émigrés, terroristes, prêtres et soldats, furieux et modérés, on pouvait demander quel appui restait au Directoire ; et deux ans plus tard le 18 brumaire répondait.

Ces deux ans composent la durée de l'histoire dont j'essaye de rendre compte, histoire véritable et digne de foi, car l'auteur l'écrivit jour par jour dans la sincérité de ses impressions et de ses souffrances, et elle n'était pas destinée d'abord à la publicité : M. Barbé-Marbois ne l'avait adressée qu'à sa famille et à ses amis ; histoire touchante, car c'est celle d'un homme de bien aux prises avec l'adversité, *vir bonus cum malâ fortunâ compositus*, c'est-à-dire un des spectacles qui promettent le plus d'intérêt et d'émotions à la malignité humaine.

Les instructions données par le Directoire au commandant de la *Vaillante* étaient d'une incroyable sévérité, et leur exécution ponctuelle et toute militaire commença, pour M. Barbé-Marbois et ses compagnons de captivité, la série des douloureuses épreuves auxquelles ils étaient condamnés. La consigne était barbare ; entassés dans un entre-pont infect, il ne leur était permis d'en sortir que deux fois par jour, une heure le matin et une heure le soir. Embarqués précipitamment, ils manquaient des vêtements les plus nécessaires à un si long voyage, sous des latitudes si diverses, et à un âge déjà avancé : dix d'entre eux avaient passé quarante ans ; le général Murinais en avait soixante-sept. Quand le fils de Laffon-Ladébat, qui était accouru de Paris en toute hâte, s'approcha du bâtiment, par un temps affreux, et la chaloupe dans laquelle il s'était jeté tenant à peine sur la mer, et qu'il s'écria : « Je suis le fils de Laffon-Ladébat ; accordez-moi la grâce d'embrasser mon père ! »

— Le capitaine répondit : « Éloignez-vous, où nous ferons feu sur la chaloupe. » Telle était la discipline établie à bord de la *Vaillante*.

La nourriture accordée aux déportés par le Directoire ne valait guère mieux que sa police ; c'était du biscuit, de la viande salée, des gourganes, des fèves, le tout servi dans des seaux et ordinairement gâté ; les viandes surtout étaient d'une infection repoussante. Les prisonniers mangeaient sur le pont de la corvette, tantôt sous un soleil ardent, tantôt sous une pluie battante. On leur refusait des cuillers, et ils puisaient dans les seaux avec leurs gobelets de fer-blanc. Barbé-Marbois tomba malade, et il obtint une ration de riz à l'eau. « Vous êtes bien heureux, lui dit un de ses compagnons, vous voilà malade ! »

Cependant, il faut le dire à l'honneur de ceux de nos compatriotes qu'un devoir pénible obligeait à exécuter de pareilles instructions, insensiblement cette rigueur excessive se relâcha, la consigne ferma les yeux. Les déportés, que leur maintien calme et résigné, que la dignité avec laquelle ils supportaient leur infortune avait fini par rendre respectables à tout l'équipage, obtinrent quelques adoucissement à leur sort, entre autres la faculté de rester quelques heures de plus sur le pont ; un officier leur procura de la cassonnade et du thé ; un mousse intelligent et dévoué leur fit passer des oignons, de l'ail, des choux et autres mets du même luxe. On alla jusqu'à leur permettre des cuillers de bois. Mais l'événement le plus remarquable qui signala cette réaction de l'humanité française contre les prescriptions sauvages du Directoire, réaction qui grossissait au fur et à mesure que le bâtiment s'éloignait davantage du sol hospitalier de la France, ce fut l'introduction d'un gigot dans la chambre des condamnés. M. Barbé-Marbois raconte cet événement dans un grand détail ; mais, comme son récit est à la fois un modèle de style, de bon goût et de fine plaisan-

teric, nos lecteurs nous sauront gré de le leur donner tout
entier :

« Peu de jours après, un officier nous annonça que ses
camarades et lui se disposaient à nous faire une importante
libéralité. En effet, à l'entrée de la nuit, un charpentier
vint mystérieusement, la scie à la main, ouvrir une communication entre notre chambre et celle qui était voisine. Le
moment d'après, on fit entrer par cette ouverture deux
pains et un gros gigot. Depuis plusieurs jours, nous n'a-
vions, pour la plupart, pris aucune nourriture substantielle.
Il fallut procéder au partage ; quoique j'eusse la réputation
d'être très-vorace, l'opinion de ma justice prévalut. et mes
compagnons me chargèrent de la distribution. L'obscurité
était profonde, et je ne prends pas sur moi d'assurer que les
parts fussent parfaitement égales. L'os, qu'on appelle aussi
le *manche*, me resta, et je conviens qu'il n'était pas entièrement dégarni. Quelques convives avaient déjà dévoré leur
morceau, quand je commençai à manger. Il me sembla,
après ma sévère et longue diète, que toutes les parties de
mon corps s'emparaient des sucs de ces aliments. Je son-
geais au contentement d'un malheureux, mourant d'inanition, quand il reçoit une aumône faite en bonne nourriture. Chacun digérait ; le silence était profond, quand tout
à coup Ramel (le commandant des grenadiers du Corps législatif), l'insatiable Ramel s'avisa de me demander *sa seconde tranche*. A ces mots, je fus pétrifié, et je lui dis qu'il
me demandait l'impossible. — Comment, l'impossible ! Mais
vous mangez encore ! Votre part a donc été la plus forte !
Cet argument, vraiment révolutionnaire, entraîna la multitude. Vainement je voulus parler ; un cri unanime sortit de
ces estomacs affamés. Le jacobin Bourdon fit un affreux tapage ; chacun, dans l'obscurité, se crut mal partagé ; d'ailleurs, eût-il fait grand jour, j'aurais voulu en vain me justifier ; les preuves de mon innocence avaient complétement

disparu. Je pris Barthélemy et Laffon à témoins. Laffon se
tut ; Barthélemy lui-même m'abandonna ; lui, qui me connaît depuis trente ans, dit tout bas à Tronson qu'il ne savait
que penser, et qu'il ne prendrait pas sur lui de répondre
de mon innocence. Ainsi délaissé par mes amis, je m'adres-
sai à Brottier (Brottier était homme de lettres et mathéma-
ticien), comme s'il eût été question de résoudre un problème de géométrie. Après y avoir suffisamment réfléchi, le
savant abbé, se croyant incapable d'éliminer tant d'inconnus, s'écria :

> *Quid non mortalia pectora cogis,*
> *Auri sacra fames?*

et, traduisant ce beau vers à la manière de Scarron, il
ajouta :

> Sacré gigot, sujet de nos débats stériles,
> Jusqu'où ravalez-vous nos estomacs débiles?

« Des affamés n'ont aucune envie de rire, et cette saillie
de collége ne parut plaisante à personne. Je n'étais donc ni
absous ni condamné. Je déclare cependant que l'accusation
était aussi fausse que celle de ma participation au traité de
Pilnitz. Mais il ne m'était pas aussi facile de confondre les
calomniateurs. L'affaire de cette distribution est une de
celles sur lesquelles le jugement de la postérité restera à
jamais incertain. »

J'ai cité ce long fragment pour deux motifs : d'abord,
parce qu'il donne une idée fort juste de la manière de l'auteur, et ce que je veux surtout faire connaître quand j'analyse des Mémoires, c'est l'esprit et le caractère de l'auteur.
L'esprit d'un auteur de Mémoires, c'est son style, ce style
qui marche du même pas que son histoire, côte à côte avec
elle, qui se passionne de ses émotions, qui porte l'empreinte

pour ainsi dire saignante de ses souffrances ; qu'un éclair
de gaieté illumine tout à coup, qu'une pensée douloureuse
assombrit ; tour à tour calme, désespéré, larmoyant, stoïque,
sérieux ou bouffon, suivant les chances bonnes ou mauvaises de la journée, suivant les mobiles impressions de
l'âme. Voilà ce qui fait le charme infini du livre de M. Barbé-
Marbois. M. Barbé-Marbois est assurément un homme très-
grave, et il a écrit l'histoire du gigot ; c'est une âme ferme
et inébranlable, et il y a des pages entières dans son *Journal*
où l'on reconnaît la trace de ses larmes ; c'est un chrétien,
et il maudit ses persécuteurs ; c'est un proscrit, et il loue
son exil. Toujours l'impression du moment le domine, et il
la reproduit avec une admirable naïveté. C'est là, je le répète, le véritable mérite de ces pages si rapidement tracées,
sans aucune prétention littéraire, mais pleines d'esprit, de
naturel et de grâce, et toujours inspirées, toujours vivantes
d'émotion.

J'ai voulu aussi, en citant le morceau qu'on vient de lire
(car, nous autres critiques, nous devons à nos lecteurs
compte de nos citations comme de nos jugements), j'ai voulu
réunir une première fois tous les acteurs de ce drame atta-
chant que M. Barbé-Marbois raconte, les montrer au public
dans une sorte de déshabillé avant l'instant où le drame
commence, avant l'heure où la toile se lève sur les misères
et sur les souffrances de leur exil : heure fatale, car beaucoup n'en reviendront pas, beaucoup mourront sur cette
terre où la proscription va les jeter !

Une dernière réflexion me frappe. Le temps marche, les
années s'écoulent ; chaque époque reçoit pour ainsi dire de
sa devancière des avertissements et des leçons. Mais l'histoire a beau faire, toute expérience est perdue, toute leçon
est stérile quand elle s'adresse aux passions des hommes.
Quelle est la leçon qui ressort avec le plus d'éclat et d'autorité de la longue histoire de nos troubles domestiques, pen-

dant la révolution de 89 ! C'est que des haines politiques, nées d'abord de dissentiments passagers, après s'être combattues avec violence, avec acharnement, après avoir versé le sang des hommes, ont été bien souvent s'effacer et s'éteindre dans le calme et la solidarité d'un malheur commun ; des animosités que l'on croyait implacables se sont adoucies ; des intérêts que rien n'avait pu concilier se sont rapprochés, se sont compris ; des hommes qui avaient vécu dans des partis extrêmes et dans des camps opposés se sont recherchés, se sont prodigué des consolations et des secours ; des mains qui avaient croisé le fer des discordes civiles se sont unies dans une étreinte fraternelle et durable ; car telle est la vanité, tel est le néant des dissentiments politiques.

Et cependant nous continuons à entretenir avec une sorte d'obstination ces haines funestes qui ont troublé le siècle précédent, et qui ont fait aboutir à des persécutions et à des violences une révolution commencée par la discussion intelligente et calme des griefs nationaux. Nous nous combattons, comme s'il y avait entre nous et nos adversaires politiques la vie et l'honneur de nos familles, tandis que bien souvent il n'y a d'engagé, dans ces luttes terribles, que l'orgueil des combattants. Mais l'orgueil résiste, la lutte s'envenime, les partis deviennent inconciliables ; les résistances appellent les proscriptions ; des hommes faits pour s'apprécier, pour se comprendre, pour concourir ensemble au bonheur et à la gloire de leur pays, se calomnient sans remords, se déchirent sans pitié, jusqu'au moment où l'adversité les oblige, ainsi que les prisonniers de la *Vaillante*, à souper du même gigot !

-II-

La corvette la *Vaillante* arriva devant Cayenne le 21 brumaire; les déportés débarquèrent le lendemain. Le 22 brumaire an VI correspond au 12 novembre 1797, et désormais,
dans le récit qui nous reste à faire, quoique nous soyons
encore en pleine république, nous ne nous servirons plus
du calendrier républicain pour désigner les mois de l'année. Quelle que soit notre bonne volonté, il n'y aurait aucun moyen de mettre ce calendrier d'accord avec le climat
de la zone torride ; car, ainsi que le remarque judicieusement M. Barbé-Marbois, « le soleil brûlera la Guyane en
frimaire et en nivôse. »

Donc, le 12 novembre 1797, après une navigation d'environ deux mois, les déportés de fructidor touchèrent la
terre d'exil. Dès qu'on les vit descendre sur la plage, l'empressement fut grand autour d'eux; blancs, noirs, mulâ-
tres, accouraient de tous côtés; mais Pichegru, à lui seul,
fixait les regards. Sa gloire militaire éclipsait complète-
ment toutes les autres renommées, bonnes ou mauvaises,
qui lui faisaient cortége. « Personne, en effet, dit l'auteur
de ce journal, n'eut l'idée de demander : « Où est l'orateur
« Tronson? Où est Barbé-Marbois ? » Et, sans un bon mu-
lâtre qui eut pitié de moi, j'aurais succombé sous le poids
de mon sac de nuit. »

Les déportés descendirent à l'hôpital de Cayenne, où ils
reçurent de la charité des sœurs hospitalières tous les soins
dont ils étaient privés depuis si longtemps. La Villeheurnois,
le royaliste, coucha dans le lit qu'avait occupé Collot d'Her-
bois, mort en exil dans ce même hospice, quelque temps
avant l'arrivée des proscrits de fructidor. Ce désagrément
excepté, La Villeheurnois et ses compagnons d'infortune
n'eurent pas trop à se plaindre du séjour qu'ils firent à

Cayenne; mais ce repos dura peu. Le 26 novembre, un ordre du citoyen Jeannet, agent du Directoire, et qui exerçait dans la colonie un pouvoir sans limites, les transféra à Sinnamari, et c'est de ce jour que datent véritablement pour eux les souffrances et les misères de l'exil; c'est de ce moment qu'ils comprennent tout le sens que le Directoire de la République française attache à ce mot, la déportation.

La ville de Cayenne est petite, mais c'est une ville; elle a des ressources contre la faim, contre la soif, contre la maladie, contre l'ennui. Sinnamari est un désert; le plus misérable village de France est mieux approvisionné, mieux construit, plus peuplé. Sinnamari est borné au couchant par la rivière qui lui donne son nom; des trois autres côtés, il a pour limites des savanes impraticables et des marais d'où s'élèvent en toute saison des vapeurs malfaisantes et délétères; c'est le lieu le plus malsain de la colonie. Quand les déportés y arrivèrent, toutes les autorités gardaient le lit : le juge de paix, le maire, le garde-magasin, le commandant militaire, avaient la fièvre; le médecin ne pouvait se guérir.

Comme lieu habité, Sinnamari échappe d'ailleurs à toute description. Que dire de quelques pauvres cabanes disséminées dans un espace considérable, construites en terre et en bois, couvertes de feuilles sèches, sans fenêtres, sans serrures, sans carrelage sur le sol humide? Que dire d'une centaine de colons, uniques habitants de cette terre de malheur, presque tous malades ou infirmes, vivant de poisson ou de quelques cultures qui ne produisent pas, pour les plus riches, au delà du strict nécessaire? La véritable population de Sinnamari, ce sont des milliers de moustiques redoutables, qui font une guerre acharnée à toute créature humaine; ce sont des myriades de poux de bois qui s'attaquent au linge, aux habits, qui ravagent les livres et les papiers ; ce sont les scorpions, les mille-pattes, la mouche à drague, l'araignée-crabe, dont le venin est fort dangereux ; puis des bandes de requins qui remontent la rivière pendant la belle saison, des couleuvres d'eau d'une grosseur énorme ; enfin des serpents à sonnette.

Pour un naturaliste amoureux de la science, on voit que c'est un pays fort curieux que Sinnamari ; l'entomologie y étale toutes ses richesses, et l'on peut y faire des études complètes sur les ophidiens. Mais nos malheureux compatriotes ne venaient pas à Sinnamari avec de telles pensées ; relégués dans ce désert, ils ne demandaient que de pouvoir y vivre, et c'était là la difficulté.

Nous diviserons en trois époques la durée de l'exil que M. Barbé-Marbois et ses compagnons eurent à souffrir à la Guyane. Pendant la première époque, les proscrits sont réunis ; leur petite colonie se forme et s'établit. Pendant la seconde, elle est dépeuplée par l'évasion, par les maladies, par la mort. Pendant la troisième, les rigueurs de l'exil diminuent ; ce qui reste des déportés retourne à Cayenne ; un meilleur avenir luit à leurs yeux. C'est la période décroissante de la déportation.

M. Barbé-Marbois s'était mis en pension chez la veuve d'un capitaine d'infanterie, mort deux mois auparavant à Sinnamari. Madame Trion était une femme excellente qui, moyennant 800 francs par an, se chargeait de nourrir et de loger son hôte, et lui prodiguait des soins admirables que rien n'aurait pu payer. M. Barbé-Marbois, n'ayant trouvé que les quatre murs (et quels murs!) dans le logis de madame Trion, se mit en devoir de se meubler convenablement ; mais il fallait commencer par fabriquer les meubles qui lui manquaient, et il l'entreprit. Il fit successivement un cadran, un pupitre, une escabelle, une table, une lanterne, une brouette ; il fit une bibliothèque qu'il garnit avec des livres que Pichegru lui céda pour quelques barriques de vieux vin[1]; il fit un violon; je crois même qu'il parvint à fabriquer une harpe éolienne. C'est ainsi que sa chambre se meubla. Des scies, des rabots, des équerres, des maillets, tapissaient la muraille en guise de tableaux, et le manteau qu'il avait apporté de France fut converti en baldaquin et placé au-dessus de son bureau, pour le préserver, les jours de pluie, de l'eau qui tombait du toit.

Ainsi campé, M. Barbé-Marbois songea à se défendre contre le désœuvrement et contre l'ennui, deux mortelles maladies dans ce pays où il y en a tant d'autres. « Je voudrais répandre une vérité, dit-il quelque part, vérité que j'appuie sur ma propre expérience, c'est que le travail est la plus puissante consolation des malheureux. » Il avait d'excellents livres, produit d'une capture faite par la *Vaillante* pendant la traversée. Il se livra avec ardeur à la lecture. C'était la première fois que Virgile, Corneille, Racine, Horace, Cervantes, le Tasse, Pope, Bossuet, étaient lus dans un pareil gîte, à deux lieues d'une peuplade d'Indiens Galibis; Horace avait écrit:

> *Me Colchus et ultimi*
> *Nascent Geloni.*

On eût dit que M. Barbé-Marbois se chargeait d'accomplir cette prédiction.

M. Barbé-Marbois savait peindre; il y consacrait une partie de son temps. Malgré les difficultés sans nombre de l'exécution, il créa une nouvelle école de peinture, l'école de Sinnamari, comme il l'appelle plaisamment, et il eut un

---

[1] Les convives de Pichegru, dit M. de Marbois, se moquaient de ma simplicité, lorsque, faisant les honneurs de ses joyeux banquets, il leur disait : « Buvons un verre de mon Virgile! Sablons une strophe de mon Horace! Une rasade à la mémoire d'Homère! » Pour moi, je croyais sincèrement m'être enrichi.

grand succès parmi les sauvages. Un jour cependant un nègre nommé Adonis, dont il avait fait le portrait de profil, se révolta contre lui. M. Barbé-Marbois lui ayant annoncé que son portrait était fini, le nègre s'approcha : « Comment, fini ! citoyen déporté, s'écria-t-il, vous donc pas voir que je ne suis là qu'à moitié ? Quand me ferez-vous l'autre zieu et l'autre zoreille ? »

Le reste du temps, M. Barbé-Marbois le passait à se promener dans les environs, quand le soleil ou la pluie ne l'emprisonnaient pas chez lui, ou à visiter ses compagnons d'exil. On se réunissait ordinairement dans la chambre habitée par Tronson, Barthélemy et Laffon-Ladébat; et ce qui entretenait au sein de la colonie et dans ces réunions de chaque jour une apparence de bon accord, malgré la dissidence des opinions et l'inconciliable opposition des caractères, c'était que, la misère étant affreuse, chacun s'appliquait, dans la proportion de ses moyens, à en alléger le poids pour lui-même, et concourait ainsi au bien-être de tous; car ce qui profitait à l'un devenait bientôt, par l'effet d'un rapprochement continuel entre des souffrances communes, le partage des autres. Toutes les sociétés, si puissantes qu'elles soient, ont dû commencer, comme la colonie des déportés de Sinnamari, par être d'imperceptibles coalitions de misères de tous genres, dans lesquelles la diversité même des esprits et des caractères concourait au bien-être général; et c'est ainsi que des hommes qui appartenaient tous aux classes les plus élevées, les plus instruites et les plus polies de la nation française, des hommes qui avaient joui des bienfaits de la fortune, qui avaient reçu les caresses de la civilisation la plus raffinée, se trouvèrent tout à coup transportés pour ainsi dire à l'origine brute et sauvage des sociétés, et forcés de remonter le cours de la civilisation jusqu'à sa source cachée dans les marécages du désert. Mais rendons-leur justice : il était impossible d'accepter de meilleure grâce ce rudiment de malheur dans lequel la destinée les obligeait à lire, et de tirer meilleur parti de la mauvaise fortune. Aussi la colonie trouva-t-elle bientôt des ressources dans le zèle actif et dans la variété des aptitudes de chacun de ses membres, et l'harmonie dans le sentiment de leur utilité et de leur mérite. Le général Willot se fit tailleur, et il excellait aussi à faire la cuisine; on l'estimait surtout pour ses macaronis. Barbé-Marbois avait inventé, comme préservatif contre les piqûres des insectes, des bottines de gros papier; et cette merveilleuse chaussure, qu'il fallait, bien entendu, renouveler chaque jour, avait eu un immense succès; l'ouvrier ne pouvait suffire à la consommation. La Villeheurnois donnait des leçons d'anglais à Pichegru, qui tuait du gibier pour La Villeheurnois et pour tout le monde. Bourdon labourait, suait, soufflait sous un ciel de feu. Laffon-Ladébat nourrissait des poules. Barbé-Marbois, l'homme le plus industrieux de Sinnamari, non content d'être le bottier de la colonie, en était aussi l'ingénieur en chef; il ouvrait des routes, il convertissait en promenades des marécages impraticables, il comblait des fossés et desséchait des fondrières. Aubry, Pichegru, d'Ossonville, le secondaient dans ces travaux. Tronson-Ducoudray, d'une santé délicate, n'en payait pas moins sa dette; il lisait admirablement, et remplissait, à lui seul, par le charme de son débit et l'entraînement de sa parole, les longues et monotones soirées de l'exil.

Seul, étranger à ce bon accord et à ce concours profitable de toutes les volontés, l'abbé Brottier, celui qu'on appelait le commissaire du roi, déplaisait à tous les partis et ne rendait encore service à personne, ne voyait personne; je me trompe, l'abbé Brottier, le légitimiste, s'était lié avec Billaud-Varennes.

Billaud-Varennes, que les proscrits de fructidor trouvèrent établi à la Guyane, où il avait été déporté quelques années

auparavant en exécution d'un jugement du tribunal révolutionnaire, Billaud - Varennes, ci-devant terroriste comme
Bourdon de l'Oise, avait sur ce dernier un triste avantage
dont nous devons lui tenir compte pour l'effet dramatique
de notre récit : c'est qu'il était resté fidèle à la Terreur ; il la
représentait au vrai, il en était l'image, tandis que Bourdon
n'en avait conservé qu'une empreinte affaiblie et presque
effacée par sa défection. Billaud-Varennes était arrivé à Sinnamari le 27 octobre 1795, et il semblait que la Terreur
l'eût suivi. Le tonnerre éclata sur la plage au moment de
son débarquement, et une incroyable frayeur s'empara de
l'esprit des Indiens, qui s'imaginaient que le ciel tonnait
contre ce grand coupable. Aussi toutes les maisons lui furent-
elles fermées, et il trouva difficilement un asile. Pour une
société, il n'en eut jamais ; il vivait seul, n'ayant d'autre
compagnie, dans sa retraite, qu'une perruche qu'il s'amusait
à faire parler et qu'il avait fini par aimer avec passion, lorsqu'un jour un oiseau de proie fondit sur elle et la dévora à
ses yeux ; Billaud-Varennes pleura. Son isolement devint
plus affreux que jamais ; mais le 18 fructidor eut pitié de
lui et lui envoya l'abbé Brottier.

Ici se termine la première et trop courte période que j'ai
nommée l'époque de l'établissement et de la réunion des déportés. Quelque rapide et incomplète qu'ait été mon esquisse,
mes lecteurs sont en état d'apprécier maintenant quelle espèce de bien-être nos malheureux compatriotes pouvaient
trouver, en l'absence de toute autre ressource, dans la communauté bien souvent stérile de leurs efforts. Mais ce triste
bonheur dura peu ; la mort vint entamer cette réunion, et
les ravages qu'elle fit en peu de temps parmi les déportés de
Sinnamari prouvent que M. Barbé-Marbois avait bien jugé
le 18 fructidor, lorsqu'il avait dit : « On veut nous assassiner
sans l'appareil du supplice ; on veut nous tuer sans faire
couler notre sang ! »

Le vieux général Murinais fut le premier frappé. Il se sentait mourir, et demanda à être transporté à Cayenne. Le citoyen Jeannet lui répondit que *sa demande serait envoyée au ministre de l'intérieur par le premier bâtiment*. Pendant ce temps-là, le malheureux se mourait, étendu sur une paillasse, dans un lit sans rideaux, tourmenté moins par la maladie et par de cruelles privations que par des milliers d'insectes qui bourdonnaient autour de sa tête, résigné pourtant et gardant un profond silence, comme pour ne laisser après lui aucune trace de ressentiment. M. Barbé-Marbois ne l'entendit prononcer que ces paroles : « Plutôt mourir à Sinnamari sans reproche, que vivre coupable à Paris ! » Cependant la permission de le transporter à Cayenne arriva ; c'était le 21 décembre 1797 ; Murinais était mort depuis quatre jours.

Bientôt mourut Tronson-Ducoudray, après avoir vainement protesté, dans une lettre admirable, adressée au citoyen Jeannet, et qu'il faut lire dans le *Journal* de M. Marbois, contre cette inique aggravation de peine qui résultait pour les déportés de leur séjour à Sinnamari : il mourut après une longue agonie, laissant pour ses jeunes enfants une instruction paternelle qui commençait par ces mots sublimes : « Je meurs, mes enfants ! vous perdez, à deux mille lieues de vous, un ami tendre que vous connaissez à peine ; mais la Providence vous reste ! »

M. Barbé-Marbois venait de quitter le lit de mort de Tronson-Ducoudray ; un passant lui crie : « Bourdon se meurt et vous appelle. » Il courut à sa case : Bourdon venait de mourir. Il n'y avait auprès de lui qu'un nègre qui fouillait dans les poches du mort et dévalisait sa malle.

Quelques jours après, La Villeheurnois mourut. Rovère, le conventionnel, qui avait habité avec Bourdon de l'Oise, avait gagné sa maladie, et, s'étant réfugié chez La Villeheurnois, il lui apporta la contagion. Le royaliste La Villeheurnois n'avait jamais pu souffrir Bourdon. « N'est-il pas étrange, disait-il à ses derniers moments, que je succombe à la maladie dont Bourdon est mort, et qu'elle me soit apportée par Rovère? »

Rovère mourut. Il avait obtenu d'être transporté à Cayenne; mais le navire sur lequel on l'embarqua, repoussé par des vents contraires, fut obligé de rentrer à Sinnamari. Rovère était mourant. Il fallut le hisser, ainsi qu'un ballot de marchandises, de la goëlette sur le port, et il fut blessé pendant cette manœuvre. Il succomba peu de temps après.

L'abbé Brottier mourut; et sans doute, s'il lui restait des larmes depuis la mort de sa perruche, Billaud-Varennes le pleura. Disons cependant que Brottier s'était fait estimer, pendant cette seconde et funeste période de la déportation, par son dévouement à soigner les malades. Il s'était emparé d'un emploi que personne n'ambitionnait au sein de cette affreuse contagion; c'était celui d'infirmier, et il le remplit avec zèle et courage.

Ainsi, sur quinze déportés dont se composait la colonie reléguée à Sinnamari, six venaient de mourir en quelques mois; et c'en était fait des autres, si, malgré les précautions sans nombre dont ils étaient l'objet, ils n'eussent pris le parti de s'enfuir, résolution hardie qu'ils exécutèrent avec autant de bonheur que de courage. Un matin, le citoyen Jeannet apprit, non sans un violent chagrin, que sept de ses prisonniers venaient d'arriver à Surinam après une heureuse navigation, et qu'ils avaient été accueillis comme des amis et comme des frères par les autorités hollandaises. Les détails de cette évasion sont fort curieux; mais il faut les aller chercher dans le journal de M. Barbé-Marbois; je craindrais trop de diminuer l'intérêt de ce récit en l'abrégeant. Pichegru fut le chef de l'expédition; c'est tout dire; elle fut menée vivement, comme la conquête de la Belgique. Une fois, sur la frêle embarcation où ils étaient entassés, les fugitifs, affaiblis par le mal de mer, rendus de fatigue, découragés

par les vents contraires, voulurent forcer Pichegru à relâcher
pour quelques jours sur un point de la côte qui faisait partie
du territoire français; c'était se perdre. Mais Pichegru prit
un ton de commandement qui imposa à ses compagnons;
le général en chef de l'armée du Nord saisit le gouvernail et
brusqua la manœuvre; son sang-froid les sauva.

Pichegru passa en Angleterre avec Delarue, Ramel et
d'Ossonville. Ce ne fut que deux mois après que Barthélemy
et Willot s'y rendirent de leur côté. Aubry mourut à Démé-
rary; Letellier, le fidèle domestique de Barthélemy, qui l'a-
vait accompagné par dévouement à Sinnamari et s'était enfui
avec lui, mourut dans la traversée. Telle fut la fortune de
l'évasion.

M. Barbé-Marbois et Laffon-Ladébat étaient donc restés
seuls à Sinnamari. Laffon était malade, il ne pouvait songer
à fuir; mais M. Barbé-Marbois s'y refusa, malgré les plus
vives instances. Il se considérait comme un otage que le sort
de la guerre avait fait tomber aux mains de ses ennemis, et
il craignait, en se dérobant à leurs persécutions, d'appeler
de nouveaux malheurs sur sa famille. Il avait laissé en France
sa femme et ses enfants, et il ne doutait pas, s'il prenait la
fuite, que le Directoire ne se vengeât sur eux en les dépouil-
lant. Cette crainte l'arrêta sur le rivage qui vit partir le reste
de ses compagnons d'infortune, et il se trouva seul sur cette
terre funeste qui avait dévoré tous les autres.

Cet isolement dura peu. Dans le cours du mois de juin
1798, et plus tard, le 29 septembre, on vit entrer à Cayenne
des bâtiments français qui transportaient à la Guyane des
cargaisons entières de prêtres déportés; ils arrivaient par
centaines. On les établit, ou pour mieux dire on les jeta
d'abord sur la côte de Conamana; c'était un lieu infect à
quelque distance de Cayenne. Mais la mortalité fut si grande
parmi ces malheureux, que le citoyen Jeannet, toujours
compatissant après coup, toujours humain quand il avait la

main forcée, se résigna à les faire transporter à Sinnamari, après avoir ordonné de mettre le feu aux cabanons qu'ils avaient habités.

M. Barbé-Marbois vit arriver les débris de cette colonie détruite en naissant. C'était un triste spectacle! des vieillards livides, des malades chancelant à chaque pas, et chacun portant son paquet, se traînaient avec peine vers les cases qui leur étaient destinées; quelques-uns moururent avant de les avoir atteintes. Des sauvages, témoins de ces affreuses misères, maudirent les hommes civilisés qui avaient pu ordonner de pareils châtiments et le peuple poli qui les tolérait.

La situation des nouveaux déportés ne fut pas meilleure à Sinnamari. La contagion les avait suivis, elle continua les ravages commencés à Conamana. Je vais citer une lettre du commandant militaire de la colonie, adressée au citoyen Jeannet, et qui donnera une idée, cette fois bien complète, des tortures que la déportation réservait à ses victimes; je finirai par cette citation le tableau que j'ai rapidement tracé de cette seconde et triste époque de l'exil de M. Barbé-Marbois. J'ai hâte d'arriver à des temps plus heureux pour nos estimables compatriotes et pour nous.

Voici cette lettre :

« Sinnamari, 2 nivôse an VII (22 décembre 1798).

« L'hôpital est dans l'état le plus déplorable; la malpropreté et le peu de surveillance ont causé la mort à plusieurs déportés. Quelques malades sont tombés de leur hamac pendant la nuit, sans qu'aucun infirmier les relevât; on en a trouvé de morts ainsi par terre. Un d'eux a été étouffé, les cordes de son hamac ayant cassé du côté de la tête, et les pieds étant restés suspendus.

« Les effets des morts ont été enlevés de la manière la plus scandaleuse. On a vu ceux qui les enterraient leur casser les jambes, leur marcher et peser sur le ventre, pour faire entrer bien vite leurs cadavres dans une fosse trop étroite et trop courte. Ils commettaient promptement ces horreurs, pour aussitôt accourir à la dépouille des expirants. Les infirmiers insultaient les malades et les accablaient d'expressions infâmes, ignominieuses, cruelles, au moment de leur agonie.

« Le garde-magasin, dépositaire des effets des déportés, ne consentait à leur rendre qu'une partie de ce qu'ils réclamaient, et il leur disait : « Vous êtes morts, ainsi ceci « doit vous suffire. » Il n'avait pas donné de vivres pour le premier envoi de déportés venus de Conamana. Ils étaient exténués en arrivant ici, et tombaient d'inanition. Il a fallu les coucher sur la terre, et les malades ont été dévorés des vers avant d'expirer... »

III

Avant de quitter Sinnamari, M. de Marbois nous conduit un instant, à quelques lieues de là, dans un village d'Indiens-Galibis. Nous ne ferons qu'y passer ; mais il faut pourtant que nous connaissions les singuliers voisins que l'exil lui a donnés. Il manquerait quelque chose à l'exactitude de cette analyse si je négligeais de parler de ces honnêtes sauvages qui tiennent une si grande et si légitime place dans les souvenirs de M. Barbé-Marbois.

M. Barbé-Marbois a eu de fréquents rapports avec les Indiens-Galibis ; il a été leur hôte, leur juge de paix, leur historiographe ; il est allé chez eux et il les a reçus chez lui ; il a étudié leurs mœurs, leurs usages, leur sociabilité, leur religion, non dans des livres, mais sur le terrain, pour ainsi dire. Il est entré dans la case du sauvage, il s'est assis à son foyer, il a couché dans son hamac sous les vieux arbres des forêts vierges ; je crois même qu'il a poussé le courage jusqu'à boire de son vin. En un mot, M. Barbé-Marbois a pris l'état de nature sur le fait, et, s'il n'a pas rapporté de cette étude un grand enthousiasme pour la vie sauvage, ce n'est pas faute d'avoir trouvé à la Guyane un gouvernement absurde, une civilisation misérable ; mais c'est qu'en vérité le citoyen Jeannet est un aimable homme auprès du mieux apprivoisé des Galibis, et que Simapo fait aimer Sinnamari.

Simapo est un village indien à trois lieues des établissements français. Chose remarquable ! ce voisinage n'a presque rien changé à la physionomie originelle de ces peuplades indigènes. Après trois siècles de relations non interrompues avec les Européens, et je ne sais combien de tentatives pour les civiliser, les Indiens sont restés sauvages ; le caractère primitif s'est obstinément conservé ; et les observations que M. de Marbois a eu occasion de faire à Simapo s'appliqueraient tout aussi bien à telle autre partie de la Guyane sauvage qu'il n'a pas visitée, et dont il ne parle que d'après les témoignages des naturels du pays. Nous pouvons donc être bien tranquilles ; ce sont de véritables sauvages, des Galibis pur sang que nous allons voir, hommes, femmes et enfants.

Les Indiens-Galibis ne sont pas grands, mais ils sont robustes, et leur taille est élégante et distinguée. Leurs dents sont fort blanches, leurs cheveux toujours noirs. Ils portent pour tout vêtement un pagne de six pouces carrés; un arc, des flèches, un casse-tête, composent leur armure ; ils y joignent souvent une calebasse, et quelquefois une flûte à trois trous. Un casque, formé de plumes hautes, colorées et brillantes, couvre leur tête.

Ce sont d'intrépides buveurs ; ils composent avec les sucs de quelques plantes et des infusions de cassave un breuvage

exécrable qu'il appellent *ricou*, et qu'ils aiment de passion.
Dans quelques tribus, les femmes mâchent le manioc avant
de le faire bouillir dans de grands vases où fermente la li-
queur. C'est avec cette boisson que les Indiens s'enivrent,
et leur ivresse dure quelquefois trois ou quatre jours; dès
qu'ils ont repris leurs sens, ils se remettent à boire, et ils se
font vomir pour boire encore; boire, c'est leur grande affaire; ils entreprennent de longs voyages pour *aller en boisson*, comme nos marchands forains pour *aller en foire*; les
femmes, les enfants, les chiens, les poules, les suivent dans
ces expéditions, et tout le monde boit. Les enfants sont élevés à bien boire, les femmes s'enivrent quand vient leur
tour; car ces peuples observent une discipline admirable
dans l'ivresse : les hommes d'abord, et pendant qu'ils boivent les femmes gardent leur raison et servent leurs maris;
ensuite les femmes, et elles sont servies par les enfants; les
enfants, et cela est bien juste, ne s'enivrent que les derniers. Ainsi toute la famille y passe dans un ordre édifiant.
Les enfants eux-mêmes ne boivent que l'un après l'autre,
et s'enivrent par ordre de primogéniture.

Ce peuple d'ivrognes n'est bon à rien. Parlez-leur de cultiver la terre, ils n'entendent pas cela : ils ne connaissent que la culture du manioc. Essayez de faire entrer
dans leur tête l'idée de propriété; impossible. Ils ont
tout en commun, excepté les femmes et les poules. Malheur à celui qui ne sait pas défendre les produits de sa
chasse! La violence le dépouille. La meilleure part au plus
fort. Tout bien est au premier occupant. Rien au surplus ne
donne l'idée de la misère, de cette misère qu'engendrent la
paresse et la débauche, comme l'aspect de leurs habitations;
ils végètent là, plus nonchalants, plus hébétés, plus mal-
propres, dans une promiscuité plus dégoûtante avec les
cochons, les chiens et les mahipourris, plus enfumés, plus
infects que les plus misérables gardeurs de pourceaux de la

basse Auvergne. Dois-je ajouter qu'ils sont sans foi ni loi,
défiants, menteurs et pillards ; qu'ils battent démesurément
leurs femmes, qu'ils se vengent avec du poison, qu'ils mas-
sacrent leurs prisonniers, qu'ils mangent quelquefois de la
chair humaine? Il est vrai que ce n'est jamais sans donner
des marques d'une profonde douleur. Avec tout cela, ces
hommes sont religieux. Ils ont l'idée d'un grand vieillard
qui gouverne le monde et qui s'occupe tout particulièrement
des Galibis ; ils croient à un bon et à un mauvais génie ; ils
ont le Tamouchi qui est le dieu du bien, et l'Hirocan le
dieu du mal, auquel ils disent de grosses injures en l'ado-
rant. Ils en ont une grande peur, et le soir, avant de se
coucher, ils renversent tous leurs meubles, pour que le malin esprit, s'il veut s'asseoir chez eux, y soit du moins fort
mal à son aise et n'y revienne pas.

La condition des femmes est triste chez les Indiens. Nous
sommes pourtant dans le pays des Amazones, non loin de ce
grand fleuve qui voyait autrefois, dit-on, sur ses deux rives
des populations de femmes libres et guerrières, ennemies des
hommes, qu'elles avaient chassés de leur république, et
qu'elles ne consentaient à voir qu'une fois l'an ; et pendant
ce temps-là les maris étaient obligés de les nourrir et de les
servir, tandis qu'elles se tenaient tranquilles dans leurs ha-
macs [1]. Les Indiens-Galibis ont changé cela. Les femmes
sont un peu moins bien traitées que les négresses chez les
planteurs américains, un peu mieux que les bêtes de somme.
Ce sont elles qui portent, sur leurs épaules et sur leur tête,
les plus lourds fardeaux pendant les voyages. Un Indien bat
sa femme à tout propos, et quelquefois il la tue sans que son
crime appelle jamais ni châtiments ni représailles. Les
femmes galibies sont au reste d'une espèce assez remarquable.
Elles sont petites, mais bien faites et souvent jolies. Malheu-

[1] *Lettres édifiantes.* tomes VIII et XV.

reusement la rigueur de leur condition, les travaux du ménage, les grossesses multipliées, l'ivrognerie, le libertinage détruisent rapidement leur beauté. Leur accoutrement est étrange. Elles vont à peu près nues. Des colliers de dents de tigre et d'autres animaux féroces pendent à leurs bras et à leur cou. Leur menton est orné d'une touffe d'épingles dont les pointes sortent par un trou percé au-dessous de la lèvre inférieure, et rendent fort redoutables les baisers qu'elles ont l'habitude de donner à tout venant. Elles portent deux jarretières inamovibles, l'une au-dessous du genou, l'autre au-dessus de la cheville. La chair ainsi refoulée entre deux ligatures produit un mollet monstrueux, qui se répand tout autour de la jambe et la fait ressembler à une balustrade ; c'est un grand charme pour les yeux d'un Galibi. Ces femmes se peignent tout le corps, de la tête aux pieds, avec un mélange de graine de rocou et d'huile de carapat, qui prend sur leur peau la couleur de la brique ; sur ce fond rouge, elles dessinent des arabesques. Ainsi badigeonnées, elles se croient vêtues, et se présentent avec assurance devant les hommes. Elles aiment de préférence les étrangers, et se montrent très-impatientes de les instruire. Quand M. Barbé-Marbois remonta dans son canot pour retourner à Sinnamari, un essaim de femmes le suivit à la nage, comme des sirènes, rougissant l'eau avec la teinture de leur corps. « Elles nous appelaient, nous jetaient de l'eau, poussaient la pirogue et la retenaient, s'y suspendaient comme pour la submerger. Toutes ces agaceries ne servant de rien, elles nous dirent : « Restez, et nous vous apprendrons encore quelque « chose ! » Mais M. Barbé-Marbois en savait assez sur les femmes des Galibis, et il continua sa route sans leur demander leur secret.

Le voyage de Simapo rendit service à M. Barbé-Marbois ; de retour à Sinnamari, il put se croire dans un paradis terrestre ; mais son illusion dura peu ; il fut bientôt rendu au sentiment de la réalité par les souffrances et les avanies de son exil.

Cependant, le 14 novembre 1798, le citoyen Jeannet avait quitté la colonie; un autre agent, nommé Burnel, était arrivé à sa place; et ce citoyen valait l'autre. Un jour M. Barbé-Marbois avait la fièvre. Entre un officier chargé par l'agent Burnel de le transférer à Cayenne (à vingt-cinq lieues de là), sous la garde de cinq soldats. Le malade ayant sollicité un sursis, l'officier montra un ordre en tête duquel il y avait deux mots : « Liberté, fraternité, » qui ne souffraient pas de réponse. M. Barbé-Marbois partit à pied, emportant sa fièvre et la traînant sur les chemins jusqu'à Cayenne. A Cayenne, on le mit à l'hôpital, où il guérit. Alors il eut l'idée de demander à l'agent la permission de s'établir dans le voisinage de la ville, puisque aussi bien on l'y avait amené comme un criminel par mesure de sûreté; et il adressa à Burnel une lettre qui finissait par ces mots : *J'ai l'honneur de vous saluer.* L'impertinence de ce formulaire déplut à Burnel, et il répondit à M. Barbé-Marbois en lui faisant intimer l'ordre de partir pour Sinnamari *sur-le-champ;* car c'est une remarque à faire, que la liberté et la fraternité de ce temps-là veulent toujours être obéies sur-le-champ, et qu'elles ne sont guère patientes avec le prochain. M. Barbé-Marbois revint donc sur-le-champ à Sinnamari ; mais il ne devait pas y rester longtemps : le 18 brumaire approchait. Le règne des Barras et des Burnel touchait à sa fin.

Ce jour-là même, et deux mois avant que la nouvelle de ce coup hardi parvînt à Cayenne, une révolution éclatait dans cette colonie, un coup d'État frappait l'agent Burnel, et c'était M. Barbé-Marbois qui conseillait, qui encourageait ces représailles ! Mais hâtons-nous de le dire : il était impossible d'avoir plus souverainement raison. Du reste, voici l'histoire de la révolution consommée à Cayenne le 9 novembre 1799 : M. Barbé-Marbois avait définitivement quitté Sinnamari dans les premiers jours du mois d'août. Il trouva Cayenne dans une grande agitation. Deux partis divisaient la ville : les noirs et les blancs ; les noirs émancipés par le décret conventionnel du 16 pluviôse, libres, c'est-à-dire oisifs et nécessiteux ; une inexplicable imprudence de l'agent Burnel venait de les appeler dans la ville de tous les points de la colonie, sous prétexte de repousser une attaque des Anglais, et ils étaient accourus en foule, armés et menaçants. Les blancs comprirent le danger de leur situation, en présence de cette cohue qu'animait secrètement le mauvais vouloir de Burnel ; ils avaient pour eux la troupe de ligne, les hommes de couleur affranchis avant le décret de pluviôse, leur bon droit et les conseils de Barbé-Marbois : ils étaient forts, ils résolurent de frapper un grand coup. C'était le 18 brumaire. Les nègres étaient rassemblés sur la place, devant la maison de l'agent ; ils avaient six canons, des sabres, des fusils, et faisaient bonne contenance. Leurs émissaires appelaient aux armes dans toute la ville, et Dieu savait seul ce qui allait arriver. Un capitaine, suivi de quelques grenadiers, se présenta devant les noirs et leur commanda de se disperser : ils ne bougèrent pas. « Peloton, armes ! cria le capitaine ; en joue !... » Ces mots eurent tout l'effet d'une décharge de mousqueterie. Les nègres tournèrent le dos et s'enfuirent à toutes jambes, sautant par dessus les canons et jetant leurs armes.

Ce n'était rien. La gravité de la crise commandait de couper le mal dans sa racine. Les colons étaient réunis chez Barbé-Marbois. On y décida qu'il fallait s'emparer du gouvernement de la colonie, remplacer Burnel, et le déporter. Heureux Burnel ! On le déportait en France, et Barbé-Marbois, chef du parti vainqueur, restait à Cayenne ! Mais la colonie était sauvée.

Une nouvelle ère commençait : Franconie, citoyen renommé pour son mérite et pour ses vertus, fut placé à la

:ête des affaires, et honora son administration par une économie sévère et une active réforme des abus. On vit renaî-
tre la confiance, et jamais la colonie ne fut plus tranquille
et plus heureuse que pendant les deux mois que dura cette
interruption de ses rapports avec le gouvernement de la métropole. Quel était ce gouvernement? Personne ne le savait.
On se croyait encore sous le Directoire, et il faut avouer que.
dans cette croyance, la position de M. Barbé-Marbois devenait
fort critique ; car, après avoir chassé Burnel, il était devenu le
conseiller d'État de l'usurpateur, et il s'était dévoué au nouveau gouvernement avec plus de zèle que de prudence. Que
dirait Barras ? C'était là une terrible question, à laquelle un
beau jour (oui, c'était un beau jour !) l'arrivée d'une frégate
française répondit.

Cette frégate apportait la nouvelle des événements extraordinaires survenus en France deux mois auparavant ; de plus,
M. Barbé-Marbois et son unique compagnon de fructidor,
M. Laffon-Ladébat, étaient rappelés; la révolution de Paris
pardonnait à la révolte de Cayenne ; le 18 brumaire de Bonaparte amnistiait celui de M. Barbé-Marbois, et lui envoyait
gracieusement ses passe-ports. Ainsi ces deux coups d'État se
traitaient en frères. M. Barbé-Marbois s'empressa donc de
partir; il obtint de s'embarquer sur la frégate qui avait apporté ces heureuses nouvelles. Il quitta Cayenne, avec Laffon-Ladébat, le 21 janvier 1800, deux ans et quatre mois
après son exil. Il partit, non sans avoir jeté un regard douloureux sur « ces tombeaux insatiables » qui avaient dévoré
un si grand nombre de ses compagnons d'infortune, non
sans avoir mouillé de ses larmes cette terre de malédiction
que son travail avait fécondée, dont sa constance avait
dompté la rigueur. « Sinnamari, Conamana, adieu ! J'oublie vos exhalaisons empestées, vos insectes venimeux, vos
eaux bourbeuses, vos tigres, vos serpents! Séjour où la
haine a déployé ses fureurs sur tant de têtes innocentes

lieux consacrés à l'injustice, à la mort, adieu ! Je vous quitte pour retourner dans ma belle patrie! »

M. Barbé-Marbois revint en France, et s'il chercha comment s'était accomplie cette prédiction de Jefferson : « La violation des lois ne reste jamais impunie[1], » maxime qui avait soutenu le courage du proscrit, et qu'il avait placée en tête de son *journal* comme une protestation et une espérance ; s'il chercha, disons-nous, quel châtiment avaient reçu les violateurs de la constitution au 18 fructidor, voici ce qu'il trouva : La Réveillère-Lépeaux, le théophilanthrope, vivait fort tranquille à Montmorency, au milieu de ses collections d'histoire naturelle, de ses manuscrits et de ses livres. Rewbell mangeait, à Paris, une fortune très-honnête. Barras, qu'on avait trouvé prenant un bain chaud quand se fit le 18 brumaire, continuait à Grosbois ces habitudes douces et voluptueuses qui avaient charmé les ennuis du Luxembourg. Ainsi des autres. Tous les proscripteurs de fructidor se portaient à merveille et vivaient bien ; car on recommençait à bien vivre ; et, proscripteurs et proscrits, chacun devait avoir sa place à ce grand festin d'ordre public auquel le général Bonaparte conviait alors toute la France. M. Barbé-Marbois n'avait rapporté de l'exil aucun ressentiment ; il vit donc sans regret le bien-être et la sécurité dont jouissaient tous ceux qui l'avaient envoyé, quelques années auparavant, à dix-huit cents lieues de son pays, manger la cuisine du général Willot et faire des bottes pour les Indiens-Galibis. Mais que pensa-t-il de la maxime de Jefferson? c'est ce que M. Barbé-Marbois ne nous dit pas. Pour moi, voici comment je voudrais traduire cette phrase anglaise : « Les proscrits ne meurent pas toujours sur la terre étrangère ; les déportés revoient quelquefois leur patrie. » Voilà tout. Défendez donc vos lois, ne souffrez pas qu'on les viole impunément ; car la

---

[1] *The violation of laws never remains unpunished.*

Providence que vous invoquez ne prendra pas parti pour vos Constitutions périssables. A-t-elle pris parti pour la Constitution de l'an III?

M. Barbé-Marbois avait cinquante-cinq ans quand il revit la France en 1800, et pour tout autre que pour lui, après les souffrances et les fatigues de l'exil (l'exil est comme la guerre, les années y comptent double), ce retour en France était le signal de la retraite. Sa carrière politique avait été assez honorable et assez remplie ; successivement consul général aux États-Unis d'Amérique, intendant de Saint-Domingue, ministre à Vienne et à Francfort, membre du conseil des Anciens, proscrit de fructidor et réhabilité de Brumaire, M. Barbé-Marbois avait droit au repos. Qui l'eût dit cependant? Une nouvelle, une brillante carrière allait recommencer pour lui, telle que l'ambition la plus ardente et la plus jeune pouvait à peine la concevoir et l'entreprendre. C'est que l'esprit de M. Barbé-Marbois était resté jeune en dépit de l'âge et du malheur ; l'exil avait bien trempé son âme, l'isolement et l'étude avaient doublé les forces de son intelligence et de sa raison. M. de Marbois était parti pour l'exil avec la réputation d'un administrateur habile et d'un orateur distingué ; il en était revenu homme d'État. C'est là le secret de cette haute fortune politique à laquelle il s'éleva du premier coup, car il était déjà ministre du gouvernement consulaire en 1801.

Il ne m'appartient pas de raconter sa vie depuis cette époque, ce serait sortir des limites qui me sont tracées par mon sujet même. Je dois finir avec le *Journal d'un déporté*, et ce journal finit en 1800. Mais cette histoire, que je n'ai pas le droit de raconter ici, mes lecteurs la connaissent, elle a été assez publique et assez illustre. Dans toutes les circonstances, et parmi tous les orages qui ont rempli cette période de nos annales politiques, toujours M. Barbé-Marbois a été vu au poste où pouvaient être le mieux défendus les

lois et les intérêts du pays ; et qui le chercherait aujour-
d'hui[1], retrouverait encore à ce poste de légalité et d'honneur le dernier survivant des *déportés non jugés* de Fructidor.

[1] Ceci était écrit en 1856. M. de Barbé-Marbois est mort l'année suivante.

III

LE GÉNÉRAL ALLARD [1].

I

15 octobre 1835.

Il y a quelque part, en Asie, vers le 30ᵉ degré de latitude, entre l'Inde britannique et la Perse, un pays que nous connaissons fort peu, quoiqu'il soit très-peuplé, très-riche, très-industrieux, et à peu près aussi étendu que la France. Ce pays, dessiné en delta par la jonction de l'Indus et du Sutledge, couronné vers le nord par les cimes verdoyantes de

[1] J'ai publié dans le *Journal des Débats*, en 1835 et 1836, une série d'articles sur le général Allard, pendant le séjour que ce brave officier a fait à Paris.

Je recueille aujourd'hui quelques-unes de ces rapides esquisses comme un souvenir qui n'est peut-être pas complétement dépourvu d'intérêt, quoique le général Allard n'existe plus et quoique le royaume de Lahore, où il a si noblement représenté le nom français, ne soit plus aujourd'hui qu'une province de l'empire anglais dans l'Inde. Toutefois, je n'ai rien ajouté, rien retranché au texte primitif. Je donne mes articles tels qu'ils ont paru, négligeant de les fondre ensemble par des transitions et de citer des autorités quand je raconte des faits étranges. Mon autorité, c'est le général Allard, ni plus ni moins. Je n'en veux pas d'autre. « A beau l'Himalaya, habité par une population belliqueuse et entreprenante, s'appelle le royaume de Lahore[1].

Il y a moins de quarante ans, ce royaume n'avait pas de nom ; il n'existait pas. Une multitude de petits princes, pillards et rapaces, mais indépendants les uns des autres, espèce de féodalité anarchique et violente, se partageaient ces belles provinces et les dévastaient par la guerre et le brigandage ; en sorte que cette riche contrée, si admirablement située entre deux grands empires, au centre d'un vaste continent, avec des débouchés nombreux et des frontières naturelles, elle à qui des oracles, qu'elle pourra croire longtemps menteurs, avaient prédit qu'elle deviendrait la nation la plus puissante de l'Asie, voyait s'ajourner et se perdre, faute d'un lien qui réunît toutes ses forces, faute d'un chef qui sût la faire respecter, toute l'importance politique qu'elle pouvait justement se promettre.

Aujourd'hui ce pays a un chef qui a réuni sous un même pouvoir toutes ces principautés anarchiques et dissidentes ; ce pays est un royaume qui a près de vingt millions d'habitants, une armée considérable, une artillerie nombreuse, des fonderies et des arsenaux, un gouvernement, des finances, et dont l'importance est telle, que la Compagnie des Indes, qui convoite aujourd'hui le cours de l'Indus, et qui l'aurait pris de vive force il y a quarante ans, ne songe plus

mentir qui vient de loin, » dit-on ; mais ceux qui ne viennent pas de loin, et qui, comme moi, parlent de pays lointains, sont encore bien plus à leur aise. Je n'ai pas accepté pour moi cette facilité Je n'ai pas avancé un fait dont la parole du général Allard ne me fût garante ; et si j'ai commis quelques erreurs, c'est que mes souvenirs m'ont trompé.

[1] Le royaume de Lahore, autrement dit le Punjaub (Pen-Jab, Penta-Potamis), à cause des cinq grands cours d'eau qui le traversent et le fertilisent, est divisé en deux provinces qui portent le nom de leurs capitales, Lahore et Cachemyr, villes magnifiques situées au milieu de vastes campagnes qui sont séparées par deux longues chaînes de montagnes. Les Sykes forment le fond de la population de cette contrée Le souverain du pays porte le titre de Rajah, Maharajah.

à s'en assurer l'avantage contre les chances d'une invasion russe que par une alliance en bonne forme avec le souverain de cette contrée.

Deux hommes ont surtout contribué à fonder la puissance actuelle du royaume de Lahore. L'un est Runjet-Sing, le roi de Lahore et de Cachemyr, le vainqueur de tous les petits princes souverains qui s'agitaient entre l'Indus et le Sutledge ; l'autre est un de nos compatriotes, un des officiers de notre vieille armée impériale, M. Allard, aujourd'hui généralissime des forces militaires de Runjet-Sing.

M. Allard est depuis quelques mois en France, depuis quelques jours à Paris, et je me félicite de pouvoir donner à nos lecteurs quelques détails sur cet homme vraiment remarquable, non moins que sur le curieux pays où il a transporté, il y a seize ans, notre organisation militaire, le respect de notre nom, notre uniforme et notre drapeau.

Le général Allard est âgé de cinquante ans. C'est un homme d'une taille moyenne, d'une belle figure, d'une physionomie douce et fière ; son langage est net et précis, sa voix très-agréablement accentuée, son ton modeste. Il porte une longue barbe blanche qui se détache sur des moustaches et des favoris noirs. Ses cheveux sont gris, mais tout son extérieur annonce la force d'une maturité puissante, et ses yeux brillent d'un éclat et d'une vivacité extraordinaires. M. Allard est un type achevé de ces races d'élite nées pour le commandement militaire, vouées à toutes les aventures et à tous les dangers, et qui portent, dans l'accomplissement de la destinée la plus périlleuse, cette quiétude et cette sérénité qui semblent n'appartenir qu'aux humbles fonctions et aux tranquilles habitudes de la vie civile. Comme représentant de l'esprit français, le général Allard en a également toutes les allures vives et faciles, toute la franchise, toute la bienveillante causticité, toute la chaleureuse exaltation, tout le naturel, toute la verve ; seulement cette verve se contient, elle s'arrête à propos; elle obéit, elle est disciplinée.

Le général Allard avait été attaché à l'état-major du maréchal Brune. Il quitta la France après le crime d'Avignon. Se trouvant plus tard à Livourne, il avait formé le projet de se rendre en Amérique, et il avait déjà payé son passage à bord d'une frégate de l'Union, lorsqu'un officier italien, qui cherchait fortune, l'entraîna en Égypte. M. Allard ne trouva dans cette terre promise, au lieu des ressources qu'il y attendait, qu'un assez froid accueil et la peste. Il traversa l'isthme et gagna la Perse. A Ispahan, M. Allard fut accueilli avec une grande distinction par Abbas-Mirza, qui lui conféra le titre et le traitement de colonel, et lui promit un régiment qu'il ne lui donna jamais. Par bonheur, il y avait à la cour d'Ispahan un vieux roi de Cabboul, à qui son frère avait crevé les deux yeux après s'être emparé de son trône; et ce vieux roi, homme d'expérience et de bon conseil, dit à M. Allard qu'il y avait quelque chose à faire de ce côté. Cabboul est situé entre la Perse et la principauté de Cachemyr. M. Allard s'y rendit, et de fait il y avait là un roi qui aurait payé cher les services militaires d'un officier français. Mais à peine établi à Cabboul, il apprit qu'à deux cents lieues plus loin un chef audacieux, politique habile, s'occupait de fonder un royaume, et ouvrait ainsi une vaste carrière au génie entreprenant et au courage infatigable qui distinguent éminemment notre compatriote. Cabboul, c'était à peu près le chemin de Lahore, résidence de Runjet-Sing. M. Allard courut à Lahore. Il obtint en peu de temps la confiance du Rajah. On lui donna d'abord quelques hommes à discipliner, puis il en eut une centaine; ce fut bientôt une pépinière excellente d'officiers instructeurs pour toute l'armée. Après avoir discipliné cent homme, M. Allard organisa un régiment, puis une brigade, puis une division; son crédit croissait avec le nombre de ses soldats ; la confiance du rajah s'élargissait, pour ainsi dire, comme les cadres de son armée. Cette armée devint bientôt la terreur des petits princes dissidents qui disputaient à Runjet-Sing la souveraineté du royaume de Lahore ; ils furent tous successivement assiégés dans leurs fortins, traqués dans leurs retraites, battus en rase campagne, ou taillés en pièces dans les ravins et dans les défilés de leurs montagnes. Pas un ne résista, et au bout de quelques années Runjet-Sing fut le seul roi de cet empire. C'était le triomphe de la discipline française ; aussi M. Allard fut-il comblé d'honneurs et de biens ; il eut un palais à Lahore, une armée de serviteurs à ses ordres, un régiment pour escorte ; il épousa une princesse, fille ou nièce du roi (je ne sais lequel) ; enfin, nommé généralissime des armées du royaume, il devint, après Runjet-Sing, le personnage le plus important, le plus absolu et le plus puissant de cette vaste contrée. Telle fut la fortune du général Allard.

M. Allard n'est venu en France que pour peu de temps. Ses enfants y resteront pour être élevés dans la religion catholique et recevoir une éducation complétement française. Sa femme, qu'il a laissée à Saint-Tropez, dans le département du Var, éprouve, dit-on, une grande impatience de repasser les mers ; car elle ne peut s'accoutumer à notre manière de vivre ; nos usages la révoltent ; elle ne comprend rien à la liberté que nous laissons à nos femmes ; elle blâme surtout la tolérance qui leur permet de montrer leur visage à tout venant. Madame Allard est, en un mot, une personne toute dévouée aux usages et aux pratiques de sa religion et de son pays, et qui paraît très-disposée à faire bon marché de la supériorité tant vantée du nôtre [1].

---

[1] Depuis la mort de son mari, madame Allard est revenue s'établir avec ses enfants à Saint-Tropez, où elle jouit du respect qui est dû à son nom et à ses qualités personnelles. (1854.)

La condition des femmes, dans le royaume de Lahore, ressemble cependant beaucoup à ce que nous savons de l'existence accordée aux femmes de la religion musulmane dans les contrées de l'Orient ; c'est une variété de la même espèce. Les femmes de Lahore sont élevées dans une ignorance parfaite de toutes choses ; elles ne savent guère que manier l'aiguille et faire de la tapisserie. Elles vivent dans une reclusion absolue, ne voyant jamais le ciel que du haut des terrasses de leurs maisons, ou, quand elles se promènent, du fond de leurs palanquins ouverts par le haut ; en sorte, disait le général Allard, qu'elles n'aperçoivent jamais l'horizon. Runjet-Sing a un grand nombre de femmes ; soit qu'il fasse la guerre, soit qu'il voyage, un détachement de ses concubines l'accompagne. A la chasse même, pendant ces longues expéditions contre les lions et les tigres qui durent des mois entiers, et qui sont remplies d'aventures et d'accidents de toute sorte, les femmes du roi suivent son escorte dans des palanquins bien défendus, de droite et de gauche, contre l'indiscrète curiosité des hommes. Le général Allard prétend que les femmes de Lahore ne s'ennuient pas à mener cette vie-là ; et le motif qu'il en donne, c'est qu'elles passent presque toute la journée à leur toilette. C'est une étrange chose que cette toilette ; elles ont d'admirables cheveux noirs qu'elles peignent et démêlent pendant des heures entières, et qu'elles teignent en rouge quand elles veulent plaire ; leurs mains et leurs pieds reçoivent aussi cette teinture ; c'est une grande affaire, et tout leur temps y passe. Elles marchent pieds nus, comme c'est l'usage de l'Orient, dans l'intérieur des appartements. Elles laissent à la porte leurs babouches brodées de soie et d'or, et foulent sous leurs pieds les plus riches tapis du monde.

Leurs enfants ne reçoivent aucune éducation intellectuelle ; ils n'apprennent ni à lire, ni à écrire. Pour les notions du bien et du mal, on les abandonne à leur instinct naturel ; système d'éducation qui explique peut-être pourquoi il y a un si bon nombre de voleurs et de bandits dans le royaume de Lahore. A huit ans les enfants excellent à monter à cheval, à conduire un éléphant, à tirer des coups de fusil ; encore quelques années, et ce sont d'excellentes recrues pour le général Allard.

Runjet-Sing n'est pas plus lettré que ses sujets, il ne fait aucun cas de la science pour lui-même ; mais il sait merveilleusement employer et s'approprier celle des autres. C'est un homme de cinquante-six ans ; il est fort laid, borgne comme Annibal, robuste, actif, très-débauché, très-guerrier, d'un courage à l'épreuve, d'une tolérance admirable. Quand le général Allard voulut quitter Lahore, le roi fut mécontent ; il opposa une longue résistance au projet de son favori : « Laisse-moi du moins tes enfants, lui dit-il enfin ; je serai sûr alors que tu reviendras les chercher. » — « Mes enfants ! mais c'est pour eux que je vais en France ! car c'est en France seulement qu'ils pourront être élevés dans les pratiques de leur culte et suivant le vœu de leur religion. » — A ces mots le roi ne résista plus. « Puisque tu me parles de religion, ajouta-t-il, je n'ai plus rien à opposer à ton désir ; c'est une affaire de conscience ; chacun est maître de suivre la religion qui lui convient, et c'est un devoir d'obéir à ses commandements. Tu peux partir. » Pendant qu'il prononçait ces derniers mots, sa physionomie portait l'empreinte d'une vive émotion. Il parut cependant réfléchir quelques moments encore ; on aurait dit qu'il hésitait à donner au général Allard le baiser d'adieu ; puis il se jeta dans ses bras, en versant de grosses larmes, et il le congédia par ces mots : « Allons, adieu ; va-t'en ! »

Runjet-Sing n'est donc pas, comme on le voit, un roi tout à fait sauvage. M. Allard a vu souvent ses ministres, dont quelques-uns appartiennent à la religion musulmane, se lever au milieu d'un conseil, interrompre leur gracieux maître, pour aller accomplir au bout de la salle quelque cérémonie prescrite par l'heure qui sonnait en ce moment; le roi ne disait mot, et attendait avec une patience admirable que tout leur salamalec fût fini.

Runjet-Sing a plusieurs passions dont une seule suffirait à le ruiner s'il n'était prodigieusement riche. Nous avons vu qu'il aimait les femmes; il a aussi une grande passion pour la chasse; mais il est fou de pierres précieuses et de beaux chevaux. Il apprit un jour (Jacquemont raconte aussi, je crois, cette aventure dans sa correspondance) qu'il existait un très-beau cheval dans une province voisine dépendant de la partie du royaume de Cabboul qu'il n'a pas encore conquise; des espions furent envoyés pour s'assurer de l'existence du cheval et du lieu où il se trouvait. Une fois cette double certitude obtenue, Runjet-Sing mit dix mille hommes en campagne, traversa plusieurs provinces, dépensa quelques millions; on se tirailla, on se battit, jusqu'à ce que le merveilleux coursier fût entré dans son écurie. Maintenant, voici comment il devint possesseur du plus beau diamant du monde. Un roi de Cabboul (ces pauvres rois de Cabboul sont les souffre-douleurs prédestinés de Runjet-Sing); un de ces princes avait la réputation de posséder un diamant célèbre qui avait appartenu au Grand Mogol, et qui passe pour le plus gros qui ait jamais existé. Notre *régent*, dit M. Allard, n'est qu'un diamant très-bourgeois à côté de celui-là. Runjet-Sing convoitait depuis longtemps le royal bijou. Il attira le roi de Cabboul à sa cour, et une fois maître de sa personne, il demanda son diamant. Le roi fit mine de résister; mais, après bien des manœuvres, il céda. Voilà Runjet-Sing maître du magnifique joyau; il le donna à un joaillier pour être monté; mais, ô surprise! ô fureur! c'était tout simplement un morceau de cristal que le roi de Cabboul lui avait livré. Runjet-Sing fait investir son palais: on le visite, on le fouille dans tous les sens; les recherches sont longtemps infructueuses, lorsque enfin, un esclave du roi ayant vendu le secret de son maître, le diamant fut trouvé au milieu des cendres d'un foyer. Depuis ce temps-là Runjet-Sing le porte comme un trophée de victoire, attaché à un brassard d'or. Aux jours de parade, plusieurs autres diamants, d'une grosseur extraordinaire, s'élèvent en brillantes aigrettes au-dessus de sa tête. Aussi peut-on dire que l'écrin de Runjet-Sing est le plus riche et le mieux garni qui soit au monde. Quand on songe, après cela, qu'il campe habituellement sous des tentes drapées avec les plus fins cachemires de son royaume, qu'il foule aux pieds les plus soyeux tapis de la Perse, on peut se faire une idée du luxe que déploient ces souverains que nous serions tentés de croire barbares, parce qu'ils n'ont pas appris à lire dans la grammaire de Lhomond.

Runjet-Sing ne sait pas lire, ni lui ni ses fils; mais il n'en est pas moins le haut justicier de son royaume, et M. Allard nous assure qu'il fait, en toute occasion, bonne et prompte justice. Voici de quelle manière est organisé ce département : chaque village a un chef civil qui est chargé de juger les causes d'une médiocre importance; pour les affaires plus graves, c'est le chef civil d'une circonscription plus étendue qui décide ; montez un degré de plus, c'est le roi qui juge. Toute personne peut arriver jusqu'au roi et l'entretenir de ses griefs et de ses affaires. Il y a un garde de la porte de Sa Majesté qui annonce les solliciteurs. Si le roi ne peut recevoir, il dit : « A demain ! » Un enfant qui est sans asile, un malheureux qui est sans pain , viennent demander des secours au rajah, et ils en obtiennent s'ils paraissent dignes de pitié. Runjet-Sing a une sagacité merveilleuse pour juger les hommes, et il se trompe rarement.

Dans ce pays barbare on ne tue personne de par la loi. On coupe quelquefois le nez et les oreilles aux délinquants, mais jamais la tête. Un autre châtiment usité, c'est la mutilation des poings. Dans les cas graves, ou si vous avez péché par récidive, on vous coupe le tendon d'Achille. M. Allard vit un malheureux que Runjet-Sing condamna à ce supplice. C'était un voleur qui avait eu les deux poings coupés pour avoir exercé ses brigandages sur les grands chemins. Privé de ses deux mains, cet homme, d'une vocation évidemment irrésistible, n'en avait pas moins continué son métier ; il s'était fait attacher une lance au bras droit, du gauche il tenait la bride de son cheval, et il courait ainsi les routes, rançonnant les passants ; il fut arrêté et conduit devant le roi, qui lui fit couper le tendon d'Achille. Ainsi mutilé, il fut obligé de se contenter de la pension que Runjet-Sing paye à tous les malheureux que sa justice a mis ainsi hors d'état de gagner leur vie aux dépens de celle des autres.

J'éprouvais une anxiété douloureuse en demandant au général Allard si Runjet-Sing avait, à l'exemple des Anglais, aboli l'affreuse coutume de brûler les femmes après la mort de leurs maris ; car je prévoyais la réponse. Non, Runjet-Sing. qui a toutes les sortes de courage, n'a pas eu celui-là ; il n'a pas osé affronter les préjugés religieux de son peuple. On brûle des femmes, et les femmes se brûlent dans le royaume de Lahore, tout comme autrefois dans l'Inde britannique, où ces horribles sacrifices ont si longtemps excité l'indignation des Anglais et la colère de nos philosophes du dernier siècle. Les femmes se brûlent dans les États de Runjet-Sing, et elles s'en font honneur. Runjet-Sing lui-même a deux femmes qui sont désignées pour se brûler après sa mort. C'est une superstition qui résistera longtemps à toutes les tentatives, à toutes les remontrances, à tous les efforts, puisqu'elle résiste au plus puissant de tous les instincts, l'instinct de la conservation et l'amour de la vie. Le général Allard lui-même y a échoué. Il apprit un jour que la veuve d'un de ses officiers était résolue à se brûler. Il la fit venir, et la menaça de s'opposer de vive force à ce suicide insensé. Le lendemain, tous ses officiers se rendirent chez lui en corps, et lui représentèrent, avec toutes les formes du respect le plus humble, qu'ils étaient prêts à lui obéir en tout ce qui concernait le service militaire, mais qu'ils ne pouvaient accepter sa loi dans une affaire de conscience et de religion. L'héroïque veuve fut brûlée. Le général Allard fut témoin d'un de ces sacrifices. La victime était une fort belle femme, encore jeune. Elle s'approcha du bûcher, tranquille en apparence, mais le visage tout rouge de la lutte que la nature livrait intérieurement au devoir. Elle dit quelques paroles qui furent avidement recueillies comme des oracles infaillibles, *novissima verba !* Elle était couverte de bijoux et dans la plus belle toilette. Elle monta sur le bûcher et s'y étendit, au milieu des cris de joie des assistants et d'une musique étourdissante ; mais un des morceaux de bois qui formaient le bûcher dépassait les autres ; elle se sentit gênée, se releva, souleva le tapis sur lequel elle s'était étendue, rétablit le niveau, et se recoucha. Au même instant, on éleva sur son corps une montagne de fagots, on y répandit de l'huile, on y mit le feu. Le général Allard contemplait cette scène aussi horrible qu'étrange, du haut de son éléphant. Il vit périr cette malheureuse, qui ne poussa pas un cri. L'assistance paraissait fort édifiée.

Un autre sujet d'édification pour les âmes dévotes, dans ce pays, c'est le dévouement religieux des fakirs qui, pour conserver toute leur vie une attitude de prière, s'attachent les bras aux branches d'un arbre, et restent six mois durant dans cette posture, jusqu'à ce que, leurs muscles étant roidis et desséchés, il ne leur soit plus possible d'en changer. Alors ce sont de saints personnages, que tout le monde se fait un devoir de nourrir ; en sorte qu'ils deviennent très-gras. Quelques-uns de ces fakirs sont de fort mauvais garnements, et ils conservent leurs bras pour les armer de longs fusils à mèches, et détrousser les voyageurs sur les routes.

Jacquemont s'en plaint amèrement dans ses lettres. C'est ainsi qu'on abuse des meilleures choses.

J'ai peu parlé de l'armée du roi de Lahore, quoique le général Allard en ait fait devant moi une longue et intéressante description ; mais c'est que cette armée, c'est tout simplement une armée française, avec son uniforme, son fusil, sa giberne, sa théorie, son école de peloton et son drapeau. M. Allard a transporté là, sur les bords du Sutledge, nos régiments de l'Empire, grenadiers, hussards, dragons, infanterie, compagnies d'élite, tout, jusqu'aux commandements militaires qui se font en français[1]. C'est là la merveille qu'il me faudrait raconter. Mais dire ce qu'il a fallu de patience, de résolution, de courage, de sagacité et d'industrie pour amener un tel résultat, m'entraînerait beaucoup trop loin. Au lieu de montrer en quoi l'armée du roi de Lahore ressemble à la nôtre, j'aime donc mieux pour aujourd'hui signaler quelques différences. Elles permettront de juger du reste.

Tout recrutement se fait par voie d'engagement volontaire ; mais, le peuple étant très-guerrier, et le métier de soldat étant le meilleur de tous, les enrôlements abondent. Les officiers recruteurs n'ont que la peine de refuser. Aussi, quand le roi de Lahore a besoin d'augmenter son armée, on peut bien dire de lui qu'il n'a qu'à frapper du pied la

---

[1] M. le général Allard a vu Jacquemont à Lahore ; il l'a reçu chez lui ; il l'a fêté ; il lui a ménagé avec une adresse admirable les surprises les plus extraordinaires. Mais celle qui charma le plus Jacquemont, ce fut la suivante : il était à table avec le général Allard ; celui-ci venait de donner ordre de faire avancer une compagnie d'infanterie pour garder le pavillon où logeait son hôte. La compagnie étant arrivée, Jacquemont entendit l'officier qui criait à sa troupe : *Peloton, halte!... Front!... A droite alignement!... Reposez vos armes!... Formez les faisceaux!...* Qu'on juge de son étonnement et de sa joie d'entendre la langue de son pays dans la bouche de ce sauvage apprivoisé, et de voir ces automates indiens exécuter avec tant de précision des commandements français!

terre, et qu'il en sort, grâce à M. Allard, des bataillons tout formés.

Le système d'approvisionnement de l'armée est le plus simple qui soit au monde; le gouvernement ne s'en mêle pas. Les soldats sont payés à tant de roupies par mois, environ vingt francs pour les fantassins, et le double pour les cavaliers; avec cette solde, ils sont obligés de pourvoir eux-mêmes à leur nourriture. S'ils font la guerre, ils sont suivis par une bande de marchands et de débitants de toute espèce qui voyagent à leurs frais et vendent pour leur compte, sans que le chef de l'armée s'occupe d'eux, autrement que pour entretenir la police et le bon ordre dans ces caravan-sérails ambulants. Les cavaliers ont des domestiques montés comme eux, et qui vont chercher le fourrage pour les chevaux. La facilité avec laquelle une armée de dix et même de vingt mille hommes, arrivant dans un pays qui paraît n'offrir aucune ressource, et où il semble qu'elle va mourir de faim; la facilité, dis-je, avec laquelle cette armée se trouve approvisionnée en quelques heures est, suivant le récit du général Allard, une chose merveilleuse à voir, et qui a permis aux troupes du roi de Lahore d'entreprendre des marches extraordinaires et de s'aventurer dans des contrées tout à fait inconnues, sans jamais souffrir des privations qui, dans d'autres pays et même dans les plus civilisés, sont si funestes à la discipline militaire. Je ne veux pas dire pour cela que le système d'approvisionnement des armées de Runjet-Sing soit praticable dans notre Europe; non, sans doute; nos soldats et nos chevaux sont plus difficiles et plus exigeants que ceux de Lahore; mais ce système est bon puisqu'il réussit, quelque différent qu'il soit du nôtre.

Les troupes de Runjet-Sing ne portent pas le shako français. Le très-incommode chapeau à trois cornes n'a pas non plus passé le Sutledge. Les soldats et les officiers portent le

turban, avec les cheveux longs et entrelacés dans des plis
de cachemire. Les cheveux, c'est la véritable coquetterie
des hommes, c'est leur parure; ils y attachent une idée de
force et de puissance, et les entretiennent avec un soin religieux. Il en est de même de la barbe, on n'est pas un
homme sans barbe : jeune ou vieux, il faut qu'elle descende
en flots d'ébène ou d'argent sur la poitrine. Le général Allard en a une fort belle qu'il a apportée en France, et qu'il
relève adroitement derrière ses oreilles pendant le repas.
Son uniforme (petite tenue) est à peu près celui d'un officier général français; sa coiffure, une casquette légère à
ganses d'or, d'une forme élégante et commode.

Le duel n'est pas d'usage dans l'armée de Runjet-Sing,
j'entends le duel militaire, l'épée ou le pistolet à la main.

— Mais comment vos officiers vident-ils leurs querelles?
demandai-je au général Allard.

— Hélas! hélas! me répondit-il en faisant un mouvement significatif avec le poing, c'est ainsi qu'ils vident leurs
différends. J'ai eu beau insinuer devant eux, avec toutes les
précautions nécessaires, qu'il y avait, pour donner satisfaction à un adversaire, un moyen plus digne de gens qui
portent l'épée, un moyen employé par toutes les nations
civilisées de l'Europe; j'ai perdu ma peine, le coup de poing
a prévalu, et ils continuent à s'assommer comme des
bœufs...

Pour compléter le tableau des différences que je viens de
signaler entre l'armée française de Runjet-Sing et la nôtre,
il faudrait les demander à la religion, à la politique, au climat, et parcourir encore une vaste carrière; mais je m'arrête. Le général Allard doit me trouver bien assez indiscret
comme cela. Ce qui m'excusera auprès de lui [1], c'est que je

---

[1] Le général Allard me sut beaucoup de gré de ces communications
faites au public à son sujet, et il me traita toujours depuis comme un
ami.

n'ai vraiment pu résister au désir d'appeler l'attention de
nos lecteurs sur les titres qu'a conservés cet homme remarquable, si justement honoré dans l'Inde, à l'estime et à la
considération de son pays.

II

Accueil fait en France au général Allard. — Nouveaux détails sur Runjet-Sing.
Noblesse militaire. — Bataille de Pishaur. — Revue annuelle de l'armée. —
Administration du royaume; receveurs généraux; Parlement; ministres. —
Mépris de Runjet-Sing pour les gens de lettres. — Liberté du commerce. —
Perception de l'impôt. — Runjet-Sing, homme privé; sa cassette; diners du roi.
— Coutumes singulières. — Pourquoi le général Allard retourne à Lahore.

16 novembre 1835.

Je vais continuer à donner quelques détails sur le royaume
de Lahore, sur son roi, sur le général Allard. Ceux qui
m'ont reproché d'avoir été indiscret la première fois que
j'ai parlé de notre brave compatriote, et qui se sont alar-
més pour lui (qui était fort tranquille) des conséquences possibles de mon récit très-véridique, peuvent prendre patience
aujourd'hui; le général Allard a quitté Paris, et cette nouvelle indiscrétion, si c'en est une, sera la dernière.

C'est une justice à rendre à la société de Paris : elle a
reçu le général Allard avec un intérêt plus vif que celui
d'une frivole curiosité. Elle a senti tout ce qu'il y avait de
noble et de respectable dans cette vie demeurée si française,
en dépit de la distance et du temps, dans cette destinée d'un
compatriote qui, transporté par la fortune sur les bords de
l'Indus, et devenu le voisin du Grand Mogol, a voulu rester
ce qu'il était à Moscou, à Lutzen et à Waterloo, un officier
de la grande armée. La société de Paris a parfaitement compris cela, et elle a accueilli le général Allard comme un

ami, comme un frère, comme si vingt ans ne s'étaient pas écoulés depuis son départ, comme si la grande armée était encore là, prête à passer la frontière, avec son empereur, ses maréchaux et ses aigles. Le général Allard a réveillé tous ces souvenirs, et on lui en a su gré ; car lui, il est étranger à tout ce qui s'est passé en France depuis vingt ans ; nos luttes politiques, nos discordes, nos passions nouvelles, il a fallu tout lui raconter, tout lui dire. Pour lui, à Lahore, le temps a marché d'un pas rapide ; mais il s'est arrêté à Paris. Les progrès que l'art militaire a faits depuis Napoléon (on le dit du moins), le général Allard les ignore ; il date de l'Empire ; il est un soldat de l'Empire ; il représente au vrai l'esprit de cette mémorable époque, reléguée déjà depuis si longtemps dans l'histoire, et qui ne revivra plus que dans ces merveilleuses galeries du Musée national qui s'élève à Versailles.

C'est à ce point de vue qu'on s'est généralement placé à Paris pour juger M. Allard et pour lui faire fête ; et la sympathie, je le répète, y a été pour beaucoup plus que la curiosité. Le roi a été des premiers à accueillir ce brave officier, et il l'a admis bien des fois à sa table, à ses entretiens, dans sa famille. Sa Majesté lui a accordé la croix de commandeur, en témoignage de sa royale satisfaction pour le caractère honorable qu'il a déployé aux Indes. Les ministres, les hauts fonctionnaires, les officiers de l'armée, tout ce que Paris renferme de personnes distinguées, s'est empressé autour de lui ; et partout, dans les promenades, dans les spectacles, et jusque dans les rues, où sa longue barbe le faisait inévitablement reconnaître, il a été l'objet d'une attention souvent incommode, jamais importune, toujours bienveillante.

Il faut pourtant tout dire : le général Allard a été, pendant son séjour à Paris, exposé à une autre sorte d'empressement à tous égards moins agréable, quoique la cause n'en

fût pas moins flatteuse pour son amour-propre. Voici le fait:
il y a à Paris une foule de gens, et dans le nombre de fort
honorables, qui voudraient aller aux Indes. Aller aux
Indes avec le général Allard, qui a appris l'école de bataillon à cinquante mille Indiens ; aller aux Indes, où l'on
croit trouver à chaque pas des palais de diamants, des forêts
de myrtes, des sacs de roupies et de joyeuses bayadères,
la tentation était forte! On s'est donc précipité chez le général Allard ; pendant plus de quinze jours, il lui a fallu essuyer le feu de plusieurs centaines de solliciteurs, avocats,
hommes de lettres, militaires, juges, pharmaciens (des pharmaciens surtout) [1], qui tous faisaient le siége de son domicile, armés de longues suppliques, de certificats homologués
et d'apostilles respectables. Mais le général Allard a tenu
ferme, et il n'emmènera personne. On croit, parce qu'un
Français commande les armées de Runjet-Sing, que rien n'est
plus facile pour un étranger, après avoir traversé les mers
et franchi quatre cents lieues de pays dans l'Inde anglaise,
que de passer le Sutledge. C'est une grande erreur. Runjet-
Sing n'aime pas les étrangers ; il se défie d'eux ; ce sont pour
lui autant d'espions de la Russie ou de l'Angleterre : et en
conséquence personne ne peut pénétrer dans le Punjaub sans
une permission du roi, qui n'en donne jamais. Ceci me rappelle cet officier qui disait à ses soldats : « Vous pourrez sortir
avec des permissions, mais, de par Dieu ! ne m'en demandez
pas! » Cependant Jacquemont passa le Sutledge ; mais ce fut
grâce à la recommandation du général Allard, qui eut encore
beaucoup de peine à obtenir cette faveur. Et puis, Jacquemont
était déjà célèbre à Lahore ; c'était l'enfant gâté de l'Inde
britannique, et Runjet-Sing avait alors intérêt à caresser
L. William Bentink. Mais depuis Bernier, qui visita la Pen-

---

[1] Jacquemont raconte que Runjet-Sing, roi de Lahore, aime beaucoup
les drogues, et qu'il en commande par centaines, qu'il s'amuse à faire
prendre à ses amis et à ses domestiques.

tapotamide en 1663, jusqu'à l'époque du général Allard et jusqu'au voyage de Jacquemont, pas un étranger n'avait mis le pied sur la terre de Lahore; et c'est apparemment pour cela qu'elle était si mal connue et si mal jugée.

J'ai entendu accuser l'enthousiasme des premiers récits que j'ai faits, d'après les entretiens du général Allard; et j'en suis bien aise, puisque, d'un autre côté, on m'a reproché de déprécier et le pays et le roi qu'il a si utilement servis. Cette contradiction dans les reproches qu'on m'a adressés prouve peut-être que je n'ai mérité ni l'un ni l'autre. Je ne connaissais pas du tout Lahore avant que Jacquemont eût écrit; je le connaissais très-mal avant que le général Allard eût parlé. Aujourd'hui, je ne me crois pas très-savant pour avoir saisi au vol quelques fugitives paroles d'une conversation rapide; mais, néanmoins, tout ce que j'ai recueilli de la bouche du général Allard, je le tiens pour vrai; car jamais voyageur, venu de si lointains pays, n'a paru moins préoccupé du besoin de se faire valoir; jamais militaire ne fut si modeste, je dirai presque si timide en présence de la curiosité publique; jamais destinée si remplie et si merveilleuse ne s'est racontée elle-même avec plus de naïveté, plus de bonhomie, plus de modération, plus de franchise!

Il est un seul point sur lequel j'oserais soupçonner la partialité du général Allard, si son opinion ne s'accordait d'ailleurs avec celle de Jacquemont, l'esprit le plus railleur et le plus sceptique qui ait jamais fait le voyage des Grandes-Indes. Le général Allard est un admirateur déterminé du roi de Lahore, de Runjet-Sing; et comme il témoigne une amitié sincère pour ce prince, comme il paraît animé de la plus vive reconnaissance pour ses bontés, comme il lui doit beaucoup, il m'aurait semblé juste de rabattre quelque chose du bien qu'il en dit, si le témoignage de l'officier général n'était, je le répète, de tout point confirmé par celui du naturaliste. « C'est un Bonaparte en miniature, » écrit Jacquemont [1]. Et de fait, il existe de singuliers rapports, d'incroyables ressemblances entre le conquérant français et le prince indien. Je renonce au mérite facile de les signaler, pour en laisser le plaisir à mes lecteurs ; je vais me contenter d'ajouter quelques traits au tableau que j'ai déjà tracé, et j'espère qu'il ne restera plus de doute après cela sur l'importance du personnage qui tient, en ce moment, les clefs de la grande porte par laquelle la Russie peut entrer dans l'Inde britannique.

Runjet-Sing est avant tout un soldat ; il aime la guerre, il s'est élevé par la guerre, il commande au peuple le plus belliqueux de l'Inde. Mais ce n'est pas tout ; bien différent de ces conquérants barbares qui n'ont fait que traverser leurs conquêtes, Runjet-Sing a voulu conserver les siennes ; il a conquis pour posséder ; il a été soldat pour devenir roi ; monté sur le trône de Lahore, il a montré de l'habileté politique, un grand esprit d'organisation, de merveilleux instincts de gouvernement, et, dans les circonstances les plus difficiles, pour la solution des questions les plus ardues, un tact véritablement admirable. Vainqueur des princes indépendants qui se partageaient avant lui le pays de Lahore, et qui composaient l'ancienne noblesse, après l'avoir détruite dans l'ordre civil, où elle était oppressive, il l'a rétablie dans l'armée, où elle est accessible à tous. Tous ses principaux officiers sont de grands seigneurs. C'est donc une noblesse qui lui doit tout et qui lui est dévouée. Mais dans l'armée point de corps d'élite, point de garde royale ; aucune trace de privilége ; Runjet-Sing n'a pas voulu blesser l'esprit d'égalité dans ses soldats. Les escadrons qui sont de garde auprès de sa personne, et qui, pendant tout le temps de leur service, sont nourris et indemnisés à ses frais, n'y restent qu'un

---

[1] *Correspondance*, t. I, p. 378.

nombre de jours limité, et il a bien soin de les faire remplacer exactement, « afin, dit-il, qu'il n'y ait pas de jaloux. » C'est là un axiome très-élémentaire en fait de gouvernement ; ne pas favoriser un corps militaire quelconque au préjudice des autres ; et pourtant il a fallu une révolution en France pour faire triompher ce principe, avec bien d'autres. Cela semble tout naturel à Lahore.

Runjet-Sing est parvenu à créer aussi dans son armée ce que nous appelons ici le point d'honneur. Les officiers et les soldats sykes y sont très-sensibles ; ils périssent pour sauver l'honneur de leur drapeau. Voici un fait que le général Allard m'a raconté. Un officier mahométan, déserteur de l'armée de Runjet-Sing, s'était jeté dans l'Afghanistan, et là il prêchait une croisade contre son ancien maître. Cet homme avait le don du prosélytisme ; en outre, il était brave, audacieux, entreprenant. Au bout de quelques mois, il eut pour armée plus de cent mille âmes damnées, fanatisées par ses prophéties, et persuadées d'ailleurs que les balles sykes ne les atteindraient pas : c'était une des promesses du musulman. Cependant Runjet-Sing apprend le danger qui le menace de l'autre côté de l'Indus ; mais, trompé sur le nombre des insurgés, il se contente d'envoyer cinq mille cavaliers sykes pour défendre le passage du fleuve et châtier la révolte. Ils arrivent, ils traversent le fleuve au-dessous de Pishaur, et vont se poster en lieu sûr à quelque distance. La nuit se passe. Le lendemain, un déluge d'hommes et de chevaux inondait la plaine et les coteaux voisins: cent mille combattants se pressaient, dans un désordre menaçant, autour de la division syke, et tout espoir de résistance semblait perdu du premier coup. Cependant les cavaliers sykes ne renoncent pas à se défendre ; ils élèvent des retranchements et repoussent vigoureusement toutes les attaques. Quelques jours s'écoulent ainsi ; mais les vivres commencent à manquer ; plus d'herbe pour les chevaux; les chevaux meurent, et les hommes se soutiennent à peine. Dans cette extrémité, ils apprennent qu'une armée de dix mille hommes, commandée par le général Allard, arrive à leur secours ; ils voient déjà, sur la rive opposée du fleuve, briller les aigrettes tricolores de leurs camarades. « A cette vue, dit le général, il sembla qu'au lieu de ressentir un mouvement de joie, ils en éprouvaient un de rage. » Ils se crurent déshonorés sans doute s'ils attendaient leur délivrance. Ils avaient des canons, ils les chargèrent à mitraille, et firent feu de toutes pièces en même temps dans les masses profondes de l'armée ennemie. Ce coup de désespoir réussit. Les insurgés tombaient par centaines ; la terreur se mit dans leurs rangs. Ils commencèrent à fuir avec un désordre effroyable, laissant leurs morts et leurs blessés, s'étouffant dans les défilés et dans les ravins, les plus faibles écrasés sous les pieds des hommes et des chevaux, un grand nombre taillés en pièces par ce qu'il y avait encore de soldats sykes en état de monter sur les chevaux qui restaient. Le carnage fut épouvantable. Le général Allard contemplait cette scène sur l'autre rive, et disait avec un grand sangfroid : « Les Français n'ont pas mieux fait à Héliopolis! »

Quelquefois, quand ses généraux sont en campagne, Runjet-Sing a un singulier moyen de les piquer au jeu. Il leur fait dire secrètement, par message anonyme, qu'avec moitié moins de troupes l'affaire est possible, que le roi l'a dit. Et ce moyen est presque toujours infaillible; les généraux se piquent d'honneur, ils épargnent leur monde et battent l'ennemi.

Tous les ans, après la saison des pluies, l'armée de Runjet-Sing se rassemble dans une plaine immense pour être passée en revue par le roi. Il y a là presque toujours, tant de troupes disciplinées à la française que d'irrégulières, plus de deux cent mille hommes. Tous les officiers ont des parasols de différentes couleurs; les uns les portent; les autres, d'un rang plus élevé, les font porter par des coureurs qui suivent à pied tous les mouvements et toutes les allures du cheval. Ajoutez à cela les turbans de cachemire et les brillantes aigrettes qui forment la coiffure des soldats. De loin, dit le général Allard, c'est comme une prairie émaillée de fleurs. Presque toujours, après ces magnifiques champs de mai militaires, une expédition est décrétée. Heureux les généraux qui sont choisis et les régiments qui marchent en avant! Il y a de l'argent, des grades, de l'honneur, des croix à gagner, tout comme chez nous!

Le général Allard a institué, à l'instar de la Légion d'honneur, une décoration dont Runjet-Sing est fort avare : c'est la croix de Gourou-Goving-Sing, que l'on suspend à un ruban orange. Gourou-Goving-Sing est le grand prophète des Sykes, le fondateur de la religion du pays. Cette religion est un déisme pur, parfaitement dégagé de toute idolâtrie, de tout alliage, et qui a fait du peuple syke un des plus tolérants de la terre.

Runjet-Sing aime à parler à ses soldats. Il a un beau langage, chaud de ton, d'images et de souvenirs. Il se plaît à rappeler ses victoires et à en rapporter l'honneur à son armée. « Il y a un an, nous avons livré telle bataille, et grâce à votre courage nous avons vaincu. » C'est ainsi qu'il parle, comme les généraux les plus classiques de l'antiquité. Mais sa parole est vive, rapide, pittoresque, saccadée, tranchante; on voit qu'il n'a pas fait sa rhétorique.

Runjet-Sing accorde sa confiance entière à ses généraux; il leur laisse faire la guerre, remporter des victoires, et il n'est pas jaloux. Il a donné au général Allard le commandement supérieur et absolu des soixante mille hommes dont se compose son armée régulière, et le général Allard ne lui cause pas d'ombrage. Mais, comme administrateur de son royaume, il veut être seul; financier, percepteur, économiste, législateur, il est seul, et ne permet pas qu'on mette la main à son emploi. Et ici pourtant nous allons admirer une de ces bizarres anomalies qui se rencontrent quelquefois dans l'histoire des hommes. Runjet-Sing, par goût, par tempérament. par nécessité, le roi le plus absolu des Indes, a pourtant imaginé un mode de contrôle administratif qui ressemble fort aux pratiques du gouvernement constitutionnel. Voici comment : les provinces sont affermées aux chefs de l'armée, qui en versent le revenu entre les mains du roi. Ce sont des receveurs généraux qui portent l'épaulette, et qui font leurs affaires le mieux qu'ils peuvent. Ce système avait un grave inconvérient, entre mille : il y avait à craindre que les provinces ne fussent victimes de l'avidité des fermiers, et qu'elles ne payassent un peu cher l'honneur d'être administrées par les lieutenants du roi. Runjet-Sing y a pourvu : tous les ans, les chefs civils des villages (et il faut les compter par milliers) se réunissent à Lahore, et sont admis à présenter leurs griefs au souverain du pays. C'est une assemblée imposante, et dans laquelle le roi fait preuve d'un esprit libéral et juste, en punissant par des amendes sévères les généraux coupables de malversation ; mais ce qui est moins juste, c'est que les amendes profitent au trésor royal,

> . . . . . . *At tu, victrix provincia, plcras !*

J'ai dit précédemment, je crois, que Runjet-Sing avait des ministres. C'est une erreur. Il a des secrétaires qui n'ont qu'une chose à faire : écrire sous sa dictée, lire et expédier des dépêches, ni plus ni moins ; mais c'est là une grosse besogne. Tout arrive au cabinet du roi, tout en sort ; toute décision a besoin de passer par là pour être exécutoire ; la paix, la guerre, les finances, la diplomatie, tout se fait là. Le roi a son royaume dans sa tête, on pourrait dire aussi dans sa main ; rien ne lui échappe, sa mémoire est sûre et son regard s'étend loin. La nuit, deux secrétaires veillent à

sa porte. Comme il ne sait pas écrire (et que Dieu l'en garde!),
s'il lui vient une idée, s'il a besoin de prendre une note,
d'arrêter au vol un souvenir, vite un secrétaire! et il dicte.
C'est bien lui qui « dicterait à quatre en styles différents. »
Le général Allard l'a vu occuper ainsi plusieurs secrétaires
à la fois, sans se douter que ce tour de force le faisait ressembler à César et à Napoléon. Les lettres qu'il a dictées
pour la Compagnie des Indes britanniques sont des modèles.
Le premier secrétaire du cabinet, qui est un homme éclairé,
n'y trouvait rien à changer, et il assurait que son style à
lui, son style lettré, n'aurait fait que gâter la simple et
énergique concision de l'original.

Runjet-Sing professe un souverain mépris pour les gens
de sa religion et de son pays qui savent écrire. Cette espèce
d'hommes s'appelle *monchis*. Ils sont bien payés, mais ne
jouissent pas, même ailleurs que dans le palais du roi, d'une
grande considération. Runjet-Sing en a toujours une vingtaine établis en demi-cercle dans son cabinet ou sous sa
tente; ils sont assis à l'orientale, une écritoire dans la main,
des papiers sur leurs genoux. Un jour, je ne sais plus à
quelle occasion, le roi dit au général Allard, en montrant
ses secrétaires : « Ce sont tous fils de.....! » Il était fort en
colère. A l'instant même, les *monchis* se levèrent respectueusement et firent un salut; puis reprirent leur place
comme si de rien n'était. L'étiquette veut qu'ils se lèvent
quand le roi parle d'eux. « Mais, à ce compte-là, reprit le
général Allard, nous autres Européens, qui savons écrire,
que sommes-nous donc? — Ah! quant à vous, dit le roi,
vous êtes d'honnêtes gens; mais c'est parce que vous le voulez bien! » Runjet-Sing faisait là une cruelle satire de la
peine que nous prenons de donner de l'éducation à nos enfants. Mais, je l'ai dit, il était de mauvaise humeur ce
jour-là.

Parlons un peu des principes économiques de Runjet-

Sing. Runjet-Sing est persuadé que le meilleur système d'économie politique internationale, c'est la liberté du commerce. Aussi a-t-il ouvert ses marchés à l'Angleterre et à la Perse. C'est en vain que le général Allard, très-partisan du régime prohibitif, lui a conseillé de frapper de quelques droits les marchandises anglaises, et d'établir une ligne de douanes le long du poétique Hydaspe. Runjet-Sing n'a pas voulu, et ses raisons sont excellentes : « L'Angleterre, dit-il, m'envoie ses draps et sa soie ; mais elle reçoit mon coton, mes toiles blanches ; elle fait bon accueil à mes cachemires ; elle est un excellent débouché pour mes mines de sel. Tout compte fait, j'y gagne. — Cela est fort bien pour le présent ; mais si l'Angleterre parvient à rendre l'Indus navigable et à en remonter le cours avec ses bateaux à vapeur, elle inondera de ses produits votre royaume tout entier. — Oui, répond Runjet-Sing, mais alors je défendrai à mon peuple de les acheter. »

En France, le système de perception de l'impôt est appuyé, pour ainsi dire, sur les différents degrés de la circonscription territoriale. La commune, le canton, l'arrondissement, le département, représentent autant d'échelons par lesquels l'argent des contribuables arrive incessamment au trésor public. Le système de Runjet-Sing est beaucoup plus simple. L'impôt se paye par *puits*. Il y a des milliers de puits. Chaque puits représente une certaine étendue de terrains qu'il arrose ; tous les domaines qui en dépendent payent en commun l'impôt au roi de Lahore ; tant de puits, tant de revenus. Il n'y a pas à se tromper. Aussi Runjet-Sing ne se trompe jamais ; il calcule avec une admirable facilité, et fait de mémoire des opérations d'arithmétique à étourdir un savant. L'avantage de son système, c'est qu'il sait, à un puits près, ce que le pays lui doit ; et comme il a grand besoin d'argent pour entretenir ses armées sur un pied respectable, comme il est en outre, par goût, un financier très-entreprenant et très-actif, on peut dire à la lettre, et sans métaphore, qu'il ne laisse pas dormir l'argent des contribuables au fond du puits.

Comme homme politique, tel est Runjet-Sing, tel du moins qu'il est permis de le juger d'après une si rapide et si imparfaite esquisse. Mais ce qui ressort avec éclat, tant de ces détails que de ceux que j'ai donnés précédemment, c'est que jamais roi parvenu, jamais soldat heureux, n'a été plus complétement l'artisan de sa fortune. Runjet-Sing doit beaucoup au général Allard ; oui, sans doute ; mais notre compatriote tenait de l'influence déjà victorieuse, déjà établie du rajah de Lahore, le pouvoir qui lui a permis de faire tant de bien. Runjet-Sing a fondé un trône et a créé une dynastie ; on peut dire aussi qu'il a créé une race d'hommes nouveaux, la race des Sykes, qui sont redevenus entre ses mains le peuple belliqueux et fier qui combattait avec Porus. C'est une grande chose après tout, que d'avoir fondé un royaume dont l'alliance est recherchée par l'Angleterre, et qui, sur toutes ses frontières, peut tenir en échec une armée d'Asie, et vendre chèrement sa conquête à une invasion européenne. C'est aussi une gloire bien rare, ainsi que le remarque un historien anglais, que celle d'une pareille destinée « accomplie par les moyens les plus honorables, et sans qu'il en ait coûté à l'humanité une goutte de sang versé sur les échafauds. »

Comme homme privé, Runjet-Sing est bienveillant, miséricordieux, d'humeur joviale, incapable de ressentiment, mais non de colère. Il est violent, mais une bonne raison l'apaise, et il tend la main en signe de pardon. Souvent, s'il s'est emporté sans motif contre un de ses officiers, le lendemain ou le jour même, il lui envoie un cadeau et tout est fini. Le général Allard fut témoin d'une violente bourrasque que le colonel Ventura, son chef-d'état major et Français comme lui, eut à essuyer un jour sous la tente de

Runjet-Sing. Ventura ne disait mot, car la colère du roi était grande. Cependent M. Allard s'approcha, prit les mains du rajah, et il essayait ainsi de le calmer. Mais l'orage grondait de plus belle. Ventura parti, le roi laissa parler le général, et peut-être lui fut-il prouvé qu'il avait tort. Je ne sais ; mais le lendemain le général reçut une lettre de Runjet-Sing. Le roi lui ordonnait d'amener Ventura ; que voulait-il, après la scène de la veille ? Il voulait réparer ses torts, lui, le roi ; et il remit à Ventura un cadeau magnifique. N'est-il pas vrai que cela donne envie d'être grondé ?

Le roi a une cassette pour les pauvres. Voici comment cette cassette se remplit : tous les mois, Runjet-Sing se fait peser ; il y a dans un des bassins de la balance, de l'or, de l'argent, des denrées, le poids du rajah. Le tout est pour les malheureux. Il est donc fort important, dans ce pays-là, que le roi soit gras ; mais, par malheur, Runjet-Sing est fort maigre.

Le roi dîne seul ; mais ce n'est pas seulement un privilége de son rang, c'est une loi de sa religion. Il dîne accroupi sur ses talons, dans une position qui serait horriblement gênante de ce côté-ci de l'Indus. On lui sert, sur un tapis, dans des plats d'or et d'argent, une vingtaine de mets différents ; il goûte de quelques-uns. Ses domestiques sont accroupis, à l'instar de leur maître, en face de lui, et le servent sans bouger de place. Seul, son chef de cuisine, qui est un gros homme tout rond, va et vient pendant le service. Ses officiers, quand il leur permet d'assister à ses repas, sont debout, à quelque distance, et quelquefois il leur envoie (faveur insigne !) des mets de sa table dans des assiettes en feuilles ; les assiettes d'or et d'argent ne sont que pour lui. Runjet-Sing est très-sobre ; il n'a pas d'heure pour ses repas ; il dîne quand il peut et où il peut, dans son jardin, sous sa tente, au milieu d'un pré, au coin d'un bois, rarement dans son palais, le plus souvent au milieu des fleurs, qu'il aime de passion. Son gros cuisinier passe sa vie à courir après lui, à le poursuivre avec sa batterie par monts et par vaux, et quand il l'a trouvé, Runjet-Sing lui échappe encore, car il ne tient pas en place ; toujours à cheval, courant les champs, passant des revues, expédiant le travail des *monchis*, recevant, dictant, haranguant, le tout à la fois ; en sorte qu'il oublierait bien souvent de dîner si ses fourneaux ne couraient aussi vite que lui, et si l'honnête majordome n'était là. Runjet-Sing est, en résumé, un roi très-peu avancé dans la science du bien-vivre, et je le regarde comme incapable de faire jamais un menu passable et de tenir ce que nous appelons une bonne maison.

Au surplus, dans ce pays, le peuple est, Dieu me pardonne ! d'une absurdité choquante en fait de repas. Cela tient à la religion. Il y a des sectes où l'on dîne seul, d'autres où l'on dîne tout nu, hommes et femmes ; il serait horriblement inconvenant de se présenter à leur table si l'on portait le moindre vêtement, fût-il de l'étoffe la plus légère ; la toile surtout est proscrite. Dans le nord, à Cachemyr, on permet aux femmes de cette secte extravagante de porter à table, quand il fait très-froid, des chemises de laine, mais voilà tout ; et les hommes religieux du pays trouvent que c'est bien assez. Voici une autre énormité : si vous passez, infidèle ou dissident, par un beau soleil, devant des gens d'une certaine secte et qu'ils soient à table, et si votre ombre vient à effleurer les mets placés devant eux, c'est là une impureté abominable ! Aussitôt ces gens se lèvent, les plats sont jetés aux chiens, et toute la famille va se laver pour faire disparaître cette souillure.

Je m'arrête, voici trop longtemps que je cause ; et mes lecteurs en ont peut-être assez de Runjet-Sing et du Punjaub. Pour moi, j'aime Runjet-Sing ; je lui trouve une physionomie française, un esprit français, une activité, un génie, qui ne seraient peut-être pas remarqués chez nous, où le génie court les rues, mais qui, là-bas, me paraissent briller d'un singulier éclat, à côté des habitudes si calmes, si régulières, si monotones, si médiocres de l'Inde orientale ! J'aime Runjet-Sing pour la barrière qu'il oppose aux Russes, et pour la bonne garde qu'il fait sur le Sutledge du côté des Anglais. Je l'aime pour les larmes qu'il a versées quand notre brave compatriote s'est séparé de lui, et pour tous les honneurs qu'il lui a fait rendre, et pour toute l'estime qu'il a témoignée à notre pays, à nos mœurs, à notre civilisation, à notre énergie, à notre franchise, dans sa personne. Enfin, j'aime Runjet-Sing, parce que le général Allard, de retour en France, accueilli par nous avec la plus flatteuse distinction, fêté par la ville et par la cour, objet d'envie pour les jeunes, de sympathie pour les vieux, d'émulation pour tous ceux qui ont le génie des grandes aventures et qui aiment à aller au-devant de leur destinée avec résolution et courage ; parce que le général Allard, ai-je dit, ainsi fêté dans sa patrie, songe pourtant à retourner à Lahore. Et savez-vous pourquoi le général Allard veut absolument reprendre le chemin des Indes ? Le motif est noble et digne de lui, digne de la France. « J'ai donné ma parole à Runjet-Sing, me disait-il, et il serait trop malheureux si je manquais à ma promesse, et s'il ne lui était plus permis de m'estimer. J'étais son confident, son ami ; ne serai-je donc plus à ses yeux qu'un aventurier ? »

Les seigneurs de la cour de Lahore n'ont pas cette confiance, et Runjet-Sing a parié contre eux des sommes considérables que son généralissime reviendrait. « Je veux qu'il gagne son pari, ajoutait M. Allard ; je retournerai à Lahore rien que pour cela. »

En attendant, le général Allard se propose de passer l'hiver en France ; et il ne quitte Paris que pour Saint-Tropez, où est sa femme, où sont ses enfants. Il veut goûter pendant quelques mois les douceurs de la vie de famille, dormir dans un lit chaud, lire son journal tous les matins, porter un frac, enfin vivre à la française [1], jusqu'à ce que le soleil de mars ait fait percer les premiers bourgeons de la Provence. Et puis alors le général Allard revient s'embarquer au Havre, il reprend sa course à travers l'Océan ; et, à la grâce de Dieu ! comme autrefois.

[1] Ce bonheur de vivre à la française, le général Allard en emportait jusqu'aux Indes le souvenir et le regret. Voici ce qu'il m'écrivait le 27 juin 1837, pendant une expédition qu'il commandait dans la province de Pichavor : « . . . . . Sachez, mon cher ami, que je me trouve sous la tente en face des montagnes du Thibet les plus arides et les plus sèches de l'univers, à trente-cinq degrés de chaleur : — bien de santé pourtant, mais non d'esprit, et pensant que l'année dernière, à cette même époque, j'étais douillettement assis dans ma voiture, courant la poste pour me rendre à Brest. A présent, voyez-moi couvert de sueur et respirant à peine, malgré toutes les aises que les gens qui m'entourent cherchent à me donner ; voyez-moi monté sur un beau cheval blanc, cadeau de S. M. Sike à mon arrivée à Lahore, suivi d'un *tchoteri-berdar*, domestique, qui soutient un large parasol sur ma tête, de cinquante *ardelis*, gardes à pied, qui courent auprès de moi à toutes jambes, même mon cheval étant au galop ; et enfin d'autant d'autres *ardelis* à cheval, de deux éléphants et d'un palanquin, pour le cas où Ma Seigneurie se fatiguerait à cheval... Tout cela est superbe : mais, ma foi ! une bonne voiture, sans suite, et parcourant nos belles routes de France, me serait bien plus agréable... »

Très-peu de temps après la date de cette lettre, le général Allard mourut à Lahore d'une maladie aiguë, dont la cause (je n'accuse personne dans ce monde ni dans l'autre) n'a pas semblé suffisamment expliquée.

IV

M. VICTOR HUGO SUR LES BORDS DU RHIN.

Mars 1842.

Il y a quelques années, M. Victor Hugo a fait un voyage
sur les bords du Rhin. Tout naturellement M. Victor Hugo
observe et réfléchit quand il voyage. Un ami a reçu la première confidence de ses études et de ses pensées. Le public
l'obtient aujourd'hui [1].

Si la France n'est pas bientôt maitresse de la rive gauche
du Rhin, ce ne sera pas la faute de M. Victor Hugo.

Pour aider la France dans cette conquête, l'illustre poëte
déploie un prodigieux appareil d'arguments échafaudés
comme des machines de guerre ; il range en bataille une
formidable armée de phrases bruyantes comme des troupes
d'invasion. J'ajoute que si l'affaire doit se décider avec du
beau style, le livre de M. Victor Hugo pourra faire la moitié de la besogne, car il est écrit avec un talent remarquable.

Cela posé, je crains que l'auteur des *Lettres sur le Rhin*
ne se fasse illusion sur le mérite et la portée de son intervention littéraire. Ce qui a été décidé par le canon ne se

[1] *Le Rhin*, lettres à un ami. Deux vol. in-8°. Paris, 1842.

refait pas avec du beau style; ce qui a été écrit avec l'épée
ne s'efface pas avec la plume. Les frontières qu'a tracées la
main de l'étranger ne tombent pas, comme les murs de
Jéricho, aux premiers sons de la trompette retentissante du
poëte inspiré. Enfin, pour remanier l'Europe et pour reculer
les limites marquées par les traités de 1815, il ne suffit pas
de dessiner au crayon quelques lignes aventureuses sur une
carte géographique. M. Victor Hugo sait bien que toutes
les lignes qui ont été changées sur la carte d'Europe depuis
soixante ans ont été retracées avec du sang.

Il y a des esprits sur lesquels la vue d'une carte de géographie produit l'effet d'une véritable fascination. M. Victor
Hugo est de ce nombre. Tout le monde se rappelle ces vers
du fameux monologue de don Carlos :

> Ah ! c'est un beau spectacle à ravir la pensée,
> Que l'Europe ainsi faite, et comme il l'a laissée !
> Un édifice avec deux hommes au sommet, etc.

Même procédé quand M. Victor Hugo veut donner, en
prose, l'idée d'une circonscription géographique :

« L'Etat romain vu sur une carte présentait (au dix-
septième siècle) la forme, qu'il a encore, d'une figure assise
dans la grave posture des dieux d'Égypte, avec l'Abruzze
pour chaise, Modène et la Lombardie sur sa tête, la Toscane
sur sa poitrine, la terre de Labour sous ses pieds, adossée
à l'Adriatique et ayant la Méditerranée jusqu'aux genoux. »

C'est là l'histoire du passé. Voyons comment M. Victor
Hugo a tracé la carte politique de l'avenir :

« Il faut, dit-il, pour que l'univers soit en équilibre,
qu'il y ait en Europe, comme la double clef de voûte du
continent, deux grands États du Rhin, tous deux fécondés
et étroitement unis par ce fleuve régénérateur : l'un septen-
trional et oriental, l'Allemagne, s'appuyant à la Baltique,
à l'Adriatique et à la mer Noire, avec la Suède, le Dane-

mark, la Grèce et les principautés du Danube pour arcs-
boutants; l'autre, méridional et occidental, la France, s'appuyant à la Méditerranée et à l'Océan, avec l'Italie et
l'Espagne pour contre-forts. » Quant à l'Angleterre et à la
Russie, si M. Victor Hugo n'en parle pas, c'est qu'il rejette
l'une *dans l'Océan* et l'autre dans l'Asie. Il les efface positi-
vement de la carte d'Europe.

Les gens qui se piquent de nationalité à tort et à travers
se laisseront facilement prendre à la géographie politique
de M. Victor Hugo, et ceux qui aiment le style à effet sui-
vront avec plaisir le développement souvent magnifique de
la pensée de ce grand poëte. Mais les lecteurs qui ne se laissent pas payer avec des phrases, si brillantes qu'elles soient,
et qui pensent que des métaphores sont de toute manière
une monnaie bien creuse quand il s'agit de régler des intérêts sérieux et positifs, ceux-là trouveront la géographie de
M. Victor Hugo très-contestable ; et quant à moi, qui, je
l'espère, ne suis pas suspect de mauvais vouloir envers l'auteur des *Orientales*, et qui l'aiderais volontiers à reprendre
la rive gauche du Rhin jusqu'à Mayence, je n'aime pourtant
pas, géographiquement parlant, son système d'élimination
internationale par voie d'immersion. On ne jette pas, quoi
qu'il dise, un grand peuple dans la mer, même par métaphore ; on ne repousse pas un grand empire dans les sables
de ses déserts aussi facilement qu'on y relègue un prisonnier d'État. Je n'aime pas davantage les *arcs-boutants* et les
contre-forts de M. Victor Hugo. Avec ce système, je défie
qu'en prenant une carte géographique on ne voie pas des
contre-forts et des arcs-boutants un peu partout. Si vous donnez l'Italie pour contre-fort à la France, et le Danemark pour
arc-boutant à la Prusse, comment refuserez-vous la Turquie
d'Europe pour contre-fort à la Russie ? Il est vrai que c'es
là votre véritable *conclusion*. Vous donnez Constantinople
aux Russes en échange de la rive gauche du Rhin, qui n'est

pas russe, et vous rendez la rive gauche à la France en étendant au-dessus de sa tête (je parle votre langage figuré), au lieu de cette Prusse morcelée que les traités ont faite, une Prusse compacte, homogène, formidable, que vous grossissez démesurément aux dépens du Hanovre, des deux Mecklembourg et des villes libres, et dont vous mettez le pied sur la Belgique et la main sur les deux mers. Voilà la géographie que vous faites, et dont, pour ma part, je ne veux pas. Je crois qu'il n'est pas de l'intérêt de la France d'avoir de gros États à sa porte, et surtout de les grandir aux dépens des petits, de les fortifier au détriment des faibles : et j'aime mieux, quoi qu'il nous en coûte, le grand-duché du Bas-Rhin coupé en deux par un fleuve immense et séparé de la Prusse par Cassel, que le grand-duché vigoureusement ressoudé à la monarchie prussienne par l'absorption de la Hesse électorale, et formant cette fois un contre-fort à peu près indestructible contre nous. « La Prusse, dites-vous, telle que les congrès l'ont composée, est mal faite. » Le grand malheur, en vérité ! Et c'est vous qui voulez refaire la Prusse contre la France, vous qui lui donnez des ports sur l'Océan, qui lui incorporez le Hanovre, qui reculez ses frontières, qui décuplez sa puissance morale ! Et pourquoi ? Pour ravoir le département du Mont-Tonnerre. Oh ! vous avez bien raison de le dire : « Pour la Prusse, qu'est-ce que la rive gauche du Rhin à côté de tout cela ? »

J'ai voulu signaler l'inconvénient de cette espèce d'hallucination que la vue d'une carte géographique cause à certains esprits. Tout aussitôt le monde se décompose à leurs yeux et leur apparaît dans des proportions étranges. C'est une table rase sur laquelle ils posent des compartiments formant des nations, une sorte de terrain primitif où ils font pousser des empires, un échiquier sur lequel ils jouent une interminable partie, un champ clos où ils font mouvoir les rois et les peuples comme les comparses d'un carrousel.

Mais la géographie est une science plus exacte et plus sérieuse
qu'on ne le croit. Elle résiste par sa propre force à ces incon-
cevables fantaisies de l'esprit humain. Sous son enveloppe légère, on sent palpiter la vie des nations. Ces lignes que vous
effacez d'une main dédaigneuse protégent des droits respectables. Ces fleuves que vous franchissez d'un saut si rapide,
ces montagnes que vous aplanissez à si peu de frais, ces frontières que vous soulevez avec le doigt, sont presque toujours
le rempart d'une nationalité ; et il est défendu de jouer avec
les droits des peuples comme avec les pièces d'une mécanique.

Je n'adresse pas un pareil reproche à M. Victor Hugo.
M. Victor Hugo ne joue pas avec son sujet, et les deux cents
pages qu'il a consacrées au remaniement de la carte d'Europe sont assurément ce qu'il a écrit jamais de plus sérieux
et, dans quelques endroits, de plus magnifique. D'ailleurs,
le ton de M. Victor Hugo, dans cet essai, est toujours celui
d'un homme convaincu, mais qui seulement demande trop
souvent ses convictions à celle de nos facultés qui est le moins
capable d'en donner, à l'imagination. Il est incroyable, en
effet, à quel point cet éminent esprit qui voit de si haut et
de si loin, qui a tant de vivacité et de patience, tant d'énergie et de souplesse ; à quel point, dis-je, il est incessamment
dupe des images qui voltigent ou flottent (qu'on me passe le
mot) à la surface de ses pensées. M. Victor Hugo est un penseur ; à Dieu ne plaise que je lui refuse ce titre, auquel il
paraît attacher beaucoup de prix ! Mais comment pense-t-il ?
Il évoque une idée ; l'idée lui apparaît sous forme d'image ;
et, ainsi matérialisée, M. Victor Hugo l'adopte. De la métaphore il fait un argument, du symbole un syllogisme, du
fantôme le corps, de l'apparition l'idée.

J'ai signalé ce défaut, il y a quatre ans, en traitant la
question du *matérialisme en fait de style.* J'ai donc quelque droit d'y insister aujourd'hui. Ce que M. Victor Hugo

demande à l'idée, c'est qu'elle soit colorée et brillante, qu'elle
étincelle aux yeux ou qu'elle éclate aux oreilles. Musique ou
peinture, il lui faut qu'un de ces deux sens soit satisfait. Il
ne fait pas cas d'un argument qui n'a ni son ni couleur. Il
repousse une conviction qui, puisée au fond de l'âme, ne
reflète que sa lumière intime et pure ; il lui faut le jour qui
brille sur les objets matériels, le soleil qui éclaire la nature
animée. Il n'y a que ténèbres pour lui dans le monde des
idées, si un rayon de lumière physique n'y pénètre. L'idée
ne sort de son cerveau que bien et dûment costumée à la
mode du jour. Elle n'est pas accueillie pour ce qu'elle vaut,
mais pour le vêtement qu'elle étale. « C'est sa robe qu'on
salue. » Ainsi procède l'école qu'on a appelée *plastique* ;
ainsi procède M. Victor Hugo lui-même, avec cette supériorité
entraînante qui rend ses défauts si contagieux. L'imagination, appelée comme auxiliaire dans le domaine du raisonnement, y règne aujourd'hui en maîtresse absolue. Elle a le
gouvernement, l'initiative ; elle tient lieu de logique, pour
quelques-uns même, de bon sens ; et, tandis qu'autrefois l'ar-
gumentation, à l'allure austère et grave, précédait la métaphore toute radieuse d'un éclat emprunté, semblable à une
reine que suit la foule des courtisans empanachés, aujour-
d'hui c'est la métaphore qui est reine. L'image a détrôné le
raisonnement.

M. Victor Hugo a traité la logique en puissance déchue ; il
lui prodigue toutes sortes d'hommages extérieurs, mais sans
lui laisser un pouce de terrain. C'est l'imagination qui remplit la scène où il s'est appliqué à refaire l'œuvre des traités
de 1815. Non qu'il ne déploie, dans ce travail de poëte, un
sens historique remarquable ; non qu'il ne montre, dans
l'exposition de son sujet, une sagacité rare et une véritable
intelligence des événements politiques ; non que son regard
manque d'étendue et ses conceptions de grandeur ; mais
toutes ces facultés, qui suffiraient à faire un homme émi-

nent, sont subordonnées, chez M. Victor Hugo, à l'instinct
poétique qui l'élève toujours trop haut pour ne pas dérober
à sa vue le point de départ de sa pensée. Le raisonnement
qu'il a commencé sur la terre, M. Victor Hugo l'achève dans
le ciel tantôt brillant, tantôt nébuleux de la poésie. C'est
ainsi qu'après avoir très-judicieusement exposé les inconvénients et les injustices du partage opéré par le Congrès de
Vienne, l'auteur des *Lettres sur le Rhin* arrive à cette conclusion que j'ai déjà relevée : mettre au ban de l'Europe
continentale l'Angleterre et la Russie. Et le moyen, s'il vous
plaît ? Les politiques le chercheraient longtemps, mais un
poëte le trouve du premier coup : « Que l'Allemagne hérisse
sa crinière et pousse son rugissement vers l'Orient ; que la
France ouvre ses ailes et secoue sa foudre vers l'Occident.
Devant le formidable accord du lion et de l'aigle, le monde
obéira. » N'est-ce pas là, je le demande, une belle image à
la place d'une bonne raison ? Pour le commun des hommes,
une pareille métaphore ne prouve absolument rien ; pour
M. Victor Hugo, elle prouve qu'il faut reprendre la rive gauche du Rhin.

Eh ! mon Dieu ! s'il ne fallait que des métaphores pour
conserver ou reconquérir des États, l'empereur Napoléon a
fait les plus belles qui soient au monde, même dans le temps
où il avait du canon au service de sa rhétorique. C'est lui
qui a fait voler l'aigle impériale de clocher en clocher jusqu'aux tours de Notre-Dame ; c'est lui qui a invoqué le soleil
d'Austerlitz ; c'est lui qui, du haut des Pyramides, montrait
quarante siècles occupés à contempler une division de son
armée ; c'est lui qui écrivait : « Je lègue l'opprobre de ma
mort à l'Angleterre ; » c'est lui qui disait : « L'Europe sera
républicaine ou cosaque ; » et qui, pour l'empêcher d'être
républicaine, semait partout des trônes ; et qui, pour l'empêcher d'être cosaque, faisait la campagne de 1812. Napoléon, avant M. Victor Hugo, a été un grand poëte dans l'or-

dre politique, un poëte comme Alexandre, qui étouffait dans son vieux monde,

Æstuat infelix angusto limite mundi ;

un poëte comme Charlemagne qui avait rêvé, au huitième siècle, une Europe impériale et unitaire. Tous les conquérants sont un peu poëtes. Tous ceux qui rêvent de lointains démembrements de territoires ; tous ceux qui veulent, avec la plume ou avec l'épée, renverser des frontières, remanier des partages politiques, effacer ou ressusciter des nationalités ; tous ceux qui imaginent des alliances gigantesques ou des proscriptions de peuple impossibles; tous ceux qui fondent, à l'instar de M. Victor Hugo, la monarchie universelle sur le papier, ou qui essayent, comme Napoléon, de l'édifier sur le sol ébranlé par leurs victoires, tous ces hommes sont également poëtes et au même titre. L'empire de Napoléon n'a péri peut-être que parce que ce grand conquérant, doué d'ailleurs d'une volonté si énergique, avait mis toute la puissance de son génie et toute la vigueur de son caractère au service d'une imagination insatiable. Cette imagination voyait le monde d'une hauteur où nul regard humain ne pouvait atteindre ; elle embrassait l'infini, elle voulut tenter l'impossible M. Victor Hugo, à qui la vue d'une carte de géographie inspire de si prestigieuses images, a-t-il jeté les yeux sur une carte de l'Europe au commencement de 1812 ? A-t-il vu la France majestueusement assise sur trois grandes mers, le pied sur la Sicile, la tête à Hambourg, un bras sur l'Espagne, l'autre sur la Confédération du Rhin, avec l'Angleterre moralement bloquée dans ses ports, la Russie menacée, l'Autriche pour alliée et la Prusse pour complaisante ? Certes, c'était là un immense empire, un *beau spectacle à ravir la pensée*, une admirable hyperbole de politique transcendante, telle que l'imagination des poëtes aime à les concevoir. C'était aussi une magnifique métaphore à la manière

de M. Victor Hugo. Les contre-forts, les arcs-boutants, la clef
de voûte, rien n'y manquait. Qu'est devenu l'empire? moins
que rien, à ce qu'il semble ; car M. Victor Hugo, en traçant une si brillante carte de l'avenir, donne à peine un souvenir à cette prodigieuse carte du passé. En reconstruisant
l'Europe d'après les dessins de l'empereur, il nomme à peine
ce grand architecte. En nous montrant la route glorieuse
qui conduit au Rhin, il a presque oublié la sentinelle héroïque qui l'avait si longtemps gardé. En prononçant l'arrêt
par lequel il condamne l'Angleterre et la Russie, c'est à
peine s'il mentionne pour mémoire l'arrêt du destin qui a
condamné l'empereur !

« Peut-être, dit M. Victor Hugo, faut-il que l'œuvre de
Charlemagne et de Napoléon se refasse sans Napoléon et sans
Charlemagne. » Telle est la conclusion de son manifeste. J'y
vois deux choses : d'abord que M. Victor Hugo, de son aveu,
n'a pas inventé le système impérial dont il nous donne une
contrefaçon si poétique ; ensuite, qu'il ne se fait aucune illusion sur le danger de confier le remaniement européen à
un seul homme, si grand qu'il soit. Mais alors je lui dirai :
Si vous ne voulez pas de grands hommes pour faire les grandes
choses, ne rêvez donc pas la monarchie universelle ; ne rem-
plissez pas nos esprits et ne gonflez pas nos têtes de grands
mots, de vastes projets, d'espérances sans limites, d'ambition
sans frein et sans mesure. Ne soufflez pas à nos âmes, à peine
reposées d'un demi-siècle de discordes et de guerres sanglantes, les convoitises insatiables qui conduisent aux abîmes. Si vous ne voulez pas de grands hommes, gardez vos
frontières, respectez les traités ; soyez modeste, soyez sage,
et restez chez vous !

Restez chez vous ! Cela ne veut pas dire que M. Victor
Hugo ne doit pas voyager. Cela ne s'entend que des voyages
à main armée, et point du tout de ces pérégrinations inoffensives que M. Victor Hugo exécute de temps en temps pour

son plaisir et celui de ses nombreux lecteurs. Pour ma part,
j'aurais vivement regretté que l'auteur d'*Hernani* n'eût pas
visité Aix-la-Chapelle, que le chantre de *Notre-Dame de Paris* n'eût pas rêvé sur les bords du Rhin. Je viens d'analyser
sévèrement sa *Conclusion* politique. Ma tâche serait beaucoup plus facile et plus douce si j'entreprenais de juger ses
Lettres. Elles m'ont constamment amusé ; j'ajouterai qu'elles
m'ont presque toujours instruit, et que je ne comprends pas
trop la prévention de ceux qui refusent à M. Victor Hugo le
mérite de l'érudition. Si la science de ce grand poëte est
aussi vulnérable qu'on le prétend, voyons ; voici neuf cents
pages de recherches et d'observations archéologiques, historiques et littéraires. C'est là une belle occasion de percer
d'outre en outre cette science si vide et si peu sûre d'elle-
même. Cependant personne ne l'a sérieusement tenté. Quant
à moi, ce que je reproche à l'auteur des *Lettres sur le Rhin*,
ce n'est pas de manquer d'érudition : c'est d'abuser de celle
qu'il a. On dirait que M. Victor Hugo entreprend l'éducation
encyclopédique de ses lecteurs ; il n'est pas une seule bran-
che des connaissances humaines qui échappe à son infatigable investigation. Il y a dans ce procédé, je le crois, beaucoup de conscience, mais aussi un peu d'étalage. Pourquoi,
par exemple, nous faire l'historique des lieux qu'on n'a pas
vus ? N'est-ce pas assez de peindre, jusqu'au plus menu brin
d'herbe qui pousse entre leurs pierres, les édifices qu'on a
visités ? « J'ai laissé la ville d'Agrippa (Cologne) derrière
moi, et je n'ai vu ni les vieux tableaux de Sainte-Marie au
Capitole, ni la crypte pavée de mosaïque de Saint-Géréon,
ni la crucifixion de Saint-Pierre peinte par Rubens, ni les
ossements des onze mille vierges dans le cloître des Ursuli-
nes, ni le cadavre imputréfiable du martyr Albinus, ni le
sarcophage d'argent de saint Cunibert, ni le tombeau de
Duns Scotus dans l'église des Minorites, ni le sépulcre de
l'impératrice Théophanie, femme d'Othon II, dans l'église de

Saint-Pantaléon, ni le Maternus-Gruft dans l'église de Lisolphe, ni les deux chambres d'or du couvent de Sainte-Ursule..... » J'accepte volontiers ses descriptions quand il y
rattache une date, un souvenir; j'aime les tableaux que sa
main exercée trace d'après nature; mais je ne saurais me
passionner pour les notes qu'il copie dans le *Guide du voyageur*, et je lui fais volontiers grâce de ces frais d'érudition
négative. Quoi qu'il en soit, je tiens l'auteur des *Lettres sur
le Rhin* pour un érudit du premier ordre, et ceux qui les
auront lues sans prévention ne diront pas de M. Victor Hugo,
j'en suis bien sûr, ce que Furetière disait de Perrault : « A
l'érudition près, c'est un bon académicien. »

J'ai dit que les *Lettres sur le Rhin* étaient amusantes. Je
ne veux pas toutefois accorder à ce livre un éloge de si
grande valeur aujourd'hui, sans y mettre d'abord une légère
restriction. M. Victor Hugo abuse de l'architecture comme
il abuse de l'érudition ; et l'architecture, il faut l'avouer,
infusée à trop forte dose dans une œuvre d'imagination, de
fantaisie et de style, est un ingrédient éminemment soporifique. Un jour que Boileau allait toucher sa pension au trésor royal, il remit son ordonnance à un commis qui, y lisant
ces paroles : *La pension que nous avons donnée à Boileau à
cause de la satisfaction que ses ouvrages nous ont causée*, lui
demanda de quelle espèce étaient ses ouvrages. « De maçonnerie, répondit Boileau, je suis architecte ! » Je suis
obligé de dire que si M. Victor Hugo faisait aujourd'hui une
pareille réponse à quelqu'un qui n'aurait lu que certaines
pages de son dernier ouvrage, il risquerait fort d'être pris
au mot. C'est de l'architecture toute crue, et quand M. Victor Hugo veut être maçon, il est bien peu poëte. « Un antiquaire, dit-il quelque part, qui fait le portrait de sa ruine,
comme un amant qui fait le portrait de sa maîtresse, se
charme lui-même et risque d'ennuyer les autres. » Puisque
M. Victor Hugo s'accuse de si bonne grâce, je veux bien pas-

ser condamnation sur son défaut ; mais je l'avertis, quelque talent qu'il déploie dans ses descriptions, quelque industrie qu'il mette à enchâsser dans l'or de ses périodes étincelantes l'obscure technologie du sujet, quelque violence qu'il fasse subir à la langue poétique pour qu'elle adopte ce fastidieux jargon d'école ; je l'avertis que toute cette peine est perdue pour sa gloire, et que ni les architectes ne lui sauront gré de noyer leur science respectable dans les poétiques eaux de l'Hippocrène, ni les poëtes de mêler une toise d'arpenteur aux divins instruments de la poésie !

Si M. Victor Hugo abuse de l'architecture, s'il exagère l'érudition, s'il poétise la politique, s'il met le désordre dans la géographie, que reste-t-il donc de son œuvre? Il reste le génie d'un grand écrivain qui anime l'œuvre tout entière, génie excentrique, anormal, incomplet, violent, indocile, quelquefois bizarre jusqu'à la puérilité, ou téméraire jusqu'à l'absurde ; j'accorde tout cela, pourvu qu'on reconnaisse que, malgré ces défauts, cet esprit est doué d'une grande puissance. On accuse justement M. Victor Hugo d'avoir voulu révolutionner la langue française, en essayant de lui imposer sa poétique étrange, son matérialisme audacieux, l'exagération de sa couleur, l'ordonnance pompeuse de sa période géométrique. Je ne sais ; mais si M. Victor Hugo a osé cela contre la langue de Racine et de Voltaire, c'est un fier lutteur, et s'il y réussit, c'est un grand maître. Je crois, quant à moi, que la langue française est de tempérament à résister. Je me confie dans sa force et dans sa vertu. J'espère qu'elle survivra aux épreuves qu'elle subit et à la corruption qui la gagne sur tous les points. Mais l'homme qui fait courir ce péril à sa langue nationale n'est pas un écrivain sans puissance. Nie-t-on le soleil parce qu'il produit la sécheresse? Faut-il nier le génie parce qu'il est le précurseur ou l'agent d'une décadence ?

Les *Lettres sur le Rhin* ont tous les mérites et tous les défauts de la manière de M. Victor Hugo, exagérés peut-être par je ne sais quelle allure plus délibérée et plus rapide qui est comme le cachet de ce nouveau livre. M. Victor Hugo écrit *à un ami*. Il est fort en déshabillé ; et bien que son style, même familier, ressemble beaucoup à celui de Balzac, dont on disait, au dix-septième siècle, « qu'il mettait des diamants sur sa robe de chambre, » on voit que dans ses lettres datées du Rhin M. Victor Hugo ne se gêne guère avec son correspondant anonyme. De là un singulier mouvement, une verve brillante, un entraînement de style remarquable dans la description des objets sérieux ; de là aussi la puérilité souvent fâcheuse de certains détails. Il y a de tout dans les *Lettres sur le Rhin* ; c'est la causerie d'un érudit spirituel, à qui seulement on voudrait plus de mesure dans l'esprit et plus de tempérance dans la parole. Du reste, c'est la plus incroyable et en même temps la plus amusante macédoine d'idées, de sentences, de digressions philosophiques, de récits pittoresques, d'incidents, de surprises, de réflexions sérieuses ou burlesques, de tableaux pompeux et de pochades enluminées ; le plus singulier mélange de noblesse et de trivialité, de sourires et de grimaces, de frivolité et de science qui se puisse imaginer :

Quidquid agunt homines, nostri est farrago libelli.

Êtes-vous peintre, graveur, statuaire, architecte ? entrez. M. Victor Hugo vous ouvre une immense galerie de portraits historiques, vous fait marcher entre deux rangées de statues, dresse sous vos yeux les vieilles cathédrales, reconstruit les palais gothiques. Êtes-vous botaniste ? M. Victor Hugo a rédigé pour vous la *Flore* du Rhin. Êtes-vous poëte ? il vous inonde de poésie ; amoureux ? il vous mène aux ruines de Falkenburg ; homme d'État ? il discute avec vous l'œuvre des congrès ; soldat ? il vous conduit au tombeau du général Hoche ; homme de loi, antiquaire, bibliophile ? il vous plonge dans les archives de la jurisprudence féodale ; il se

couche avec vous sur de vieilles inscriptions indéchiffrables ;
il entasse sous vos yeux chartes, missels, manuscrits. Amateur du merveilleux? il vous fait entrer dans la *Maüsethurm*
ou vous raconte la légende d'Aix-la-Chapelle. Aimez-vous à
rire? lisez les aventures du beau Pécopin. Enfin, recher-
chez-vous le calembour? M. Victor Hugo ne vous a pas oublié. « Il en a mis partout. »

Pour moi, je l'avoue, les facéties des hommes graves ne
m'amusent guère. N'en déplaise à Horace, je n'aurais pas
voulu voir l'ivresse de Caton l'Ancien. Je me défie de la
gaieté des esprits sérieux. Je n'aime pas une grimace sur
une bouche habituée à sourire aux caresses de la muse. Je
ne veux pas voir un éclair de joie bouffonne sur un front
creusé par la réflexion.

> Chacun, pris dans son air, est agréable en soi.

J'aime le roi sur son trône, le poëte sur son trépied, et
Tabarin sur ses tréteaux.

Je sais bien que M. Hugo me dira, pour excuser les excen-
tricités beaucoup trop nombreuses dont il a semé son livre,
qu'il est l'auteur d'un traité d'alliance entre le *sublime* et le
grotesque, très-spirituellement minuté dans sa préface de
Cromwell. Mais je répondrai à M. Hugo que ce traité, signé
par lui tout seul, n'a pas été ratifié par le goût public, et
que cette formalité est indispensable pour qu'il fasse loi.
Cela dit, je crois, et je l'ai prouvé, qu'il y a des querelles
plus sérieuses à faire à l'auteur des *Lettres sur le Rhin* que
de ramasser ces épluchures de sa table splendide, et je suis
bien plutôt tenté de le remercier, pour ma part, du somptueux festin qu'il nous a servi. Il y a là des mets d'un très-
grand choix et d'un très-haut goût qui me font oublier la
fadeur ou la grossièreté de beaucoup d'autres.

M. Victor Hugo se sert d'une comparaison plus modeste
et plus juste pour expliquer comment il est entré tant d'al-

liage dans l'œuvre qu'il vient de livrer au public. C'est par cette citation que je finirai, car elle contient le type et peut-être l'excuse des défauts du livre : « Le voyageur a marché toute la journée, ramassant, recevant ou récoltant des idées, des sensations, des souvenirs… Le soir venu, il entre dans une auberge ; et pendant que le souper s'apprête, il demande une plume, de l'encre, du papier ; il s'accoude à l'angle d'une table et il écrit. Chacune de ses *Lettres* est le sac où il vide la recette que son esprit a faite dans la journée ; et dans ce sac, il n'en disconvient pas, *il y a souvent plus de gros sous que de louis d'or.* »

Je n'ajouterai qu'un mot à cette confession du grand poëte. Je suis partisan de la refonte des monnaies…

V

LA COMTESSE AGÉNOR DE GASPARIN

(VOYAGE EN GRÈCE)

Février 1850.

Je vais étudier aujourd'hui, dans le *Journal*[1] de madame Agénor de Gasparin, le volume qui se rapporte à son voyage en Grèce, et dans ce volume ce qui se rapporte particulièrement à ses impressions et à sa personne. Voici pourquoi :

Madame de Gasparin appartient à l'école des voyageurs qui ne voyagent pas, même en faisant deux mille lieues. « Ce qui fait le charme du voyage, dit-elle quelque part, c'est de ne pas bouger. » — « Je commence à croire, dit-elle ailleurs, que ce qui me plaît dans les voyages, c'est de ne pas voyager. » Alors pourquoi partir ?

Madame de Gasparin est, dans une certaine mesure, de l'école de Sterne et de Xavier de Maistre. Son esprit voyage plus que son corps. Elle est allée en Grèce. Elle aurait pu se borner à un *voyage autour de sa chambre.* « Femme raisonnable et mille fois sage ! » s'écrie-t-elle en voyant à Kalavrita

---

[1] *Journal d'un voyage au Levant.* Paris, 1850.

une bonne ménagère qui donne à manger à ses poules. —
« Ah ! folle, folle du logis, ne pouviez-vous donc vous contenter de lire l'*Univers pittoresque?* » dit-elle ailleurs. C'est
donc au coin de son feu que madame de Gasparin aurait dû
chercher le Péloponèse, et elle l'aurait trouvé. En allant le
chercher si loin et au prix de tant de fatigues, elle risquait
de le manquer.

Quoi qu'il en soit, elle est allée en Grèce, mais non pas
pour y chercher des occasions profanes d'étudier cette terre
classique des beaux-arts, des belles-lettres et des beaux
hommes. Vous ne trouverez, dans son livre, rien qui ressemble aux joies habituelles et aux extases convenues des
touristes de profession. Pour madame de Gasparin, puritaine
de Genève, la Grèce est un champ clos de controverse religieuse, le Parnasse un calvaire, la fontaine de Castalie un
calice d'amertume. Son voyage, écrit au jour le jour, est,
malgré tout, un livre amusant, moral et spirituel, plein d'enseignements de tout genre, avec des perspectives infinies sur
le cœur humain, à défaut d'autres ; un véritable voyage dans
l'intérieur d'une âme chrétienne dévorée du besoin de se
répandre.

Je l'avoue, ce que j'aime des voyages, quand le voyageur
a de l'esprit, du cœur, de l'imagination, un parti pris, quand
il y met franchement son originalité, ses préjugés et ses travers, ce que j'aime des voyages, c'est le voyageur. Ce qui me
plaît sous la plume très-personnelle de madame de Gasparin, c'est le récit de ses impressions ; c'est tout ce qui me la
fait voir dans cette rencontre toujours curieuse, souvent pa-
thétique, quelquefois burlesque de l'homme avec l'imprévu,
dans cette lutte de l'esprit ou du caractère avec les contra-
riétés ou les surprises d'une vie lointaine. Madame de Gasparin a beau répéter sous toutes les formes qu'elle est partie à
son corps défendant, se lamenter sur tous les tons, déclarer
son voyage *injustifiable,* n'importe ; son voyage n'est pas

curieux par ce qu'elle y recueille du dehors, mais par ce qu'elle y met d'elle-même. C'est à ce point de vue que je veux un moment l'étudier. C'est cette nature originale et vive, aux prises avec des ennuis de toute sorte, petites misères ou sérieux mécomptes ; c'est tout ce relief jeté sur un portrait de femme par cette radieuse lumière qui ne semble briller au ciel d'Athènes, de Jérusalem ou de Memphis, que pour éclairer ses vertus et ses défauts, c'est tout cela qui est pour moi l'intérêt de ce livre. Une autre fois donc nous vous parlerons, à propos de la Grèce, de Phidias et de Thémistocle. Occupons-nous aujourd'hui, et nous ne le regretterons pas, de madame Agénor de Gasparin.

Il y a des voyageurs qui ont découvert des continents ; d'autres se sont contentés de planter, sur des îles désertes, le pavillon de leur navire ; quelques-uns s'en vont en quête de consciences égarées dans l'hérésie. Les plus nombreux sont ceux qui voyagent aujourd'hui, la Bible à la main, pour le compte de l'hérésie elle-même.

Madame de Gasparin est un de ces voyageurs qui parcourent le monde, la poche bourrée de livres saints, flairant des conversions, guettant des âmes, semant les amorces et les embûches pieuses, insinuants ou rigides, suivant le vent qui souffle sur cette moisson sacrée qu'ils convoitent.

« . . . . . J'ai eu, dit-elle, un moment de lâcheté à Bérisaal (Simplon). Deux vieux curés étaient allés vers la porte de l'auberge. Au moment de remonter en voiture, ma conscience me dit de donner un Nouveau Testament à la jeune fille qui vient de nous servir. Je ne me sens pas le courage de lui demander devant les deux curés si elle sait lire ; j'attends qu'elle sorte dans la rue pour lui adresser clandestinement ma question... Et pourtant aucun des deux curés n'avait l'air formidable : l'un fumait tranquillement sa pipe, l'autre semblait sortir d'un sommeil de mille ans. Ils seraient des puits de science, d'ailleurs, que cela ne fait rien à l'affaire. Si l'Évangile est la *puissance de Dieu en salut à tout croyant*, de quoi ai-je peur?

De quoi ai-je peur? Et, en effet, une sorte d'intrépidité

puritaine et de sainte effronterie, tel est le caractère de cette propagande biblique qui embrasse le monde entier. Je n'ai pas besoin d'ajouter qu'il s'y mêle, quand c'est une femme d'esprit qui la pratique, beaucoup de finesse et de malice. Madame de Gasparin est à l'affût de toutes les bonnes occasions; elle n'en manque pas une. « *Si nous lui donnions un traité...* » dit-elle à chaque rencontre. Sur le siége de la diligence qui la mène à Venise, elle glisse une Bible dans la main du conducteur qui fume tranquillement son cigare, sans songer à mal. Sur le paquebot de Trieste à Patras, elle donne un livre pieux à une pauvre femme qui aimerait peut-être mieux guérir du mal de mer. A Sparte : « Nous laissons, dit-elle, notre hôte et sa famille munis du Nouveau Testament. » A Meligala, un papas à barbe vénérable vient lui demander l'aumône : « Nous profitons de l'occasion, écrit-elle, pour lui donner une Bible. » Ce n'est pas non plus sans leur laisser une bonne provision de livres pieux que madame de Gasparin prend congé des moines de Mégaspilion, francs viveurs, et bien assurés de leur salut, s'il ne s'agit, pour gagner le ciel, que de boire sec, de ne rien faire entre les repas, et de compter les étoiles, comme dit Sancho Pança.

Mais madame de Gasparin a beau faire, la Grèce résiste. Les papas continuent de prier Dieu à leur manière. Madame de Gasparin trouve en Grèce une résistance qu'elle caractérise très-judicieusement elle-même, malgré l'insuccès de sa croisade biblique, quand elle dit que « la religion grecque a conservé au pays une individualité puissante et vivace jusque dans l'esclavage. » L'individualité qui a résisté au despotisme des Turcs n'a pas moins de force contre la propagande du méthodisme que contre celle du sabre. Le spirituel écrivain se moque très-agréablement de la religion grecque. Il oublie trop que cette religion a eu ses confesseurs, ses héros et ses martyrs; qu'elle a gagné des batailles, soutenu des siéges, béni des drapeaux déchirés et vainqueurs, consolé de glorieux proscrits. Madame de Gasparin croit que sa propagande est venue échouer contre l'engourdissement des croyances grecques. Erreur! sa propagande a échoué contre les souvenirs de cette noble nation. La religion du peuple grec, c'est son histoire.

Quoi qu'il en soit, madame de Gasparin n'a pas réussi ; elle n'a pas converti la Grèce. Elle écrit : « Il nous reste de notre voyage en Grèce l'impression d'un travail qui n'est pas tout à fait en proportion avec le résultat. » Faut-il chercher la motif de ses jugements et le secret de ses impressions dans ce mécompte si évident et dans cette amère douleur de son prosélytisme impuissant? Je ne pousserai pas jusque-là l'indiscrétion. C'est bien assez que madame de Gasparin me permette, son *Journal* à la main, de dire humblement ce qu'elle est, de raconter ce qu'elle a fait. « J'ai succombé sans le vouloir, dit-elle, à la tentation de parler de moi, et, sans le vouloir encore, à la tentation de me peindre en beau. » Nous verrons bien.

Madame de Gasparin, je n'ai pas besoin de le dire, a toute la douceur que communique au caractère une éducation exquise, une charité admirable, une surveillance assidue sur les écarts d'une vivacité expansive jusqu'à être fantasque. Pour le prouver, il me suffirait de citer le passage suivant de son livre. Je ne sais rien de plus noblement pensé et de plus touchant :

« Il existe, dit-elle, deux systèmes à l'usage des voyageurs. L'un, assez généralement adopté, c'est le système de défiance, presque d'inimitié universelle... On traite d'ennemi à ennemi, on se maintient étranger, solitaire; on n'excite jamais la sympathie de personne... et l'on revient bien fier d'avoir rudement mené guides, postillons, mendiants; bien fier d'avoir épargné quelques centaines de francs sur un voyage qui en coûte vingt ou trente mille. L'autre système, celui qui n'a pas la vogue, est un système de simplicité, de bonhomie, de doux abandon. On n'est voyageur que le moins possible : avant tout on reste homme. Dans le postillon, dans le guide, dans le mendiant, on voit un semblable, quelqu'un qui a une âme et qui a un cœur. On cherche à rendre les rapports affectueux... On est quelquefois attrapé...; encore ne sais-je pas bien. En revanche, on rencontre de bons amis qu'une parole, qu'un regard, font naître ; on sent vraiment que les hommes sont frères... Cela vaut bien quelques pièces de cent sous ! »

Oui, nobles et honnêtes paroles, et vraiment chrétiennes, qu'il faudrait graver sur l'enseigne de toutes les auberges, sur le poteau de toutes les routes, sur le bordage de tous les navires. Mais ces paroles, on les avait dans le cœur ; la plume les écrit, et un matin on les oublie. Madame de Gasparin traite en général la nation grecque de Turc à Maure. Elle n'a pas seulement contre son caractère et ses usages le préjugé de la plupart des voyageurs, et surtout des voyageurs français contre les étrangers ; elle y met une sorte de passion, dirai-je de rancune ? En Grèce (j'excepte de délicieuses pages sur l'hospitalière maison de M. Piscatory, à Patissia), en Grèce, elle fait le procès à toute chose : à la nature, à l'art, à l'antiquité, aux hommes et aux femmes ; elle le fait aux bêtes. Elle est souvent vraie, elle est toujours sincère ; mais elle prend le vrai par le petit côté, pour ainsi dire ; elle a une sincérité exclusive et provocante. Ainsi, suivant elle, la nature, en Grèce, déploie *une magnificence inexorable.* L'œil est émerveillé, jamais charmé. Ni l'âme ni le cœur ne jouent un grand rôle dans la statuaire grecque. L'art grec *n'exprime que la sérénité d'un esprit juste.* Platon n'est que le précurseur de Fourier et de Cabet ; il n'a ni vérité ni bon sens. La mort de Socrate, *hideuse comédie, jouée sur un tombeau !* Sparte, une manufacture d'âmes en gros ! Les dieux de l'*Iliade, quels sacripans !* Cette montagne aride qui plie sous un manteau de brouillards, c'est le Parnasse. Apollon l'habite *en robe de chambre bien fourrée.* Ce champ de maïs, c'est l'emplacement des jeux olympiques ! La plaine de Platée, *on dirait les champs de la Bourgogne entre Villeneuve-les-Convers et Chanceaux !*..... A Thèbes, point de vitres, des trous au mur, masures après masures, *et des cochons partout*[1]....... O Épaminondas!

Ce n'est pas tout. La nature est monotone, l'art est stérile, le passé est vicieux et faux, les ruines sont prosaïques. Telle est la sentence que le froid puritanisme de madame de Gasparin oppose à l'admiration du monde, et elle s'en accuse elle-même beaucoup plus sévèrement que je ne le voudrais faire : « Hélas! je sens bien, dit-elle avec une humilité qui est bien souvent, dans ce curieux livre, le contre-poids d'un orgueil immense; hélas! je sens bien que je porte mon atmosphère avec moi, et ma coquille encore, *en véritable escargot*. Et, pour se mesurer avec les beautés de la Grèce, pour planer haut dans ce ciel brillant, pour nager dans cette lumière, il faut les grandes ailes de l'aigle, il faut son ardente prunelle..... » Laissons donc le ciel! Touchons terre, revenons au présent. Oh! le présent de la Grèce, une phrase de madame de Gasparin le dépeint d'un mot : « Les femmes grecques ne se lavent pas, ni elles ni personne. Quel bien feraient en Grèce des époux chrétiens qui s'en iraient de village en village, le mari enseignant à lire et à écrire, la femme à coudre, à laver, *à se laver soi et les siens*, à élever ses enfants, à balayer sa maison, à tenir en ordre hardes et provisions!... » Certes, cette propagande de la lessive, de l'aiguille et du balai en vaudrait bien une autre, et elle réussirait mieux. Mais passons. Les femmes grecques sont sales, les hommes sont voleurs. Restent les bêtes. Les insectes sont, comme partout, désespérants; les cochons règnent en despotes dans la fange des villages; les chiens sont terribles. Approchez-vous d'un village, ils s'élancent par troupes, les yeux enflammés, la gueule grande ouverte, hurlant à glacer le sang dans les veines. Les mulets sont des machines à torturer. Quant aux chevaux, défiez-vous de *Porteur-de-malice*, qui est la mon-

---

[1] *Voir* pag. 96, 101, 109, 200, 234, 236, 284 et *passim*.

ture de madame de Gasparin. « *Porteur-de-malice* a le pas
allongé, il galope à merveille, il est fougueux, il obéit à
la voix et à la bride lorsqu'il est calme. Dès qu'il se
lance, c'est fini ; il n'y a plus qu'à bien se tenir. » *Cochon-
de-lait* (c'est le cheval de M. de Gasparin) est un joli cheval
chocolat « qui n'a pas d'amour-propre, qui se laisse volontiers distancer par tout le monde, qui va son train, perdant
son rang, trottant pour le rattraper. L'univers croulerait
qu'il n'y changerait rien. » *Cochon-de-lait* est philosophe,
ajoute madame de Gasparin. C'est Platon qui ne l'est pas !

J'abrége cette rapide revue, car il me faut compléter par
d'autres détails cette vive, inconséquente et spirituelle physionomie dont j'essaye de recueillir les principaux traits
épars dans une immense et confuse esquisse. Je dessine en
courant, comme madame de Gasparin a raconté.

J'ignore, je le dis sérieusement, s'il est au ciel des places
réservées pour les saints de la Société biblique ; mais, si j'en
crois le journal de madame de Gasparin, Dieu la traite en
sainte. Madame de Gasparin ne fait pas une étape, ne traverse pas une rivière, n'entre pas dans une auberge, ne se
mouche pas, sans invoquer Dieu ; elle ne franchit pas un
ravin, n'évite pas une averse, sans le remercier ; et de son
côté Dieu semble aux ordres de madame de Gasparin. On
dirait vraiment qu'il est du voyage. « Voilà donc, dit-elle,
une journée de huit heures et demie dans les chemins roides
et dans les broussailles, c'est vrai, mais remplie, quoi qu'il
en soit, des bénédictions du Seigneur. Le soleil a brillé
constamment ; *qu'auraient été ces sentiers par la pluie ? Dieu
nous a gardés !...* » Vous voyez qu'il ne s'agit pas là d'un
grand danger couru ; seulement madame de Gasparin n'a
pas eu à déployer son parapluie. Dieu est si bon !

Je ne cherche pas à tourner en ridicule, j'admire au contraire cette confiance dans la protection divine, cette habitude des *gâteries* du ciel qui fait dire à madame de Gaspa-

rin : « Demain nous passons la montagne de Mégaspilion ; *l'Éternel y pourvoira!* Nous devons traverser de nuit le golfe de Lépante ; *l'Éternel y pourvoira!...* » En effet, c'est son affaire. Que ferait Dieu s'il ne veillait pas sur madame de Gasparin? Mais à cette protection particulière de l'Éternel je reconnais une de ses servantes préférées, et cela me rend exigeant, peut-être jaloux. Cela du moins justifie l'humble et respectueuse enquête de ma critique.

Madame de Gasparin demande sans cesse à Dieu « d'apaiser sa grande mer. » Pourquoi ne lui demande-t-elle jamais de calmer son cœur, de modérer son impatience, de tempérer la fougue de son esprit? Pour ma part, je ne regrette pas que l'auteur d'*un Voyage au Levant* ait conservé bon nombre de ces défauts qu'entretient la monotonie du foyer domestique, et j'aime à lui voir commettre quelques-uns de ces péchés véniels que rachètent si facilement les épreuves d'une longue route. Ces défauts sont la vie du livre, ces péchés innocents en sont le relief et le ragoût, sans compter que la confession publique qu'en fait très-spirituellement la pénitente en est l'infaillible expiation. Je les mentionne toutefois comme appartenant au portrait que j'essaye de retracer.

Madame de Gasparin est vive jusqu'à l'emportement, elle est impatiente jusqu'à la colère. Est-ce donc-là l'inévitable écueil de la sainteté? Un grand poëte, qui était à moitié Grec, pose cette question au début de l'*Enéide*. Ce n'est pas à si profane que moi d'y répondre. Quoi qu'il en soit, l'auteur d'*un Voyage au Levant* n'épargne aucune de ces vivacités à ces pauvres Grecs, dont le crime, malgré leur schisme, est d'être un peu plus près du pape que de Calvin. Elle n'épargne à personne, ni à son mari, ni à son guide, ni à son cheval, ni à son chameau quand elle est en Égypte, elle n'épargne pas même à Dieu les impatiences de sa verve caustique et de son humeur irritable.

« Je me suis impatientée contre tout le monde, écrit-elle de Dragogé : contre François (nous ferons sa connaissance tout à l'heure), parce qu'au lieu de nous faire coucher à Pawlitza, il a fait filer les bagages sur Dragogé, par de bonnes raisons sans doute, mais par des raisons que nous ne savions point... *je les aurais sues d'ailleurs qu'elles m'auraient paru detestables;* — contre mon cheval, parce qu'au lieu d'avancer il broutait partout et de préférence dans les mauvais pas; — contre mon mari, oh! méchanceté du cœur féminin! parce que la journée ne lui paraissait ni si longue ni si fatigante qu'à moi...

« Je voudrais bien, dit-elle ailleurs, qu'on menât vendre, la corde au cou, quiconque ose essayer l'apologie de l'esclavage. »

Un autre jour, sur le bateau qui la conduit de Syra à Alexandrie, elle éprouve une violente atteinte du mal de mer. Cette fois, c'est Dieu lui-même qu'elle prend à partie. « Je prie... Pourquoi Dieu n'exauce-t-il pas *à l'instant* ma prière? Il n'aurait qu'un mot à dire, et les flots s'abattraient. *Pourquoi ne le dit-il pas?...* Chose horrible que cette révolte foncière! »

Chose horrible! non, mais chose plaisante, trait de physionomie caractéristique, étrange faiblesse du cœur humain devant la douleur, puisque, même la douleur passée, la rancune survit. Le livre de madame de Gasparin est rempli de ces confidences. Je ne les relève pas pour m'en prévaloir contre son orgueil de sainte, mais pour en composer le triomphe et la couronne de sa pénitence. « Oh! l'homme! méchante bête! dit-elle à Ouadi-Ouardan, le 17 mars 1848, en apprenant, il est vrai, que la République a été proclamée à Paris; — l'homme, la plus méchante de toutes les bêtes! Je ne regarde jamais dans mon propre cœur sans que cela me saute aux yeux. »

Je n'ai pas besoin de dire qu'avec de pareilles dispositions madame de Gasparin est implacable envers ces pauvres habitants des couvents grecs, qu'elle appelle, et elle n'a peut-être pas tort, « des monuments vivants d'une fausse spiritualité, le mensonge d'une vie sans but. » Ce n'est pas l'avis du père Hyacinthe, qui, à cette objection d'une vie sans but, vous répond en vous montrant, dévotement rangées dans sa cave, ses quarante-huit mille bouteilles de vin vieux... Les scènes du couvent de Mégaspilion, racontées par madame de Gasparin, sont d'une raillerie désopilante. Je suis fâché seulement qu'après avoir mangé le dîner des moines, depuis la soupe jusqu'au fromage, et couché délicatement sous leur toit, madame de Gasparin les accuse de l'avoir volée...

Pour ce voyage dans le Péloponèse, dont la visite à Mégaspilion n'est qu'un épisode pieusement bouffon, madame de Gasparin a fait choix d'une espèce de bravo dont il faut que je donne ici une idée, car il joue un grand rôle dans ce récit, et il est un accessoire indispensable au portrait de l'auteur. Ce bravo est le ministre responsable de ce petit gouvernement nomade, composé de douze personnes, tant maîtres que domestiques, sans compter les bêtes, dont madame Agénor de Gasparin est le chef respecté. François Vitalis est un drogman de Patras qui parle le français à peu près comme nous parlons le grec, quand nous le savons. C'est un homme mûr, bien découplé, d'une gravité imperturbable, d'une coquetterie de costumes presque féminine, mélange de bonté et de sauvagerie, de rudesse et de respect, fanfaron et prudent, songeur et bouffon, au demeurant cavalier intrépide, serviteur dévoué, voyageur courageux, pourvoyeur infatigable et sans scrupule, qui fait le logement, qui fait le menu, qui chasse les gens de leur gîte, qui allume le feu avec les poutres de la maison, qui joue volontiers une farce, qui lit la Bible pour faire plaisir à ses maîtres, et ne manque pas une prière du soir; un de ces Grecs enfin qui, suivant l'expression de Juvénal (la race n'a pas changé), pour gagner leur vie, iraient dans la lune :

Græculus esuriens in cœlum, jusseris, ibit!

François porte, suspendu à son écharpe de soie, avec sa

bourse, son portefeuille, son mouchoir, son papier à cigares et sa blague à tabac, un coutelas à gaîne verte et à manche d'ivoire, qui joue dans ce voyage un plus grand rôle que François lui-même, s'il est possible ; « car, écrit madame de Gasparin, avec son coutelas à gaîne verte, François, sans jambes, sans bras et sans tête, serait encore François.' François, sans son grand couteau, ne serait plus que l'ombre de lui-même. Ce couteau sert à tout. Quoi qu'il y ait à faire, quelque résolution qu'il ait à prendre, François tire son grand couteau, instinctivement, comme il respire... »

Exemple : Vous avez une discussion avec François. François saute à bas de sa mule, tire à moitié son couteau : « Il faut, s'il vous plaît, vous dit-il, *que nous nous coupions un peu...* » Naturellement vous cédez.

Vous avez loué à madame de Gasparin un cheval à qui une selle de femme est insupportable et qui refuse de marcher. François saute à bas de sa mule, tire son coutelas, et pense un moment à vous couper le nez. « Mais ce nez-là n'en vaut pas la peine, » écrit charitablement madame de Gasparin ; et, réflexion faite, on vous le laisse.

Vous parlez à François des femmes qui n'ont pas d'enfants : « Si ma femme *il* ne m'avait pas donné d'enfants, vous dit-il, après deux ans de mariage, *j'aurais lui coupé la tête...* »

J'aurais lui coupé le nez ! j'aurais lui coupé la tête ! figure de chèvre ! grand vaurien ! bête comme trente-six mille bé-casses ! la langue et la diplomatie françaises ne fournissent guère d'autres ressources à François Vitalis ; mais avec son grand couteau c'est bien suffisant. Avec son couteau, François règne en despote sur la caravane ; il est la terreur du cuisinier et le bourreau des agoyates (muletiers). « Hier au soir, écrit l'auteur (c'était à Argos), François a fait pendant une demi-heure tenir l'un d'eux immobile, une bougie dans les doigts en guise de candélabre. L'agoyate restait, la cire fondait, la flamme descendait, la main allait brûler, *et l'agoyate ne bougeait pas, plus semblable à une cariatide qu'à un être vivant...* »

Tel est François. Ne jugez pas de la maîtresse par le valet. Ne me demandez pas comment ce grand pourfendeur de nez grecs est le ministre préféré d'une femme spirituelle, charitable, dévote, humaine, je le reconnais, autant que personne au monde. Ne me le demandez pas. Qui sait pourtant? François! ne serait-ce pas le vengeur de la Bible, le ministre des rancunes de la propagande?

Madame de Gasparin traite durement la Grèce, mais la Grèce se venge. Sa course dans le Péloponèse est le résumé de toutes les petites misères qui peuvent accabler un voyageur. Madame de Gasparin les raconte fort gaiement, avec une verve de style fort amusante. Son seul tort est de les grossir démesurément devant Dieu. Devant Dieu, ou je me trompe fort, le voyage de madame de Gasparin dans le Péloponèse ne lui comptera pas plus qu'un voyage à Saint-Cloud, et ce n'est pas par ce chemin-là qu'elle ira au ciel. Elle a souffert, oui, certes, souffert du froid et de la pluie, couché sur la dure, mangé des queues de poireau, du pain terreux et du vieux fromage. *Porteur-de-malice* l'a fort secouée. François lui a infligé de rudes étapes. A Corfou, on l'a prise pour une comédienne, et son mari (un homme d'un esprit distingué et d'un noble cœur) pour une doublure de la troupe. Mistra, les enfants se sont écartés d'eux avec terreur, les prenant pour ces *néréides* qui jouent, dans l'éducation de l'enfance, le rôle de Croque-Mitaine. Ils ont souffert de l'indiscrète curiosité des Grecs, de leur saleté antédiluvienne, de leurs gîtes sans portes ni fenêtres, de leurs cheminées abominables; ils ont couché dans d'affreux bouges, pêle-mêle avec des pêcheurs de sangsues : « Faces de brigands, teints cuivrés, yeux farouches, physionomies barbares : on gesticule, on parle des langues bizarres, on rit d'un rire sauvage, les gourdes circulent, les chants deviennent ultra-bachiques... Si je n'étais pas si fatiguée, j'aurais peur... » Enfin, aucune épreuve de petite et prosaïque misère n'a manqué à madame de Gasparin dans ce voyage à travers la contrée la plus poétiquement classique du monde ancien ; les Anglais surtout... Ah! les Anglais! Je crois que madame de Gasparin aime encore mieux les Grecs. Nulle part son intolérance n'éclate avec plus de vivacité que contre ces impassibles voyageurs que répand dans le monde entier la protestante et aristocratique Angleterre.

« Pour ma part, dit-elle, je me sens le prochain de tout le monde, excepté des Anglais... C'est qu'à vrai dire ceux-là ne sont le prochain de personne. Il n'y a qu'un Anglais qui laisse son grand corps étendu sur le sofa quand une femme entre dans un salon; il n'y a qu'un Anglais qui garde son chapeau sur la tête en la coudoyant; il n'y a qu'un Anglais, etc., etc. Avec les Anglais il faut être plus qu'indifférent, il faut retenir tout mouvement spontané qui trahirait la plus banale bienveillance... »

Madame de Gasparin raconte très-plaisamment ailleurs l'aventure d'un Anglais *qui veut aller d'Argos à Tripolizza en voiture.* Avec un peu d'argent, on rendrait ce chemin carrossable. Il est indiqué comme tel dans le *Guide*

L'Anglais fait venir son drogman :

« Démain, jé voulé allé à Tripolizza en *voatûre.*
— Milord, ce n'est pas possible.
— Comment, il n'été pas possible?
— Non, milord; il n'y a pas de route pour les voitures.
— Il y avé iune!
— Je demande pardon à milord; il n'en existe point.
— Jé vos dis qué il y avé, et qué j' volé allé, moa, démain, à Tripolizza en *voatûre.*
— Milord, il n'y a pas moyen »
Milord saute sur son volume, l'ouvre à la page menteuse, la met sous les yeux de son drogman, et, confondant le traître :
« Il été là, dans la *Guide*, voaiez !
— Alors s'il est là, il n'est pas ailleurs... »

Milord se fâche, le courrier aussi; on va chercher le nomarque (gouverneur de la ville). Le nomarque, tout nomarque qu'il est, ne peut, d'un coup de baguette, faire sortir des rochers une route carrossable; et l'Anglais convaincu, mais indigné, maudit ces Grecs «qui avé iune *constitutione* et qui né avé pas dé routes! »

Telle est, avant de rentrer à Athènes, et pendant que nos voyageurs visitent Mégare, Corinthe, Mycènes, Nauplie, Sparte, Argos,. Tripolizza, la Messénie, l'Achaïe, Delphes, Chéronée, Marathon, le Pentélique, quels noms et quels souvenirs! telle est l'odyssée de petites souffrances qui éprouvent et occupent madame de Gasparin : le froid, la pluie, le trot du cheval, le chant du coq, les femmes indiscrètes, les enfants moqueurs, les Anglais impolis et exigeants... « Ah! maison paternelle, douces lectures à deux, s'écrie-t-elle, promenades au milieu d'une nature enchantée, réunions du soir autour de la table à thé patriarcale, veillées en tête à tête au coin d'un feu petillant, pendant que le vent siffle dehors !... Parents de Suisse et de France, nous vous avons quittés, nous nous sommes exposés à de si cruelles angoisses, pourquoi? pour voir des Grecs en fustanelle rangés sur la côte!... Folie! folie! »

Folie! est-ce donc là le dernier mot de ce voyage? Et ce dernier mot de madame de Gasparin sera-t il aussi le nôtre? A Dieu ne plaise! d'autant que nous ne sommes qu'au tiers de la route qu'elle a suivie, et que nous aurions pu l'accompagner aussi en Égypte et en Syrie. Madame de Gasparin comprend mieux l'Égypte que la Grèce; le Jourdain l'inspire mieux que le Céphise. Aujourd'hui, sans contester le singulier mérite et l'attrait soutenu de ce long récit, j'ai cédé, en parlant de madame Agénor de Gasparin, à cette disposition malicieuse qui nous porte à chercher les petits défauts des gens parfaits, les petites infortunes des gens heureux, les faiblesses des âmes saintes, des taches dans le soleil, des fautes, nous dit Horace, même dans Homère. Ce

qui m'excuse, c'est que je n'ai fait que servir d'interprète à
une confession sincère, pleine de gravité et de grâce, d'entraînement et de finesse, écrite avec verve (on a pu en juger
par les nombreuses citations que j'en ai faites), et destinée
à survivre non-seulement à mes critiques, mais à celles de
François, bien plus sévère que moi-même, si j'en crois madame de Gasparin :

« Monsieur, dira François quand on l'interrogera sur notre voyage en
Grèce, monsieur, c'est un monsieur bon, instruit, qui lisait des livres,
qui connaissait pas mal les antiquités.. On pouvait causer avec lui. Mais,
madame (ici une inflexion de lèvres difficile à rendre), madame, je ne
sais pourquoi *il* voyageait. Quand *il* voyait quelque chose, *il* ne disait
rien que : *Voilà qui est beau !* ou *Ça n'en vaut pas la peine !* Quand madame *il* était arrivée, *il* se mettait tout de suite à lire son livre d'Évangile
ou à écrire. Quand *il* écrivait, moi je ne comprends pas, parce que madame *il* ne savait rien. Jamais *il* n'étudiait un *Guide*. C'est monsieur qui
lui apprenait tout. Et puis, quand la journée *il* était trop longue, madame *il* se fâchait... »

Si François dit vrai, pourquoi donc madame de Gasparin
est-elle allée en Grèce?... à moins que ce ne soit pour manger des raisins de Corinthe?

VI

Mr XAVIER MARMIER

(VOYAGE EN AMÉRIQUE)

Avril 1851.

Je prends, parmi tous ces curieux voyages que M. Xavier Marmier vient de faire à travers l'Amérique du Nord et celle du Sud [1], le voyage aux États-Unis, par lequel il a débuté ; et dans cette recherche je m'applique surtout à un point, celui qui semble avoir spécialement préoccupé le spirituel et entreprenant voyageur, l'étude de la sociabilité américaine.

M. Marmier est arrivé aux États-Unis en 1848, encore atteint de cette surexcitation nerveuse que les premiers débuts de la République française avait provoquée (c'était son moindre tort) chez les gens de bonne compagnie. Je ne dis rien de ses autres inconvénients, ce n'est pas le lieu ; mais il est certain que la démagogie avait alors celui-là, de déchaîner les mauvaises manières en même temps que les mauvaises passions ; qu'elle mettait le gouvernement dans la rue, la presse sur la borne, l'éloquence dans les clubs ; qu'elle fermait les salons comme elle menaçait de

---

[1] *Lettres sur l'Amérique.* Paris, 1850.

fermer les boutiques. M. Marmier, qui est un homme d'un goût délicat, et qui est tout prêt, si je l'ai bien compris, à sacrifier sa part de souveraineté démocratique pour un peu de loisir élégant, et toutes les constitutions du monde pour ce qui reste de sociabilité française, M. Marmier se sentit pris à ce moment d'un irrésistible besoin de changer de place. Et comme entre la pensée et l'exécution d'un voyage il n'y a jamais loin pour M. Marmier, qui est né voyageur comme d'autres sont nés poëtes, à peine avait-il senti ce désir de quitter la France, qu'il partait pour l'Amérique.

> Mais admire avec moi le sort, dont la poursuite
> Me fait courir alors au piége que j'évite...

M. Marmier, blessé au cœur par la chute du trône, fatigué du désordre et dégoûté de la république, s'en va donner du premier coup dans un pays où la république est à l'état chronique, où elle est dans l'air qu'on respire, dans les habitudes, dans les goûts, dans la passion, dans le sang du peuple depuis deux ou trois générations. M. Marmier a parcouru, je le sais, une notable portion du monde connu, et il a raconté, dans une douzaine de volumes, avec une charmante et sérieuse sincérité, ses impressions de voyageur. Il a tout vu, l'Islande, le Danemark, la Russie, l'Orient et l'Afrique; il a couru de Stockholm à Jérusalem et du Rhin jusqu'au Nil. Il a tout vu... Mais la Chine lui restait. Pourquoi est-il allé en Amérique?

Il y est allé, si j'en crois son livre, d'une humeur trèspeu tolérante, plutôt en misanthrope qu'en touriste, avec un parti pris de maugréer et de pester, comme Alceste au moment de perdre son procès; étrange disposition dans un voyageur, mais qu'explique trop bien cette sorte de découragement plein d'amertume et de dépit qui s'était emparé des âmes après la révolution de Février. M. Marmier s'efforçait d'échapper, par un lointain voyage, au spectacle des souffrances et des humiliations de sa patrie, et il en portait chez l'étranger le ressentiment et l'irritation ; et en même temps son pied n'avait pas plus tôt touché la terre étrangère, que déjà son cœur éprouvait le mal du pays. M. Marmier plaint beaucoup les Américaines, savez-vous pourquoi ? parce qu'elles sont exposées à épouser des Américains. Et savez-vous aussi ce qu'il admire en Amérique ? ce sont les vestiges de l'ancienne France, les traces de sa glorieuse et passagère domination. Le Canada, la Louisiane, Québec, la Nouvelle-Orléans, le Saint-Laurent, les bouches du Mississipi, c'est là qu'il triomphe et que son cœur se dilate. « Je suis ressuscité, s'écrie-t-il à Montréal. Au lieu de ces cohortes de mécaniciens ou de marchands, je rencontre des gens à la figure ouverte qui, apprenant l'arrivée d'un de leurs compatriotes, viennent eux-mêmes au-devant de moi, me cherchent avant que j'aille les chercher, me tendent la main... » Des gens qui vous tendent la main, voilà ce qu'on trouve dans les pays ci-devant français de l'Amérique du Nord. M. Marmier nous dira tout à l'heure ce qu'on rencontre dans l'Amérique anglaise et saxonne. Il le dira avec cette verve de mauvaise humeur, cette causticité nerveuse, cette exagération et cette vivacité de dénigrement particulières à la race française. Mais, en attendant, son cœur est au pays. Ce qu'il y regrette, malgré Février, c'est ce que l'Amérique anglaise ne peut lui donner. Ce qu'il y déteste, c'est le plagiat honteux, imposé à cette noble France, des habitudes grossières que l'Amérique entretient comme un principe de sa constitution et comme un privilége de sa liberté.

Il y a vingt ans, mistress Trollope signalait, dans une piquante relation de son voyage aux États-Unis, l'incroyable insociabilité des mœurs publiques et privées des Américains du Nord. M. Xavier Marmier, en 1848, a été frappé de ce même défaut que près d'un quart de siècle, écoulé dans toutes sortes d'améliorations matérielles, semble plutôt avoir accru que diminué. M. Marmier, en effet, quoique son point de départ comporte moins d'intolérance aristocratique et moins d'aversion nationale, me paraît encore plus sévère dans son jugement sur les États-Unis que ne l'était mistress Trollope. Son antipathie est naturellement plus franche, elle a moins de détours, de finesse et de perfidie féminine ; au fond, elle est plus réelle et paraît mieux justifiée. J'ai dit qu'il avait été frappé de cette insociabilité radicale qui forme le fond du caractère des Anglo-Américains : j'entends par là ces habitudes exclusives, cette insouciance grossière du voisin, cette faculté de s'isoler dans son intérêt, dans sa convenance ou dans sa commodité, cette idolâtrie du sens personnel, cette candeur dans l'égoïsme, cette impertinence dans la vanité, cette avidité dans le gain, cet esprit d'accaparement et d'appropriation qui sont les signes distinctifs de ce triste défaut. L'Amérique, disait un jour le capitaine Hall, c'est l'Angleterre moins la loyauté. — C'est l'Angleterre moins l'élégance, dit mistress Trollope. — C'est l'Angleterre moins l'aristocratie, dirai-je à mon tour. Quoi qu'il en soit, ce défaut est général, et, hormis sur quelques points où la sociabilité française a prévalu, partout ailleurs, dit encore mistress Trollope, « le manque d'intérêt, de chaleur, de sensibilité à l'égard de tout ce qui ne les touche pas immédiatement est universel parmi les Américains. »

On conçoit qu'un pareil travers soit le premier qui saute pour ainsi dire aux yeux de l'étranger qui débarque, curieux de voir, empressé de connaître, avide de former et d'entretenir des relations utiles et agréables. Aussi cette manifestation de l'esprit américain est-elle le premier écueil où va se heurter, en touchant terre, l'esprit ouvert et sympathique de notre aimable compatriote. Son livre, sans parler encore de mérites plus sérieux, est le curieux récit de ces mécomptes foudroyants qui se multiplient sous les pas du voyageur. C'est l'odyssée amusante de tous les désagréments, de toutes les misères, de tous les dégoûts qui l'attendent sur les bateaux, sur les chemins, à table, au salon, le jour et la nuit... Mais laissons-le parler, car rien ne vaut un pareil témoignage. Le voilà sur le bateau qui mène de New-York à Albany. Ce qui le frappe d'abord, c'est l'excessive voracité de ses compagnons de voyage : « Les Américains, dit-il, se précipitent à table comme des animaux affamés... chacun tire à soi tout ce qui se trouve à sa portée, et entasse sur une ou deux assiettes des pyramides monstrueuses de viande, de beurre, de légumes ; puis les voilà travaillant des mains et des dents comme si chaque seconde leur était comptée, suivant d'un œil hagard les plats qui s'éloignent, et les harponnant, dès qu'ils reviennent, pour y puiser une nouvelle provision... » Telle est, j'écarte une infinité de détails d'une nature moins épique, telle est l'attitude d'un Anglo-Américain à chaque repas qu'il fait, et il en fait quatre. Ici je remarque que vingt ans avant le voyage de M. Marmier aux États-Unis, mistress Trollope avait fait absolument les mêmes observations et presque dans les mêmes termes :

« L'absence totale des politesses habituelles de la table, dit-elle, la promptitude vorace avec laquelle les viandes étaient saisies et dévorées, l'étrangeté des phrases, la dureté de la prononciation, l'expectoration continuelle, contre laquelle il était impossible de garantir nos vêtements, la manière effrayante dont les Américains se servent de leur couteau, enfonçant la lame dans leur bouche jusqu'au manche, et celle plus effrayante encore de se nettoyer les dents, après dîner, avec un canif qu'ils portent pour cet usage dans leurs poches ; toutes ces causes réunies nous empêchaient de penser que nous fussions entourées de généraux, de colonels et de majors, et de trouver que les heures de nos repas fussent des moments agréables !... »

Mistress Trollope ne dit rien de cette fureur d'accaparement de la part des convives, de cette sorte d'*embargo* gastronomique qui est, dans le récit de M. Marmier, un des signes les plus caractéristiques de la commensalité américaine ; mais voici ce que je trouve dans le *Voyage au Levant* de madame Agénor de Gasparin, au sujet de cette manie éminemment anglaise ; on pourra trouver dans cet extrait de son curieux livre l'occasion d'un utile rapprochement :

« . . . . . Le bateau anglais est arrivé ; on nous accorde des places sur le bateau du Caire. Le voyage dure trente-six heures. Nous en partageons le plaisir avec cent quatre-vingts enfants d'Albion, débarqués ce matin (à Alexandrie) et rembarqués cette après-midi. On nous assure qu'après une traversée pareille ils sont affligés d'un redoublement de fierté nationale, de *selfishness*. Nous en avons un échantillon à déjeuner. *Une famille* se place à table... La grand'mère, debout, domine le service. Elle s'empare des plats, qu'elle range en rond autour d'elle, avant que personne ait osé y toucher. Elle donne portion double à ses enfants : deux côtelettes, deux beefsteaks, deux poissons... trois quand il en reste. Les voyageurs regardent, bouche béante et yeux effarés ; tout y passe... On se sent menacé dans les sources mêmes de la vie : on se réveille de cette torpeur, on sauve ce qu'on peut de la voracité insulaire, qui un os, qui une arête, qui un morceau de pain. Les Arabes courent autour de la table en criant : *Ou A'llah !* et l'on sort affamé... »

La peinture est vive, mais rien n'y manque. Vous en conclurez peut-être que « la voracité » est un défaut anglais développé par le génie américain. Je ne demande pas mieux. Mais en voici un autre dont il faut bien laisser l'initiative et le privilége à l'Amérique : « A voir ces hommes, écrit M. Marmier, engloutir une cargaison de denrées culinaires en moins de temps qu'il n'en faut à un Espagnol pour prendre une tasse de chocolat, on pourrait croire qu'ils ont hâte de rentrer dans leur comptoir, de reprendre leur registre ou leur carnet. Par malheur, comme au sortir de là je les ai constamment presque tous trouvés le corps penché sur une chaise, *les pieds posés au niveau de leur tête sur le dossier d'une autre chaise*, humant nonchalamment la fumée d'un cigare, ou *mâchant une once de tabac*, j'ai dû en conclure, etc., etc. » — Cette position de l'Anglo-

Américain, le corps penché, les pieds à la hauteur de la tête, me paraît être la posture démocratique par excellence en ce pays, par opposition à l'attitude généralement observée par les sujets des monarchies plus ou moins constitutionnelles de l'ancien monde, et qui consiste à laisser ses pieds par terre quand on est assis en société. Mistress Trollope donne à cet égard des détails qui ne laissent aucun doute sur l'universalité éminemment nationale de cette coutume républicaine. M. Marmier nous a montré les Américains faisant la sieste sur le pont d'un bateau à vapeur, dans un certain négligé relatif. Mistress Trollope nous les montre aux premières loges d'un théâtre, dans une ville de quarante mille âmes. « ..... Des hommes arrivaient aux premières loges sans habits..... plusieurs, les manches de chemise relevées jusqu'à l'épaule ; l'expectoration était continuelle, et l'odeur mêlée des oignons et du whisky faisait payer cher l'envie d'admirer le talent du comédien Drake. Il est impossible de décrire les manières et les attitudes des Américains au spectacle : *les pieds élevés plus haut que la tête*, la partie postérieure montrée entièrement à l'auditoire et le corps couché sur les banquettes... » Voilà pour le théâtre de Cincinnati. Entrons dans celui de Washington : « ..... C'était de tous côtés un crachement continuel... et il n'y avait pas un spectateur sur dix qui fût assis d'une manière convenable : tantôt *c'était des jambes qui s'étendaient sur le devant de la loge*, tantôt c'était un sénateur qui se couchait tout de son long sur un banc..... » Passe encore pour des spectateurs, mais voici des juges : « ... Nous entrâmes dans la salle d'audience au moment où trois magistrats étaient dans leur stalle. *Celui du milieu avait les pieds au niveau de la tête, les jambes appuyées sur la balustrade ; les deux autres dormaient* ou en avaient l'air ; ils étaient couchés dans différentes positions..... » On pense bien que, quand les juges se mettent si fort à leur aise, les

représentants du peuple ne se gênent pas davantage :
« ..... C'était un spectacle repoussant, écrit mistress Trollope, de voir cette belle salle (du Congrès, à Washington),
ornée avec tant de luxe et de magnificence, remplie d'hommes *assis dans les attitudes les plus inconvenantes*, la plupart le chapeau sur la tête, et crachant presque tous d'une
manière que je n'oserais vraiment pas décrire, etc., etc... »

Si l'on voulait compléter ce tableau, il faudrait suivre pas
à pas le voyage de M. Xavier Marmier, l'accompagner sur
le chemin de fer qui le mène à Troy, et sur lequel il remarque des gens bien vêtus, ses voisins, « qui ignorent
complétement l'usage du mouchoir de poche; » il faudrait
monter avec lui ou dans cette carriole qui le conduit
à Cumberland, ou sur cette barque pontée qui le transporte sur le canal de Whitehall, et où il passe une nuit
indescriptible dans une cabine de trente pieds de long
occupée par quarante lits; il faudrait le voir errant dans
ces innombrables rues de Washington, qui ne sont désignées que par un chiffre, et, le chapeau à la main, de sa
voix la plus humble, demandant son chemin aux naturels
du pays : « *Sir, if you please, where is the twentieth
street?...*» lesquels vous répondent invariablement : « *I don't
know* » (je n'en sais rien); enfin il faudrait le suivre jusque dans les salons du président de la République, où il
regrette ses frais de toilette à la française : « Car j'y rencontrai, dit-il, beaucoup de redingotes de toutes couleurs,
des vestes de toutes façons, et fort peu d'habits. »

Mais entre toutes ces petites misères d'un grand voyage,
qui se rattachent pourtant quelquefois par des côtés sérieux
à l'histoire de la sociabilité américaine, il est quelques
scènes qui méritent une mention spéciale pour la singularité exceptionnelle dont elles sont empreintes. On dit, je
crois, « Curieux comme un sauvage. » Dans l'Américain, le
sauvage reparaît parfois par-dessus l'enveloppe de l'homme

civilisé. M. Marmier naviguait sur l'Hudson, et il avait affaire à des compagnons de voyage d'une taciturnité inquiétante :

« Tout à coup, dit l'auteur, un d'eux est venu prendre sans façon ma chaîne de montre, l'a tournée et retournée entre ses doigts, puis s'est éloigné sans murmurer un mot. Un autre, qui se trouvait assis à côté de moi, me dit : *You have a pariser hat?* Et, sans plus de cérémonie, il prend le chapeau sur ma tête, en fait ployer les ressorts, le montre à un de ses voisins. . puis me le remet dans les mains. Un instant après, pour payer mon compte au restaurant, n'ai-je pas eu le malheur d'ouvrir ma bourse? Aussitôt, voilà un Américain qui se passionne pour cette bourse, qui tire de sa poche un affreux tricot et me propose un libre échange. Je lui ris au nez. . Je cache ma bourse; il me poursuit. Pour mettre un terme à ces obsessions industrielles, j'ai été renfermer mon chapeau dans son étui, j'ai posé sur ma tête la vulgaire casquette, j'ai enfermé ma chaîne de montre dans mon gousset, boutonné mon gilet sur mon épingle, et, grâce à ces précautions, j'ai pu me promener et m'asseoir sans être exposé à une stupide importunité. Voilà le récit fidèle d'une de mes impressions de voyage en Amérique...»

Concevez-vous maintenant l'effet de pareilles mœurs sur un voyageur qui est venu chercher, de l'autre côté de l'Atlantique, l'oubli de la république démocratique et sociale, et qui voudrait y trouver, si ce n'est la poésie que personne n'y cherche, du moins un peu de calme pour son esprit, un peu de satisfaction pour son cœur? Et aussi bien M. Marmier ne se perd pas dans les définitions, ne se fourvoie pas dans les systèmes; il fait très-peu de politique dans ce pays où tout le monde en fait, où tout le monde lit le journal et ne lit que le journal. Il est venu pour voir. Il regarde et il raconte. C'est l'intérêt et l'impartialité de son livre; car à force de regarder, il voit aussi quelquefois le bien et il le décrit, quoique à son corps défendant. Ce qui le choque et le décourage dans l'admiration passagère où le spectacle de cette immense prospérité industrielle l'entraîne parfois malgré lui, c'est ce culte de l'or qui est, à ses yeux, l'explication de tous les défauts, comme il semble aussi la cause de tous les prodiges qui éclatent dans la vie matérielle du peuple américain sur toute la surface de son territoire sans limites. *Auri sacra fames !* Voilà la religion de ce pays, où l'observation du dimanche est, suivant une confidence très-curieuse que M. Marmier a reçue et qu'il rapporte, un des plus habiles calculs et une des plus sûres pratiques de cette dévotion profane :

« Nous sommes, lui disait-on, si occupés pendant six jours, qu'il en faut un pour nous reposer, et nous ne nous reposerions pas convenablement si, en fermant notre comptoir, nous voyions fonctionner celui de notre voisin. Pour ne pas être inquiétés par l'aspect d'une concurrence en action, nous obligeons chacun à suspendre pendant vingt-quatre heures ses travaux. Qu'il soit juif ou mahométan, déiste ou athée, n'importe ! la question n'est pas là. Elle repose essentiellement sur le désir que nous avons de ne pas travailler pendant un jour, *avec la consolante pensée qu'aucun de nos rivaux en industrie ne travaille et ne nous enlève par là une portion des bénéfices que nous aurions pu faire...* »

M. Marmier explique donc, par ce fétichisme du veau d'or, le contraste que présente cette nation à la fois si prospère et si peu sociable, où tant de grossièreté primitive s'allie à tant de richesse acquise, où la bassesse des habitudes et quelquefois des sentiments n'exclut pas la puissance des actes et l'incontestable grandeur des résultats ; car c'est quelque chose que d'avoir conquis un monde, même sur le désert, et que d'avoir substitué partout, même cette démocratie égoïste et insensible, à l'état sauvage. « Mais d'où vient, demande l'auteur avec une naïveté de touriste fourvoyé, d'où vient qu'avec cette aisance, avec ces trois bons repas, ces vêtements confortables, cet argent dans leur poche, les Américains ont toujours la physionomie si sombre et paraissent si malheureux ? D'où vient que je n'ai jamais pu voir, parmi ces milliers d'individus que j'ai rencontrés, ni un élan de gaieté, ni une riante apparence d'animation ? D'où vient qu'ils courent dans les rues comme s'ils allaient sauver leur demeure d'un incendie, ou qu'ils naviguent sur ces beaux fleuves *comme des collatéraux à qui un notaire vient de lire un testament qui les déshérite ?...* — Que voulez-vous ? me répondait le Yankee, c'est notre nature... »

Peut-être le Yankee eût-il été plus près de la vérité s'il eût dit : « C'est notre gouvernement. » Quel est, en effet, le principe de ce gouvernement si vanté ? Avant tout, la complète indépendance de l'individu vis-à-vis de l'État, indépendance à peine limitée par quelques lois de police. Ouvrez la Constitution des États-Unis ; c'est là le fond de cette législation si pleine de roideur démocratique, si soupçonneuse et si jalouse. « L'Amérique, écrivait M. Saint-Marc Girardin il y a quelques années[1], l'Amérique est la jeune héritière d'un vieux patrimoine, » c'est-à-dire qu'elle a semé les principes du dix-huitième siècle sur un sol nouveau. Je crois pourtant que la Constitution américaine a beaucoup plus mis du sien dans cet héritage qu'elle n'en a reçu. La défiance de l'autorité, la jalousie des supérieurs, la recherche égoïste du bien-être individuel, en un mot, le triomphe de la personnalité sous toutes ses formes les plus diverses et les plus contraires, telles ont été les conséquences de ce principe d'indépendance illimitée que la Constitution avait posé, d'accord, je le reconnais, avec la volonté des hommes et la force des choses. M. Xavier Marmier a pu s'en apercevoir. Dans cette voie, on ne s'arrête plus. Croit-on, en effet, quelles que soient les dispositions d'un peuple à ces travers de la vie sociale, croit-on que les formes politiques dans lesquelles cette vie se développe n'y contribuent pas avec une force irrésistible? M. Marmier signale, et très-judicieusement à mon avis, cette facilité d'assimilation qui, sur tous les points du territoire anglo américain, confond dans un rapide mélange les races, les habitudes, les caractères des populations émigrantes venues des quatre parties du monde. C'est là un fait unique et bien digne d'observation. Est-ce le mérite de la Constitution

---

[1] *Essais de littérature et de morale* (1845), t. I, p. 371.

américaine ? Est-ce son défaut ? Grand problème, et que l'avenir seul peut résoudre.

En attendant, pour ces Américains, qui n'aiment rien qu'eux-mêmes, il y a pourtant une chose qu'ils aiment plus que tout au monde et autant qu'eux-mêmes, c'est leur gouvernement. Mistress Trollope a passé, dit-elle, deux ans à l'ouest des Alléghanys, et une autre année dans les villes atlantiques et leurs environs. Pendant tout ce temps, elle a conversé avec des citoyens de toutes les classes, *et elle n'en a jamais entendu un seul prononcer un mot contre le gouvernement*. Mais entendons-nous : les Américains aiment dans leur gouvernement, savez-vous quoi ? leur propre ressemblance, leur image. « Qu'il soit rude, grossier, bruyant, qu'il n'affecte ni dignité, ni gloire, ni splendeur ; qu'il ne gêne la volonté de personne ; que chacun contribue à faire des lois, et que personne ne soit inquiété pour leur observation ; que nos magistrats ne portent point la pourpre ni nos juges l'hermine ; que chacun songe à soi, etc., etc. ; » c'est sous cette forme que l'Amérique aime son gouvernement. Mistress Trollope ne dit rien de trop. C'est parce qu'il est ainsi taillé sur leur patron que les Américains le préfèrent à tout autre. Ils l'aiment aussi pour la facilité qu'ils ont de traiter avec lui sur le pied d'une triomphante supériorité. En Amérique, on est très-attaché au gouvernement. et on respecte très-peu ceux qui le représentent. Où le citoyen obéit l'homme proteste. M. Marmier raconte que des membres du congrès s'avançant un jour avec peine au milieu d'une multitude nombreuse, l'un d'eux s'avisa de dire : « Faites place, mes enfants, nous sommes les représentants du peuple, » et qu'un Yankee, le prenant par le bras, s'écria en le rejetant en arrière : « C'est à vous à nous faire place, nous sommes le peuple lui-même! »... Mistress Trollope vit le général Jackson, alors président de la république, faire son entrée à Cincinnati. A l'exception de quelques Anglais présents à son arrivée, il était le seul qui n'eût pas son chapeau sur la tête. Il venait de perdre sa femme, on le savait, et son visage portait l'empreinte d'un profond chagrin. « Voilà Jackson ! où est donc sa femme ? » cria une voix dans la foule. Quand le président se rembarqua, le mari de mistress Trollope, qui voyageait avec lui, le vit accoster par un sale compagnon qui lui adressa ces mots : « C'est le général Jackson, je crois ? » — Le général s'inclina. — « Ils m'avaient dit que vous étiez mort ! — Non ; la Providence m'a jusqu'ici conservé la vie. — Et votre femme ? » — Le général parut frappé au cœur et fit un geste négatif. Sur quoi l'interlocuteur conclut sa harangue en disant : « Ah ! il me semblait bien que c'était l'un de vous d'eux qui était mort... » Tout l'Américain est là.

Veut-on me permettre une réflexion ? La forme démocratique, appliquée au gouvernement des sociétés, et poussée jusqu'à cette indépendance absolue de l'individu, sait-on où elle mène ? Avec de grandes prétentions philanthropiques, elle mène à l'insociabilité. On a beau mettre la fraternité sur le fronton du temple, c'est l'égoïsme qui l'habite. L'impolitesse des mœurs, la grossièreté des manières, n'est que l'enveloppe de l'insensibilité. Ceux qui, après avoir mis le suffrage universel et la souveraineté individuelle dans leur constitution politique, effacent ensuite, mutilent et torturent l'individu sous prétexte de socialisme, ceux qui le font manger à la gamelle et coucher dans des phalanstères, semblent, socialement parlant et quelque absurdes qu'ils soient, plus raisonnables que ceux qui l'émancipent, sans lui jeter aucun frein qui l'arrête dans l'exercice de cette indépendance sans limites. Après avoir détendu tous les liens de l'organisation naturelle des sociétés, effrayés de leur ouvrage, les socialistes essayent de les reprendre d'une main jalouse et tyrannique ; c'est là leur inconséquence avec beaucoup d'autres. La démocratie socialiste, si elle était jamais possible, périrait par cette alternative inévitable d'émancipation imprudente et d'étouffement systématique. La démocratie américaine périra par l'insociabilité. On sort de l'état sauvage en défrichant des forêts vierges, en desséchant des marais, en exterminant les Choctaws, les Mobiliens et les Altakapas. On y rentre par les habitudes insociables, par l'intraitable idolâtrie de soi-même, par l'exclusion intolérante et jalouse, par le mercantilisme égoïste et grossier. Tel est le penchant où l'Amérique du Nord est aujourd'hui entraînée.

Et tenez : M. X. Marmier, quand il s'agit de juger l'Amérique républicaine et industrielle, m'est justement suspect par toutes les qualités mêmes que je lui connais; il aime trop les arts et la poésie, les bons livres et les doux loisirs, les champs et les fleurs, les cascades et les oiseaux ; car il pleure d'attendrissement au Niagara et il se plaint que le râle des locomotives ait fait fuir, dans les forêts des États-Unis, « ces chers petits chantres du bon Dieu. » Il est donc trop poëte, trop sensible, et à la fois trop civilisé et trop rêveur pour être un juge impartial de l'égoïste et impatiente Amérique; mais, malgré tout, il est sincère. Eh bien ! dans les jugements qu'il porte, non plus sur les mœurs extérieures, mais sur le fond même des habitudes morales et des sentiments de cette opulente nation, savez-vous ce qui le choque le plus? c'est le côté par où ces sentiments et ces habitudes tiennent encore à la vie sauvage. On dirait que l'Américain n'est qu'un sauvage dégrossi et décrassé. Il y a dans ses vices et dans ses travers quelque chose qui est tour à tour brutal et puéril, frivole et dur, superficiel et calculateur ; quelque chose qui tient à l'excès de la civilisation et à son enfance, qui semble toucher à sa tombe et à son berceau. M. Saint-Marc Girardin, dans l'ouvrage que j'ai cité, disait : « Voyez un enfant... avant tout il porte l'empreinte de son âge ; avant tout il est enfant. Tels sont les États-Unis : ils sont de notre siècle, ils sont de leur pays, mais avant tout ils sont de leur âge, c'est-à-dire qu'ils sont une société nouvelle ! » M. Michel Chevalier, de son côté, dans une de ses *Lettres sur l'Amérique du Nord*, celle qui est intitulée : *Symptômes de révolution*, a signalé avec une singulière vivacité quelques-unes des causes de cette décadence qui mine déjà sourdement, et sous cette enveloppe magnifique, la jeune et imprévoyante nation. Ces deux points de vue semblent se contrarier. Ils sont vrais tous les deux. La république américaine est jeune par les années. Elle est vieille par cette sorte de corruption précoce qu'entraînent l'excès et l'abus de la liberté. Lisez cette belle lettre de M. Michel Chevalier. Elle donne froidement raison à toutes les critiques, si amères qu'elles soient, des voyageurs intolérants et passionnés. Et avant M. Michel Chevalier, à l'époque de la guerre de l'Indépendance, au moment où les rêves de la démagogie la plus insensée, où « les théories les plus radicales obtenaient au milieu même des États les plus sages, comme le fait remarquer M. Guizot [1], non-seulement faveur, mais puissance », et soulevaient des insurrections formidables, n'est-ce pas l'ami de Jefferson, un des chefs du parti démocratique, Madison, qui disait : *La société américaine est perdue !*

La société américaine a survécu à cette prédiction. Elle a gardé les vices et les défauts qui déjà travaillaient sa robuste enfance, et que sa jeunesse a plutôt développés que corrigés. M. Marmier les signale en passant, comme un voyageur qu'il est, mais sans leur ôter, quelque légère que soit la touche de son pinceau, ce double caractère qui en est le fond, et, s'il est permis de le dire, l'originalité. L'Amérique n'est originale que par ses défauts ; ses vertus sont de la trempe la plus bourgeoise et la plus vulgaire. Est-il, par exemple, un ridicule plus étrange que cette manie des titres aristocrati-

---

[1] *Introduction à la vie de Washington* (1851).

ques qui a survécu, jusque dans les classes populaires, à la chute de la domination anglaise? « Ici, écrit M. Marmier, tous les hommes sont des *gentlemen* et toutes les femmes des *ladies*. « *Were is my lady?* » dit à côté de moi un homme vêtu d'une redingote déchiquetée. Cette *lady* est une marchande de légumes de Cincinnati, et son mari un cordonnier abandonné par ses pratiques. »— « J'ai mille fois observé, dit aussi mistress Trollope, qu'en parlant d'une voisine, au lieu de dire tout simplement *mistress une telle*, les dames américaines prenaient la périphrase descriptive et disaient : *La lady sur le chemin de la rivière, la lady qui fait des chandelles*, etc., etc. »

Cette prétention à la fois puérile et surannée est-elle le fait de la jeunesse de l'Amérique ou de sa décadence? Je l'ignore ; mais à quel âge faut-il rapporter beaucoup d'autres travers, bien autrement graves, que le livre de M. Marmier signale? Est-ce la vieille ou la jeune Amérique qui a trouvé cet ingénieux commentaire de la solennité du dimanche que je citais tout à l'heure ? Est-ce la jeune ou la vieille Amérique qui entasse avec une barbarie si sauvage, dans l'entrepont de ses paquebots, les populations émigrantes, et qui les rançonne et les dépouille, une fois débarquées sur son rivage hospitalier ? Est-ce la jeune ou la vieille qu'on voit, suivant la remarque de mistress Trollope, « agitant d'une main un bonnet de la liberté et de l'autre fouettant ses esclaves, — aujourd'hui haranguant la populace sur les droits indestructibles de l'homme, demain chassant de leurs demeures les enfants du sol qu'elle s'est engagée à protéger par les traités les plus solennels? » Est-ce la vieille ou la jeune Amérique qui de la hideuse banqueroute a fait un simple procédé de commerce, et de l'incendie (je ne parle que d'après le livre de M. Marmier) un moyen de liquidation? Est-ce elle qui dit : « Les affaires vont mal, les échéances sont lourdes; *dans le courant du mois les pompiers auront de l'ou-*

vrage? » Est-ce la jeune ou la vieille Amérique qui prend à son compte la burlesque extravagance des *revivals* et les scandales sacrés des *camp-meetings?* Enfin est-ce de la jeune Amérique ou de la vieille que M. Achille Murat disait dans un ouvrage écrit sur place [1] : « Je n'ai pas parlé de la religion des Américains (au moment où ils fondent un État); c'est qu'ordinairement, dans cet état de société, *elle est une imposture si dégoûtante sous le nom de méthodisme et de baptisme,* que je n'aime point à en parler. » Il y a des jeunes gens qui ont les vices des vieillards, comme il y a des vieillards qui ont les travers des jeunes gens. Les nations n'ont pas une meilleure destinée. J'en connais de vieilles qui se croient jeunes parce qu'elles se donnent tous les quinze ans une révolution et une constitution nouvelles, parce qu'elles brisent des trônes comme des enfants brisent leurs jouets en s'amusant. Ces nations s'appellent la *jeune France,* la *jeune Italie,* la *jeune Allemagne.* La jeune Amérique se croit peut-être vieille parce qu'elle n'accorde à personne ce respect idolâtre qu'elle se prodigue à elle-même, parce qu'elle est sans politesse et sans générosité, et parce qu'elle laisse insensiblement chez elle tomber l'autorité dans l'avilissement par l'insubordination, et par l'avilissement dans l'impuissance.

« On ne voit point à Cincinnati, écrit mistress Trollope, de ces voitures qui, à Londres, emportent les boues et les autres ordures avec tant de rapidité. Je fus donc obligée d'envoyer chercher mon propriétaire pour lui demander ce qu'il fallait faire de toutes ces saletés qui s'accumulent si promptement dans une maison. —Votre *aide* (domestique) peut les jeter dans le milieu de la rue, me répondit-il, et une fois dans le milieu, les cochons les ont bientôt emportées.—En effet, on voit sans cesse dans tous les quartiers

---

[1] *Lettres sur les États-Unis.*

ces animaux occupés à rendre ce service à la ville... C'est un bonheur qu'ils soient si nombreux et si actifs, ajoute l'auteur, car, sans leur secours, la ville serait bientôt empestée... »

Je ne dispute pas sur cette admiration de mistress Trollope pour une institution municipale de si nouvelle espèce. Mais je dis qu'un grand pays où l'avilissement systématique du pouvoir et la dégradation du principe d'autorité laisseraient la société, ce qu'à Dieu ne plaise ! sans autre boussole que ses instincts matériels et sans autre gouvernement que ses passions, ressemblerait bientôt à cette ville où ce sont les cochons qui font le service de propreté.

VII

UNE MISSION LAZARISTE AU THIBET

Novembre 1852.

« A beau mentir qui vient de loin. » Le mérite de M. Huc, qui arrive du Thibet[1], c'est au contraire qu'il ne ment pas et qu'il ne sait pas mentir. Cela n'est pas aussi facile qu'on le croit.

Jugez de la tentation ! — Un homme qui a fait un voyage de deux mille lieues dans les déserts de la Tartarie et dans les neiges du Thibet, qui a couché pendant deux ans moitié sous la tente, moitié dans des villes comme Chaborté, Tchort-chi, Hia-ho-po et Ning-pei-hien, aujourd'hui dans l'*hôtel des Trois Perfections*, demain à l'*auberge des Cinq Félicités*; — un homme qui a vécu deux ans de farine d'avoine assaisonnée de suif et s'est abreuvé de neige fondue, qui a causé avec les lamas de Tolonnoor, croisé en route la reine du Mourguevan et le roi des Alechan et habité le palais du régent de Lha-ssa ; — qui a vu des écureuils gris, des chevaux-*hémiones*, des statues de beurre et des Bouddhas vivants ; qui a assisté à la fête des Pains de la Lune et entendu les chants des Tool-holos ; — un homme qui a traversé le pays des

---

[1] *Souvenirs d'un voyage dans la Tartarie, le Thibet et la Chine*, pendant les années 1844, 1845 et 1846; par M. Huc, prêtre missionnaire de la congrégation de Saint-Lazare.

Khal-khas et celui des Ortous, le fleuve Jaune, le lac de Sel, la citerne du Diable et la mer Bleue ; qui a franchi la grande Muraille, la montagne des Esprits et le terrible défilé de Khor-kou-la ; — un homme, en un mot, qui a vu l'*arbre des dix mille images*, et qui l'a vu, dit-il, « la sueur au front », tant le prodige y est frappant et la présence du démon manifeste, — cet homme-là, avouez-le, aurait bien pu mentir, s'il l'avait su. Il avait fait un voyage que personne n'avait si complétement fait avant lui, et que personne ne sera tenté sans doute de faire après l'avoir lu. Certes, il pouvait se donner carrière ; les *impressions de voyage*, vraies ou fausses, ne lui auraient pas manqué. M. Huc a préféré être vrai, respecter son public et se respecter lui-même, en honnête homme et en bon chrétien qu'il est. Le fait est assez rare pour mériter d'être signalé.

Et ce qui était l'inspiration naturelle d'un esprit loyal, s'est trouvé, par le fait, un bon calcul. Ce caractère si profond de vérité qui distingue, entre tous, le récit de M. Huc est à peu près tout son mérite littéraire, mais ce mérite est grand. Il y a dans ce ton si sincère, dans ce langage si peu étudié, dans ce premier jet de l'impression qui éclate plus qu'elle ne s'étale, dans ces indéfinissables naïvetés d'un honnête esprit qui est par moment très-vif et très-piquant sans cesser d'être naïf, — il y a, dans tout cet ensemble, un charme infini qui fait de ce sérieux livre une lecture des plus attachantes, et de cet austère pèlerinage d'un pieux missionnaire un des plus amusants récits que je connaisse.

Je ne dirai rien de plus de la partie littéraire de l'ouvrage de M. Huc. La critique s'arrête devant un livre qui est le résumé de deux années de souffrances physiques, de déceptions morales et de mécomptes religieux ; car la mission de M. Huc, comme nous le verrons, ne réussit pas. On ne s'amuse pas non plus à disputer sur les mots avec un homme qui pendant deux ans n'a parlé que le mongol, le dchiahour et le si-fan. Peu nous importe donc que M. Huc nous entretienne un peu trop souvent de la *froidure*, et qu'il dise tantôt d'une femme thibétaine, tantôt d'un officier chinois, pour donner l'idée d'une belle prestance, qu'ils étaient *vigoureusement membrés* ; oui, peu importe. M. Huc n'en est pas moins, dans l'ensemble de son livre, un observateur très-exact et un imperturbable confesseur de la vérité en toute chose. A ce mérite, qui le met fort au-dessus de nos chicanes littéraires, M. Huc en joint un autre qui à lui seul désarmerait la critique la plus malveillante : il est le plus modeste des hommes. Par sa bouche, c'est la mission qui parle, ce n'est jamais lui. Cette mission se compose de deux prêtres, ni plus ni moins : M. Huc et M. Gabet. C'est M. Huc qui tient la plume sous la dictée de la mission ; c'est elle qui agit, qui souffre, qui résiste comme elle peut et comme un seul homme. Et, par exemple, M. Huc est certainement d'une meilleure santé que son confrère ; on dirait pourtant que, quand M. Gabet a la fièvre, ou même quand il a les oreilles et le nez gelés, comme cela lui arrive au passage du mont Chuga, on dirait que la mésaventure est commune et que la souffrance est pour tous les deux, tant l'habile et simple récit de M. Huc les confond dans la même épreuve et dans la même misère.

Et malgré tout, quelque précaution que prenne l'honnête écrivain pour s'amoindrir et s'effacer, sa personnalité ressort malgré lui. Son récit la trahit sans cesse. Le style est l'homme. M. Huc a une certaine façon de raconter qui le met en scène, quelque peine qu'il se donne pour rester derrière le rideau. Aussi n'aurons-nous pas à chercher longtemps pour savoir, dans cette œuvre commune, quelle est la part de M. Huc et quelle est celle de M. Gabet. On fait volontiers un vaudeville ou un roman à deux ; un livre sérieux ne s'arrange pas de cette double paternité. Celui de M. Huc est bien le sien.

Je ne connais pas l'auteur du *Voyage en Tartarie*, mais il me semble, après l'avoir lu, qu'il doit être un homme d'un esprit vif et austère, ferme et doux, observateur et conciliant, naïf et fin tout à la fois, facile à s'abattre, prompt à se relever, très-nerveux et très-courageux, et d'une piété plus pratique que rêveuse, plus près de la tolérance que de l'exaltation.

Et M. Gabet? Je me figure que M. Gabet est tout cela (car on ne fait pas un pareil voyage ensemble sans se ressembler un peu); M. Gabet est tout cela, mais avec moins d'accent peut-être et moins de relief; c'est le même fonds de résignation, de patience, le même poids sérieux dans l'âme avec moins de dehors, de vivacité et d'expansion. Je me trompe peut-être, mais j'ai besoin, ayant à faire un si long trajet avec nos deux voyageurs, de les bien connaître l'un et l'autre, quoi qu'ils fassent pour se confondre.

Et tenez, voici un portrait que M. Huc trace de son confrère, un jour qu'ils se trouvent par hasard et pour un instant séparés, M. Gabet étant allé aux provisions et M. Huc ayant perdu, par la faute de son chamelier, sa route à peine tracée dans les sables du désert. M. Huc est fort inquiet, et il ne se fait faute, précisément parce qu'il se sent brave, d'exprimer fort vivement ses alarmes. Quelques cavaliers passent. M. Huc leur demande s'ils n'auraient pas remarqué en route, aux environs de Rache-Tchurin, un lama revêtu d'une robe jaune et d'un gilet rouge, monté sur une chamelle rousse (c'était bien M. Gabet). « Ce lama, ajoutait-il, est d'une taille très-élevée; il a une grande barbe grise, le nez long et pointu et la figure rouge... » A ce signalement, tous faisaient une réponse négative. « Si nous avions rencontré un personnage de cette façon, disaient-ils, nous l'aurions certainement remarqué... »

Une autre fois, et avant de s'engager dans les défilés du Thibet, il s'agit d'acheter des vêtements capables de résister au froid de l'hiver et de la montagne. Les missionnaires se rendent dans une boutique de fripier :

« Nous y fîmes emplette, écrit M. Huc, de deux antiques et vénérables robes de peaux de mouton recouvertes d'une étoffe que nous soupçonnâmes avoir été jadis de couleur jaune... Mais nous nous aperçûmes bientôt que le tailleur de ces habits n'avait pas pris mesure sur nous. La robe de M. Gabet était trop courte ; celle de M. Huc était trop longue. Faire un troc à l'amiable était chose impossible : *la taille des deux missionnaires était trop disproportionnée...* — Nous nous décidâmes à porter les habits tels qu'ils étaient : M. Huc prendrait le parti de relever aux reins, par le moyen d'une ceinture, le superflu de sa robe, et M. Gabet se résignerait à exposer aux regards du public une partie de ses jambes : le tout n'ayant d'autre inconvénient que de faire savoir au prochain qu'on n'a pas toujours la faculté de s'habiller d'une manière exactement proportionnée à sa taille... »

Peut-être comprend-on maintenant comment M. Gabet, avec sa grande taille et sa barbe grise, est plus sensible que M. Huc aux souffrances de cette pénible route ; et en effet M. Gabet manque plus d'une fois de mourir pendant le trajet, tandis que M. Huc résiste à tout. M. Huc a une vitalité qui explique parfaitement comment il cumule avec les fatigues du missionnaire le travail du chroniqueur, et je mettrais volontiers à son compte tout ce qu'il y a parfois d'un peu vif et d'imprévu dans quelques impressions dont il ne semble que le rapporteur pour le compte de la communauté. Ainsi c'est bien M. Huc tout seul qui dit à un de ses hôtes, dans un accès de reconnaissance un peu excentrique : « Votre manière de vivre a subi, il est vrai, quelque changement (il s'agit d'un Mongol apprivoisé-Chinois) ; *mais votre cœur est toujours demeuré tartare.* » Cela rappelle ce que Victor Jacquemont écrivait du pays de Kanawer, si j'ai bon souvenir, à la spirituelle madame de Tracy :

> Sachez, sachez
> Que les Tartares
> Ne sont barbares
> Qu'avec leurs ennemis !

C'est encore M. Huc qui, ayant trouvé, après de longues recherches, un excellent gîte sur lequel il ne comptait pas : « Dans un instant, s'écrie-t-il, nous passâmes de la misère la plus extrême *au comble de la félicité!* » Cette vivacité d'impressions, chez le pieux lazariste, est le trait le plus caractéristique de sa nature, et elle l'entraîne parfois dans des confidences d'une naïveté presque enfantine. « ..... Nous fûmes comme glacés d'effroi en apercevant, dit-il, à un détour de la montagne trois loups énormes *qui semblaient nous attendre avec une calme intrépidité.* » Un des plus grands soucis de nos voyageurs, après les loups, c'est la découverte des *argols*. L'argol est la fiente des animaux qui, desséchée par le soleil, est le seul combustible qui se trouve dans le désert. Aussi, point d'argol, point de souper.....

« Quand on a la bonne fortune, écrit M. Huc, de rencontrer, caché parmi les herbes, un argol recommandable par sa grosseur et sa siccité, on éprouve au cœur un petit frémissement de joie, une de ces émotions soudaines qui donnent un instant de bonheur. Le plaisir que procure la trouvaille d'un bel argol est semblable à celui du chasseur qui découvre, avec transport, la trace du gibier qu'il poursuit ; de l'enfant qui regarde d'un œil pétillant de joie le nid de fauvettes qu'il a longtemps cherché ; du pécheur qui voit frétiller, suspendu à sa ligne, un joli poisson ; et, s'il était permis de rapprocher les petites choses des grandes, on pourrait encore comparer ce plaisir à *l'enthousiasme d'un Leverrier qui trouve une planète au bout de sa plume.... »*

Cette façon de reproduire les impressions du voyage avec la première excitation toujours un peu naïve du voyageur, est bien particulière à M. Huc, et c'est l'originalité de son livre. J'en dirai autant de quelques-unes de ses opinions. M. Huc dit, par exemple, à propos de la polygamie que pratiquent les Tartares, une chose très-juste, et pourtant étrange : « C'est, dit-il, une barrière opposée au libertinage et à la corruption des mœurs. Le célibat étant imposé aux lamas (religieux du culte de Bouddha, et qui forment une classe très-nombreuse), si les filles ne trouvaient pas à se placer dans les familles en qualité d'épouses secondaires, il est facile de concevoir les désordres qui naîtraient de cette multiplicité de jeunes personnes sans soutien et abandonnées à elles-mêmes....... » Une autre fois, s'il assiste, au moins par le récit qui lui en est fait, à une insigne fourberie du lama Bockte de Rache-Tchurin, lequel, sous prétexte de prédire l'avenir, et en réalité pour attirer l'argent des fidèles, « s'entrouvre le ventre dans toute sa longueur, puis passe rapidement la main sur la blessure, *et tout rentre ensuite dans son état primitif*, sans qu'il lui reste aucune trace de cette opération diabolique, *si ce n'est un extrême abattement* ; » — si un pareil récit est fait à M. Huc : « Ces cérémonies horribles, nous dit-il, se renouvellent assez souvent dans les grandes lamaseries (confréries de lamas) de la Tartarie et du Thibet. Nous ne pensons nullement qu'on puisse toujours mettre sur le compte de la supercherie des faits de ce genre ; car, d'après tout ce que nous avons vu et entendu, parmi les nations idolâtres, *nous sommes persuadés que le démon y joue un grand rôle...* »

M. Huc fait une réflexion toute semblable à propos de *l'arbre des dix mille images*. Celui-là, il l'a vu. L'arbre existe. Un jour, la mère de Tsong-Kaba, le grand apôtre et le réformateur divinisé de la religion bouddhique, ayant rasé la tête de son fils, jeta sa belle et longue chevelure à l'entrée de sa tente. (La chose se passait au quatorzième siècle de notre ère.) De ces cheveux naquit spontanément un arbre dont le bois répandait un parfum exquis, et dont chaque feuille portait, gravé sur son disque, un caractère de la langue sacrée du Thibet.

« Cet arbre existe encore, ajoute M. Huc, et nous en avions entendu parler trop souvent durant notre voyage pour que nous ne fussions pas quelque peu impatients d'aller le visiter... Nos regards se portèrent d'abord avec une avide curiosité sur les feuilles, *et nous fûmes consternés d'étonnement* en voyant en effet sur chacune d'elles des caractères thi-

bétains très-bien formés... Notre première pensée fut de soupçonner la
supercherie des lamas: mais, après avoir tout examiné avec l'attention
la plus minutieuse, il nous fut impossible de découvrir la moindre fraude.
Les caractères nous parurent faire partie de la feuille comme les veines
et les nervures... Les feuilles les plus tendres représentent le caractère
en rudiment et à peine formé.. Nous cherchâmes partout, mais toujours
vainement, quelque trace de supercherie; *la sueur nous montait au
front...* » — Qu'il est puissant l'empire de la religion sur le cœur de
l'homme! dit ailleurs M. Huc, même lorsque cette religion est fausse et
ignorante de son véritable objet! »

J'ai cité sans arrière-pensée toutes ces opinions et tous
ces récits du pieux lazariste. Je n'entends pas en faire la
critique. Je les ai cités plutôt pour en faire honneur à sa tolérance, à sa sincérité, à la naïveté un peu primitive de ses
impressions et de ses souvenirs. Tel est M. Huc. On l'a dit
bien souvent : dans un récit de voyage, le véritable intérêt
c'est le voyageur. Quant à moi, s'il ne s'agissait, dans ce
Voyage de Tartarie, que des sables du Mongol et des défilés
du Thibet, le livre peut-être me serait tombé des mains ;
car, faut-il le dire? ces porteurs de globules blancs ou bleus,
ces éternels lamas en robe jaune, ces femmes aux joues
vernissées, ces chercheurs d'argol, ces adorateurs de Bouddhas vivants, ne sont pas d'une gaieté folle. Le pays est
étrange et monotone; mais ce qui est curieux, c'est d'y voir
nos deux compatriotes, deux vrais Français par l'esprit et
par le cœur, deux vrais religieux par l'abnégation et le dévouement; c'est de les suivre parmi toutes ces aventures, et
d'y étudier, dans cette expérience chèrement payée, l'antagonisme de nos mœurs, de nos opinions, de nos idées, de
nos habitudes avec celles qui ont cours au bout du monde.
Ce qui nous intéresse aussi dans ces épreuves, ce n'est pas
seulement le compatriote, c'est l'homme même, l'homme
tout seul, aux prises avec l'inconnu et l'imprévu, ces deux
ressorts de tout drame, à la fois si terribles et si amusants.
Homo sum! C'est parce qu'on se sent homme que rien n'é-
chappe des mille incidents qui se rapportent à cette grande

école de la faiblesse humaine : l'éloignement du sort natal, la solitude, la souffrance et le dénûment. Aussi savons-nous un gré infini à M. Huc de n'avoir négligé aucun de ces détails. Ce n'est pas seulement son itinéraire qu'il nous donne fidèlement ; c'est l'état de sa maison, de son écurie, de son vestiaire, le menu de son souper. Nos missionnaires ont une marmite et trois écuelles. Leur domestique, un jeune lama, insouciant et intrépide, et plus ou moins converti, est à la fois le chamelier, le cuisinier et le gardien de la caravane. Il marche en tête sur un petit mulet très-rétif, suivi de deux chameaux qui portent les bagages. Viennent ensuite les deux lazaristes, revêtus de la robe jaune aux boutons dorés, avec un pardessus rouge à collet de velours violet, et coiffés d'un bonnet jaune à houpe écarlate. Ils cheminent, M. Gabet sur une grande chamelle, M. Huc sur un cheval blanc. Il y a aussi dans le convoi un chien dont nous aurions parlé, s'il n'eût quitté ses maîtres un matin, par une trahison assez rare dans son espèce. « Ce chien était chinois, » dit Samdad-Chiemba, le chamelier-*factotum* ; — « il n'était pas accoutumé à la vie nomade ; il se sera fatigué de courir le désert et aura pris du service dans les terres cultivées... » Et, au fait, la perte n'est pas grande ; car ce chien, comme le remarque fort bien M. Huc, mangeait la part d'un homme ; — la nuit, au lieu de veiller, comme c'était son devoir, à la sûreté de la caravane, il dormait à l'écart, étendu parmi les herbes ; et le matin, au moment du départ, il fallait, Dieu me pardonne ! le réveiller d'un sommeil de plomb, comme Alexandre avant la bataille d'Arbelles.

On pense bien que mon intention n'est pas de suivre nos voyageurs aux quatre ou cinq cents étapes de leur route de deux mille lieues. J'y perdrais ma peine ; et le moyen qu'une froide analyse puisse donner une idée, même incomplète, de ces curieux récits qui ne vivent que par l'infinie variété des détails et des incidents dont ils se composent ? J'aime mieux m'arrêter un instant à un des épisodes de cette longue odyssée, non le plus extraordinaire peut-être, mais un de ceux où le caractère de nos deux prêtres se dessine le mieux, se décide le plus, où leur esprit déploie le plus de ressources et où ils se montrent le plus dignes de représenter à la fois leur religion et leur pays, leur Dieu et leur roi ; car cet épisode remonte à l'année 1846, et le régent du Thibet parle à nos missionnaires du roi Louis-Philippe.

J'ai dit plus haut que la mission des deux lazaristes n'avait pas réussi ; mais il faut s'entendre. Hormis le chamelier qui est à leur service et un pauvre jeune homme qui baise leurs pas dans les rues de Lha-ssa, ils n'ont converti personne ; — ils ont édifié tout le monde. Partout on les suit, on les écoute, on les distingue, on les protége. Si ce n'est pas comme prêtres, c'est comme savants, comme médecins, comme lettrés, comme industrieux qu'on les consulte, dans ces pays où ils ne sont rien, où ils ne peuvent séjourner que sous peine de mort, dont ils parlent la langue et dont ils portent le costume, mais dont ils attaquent ouvertement les croyances. Je dis qu'on les protége ; c'est-à-dire que la persécution même, quand elle les atteint, est contrainte à se déguiser ; elle prend un masque, elle se fait doucereuse ; elle prétexte la raison d'État ; elle les proscrit en diplomate plus qu'en fanatique. Et, chose singulière ! quand ils sont, comme nous le verrons tout à l'heure, obligés de sortir du Thibet, l'homme qui les chasse essaye de les corrompre : ils rejettent son or. Cela est tout simple. Mais le même homme veut faire passer en Chine deux caisses qui contiennent des objets de grand prix. A qui s'adresse-t-il, dans la caravane qui emmène nos deux compatriotes? Sa confiance a le choix entre un mandarin chinois décoré et les deux Français qu'il proscrit. Il donne la préférence aux deux Français.

Telle est l'impression qui résulte de tout ce récit, pris

dans son ensemble et jugé d'un peu haut. Les deux prêtres vont de la *vallée des Eaux-Noires* en traversant la Mongolie de l'est à l'ouest jusqu'à la capitale du Thibet ; ils reviennent du Thibet en traversant la Chine de l'ouest à l'est jusqu'à Macao ; et pendant tout ce trajet ils ne donnent pas une âme au ciel des chrétiens. Ils ne courent non plus aucun de ces dangers terribles que la persécution prodigue, dans la Corée et dans la Cochinchine, autour des intrépides confesseurs de la foi catholique. Leur mission semble religieusement manquée ; elle est moralement et politiquement très-féconde. Ils laissent après eux comme une trace des vertus dont leur cœur est plein et comme un radieux sillon des lumières qui éclairent leur esprit. Et tels sont, aussi bien, le caractère et le but de l'institution des lazaristes. Les prêtres de la mission se ressouviennent toujours qu'ils furent primitivement établis dans une maison qui avait appartenu à l'ordre militaire de Saint-Lazare. Ils sont l'élite de cette milice active de la propagande chrétienne, voyageurs et soldats, prêtres et diplomates, missionnaires et civilisateurs. « Nous sommes, dit quelque part M. Huc avec une onction chaleureuse, nous sommes les disciples de celui qui a dit : « Les renards ont « des tanières, les oiseaux du ciel ont des nids ; mais le fils « de l'homme n'a pas où reposer sa tête... » — « Il ne sera pas dit, ajoute-t-il ailleurs, que des missionnaires catholiques auront moins de courage pour les intérêts de la foi que des marchands pour un peu de lucre. » Tel est l'esprit de cette mission dont M. Huc raconte si curieusement l'histoire, et tel est aussi, avec beaucoup d'autres, l'austère attrait de ce livre que je me serais reproché de n'avoir recommandé à nos lecteurs que pour le plaisir d'un moment.

Arrivons à Lha-ssa. Nos deux compatriotes y étaient établis depuis le 29 janvier 1846, et ils allaient, plus d'un an après leur départ, commencer, comme dit M. Huc, leur œuvre de missionnaires. Un jour on entre chez eux : « Le régent vous attend à son palais..... — Que nous veut le régent? — Levez-vous promptement et suivez-nous ! » Mais il nous faut dire ici ce que c'était que ce régent du Thibet et pourquoi le Thibet avait un régent au moment où nos deux voyageurs y arrivèrent.

Rien de plus frappant, comme le remarque l'auteur, que les analogies qui existent entre le rite lamanesque (bouddhique) et le culte catholique. « Rome et Lha-ssa, le pape et le talé-lama pourraient, dit-il, nous fournir des rapprochements pleins d'intérêt. Le gouvernement thibétain étant purement lamanesque, paraît en quelque sorte être calqué sur le gouvernement ecclésiastique des Etats pontificaux... Le talé-lama est le chef politique et religieux de toutes les contrées du Thibet. Quand il meurt, ou, pour parler le langage des bouddhistes, quand *il transmigre*, on élit un enfant qui continue la personnification indestructible du Bouddha vivant; cette élection se fait par la grande assemblée des lamas-houtouktou , dont la dignité sacerdotale n'est inférieure qu'à celle du talé-lama.... » — Mais il en est du talé-lama comme des rois constitutionnels : le grand-lama *règne et ne gouverne pas.* Enfant, comment gouvernerait-il ? Homme fait et dieu visible, comment sortirait-il des ténèbres sacrées du sanctuaire pour se commettre dans le conflit des intérêts et dans le menu des affaires? Le talé-lama a un ministre d'Etat qui a nom nomekhan : ce qui veut dire *empereur spirituel*, par antiphrase sans doute, puisqu'il ne s'occupe que du temporel. La charge du nomekhan est viagère. C'est lui qui est le véritable chef du gouvernement. Il a quatre ministres à portefeuille qu'on appelle kalons.

Quand nos deux Français arrivèrent à Lha-ssa, le talé-lama était un enfant de neuf ans. Ses trois prédécesseurs avaient été plus ou moins étranglés, et le dernier nomekhan avait été accusé de ces attentats par la voix publique. Une conspiration se forma. L'empereur de Chine envoya un ambassadeur (le même qui avait fait le traité de Canton avec les Anglais) pour instruire l'affaire. Le nomekhan, convaincu d'avoir fait *transmigrer* trois talé-lamas coup sur coup, fut condamné à un exil perpétuel sur les bords du Sakhalien-Oula, au fond de la Mantchourie... Un nouveau nomekhan fut mis à sa place; mais il était mineur comme le dieu lui-même. Le plus âgé des kalons fut donc investi de la régence, mais surveillé de près, contrarié sans relâche et contreminé sur tous les points par l'infatigable Ki-chan, l'ambassadeur chinois. Tel était l'état des affaires quand nos deux compatriotes, qui venaient de rincer leurs écuelles après avoir dîné, furent sommés à comparaître devant le régent.

Arrivés au palais, les deux missionnaires se trouvèrent bientôt en face d'un personnage accroupi, les jambes croisées, sur un épais coussin recouvert d'une peau de tigre. C'était le régent : — cinquante ans, figure large, épanouie, passablement majestueuse et bienveillante; robe jaune, doublée de martre-zibeline, boucles d'oreilles en diamants, cheveux longs et retenus par trois peignes d'or ; large bonnet rouge, entouré de perles, surmonté d'une boule en corail, et reposant sur un coussin vert.

Ici, je veux relever ce mélange de bonne humeur toute française et de fermeté vraiment chrétienne que nous allons remarquer dans la conduite des deux lazaristes. Une fois assis en face de ce prodigieux régent : « Bon, se disent-ils en français et à voix basse : ce monsieur paraît assez bon enfant; notre affaire ira bien. — Que dites-vous là? demanda le régent. Voyons, répétez à haute voix ce que vous avez dit tout bas... — Nous disions que, dans la physionomie du premier kalon, il y avait beaucoup de bonté... — Ah! oui, vous trouvez que j'ai de la bonté? Cependant je suis très-méchant. N'est-ce pas que je suis très-méchant?

lit-il en se tournant vers ses gens. Ceux-ci se mirent à sourire et ne répondirent pas...

Arrive l'ambassadeur chinois, le redoutable Ki-chan. « L'idée de tomber entre les mains des Chinois nous fit d'abord, écrit M. Huc, une impression désagréable, et l'image de ces horribles persécutions qui, à diverses époques, ont désolé les chrétientés de la Chine, s'empara tout à coup de notre imagination ; mais nous fûmes bientôt rassurés... » — « Samdad-Chiemba, dîmes-nous à notre jeune néophyte (car le chamelier les avait accompagnés), c'est maintenant qu'il faut montrer que nous sommes des braves, que nous sommes des chrétiens. Cette affaire ira peut-être loin, mais ne perdons pas de vue l'éternité... — Moi, répond le chamelier, je n'ai jamais eu peur de la mort. Si on me demande si je suis chrétien, vous verrez si je tremble ! »

Ki-chan commença son interrogatoire. J'en veux donner seulement une idée ; c'est dans le livre même de M. Huc qu'il faut le lire. « — Vous parlez correctement le chinois? — Nous faisons beaucoup de fautes : ton intelligence y suppléera. — En vérité, reprit l'ambassadeur, voilà du pur pékinois! Vous autres Français, vous avez une incroyable facilité... Vous êtes Français, n'est-ce pas ? — Oui, Français. — Oh ! je connais les Français. Autrefois il y en avait beaucoup à Pékin... — Tu as dû en connaître aussi à Canton, quand tu étais commissaire impérial... » Ce souvenir désagréable lui fit froncer le sourcil ; il puisa dans sa tabatière une énorme prise de tabac, et, brusquant l'entretien : « Vous êtes de la religion du Seigneur du ciel, n'est-ce pas ? — Certainement ; nous sommes même prédicateurs de cette religion. — Je le sais ; vous êtes sans doute venus ici pour prêcher... — Nous n'avons pas d'autre but. — Avez-vous parcouru déjà un grand nombre de pays?... — Toute la Chine, toute la Tartarie, et maintenant nous voici dans la capitale du Thibet. — Chez qui avez-vous logé quand vous étiez en Chine? — Nous ne répondons pas à des questions de ce genre. — Et si je vous le commande! — Nous ne pourrons pas obéir... » — Ici le juge dépité donna un grand coup de poing sur la table...

J'ai abrégé l'interrogatoire des deux missionnaires: mais rien n'est curieux, dans le livre de M. Huc, comme ces alternatives de violence et de flatterie, de politesse et de dépit de la part du juge qui fait effort pour se mettre au niveau des prévenus et qui reste Chinois, quoi qu'il fasse: — et rien n'est plus intéressant non plus que ce mélange d'énergie et de résignation, d'ironie et de patience que les deux prêtres français lui opposent. Il n'est pas jusqu'au chamelier qui ne joue là, dans cet intermède religieux qui ressemble au prologue d'un martyre, un rôle admirable. « Pourquoi t'es-tu mis au service des étrangers? lui dit l'ambassadeur. Ne sais-tu pas que les lois le défendent? — Est-ce qu'un ignorant comme moi peut savoir qui est étranger ou qui ne l'est pas? Ces hommes ne m'ont jamais fait que du bien; ils m'ont toujours exhorté à la pratique de la vertu; pourquoi ne les aurais-je pas suivis? — Combien te donnent-ils?... — Si je les accompagne, c'est pour sauver mon âme et non pour gagner de l'argent... — Es-tu marié? — Ayant été lama avant d'entrer dans la religion du Seigneur, je n'ai jamais été marié. » — Le juge adressa ensuite, en riant, une question inconvenante à Samdad-Chiemba, qui baissa la tête et garda le silence. « L'un de nous, raconte M. Huc, se leva alors et dit à Ki-chan : « Notre religion nous défend non-seulement de commettre des actions impures, mais encore d'en parler, et il ne nous est pas permis davantage de prêter l'oreille à des propos déshonnêtes, » S. Exc. rougit une seconde fois...

On cherchera dans le livre de M. Huc la suite de cette aventure. Les deux Français commencent par passer une nuit en prison, prison singulière, où tout le monde entre, à ce point que les deux prêtres sont obligés, leur prière du soir terminée, de souffler leur chandelle pour se débarrasser de la foule. « Oh! nous disions-nous, au moment de nous endormir, soyons résignés à tout, et comptons sur la protection de Dieu! Pas un cheveu ne tombera de notre tête sans sa permission. » Le lendemain on visite leurs bagages. Le régent lui-même, qui s'est fait conduire jusqu'à leur chambre en grand cortége, assiste à l'opération : « — Est-ce là tout ce que vous possédez? demande-t-il en jetant ses yeux sur quelques vieux ustensiles de ménage. — Oui, c'est tout. Voilà toutes nos ressources pour nous emparer du Thibet. — Il y a de la malice dans vos paroles, reprend le régent; puis, avisant un crucifix attaché au mur : Qu'est-ce que cet objet? demanda-t-il. — Ah! si tu connaissais bien cet objet, répond M. Huc, tu ne dirais pas que nous sommes peu redoutables. C'est avec cela que nous voulons nous rendre maîtres de la Tartarie, du Thibet et de la Chine!... » Le régent se mit à rire.

Le lendemain, nouvelle visite des effets de nos missionnaires; mais cette fois, c'est le vieux Ki-chan lui-même qui y préside avec un mélange d'impertinence et d'urbanité. Conduits par la ville comme des malfaiteurs, les Français arrivent devant le tribunal au milieu d'une foule immense. Ki-chan les attendait, entouré de son état-major. On apporte tout le bagage : deux vieilles malles, la batterie de cuisine, la défroque du voyage, les papiers et les chiffons. « — Qu'avez-vous dans ces deux malles? — Tiens, voilà les clefs... » Ki-Chan rougit encore, et fit un mouvement en arrière. Sa délicatesse de Chinois se révoltait. « Ouvrez vous-mêmes vos malles; vous seuls avez le droit de toucher à ce qui vous appartient. » Le cadenas fut enlevé, les malles furent ouvertes, et tout ce qu'elles contenaient fut étalé sur une grande table : livres latins, français, chinois et tartares, linge d'église, ornements, vases sacrés, chapelets, médailles.

estampes et lithographies pieuses... L'effet de cette exhibition fut prodigieux. Tout ce qui était blanc semblait d'argent, et d'or tout ce qui était jaune... Les Thibétains ti-
raient la langue en se grattant l'oreille (c'est leur manière
de saluer); les Chinois faisaient la révérence. « Les Français sont les premiers artistes du monde, » disait le vieux
Ki-chan, et tout le monde d'applaudir. Ce fut bien mieux
quand M. Huc, ouvrant une petite boîte que personne n'a-
vait remarquée, en tira un microscope. L'ambassadeur était le
seul qui eût quelque idée de cet instrument. « Il en donna
l'explication au public avec beaucoup de prétention et de
vanité, dit M. Huc; puis il nous pria de placer quelque ani-
malcule à l'objectif...— Nous regardâmes Son Excellence du
coin de l'œil : « Nous pensions être venus ici pour subir un
jugement, non pour jouer la comédie. — Quel jugement?
reprit le ministre; nous avons voulu visiter vos effets, savoir au juste qui vous êtes : voilà tout... Avez-vous des
cartes de géographie?... » Les cartes de géographie étaient
le point délicat de la visite. Les deux prêtres, en montrant
les cartes d'Andriveau-Goujon qu'ils avaient apportées et
qui les avaient fidèlement guidés pendant leur voyage,
n'eurent pas de peine à prouver qu'ils n'étaient coupables
d'aucun plan autographié des provinces et des forteresses du
Thibet. On les congédia. « C'est bien, leur dit le régent,
vous êtes de braves gens. » L'ambassadeur ne dit mot.

Et en effet, quelques semaines s'étaient à peine écoulées,
que les deux Français, un moment tolérés par l'astucieuse
politique de l'ambassadeur chinois, furent obligés de renoncer à leur mission et de reprendre tristement, avec une feuille
de route donnée par Ki-chan, et en compagnie d'un mandarin
de ses amis, le chemin de la Chine, — tournant ainsi le dos
à l'Inde anglaise où ils voulaient se rendre. Ils partaient donc
en gens qu'on déporte. Ainsi finit la mission des lazaristes,
mais non pas leurs épreuves. La route était longue, la saison

était dure dans la montagne ; le voyage fut pénible, souvent lugubre. Un moment le convoi se trouva sans chef ; le mandarin était mort de fatigue, de consomption et d'ivrognerie.

Ce mandarin, qui s'appelait Ly-kouo-ngan, c'est-à-dire *Pacificateur des royaumes*, et qui était chargé, avec son cortége de quinze soldats chinois et son troupeau de bœufs à longs poils, d'accompagner nos deux compatriotes jusqu'au terme de leur voyage, — ce glorieux Ly nous donne un avant-goût de ces mœurs chinoises dont M. Huc nous promet, dans une prochaine publication, un régal plus assaisonné et plus complet. Tel qu'il est, pourtant, le mandarin Ly-kouo est un original curieux à étudier. Le pacificateur des royaumes est un général d'armée, membre de la corporation des mandarins militaires, décoré du globule bleu, et jouissant du privilége de porter à son bonnet sept queues de martre-zibeline. Ly-kouo-ngan n'a pas cinquante ans ; c'est un homme instruit et bien élevé ; mais il n'a plus ni dents ni cheveux, ses yeux sont morts, ses jambes ne le soutiennent plus. L'abus des liqueurs fortes l'a tué avant l'âge. C'est un homme fini.

Avant de partir, le pacificateur va prendre congé du ministre chinois. « Adieu, lui dit le ministre en lui remettant un mandat de cinq cents onces d'argent ; ceci est un cadeau du grand empereur. C'est pour boire une tasse de thé avec tes compagnons pendant la route. Mais garde-toi de l'eau-de-vie. Si tu veux vivre, n'en bois plus. » L'ambassadeur avait trop raison. Le général frappa trois fois la terre du front, se releva et partit. Sa femme l'attendait à la porte de sa maison. C'était cette Thibétaine bien constituée dont nous avons parlé plus haut. Le mandarin l'avait épousée, il y avait de cela six ans, en avait eu un enfant, et l'abandonnait sans retour. Celle-ci faisait mine de pleurer. « Tu pleures. disait-il, toi à qui je laisse une maison si bien bâtie et une foule de meubles presque neufs ! » Puis l'escadron se mit en route. Chemin faisant, le pacificateur des royaumes fait plus d'une culbute, et l'enflure de ses jambes finit par prendre des proportions effrayantes. Mais il tient bon. Il ne manque ni de patience ni de courage. Et qui sait? les deux prêtres français, si Dieu lui eût donné quelques jours de plus, seraient parvenus peut-être à faire de lui un bon chrétien. Comme ils s'apercevaient que les forces de ce malheureux baissaient chaque jour, tandis que les fatigues et les périls de la route ne faisaient qu'augmenter, ils eurent l'idée de lui parler du salut de son âme et du bonheur de l'éternité. Le pacificateur ne demandait pas mieux. Il enchérit même plus d'une fois, car il avait une certaine éloquence naturelle, sur les exhortations de ses confesseurs. « Et puis tout à coup, dit M. Huc, quand il fallait conclure, en venir à la pratique, *tout se détraquait...*» Tant il hésita, qu'à la fin il mourut, et sans confession; et les deux missionnaires n'eurent pas même la consolation, au terme de leurs souffrances, d'envoyer cette pauvre âme en paradis.

Quelques jours après, ils arrivaient aux frontières de la Chine. C'est là que finit le livre de M. Huc, à l'entrée d'un nouveau pays, et d'un sujet nouveau; — et c'est là que commencera cet autre livre qu'il nous promet et que nous espérons[1].

---

[1] Il a déjà paru en Angleterre une traduction et deux éditions des *Souvenirs de voyage* de M. Huc.

VIII

M. THÉOPHILE GAUTIER A CONSTANTINOPLE

22 janvier 1854.

Il y a bien des façons et des variétés de voyageurs. Les poëtes, les économistes, les rêveurs, les politiques, les viveurs et les dévots, les fantaisistes et les savants ne voyagent pas tous de la même manière. Les méthodes diffèrent autant que le but. Les allures varient comme les caractères. Chacun fait son plan, plus ou moins, avant de partir; chacun met sa marotte dans sa valise, heureux ceux qui n'y laissent pas leur esprit!...

M. Théophile Gautier, lui, voyage en peintre; — il a été réellement peintre autrefois, peintre habile, nous dit-on; et aujourd'hui s'il écrit ses voyages au lieu de les peindre, c'est pure économie de temps. C'est qu'il a plutôt écrit une page qu'achevé un tableau. Je me souviens d'avoir fait à Londres, en 1851, dans une salle de quelques mètres carrés, un voyage de circumnavigation des plus commodes. On partait de Southampton sur un bon bateau, et en quelques heures on arrivait à Constantinople, en touchant à Lisbonne, à Cadix, à Gibraltar, et en suivant, depuis Malte, précisément le *périple* que M. Théophile Gautier nous fait faire[1] au-

---

[1] *Constantinople.* Paris, 1854.

jourd'hui. De grandes toiles peintes, se déroulant par l'effet d'une ingénieuse mécanique et fort habilement éclairées, retraçaient successivement aux yeux des spectateurs, dans une espèce de panorama mobile et flottant, tous les sites, tous les climats, toutes les surprises de ce lointain voyage. On était venu en curieux; on sortait ébloui. Ce que ce spectacle de Londres nous montrait en moins d'une soirée, le livre de M. Gautier nous le fait voir, sans nous demander beaucoup plus de temps, sans nous faire quitter notre fauteuil au coin du feu, non pourtant sans nous laisser moins de souvenirs, d'éblouissements et de prestige. Son livre est un panorama imprimé, un prodigieux kaléidoscope en caractères alphabétiques; ses quatre cents pages sont autant de dessins qui vous sautent aux yeux par l'éclat du *coloriage*, qui vous étourdissent non sans vous charmer par la variété des changements à vue, des décorations et des perspectives. Seulement on éprouve le besoin, après l'avoir lu, de baisser sa lampe, d'amortir la flamme de son foyer et de fermer les yeux, si ce n'est pour dormir, — le spirituel écrivain y a mis bon ordre, — du moins pour les reposer dans l'obscurité, dans le silence et dans l'oubli momentané de tant de merveilles.

J'ai eu quelquefois le plaisir d'étudier, à cette place même, M. Théophile Gautier comme prosateur et comme poëte. Je ne veux parler cette fois que du voyageur. Comme critique d'art et de théâtre. M. Gautier a fait école. Le monde des lettres est plein de ses imitateurs. Le *coloriage* et le pittoresque sont toujours fort à la mode parmi les jeunes débutants de la fantaisie littéraire ou du roman d'aventures. Comme poëte, l'auteur de la *Comédie de la mort* est peut-être moins original; — comme voyageur il est sans précédents, j'allais dire sans rivaux, du moins dans son genre. Personne n'a jamais eu à ce degré, soit ce don de peindre à outrance, soit cette faculté de tout voir et de tout décrire, soit cette manie de nomenclature universelle, soit cette intrépidité du détail technique, soit cette ubiquité pittoresque, soit cette aptitude à reproduire avec l'écriture l'inépuisable variété des couleurs, des nuances, des aspects et des accidents du monde matériel. En un mot, s'il ne s'agit que de voir avec ses yeux, quand on voyage, personne n'a jamais mieux voyagé que M. Théophile Gautier ; car personne n'a jamais mieux vu. « *La soif de voir*, comme l'autre soif, dit-il quelque part, s'irrite au lieu de s'éteindre en se satisfaisant. Me voici à Constantinople, et déjà je songe au Caire et à l'É-gypte... Il en coûte de renoncer à de chéres habitudes d'esprit et de cœur, de quitter sa famille, ses amis, ses relations pour l'inconnu, et cependant *l'on sent qu'il est impossible de rester*, et ceux qui vous aiment n'essayent pas de vous retenir et vous serrent silencieusement la main sur le marchepied de la voiture... »

Voir, c'est avoir. Je comprends très-bien que M. Gautier aime à quitter de temps en temps *ce ruisseau de la rue du Bac*, ou tout autre ruisseau, et à dater ses feuilletons du Prado ou de l'Alhambra, des cimes neigeuses de l'Atlas ou des poétiques sommets du Taygète, de Saint-Marc ou de Sainte-Sophie ; je le crois bien : le Prado, l'Alhambra, l'Atlas, le Taygète, Sainte-Sophie et Saint-Marc sont à lui. Ce que M. Théophile Gautier a vu une fois, il se l'approprie, pour ainsi dire, par une sorte d'empreinte matérielle que les objets extérieurs gravent dans sa mémoire vraiment prodigieuse, et que sa plume reproduit, à défaut du crayon et du pinceau, avec une exactitude presque infaillible. Notez que je ne fais pas ici, comme on pourrait le croire, la théorie de l'imagination ; au contraire. Si l'imagination est le don de reproduire à l'infini les formes sensibles du monde physique, M. Théophile Gautier en a beaucoup. Si c'est le don de créer, M. Théophile Gautier en a peu Je ne connais pas, dans l'ordre des esprits supérieurement faciles et abondants, un esprit moins inventeur : je n'en sais pas, parmi ceux qui se piquent de n'obéir à aucune règle, qui soient plus minutieux et plus exacts. J'ajoute, et sans rien retrancher ici à quelques lignes charmantes que M. Xavier Marmier adresse, au début de son livre [1], « *à la chère et aimable folle* qui, de son manteau diapré, nous cache les mornes réalités de la vie, » — j'ajoute que l'imagination n'est pas d'ordinaire le défaut des voyageurs, j'entends les vrais voyageurs. « Les voyageurs qui ne savent rien n'apprennent rien, » dit M. Saint-Marc Girardin. —Quoi qu'il en soit, on voyage pour apprendre, pour observer : on veut voir, juger, comparer; on veut aiguiser la sagacité de son esprit, accroître son expérience, exercer sa sensibilité. On voyage en économiste, comme M. Michel Chevalier; en savant, comme M. de Humboldt; en homme du monde, comme M. Alexandre de Laborde; en lettré, comme le président Dupaty; en puritaine biblique, comme madame de Gasparin; en peintre, comme M. Théophile Gautier; en curieux et en helléniste, comme M. Saint-Marc Girardin. « Le voyage (le voyage d'Orient) a eu pour moi ce grand avantage, dit l'auteur des *Souvenirs* [2], que, commencé pour la politique et pour étudier à Constantinople cette question d'Orient qui m'avait ensorcelé, et dont je n'abjure pas encore l'enchantement (M. Girardin écrivait cela en 1852), je l'ai fini par Athènes et par la littérature. A peine en Grèce, je n'ai plus pensé qu'à la poésie, à l'éloquence, à l'histoire grecque… De la politique, plus un mot. »

Presque tous les poètes voyagent : ils sont de médiocres voyageurs. Ils voyagent quelquefois sans voir, comme on le raconte de M. de Chateaubriand lui-même, qui fit la plus admirable description d'Athènes sans sortir (dit-on) de la chambre hospitalière qu'il avait trouvée dans la maison de M. Fauvel. Vraie ou fausse, l'anecdote est vraisemblable.

[1] *Lettres sur l'Adriatique et le Monténégro*. (Voir ci-après.)

[2] *Souvenirs de voyages et d'études*, par M. Saint-Marc Girardin. (Voir ci-après.)

Ainsi font les poëtes ; — ou s'ils consentent à regarder au monde réel, ils ne le voient qu'à travers ce prisme trompeur et avec ce verre grossissant de leur hyperbole, comme M. de Lamartine dont le *Voyage en Orient* n'est qu'un admirable répertoire de brillantes images. Pourquoi, au contraire, M. de Choiseul-Gouffier, Victor Jacquemont, le comte d'Estourmel, sans parler de beaucoup d'autres parmi nos voisins d'outre-Manche, pourquoi tous ces écrivains sont-ils justement cités parmi les voyageurs sérieux ? En sont-ils moins agréables à lire pour cela ? C'est qu'ils sont avant tout des esprits pratiques, fins observateurs, guides aimables et sûrs, et qu'ils ont laissé en partant la *chère folle* de M. Marmier à la maison. Et pourquoi aussi l'*Itinéraire de Paris à Jérusalem*, par M. de Chateaubriand, est-il un chef-d'œuvre ? N'y a-t-il mis que son imagination, son coloris et sa verve ? Non ; mais c'est que, bien qu'il eût accompli en poëte, et en vue d'un poëme projeté, ce lointain pèlerinage, M. de Chateaubriand a voulu faire, au retour, deux parts des observations qu'il avait recueillies ; — les unes, celles du poëte, il les destine à son œuvre à venir ; — les autres, celles du voyageur, de l'érudit, de l'antiquaire et du moraliste, il les réunit en un corps d'ouvrage. Il nous le dit lui-même : « Ce sont ses Mémoires. » Et plût à Dieu qu'il n'en eût écrit jamais d'autres ! Mais ces Mémoires d'un jeune homme sont la leçon de l'expérience, du vrai savoir et du bon goût.

Je reviens à M. Gautier. Voulez-vous, tout compte fait, vous procurer, à porte fermée, une de ces jouissances égoïstes qui profitent pourtant à tout le monde, parce que la lecture d'un livre agréable rend votre humeur plus sereine, chasse un instant les noirs soucis qui vous assiégent, et se répand comme un souffle bienfaisant dans toute votre maison ; — voulez-vous une distraction de ce genre ? Lisez les récits de voyage de M. Théophile Gautier. Ses voyages, c'est tout l'ancien monde en attendant le nouveau ; c'est l'Espagne

(un charmant volume) ; c'est l'Italie, l'Algérie, la Grèce, Smyrne, Constantinople, en attendant Cuba, New-York et Mexico. Pressé d'échapper à tant d'amères pensées[1] qui ont creusé récemment dans les âmes, tout autour de nous, un vide si profond et si douloureux, lassé de regretter et de songer, — j'ai pris le dernier voyage de M. Gautier, non parce qu'il est le meilleur et le plus nouveau, mais parce que je l'avais sous la main, peut-être aussi parce qu'en racontant son voyage à Constantinople M. Gautier a eu l'adresse incomparable de ne pas dire un mot de la *question d'Orient*, ni de la querelle des Lieux-Saints, ni de la mer Noire, si ce n'est, je crois, pour s'y promener. Je ne connais guère que M. Théophile Gautier qui sache faire des tours de force de cette hardiesse ; mais il lui sera beaucoup pardonné parce qu'il a beaucoup raconté. Voyageant pour voir, non pour disserter, il manque absolument, je le reconnais, de sagacité diplomatique ; mais quels yeux perçants il vous jette sur tout ce monde nouveau que l'Orient lui révèle ! quelle vue admirable ! quel ardent coup d'œil ! quelle absence de discrétion, de pruderie et de fausse honte ! quel amour du beau et quel goût de l'étrange ! quelle singulière passion du grandiose et du ridicule, du sublime et du grotesque ! M. Théophile Gautier, c'est tout cela. Quant à son livre, c'est à prendre ou à laisser, comme on dit. Une fois pris, le livre vous tient comme ces mirages mêmes dont l'auteur nous fait, par instants, de si étincelantes descriptions. Vous le savez ; aller au cœur par les oreilles, Horace nous le dit, l'effet n'est pas infaillible ; mais les yeux ! l'âme passe par là tout entière. *Segniùs irritant animos !...*

M. Théophile Gautier, tout mérite de style à part, a encore une autre qualité dont il faut tenir grand compte à un

---

[1] Cet article parut dans le *Journal des Débats* quelques jours après la mort de son directeur, M. Armand Bertin, si aimé de quelques-uns, si regretté de tous. Voir l'Introduction de mes *Études historiques et littéraires*.

voyageur : il est sincère, il est naturel, — sincère à outrance,
entendons-le bien, et naturel sans aucune simplicité. —
c'est-à-dire que chez lui l'affectation même, le caprice, le
paradoxe, les plus singuliers excès de la pensée et de la
plume, l'excentricité dans l'observation et dans le langage,
tout cela coule de source, au lieu d'être, comme chez ses
prédécesseurs ou ses adeptes de l'école pittoresque, l'effet
d'un travail préconçu et d'un effort pénible de l'esprit.
M. Théophile Gautier est, si on peut le dire, naturellement affecté et sa recherche est primesautière. Il ne vous
trompe pas; peut-être se trompe-t-il lui-même, mais il parle
comme il pense, il raconte comme il observe, il peint comme
il voit. Il vous donne son impression pour ce qu'elle vaut,
sans se poser en maître, sans trancher du prophète. Son
paradoxe est loyal, son sophisme est bon compagnon. S'il
fait école, c'est que tout ce grand attirail de style, ces paillettes d'or, ce métaphorisme bruyant, ce coloriage splendide,
toutes ces qualités de haut goût qui vous prennent aux yeux,
comme je vous l'ai dit, c'est que tout ce tapage de décoration a
toujours, et en dépit de l'auteur lui-même, un certain air de
charlatanisme. Les sots y sont pris et se ruent dans l'imitation.
Les hommes de sens se laissent tout simplement amuser.

C'est un vrai plaisir, en effet, de suivre ainsi aux quatre
coins du monde ce décorateur infatigable à qui tout est
spectacle, et qui ne rencontre pas une ruine, un ravin, un
bout de ciel bleu, une voile à l'horizon, un mendiant dans
la rue, une boutique au bazar, un tuyau de pipe dans la
boutique, sans dresser aussitôt son théâtre, et vous y attirer
par l'éclat, le relief et le *ragoût* de sa peinture (le mot est de
lui).

> S'il rencontre un palais, il m'en dépeint la face,
> Il me promène après de terrasse en terrasse;
> Ici s'offre un perron, là règne un corridor...

Ces visites de propriétaire que les poëtes descriptifs vous

faisaient faire quelquefois du temps de Boileau, c'est peut-
être bien un ennui quand il n'y a qu'un palais. Mais quel
plaisir quand il y en a mille, quand aux palais succèdent les
mosquées, aux mosquées les brillants bazars, les fêtes publiques, les jeûnes solennels, les baise-main, les cérémonies
pompeuses, les perspectives à perte de vue, les promenades
parmi toutes sortes de merveilles inconnues, de débris ra-
justés ou d'émotions rajeunies! Et quand tout cela s'appelle
de ces noms célèbres, Malte, la Troade, les Dardanelles, la
Propontide, la Corne-d'Or, le Phanar, les tombeaux de Scutari, la pointe du Sérail, le canal du Bosphore ; — quand
tout cela brille sous ce ciel d'azur, sur ce sol fortuné, berceau du monde « où le soleil se lève, nous dit M. Gautier, *et
qu'il ne quitte qu'à regret pour aller éclairer l'Occident!...*»

M. Théophile Gautier est, par état, un ennemi personnel
de l'Occident. Il lui faut du soleil, n'en fût-il plus au monde ;
— les étoiles toutes seules, malgré son admiration pindari-
que pour les nuits d'Orient, ne lui suffiraient pas. Et puis,
en Orient, comme M. Gautier nous l'apprend, les hommes
sont assez mal appris pour dormir la nuit.

« ... Il faisait un temps admirable, écrit-il (c'était le soir de cette fête
magnifique que l'ambassadeur de France, M. de Lavalette, avait donnée à
l'état-major et à l'équipage du *Charlemagne*), je résolus de retourner le
soir même à Constantinople, dans un caïque à deux paires de rames, ma-
nœuvré par deux robustes Arnautes, aux tempes et aux joues rasées,
n'ayant de poil qu'une longue moustache blonde. Quoiqu'il fût plus de dix
heures quand je partis, on y voyait parfaitement, et certes plus clair qu'à
Londres en plein midi. Ce n'était pas une nuit, mais plutôt un jour bleuâtre d'une douceur et d'une transparence infinies. Je m'établis à la poupe
bien en équilibre, mon paletot boutonné jusqu'au col, car la rosée tombait
en fine bruine argentée comme les pleurs nocturnes des astres, et le fond
de la barque était tout mouillé. Mes Arnautes avaient jeté une veste sur
leurs *chemises de gaze rayée*, et nous commençâmes la descente.

« Le caïque, aidé par le courant, et poussé par quatre bras vigoureux,
filait presque aussi rapidement qu'un bateau à vapeur au milieu du tremblement lumineux de l'eau *piquée de millions de paillettes*; les collines et
les caps de la rive projetaient de grandes ombres *violettes qui tranchaient*

sur le vif-argent des vagues, où les silhouettes des vaisseaux à l'ancre se dessinaient comme des découpures de papier noir, avec leurs verguescarguées et leurs cordages ténus. Quelques lumières brillaient de loin en loin à bord des embarcations ou aux fenêtres des villages riverains. On n'entendait d'autre bruit que la respiration cadencée des caïdjis, le rhythme régulier des avirons, le clapotis de l'eau et les aboiements lointains de quelques chiens en éveil.

« De temps à autre une bolide traversait le ciel et s'éteignait comme une bombe de feu d'artifice ; la voie lactée déroulait sa zone blanchâtre avec un éclat et une netteté inconnus dans nos brumeuses nuits du Nord ; les étoiles brillaient jusque dans l'auréole de la lune. C'était merveilleux de magnificence tranquille et de splendeur sereine. En contemplant cette voûte de lapis-lazuli veiné d'or, je me demandais : Pourquoi le ciel est-il si splendide lorsque la terre est endormie, et pourquoi les astres ne s'éveillent-ils qu'à l'heure où les yeux se ferment? Cette féerique illumination, personne ne la voit ; elle ne s'allume que pour les prunelles nyctalopes des hiboux, des chauves-souris et des chats. Le divin décorateur méprise-t-il à ce point le public, qu'il ne déploie ses plus belles toiles qu'après que les spectateurs sont couchés?... »

J'ai cité, sans en rien retrancher, cette page tout entière, parce qu'il me semble que tous les défauts et toutes les qualités qui caractérisent la manière de M. Théophile Gautier s'y sont, pour ainsi dire, donné rendez-vous : — la description exacte, minutieuse et vive, — le détail infini dans les accessoires, — le paradoxe à brûle-pourpoint et touchant au burlesque ; l'émotion de l'artiste, sincère au début, aboutissant à la charge d'atelier. Toujours la Bohème ! « J'ai rarement vu un camp de bohémiens, dit quelque part M. Gautier, sans avoir envie de me joindre à eux et de partager leur existence vagabonde : l'homme sauvage vit toujours dans la peau du civilisé... » Et puis, cette chemise de gaze rayée que l'auteur signale parmi ces magnificences de la nature et sous ce ciel de diamants, — avouez que c'est là un souci de metteur en scène plus que de poëte, et une remarque à faire chez Lami-Housset plutôt qu'en plein Bosphore ! Et ces belles nuits d'Orient que personne ne voit et qui ne servent qu'aux amoureux ! Ah ! M. Théophile Gautier est bien ingrat ! N'en jouissait-il pas, lui tout seul, de cette belle nuit qu'il a si admirablement peinte ! Et les grandes œuvres de Dieu ont-elles besoin, plus que celles des hommes, des suffrages de la foule ? Ne s'est-il jamais promené, lui l'artiste inspiré, seul dans le musée de Madrid, ou devant les *stanze* de Raphaël, ou sous les arches du pont du Gard, ou près de la cascade de Terni ? A ces grandes scènes de la nature ou de l'art un seul connaisseur suffit. *Odi profanum vulgus et arceo !*

Ces étoiles de l'Orient qui ne brillent que la nuit dans le ciel de Constantinople ne sont pas le seul désappointement de M. Théophile Gautier. L'Orient l'abreuve de mécomptes ; non qu'il soit de sa nature très-exigeant ; il n'est pas de ceux qui, avant de partir pour un long pèlerinage dans ces poétiques domaines de l'archéologie sacrée et profane, font provision d'enthousiasme et qui se procurent par avance une admiration de commande, comme on achète une paire de gants et une casquette de voyage. « Il me manque, dit-il, cette facilité de pamoison sur parole dont sont doués des voyageurs plus tendres à l'enthousiasme rétrospectif... » Cela est vrai ; M. Gautier est un voyageur parfaitement calme qui ne s'émeut qu'à point, qui ne produit son érudition (et elle est fine et variée) qu'à bonnes enseignes, qui ne crie jamais, ne s'étonne de rien, ne consulte personne, et commence toujours, dans toute ville où il arrive, par faire à lui tout seul, sans guide importun et quitte à se perdre, un voyage de découverte. Il a bien raison ; c'est la bonne manière. Malgré tout, on n'est pas poëte, artiste et peintre impunément ; on ne quitte pas Paris, en quête d'impressions neuves, de curiosités inédites et de couleur locale, pour subir sans commentaire tous les plagiats et tous les emprunts que la barbarie orientale fait sans cesse à la civilisation de l'Occident ; — ici des Grecs qui portent la fustanelle et une veste blanche historiée d'arabesques d'or, « mais, chose horrible à dire et plus horrible encore à contempler (c'est M. Gautier qui parle), ces nobles Hellènes étaient coiffés de bonnets de coton comme des Bas-Normands ! » — là, des pendus enloppés de toile cirée, et attachés à leur potence sur le rivage même de Cythère ; — ailleurs, dans un café de Péra, toute une galerie parisienne : *des Études d'animaux*, par Victor Adam ; *Napoléon à la bataille de Ratisbonne;* une autre estampe de la rue Saint-Jacques, la *Jeune Espagnole*, avec cette épigraphe :

> J'ai cru voir dans tes yeux l'image du bonheur;
> Aussi je te confie et ma vie et mon cœur..

Plus loin, ô profanation mille fois plus insolente ! des boutiquiers qui vendent des draps anglais aux couleurs criardes, aux lisières chamarrées d'armoiries, pour flatter bêtement le goût oriental ; — ailleurs encore (mais ici l'indignation de l'auteur déborde comme le Céphise pendant un orage), ailleurs : « Ces exécrables cotonnades de Rouen, de Roubaix et de Mulhouse qui répandent en Orient leurs affreux petits bouquets, leurs atroces guirlandes et leurs sales mouchetures, semblables à des punaises écrasées... — Si j'en parle avec tant d'amertume, ajoute notre voyageur, c'est que j'ai eu la douleur profonde, *et dont je ne me consolerai jamais*, de voir trois petites filles turques, de huit à dix ans, belles comme des houris... qui portaient sur une robe de rouennerie un caftan de drap anglais. Les rayons du soleil, quoique attirés par leurs charmants visages, n'osaient pas éclairer ces monstruosités modernes, *et rebroussaient d'épouvante*... » C'est par discrétion sans doute que M. Théophile Gautier ne rappelle pas ici le festin d'Atrée et de Thyeste :

> *Ructantemque patrem natos, solemque reversum*
> *Et cæcum sine sole diem.....*

Quoi qu'il en soit, M. Gautier est un amant passionné de

la couleur locale, on le voit de reste ; et il y fait, pour sa part, non seulement tous les sacrifices que le respect des usages commande à bon droit, en pays étranger, à un homme bien élevé, mais beaucoup d'autres qui ont dû l'exposer à passer maintes fois, dans les rues de Constantinople, pour un pacha à trois queues. Ainsi M. Gautier porte le fez rouge, la redingote boutonnée droit, la barbe longue ; et son teint, qui a gardé le hâle de la mer et du soleil, l'empêche d'ailleurs, comme il le dit lui-même, « d'avoir l'air *trop scandaleusement Parisien.* » Ainsi encore, sa facilité à croiser les jambes, « mouvement fort difficile pour les Français », dit-il, fait sourire d'aise ses amis les Turcs et inspire de lui la meilleure opinion. Ainsi encore, si on lui offre à table, chez le ci-devant pacha du Kurdistan, contrairement aux habitudes du logis et par une prévoyance toute particulière, — si on lui offre

La cuillère d'argent qui servait à manger,

M. Théophile Gautier la refuse bravement, et il répond à cette politesse en mangeant avec ses doigts, et avec un appétit qui ne manque certes pas de couleur locale, une quantité fort raisonnable de poissons à l'huile, de concombres crus et farcis, de petits salsifis visqueux, pareils à des racines de guimauve, de boulettes de riz enveloppées de feuilles de vigne, de citrouilles au sucre en purée, et enfin de crêpes au miel, le tout aspergé d'eau de rose et assaisonné de menthe ; et pour boisson de l'eau, du sherbet et du jus de cerise, « qu'on puisait, dit-il, dans un compotier avec une cuiller d'écaille à manche d'ivoire... » Ailleurs, et toujours pour se conformer au goût du pays, M. Gautier se livre, dans la boutique d'un confiseur, non loin de la pointe de Seraï-Burnou, à une consommation de rahat-lokoum rose et blanc et de toutes sortes de sucreries mielleuses et parfumées, qui finissent par l'écœurer si bien qu'il ne s'en tire

qu'en avalant une tasse d'excellent moka. Aussi ne le plaignons pas.

Parmi tous ces sacrifices aux usages de l'Orient que
M. Gautier accepte avec une résignation si joviale et si amusante, il en est un dont il voudrait bien être dispensé... Mais
le moyen?

> . . . . Les verrous et les grilles
> Ne font pas la vertu des femmes et des filles.

Molière a raison en France. Mais en Orient les grilles répondent de tout. Puis ce costume des femmes qui ne laisse
pas même deviner leur taille et ne permet de voir que leurs
yeux... Joignez-y un obstacle plus infranchissable encore :
les mœurs du pays. « En France, dit justement l'auteur, il
y a une conspiration tacite contre le mari; tout le monde
favorise le couple amoureux, au moins de son silence, et
personne ne songe à s'ériger en vengeur de la morale publique. En Turquie, ce n'est pas la même chose : un cawas,
un hammal, un homme du peuple qui voit dans la rue une
musulmane parler à un Franc ou seulement lui faire des
signes d'intelligence, tombe dessus à coups de pied, à coups
de poing, à coups de bâton, brutalité qui ne trouve que des
approbateurs, même parmi les femmes...» Essayez donc de
braver de pareils obstacles! les coureurs d'aventures le voudraient bien; rien ne figure mieux en effet dans un voyage
d'Orient «qu'une vieille qui, au détour d'une ruelle déserte,
vous fait signe de marcher derrière elle et vous introduit
par une porte secrète dans un appartement paré de toutes
les recherches du luxe asiatique, où vous attend, assise sur
des carreaux de brocart, une sultane ruisselante d'or et de
pierreries, dont le sourire (c'est M. Gautier qui parle) vous
fait des promesses voluptueuses bientôt réalisées. Ordinairement l'intrigue se dénoue par l'arrivée soudaine du maître,
qui vous laisse à peine le temps de fuir par une issue déro-

bée, à moins que la chose ne se termine plus tragiquement
par une lutte à main armée et la chute, au fond du Bosphore, d'un sac où s'agite vaguement une forme humaine...»
Mais, si agréable ou si périlleuse que soit une pareille aventure, aucun courage n'est tenté; personne ne s'y expose, et
M. Théophile Gautier nous avoue franchement qu'il n'a sur
ce point délicat aucune indiscrétion à commettre. Un soir
pourtant qu'après avoir fait (dans un des plus curieux cha-
pitres de son livre) le tour des murailles de Constantinople,
il chevauchait, harassé de fatigue et ne songeant plus qu'à
faire retraite, sous les cyprès de l'immense Champ-des-Morts
qui s'étend des Sept-Tours aux collines d'Eyoub, voilà l'a-
venture qui l'attendait... En Orient, les cimetières ne sont
pas, comme chez nous, habités presque exclusivement par
des ombres; les vivants y viennent sans cesse, avec plus
d'indifférence, il est vrai, que de piété véritable, fatalistes
dans leurs regrets comme dans leurs croyance. Dans les cimetières, les ouvriers travaillent, chacun à son métier : les
oisifs dorment, les commères bavardent, les troupeaux paissent, les enfants jouent. « Les tourterelles, dit poétiquement
M. Gautier, nichent dans les noirs feuillages, et les gypaëtes
planent au-dessus de leurs pointes sombres, traçant de
grands cercles dans le ciel d'azur...» Ce caractère des sépul-
cres de l'Orient, M. de Chateaubriand l'avait déjà marqué
de son grave et doux langage : «... En arrivant à la plaine
qui est au pied des montagnes (près de Coron), écrit-il, nous
laissâmes sur notre droite un village au centre duquel s'élevait une espèce de château fort : le tout, c'est-à-dire le
village et le château, était comme environné d'un immense
cimetière turc couvert de cyprès de tous les âges... J'avais
une consolation en regardant les tombes des Turcs; elles me
rappelaient que les barbares conquérants de la Grèce avaient
aussi trouvé leur dernier jour dans cette terre ravagée par
eux. Au reste, ces tombes étaient fort agréables: le laurier-

rose y croissait au pied des cyprès, qui ressemblaient à de grands obélisques noirs ; des tourterelles blanches et des pigeons bleus voltigeaient et roucoulaient dans ces arbres ; l'herbe flottait autour des petites colonnes funèbres que surmontait un turban ; une fontaine, bâtie par un shérif, répandait son eau dans le chemin pour le voyageur. On se serait volontiers arrêté dans ce cimetière, où le laurier de la Grèce, dominé par le cyprès de l'Orient, semblait rappeler la mémoire des deux peuples dont la poussière reposait dans ce lieu...» Les descriptions que donne M. Théophile Gautier des cimetières de Constantinople ne sont pas toujours aussi riantes ni ses réflexions aussi poétiques. J'en excepte l'aventure du cimetière d'Eyoub, à laquelle je reviens. C'est toute une idylle, — une idylle turque, — dont M. Gautier est à la fois le poëte et le berger, un vrai chef-d'œuvre de grâce, de fraîcheur et de sentimentalité...

« Je marchais au petit pas, dans un étroit sentier tracé entre les tombes, lorsque j'aperçus, arrêtée près d'un cippe funèbre, une jeune femme masquée d'un *yachmack* assez transparent et drapée d'un *feredgé* vert tendre ; elle tenait à la main une touffe de roses, et ses grands yeux avivés d'antimoine flottaient devant elle, perdus dans une indéfinissable rêverie.

« Apportait-elle ces fleurs sur quelque tombe aimée, ou se promenait-elle simplement sous ces tristes ombrages? C'est ce que je ne saurais dire ; mais, au bruit des sabots de mon cheval, elle releva la tête, et, sous la claire mousseline, je pus discerner un charmant visage. Sans doute mes yeux exprimèrent naïvement et fidèlement mon admiration ; car elle s'approcha du bord de la route, et, avec un mouvement plein d'une grâce timide, elle me tendit une rose prise de son bouquet.

« Mon compagnon, qui venait derrière moi, me rejoignit, et elle lui en offrit une aussi par une nuance de pudeur délicate qui corrigeait ce que la première impulsion pouvait avoir de trop libre... Je la saluai de mon mieux à l'orientale. Deux ou trois compagnes la rejoignirent, et elle disparut à travers l'épaisseur des cyprès... »

Mais arrêtons-nous là, sous l'ombrage même de ces arbres mélancoliques qui abritent un moment cette touchante et fugitive entrevue. J'aime à surprendre M. Théophile Gautier en flagrant délit de sensibilité bucolique, et je crois, qu'il me le pardonne, qu'il y met plus de bonne volonté qu'il ne le dit. Il n'est pas si bohémien qu'il veut le paraître. Combien de lignes j'aurais pu relever, dans ce livre qui semble au premier abord un recueil d'images, — combien de pages où le matérialisme un peu fanfaron du voyageur va se fondre dans l'extase descriptive à laquelle peu à peu le poëte s'abandonne! Combien d'élans de cœur qui partent de cet esprit libre! Combien de retours à Dieu de cet esprit fort! « Sans aller au Saint-Sépulcre, dit-il quelque part, je fais un pieux pèlerinage aux endroits de la terre où *la beauté des sites rend Dieu plus visible...*» Est-il possible de mieux dire et de mieux penser? Mais arrêtons-nous là où M. Théophile Gautier vient de nous montrer, dans un récit si agréable, une sensibilité si émouvante. Laissons-le sur ce doux souvenir et sur cette pure jouissance. Laissons-le sur cette rose parmi ces cyprès. Nous l'aimons mieux là que chez les *derviches hurleurs* et dans le *bazar des poux...* Et aussi bien c'est assez courir le pays pour aujourd'hui. Le ciel est gris, la saison est triste, le deuil est autour de nous. Hélas! l'homme a beau changer de place, son malheur le suit. Les perspectives se transforment, les horizons se succèdent, les scènes se multiplient sous nos yeux ; — l'esprit voyage, non le cœur.

Cœlum non animum mutant qui trans mare currunt.

IX

M. SAINT-MARC GIRARDIN

(VOYAGE SUR LE DANUBE)

Janvier 1854.

Nous avons laissé récemment M. Théophile Gautier à Constantinople ; aujourd'hui nous sommes avec M. Saint-Marc Girardin à Galatz [1]. Entre Constantinople et Galatz, il y a la mer Noire, plus agitée en ce moment par les alarmes de l'Europe que par ses tempêtes ; il y a aussi les bouches du Danube, où M. Girardin nous attend. A la vérité, le rendez-vous que M. Girardin nous donne sur le Danube est daté de 1836 ; mais au fait, et à voir avec quelle lenteur les affaires se débrouillent dans ce vieil Orient, on dirait que le rendez-vous est d'hier. Cette pente qui depuis cent ans incline la Russie vers le Danube, qui lui fait marquer ses étapes à Silistrie et à Andrinople, viser à Sainte-Sophie par-dessus les Balkans, et rêver du Bosphore, du sérail et de Scutari, ce courant périodique et régulier qui amène tous les quinze ans ses soldats dans les principautés danubiennes, M. Saint-Marc Girardin avait pu l'observer déjà en 1836. Le torrent, il est vrai, commençait alors à se retirer après avoir

[1] *Souvenirs de voyage.* (Paris, 1853.)

23.

inondé ses rives. Mais qu'importe s'il devait sitôt reparaître, si la politique russe devait, quinze ans plus tard, recommencer la même campagne, reprendre la même route, procéder par les mêmes pratiques, la même diplomatie, le même langage? Si la Russie n'a pas changé depuis 1836, j'en conclus que le livre de M. Saint-Marc Girardin n'a pas vieilli.

M. Saint-Marc Girardin, on le sait, était bien peu Russe en 1836. Je ne lui demande pas s'il l'est beaucoup plus aujourd'hui. Pourquoi changerait-il, quand la politique russe ne change pas? Les lettres que le spirituel voyageur a écrites sur le Danube (ce sont deux cents pages dans ses deux volumes tout remplis de souvenirs curieux et charmants); ces lettres ne sont pas seulement la description pittoresque, l'archéologie vivante et la peinture animée des pays qu'arrose et que limite ce grand fleuve, depuis sa source dans le bassin de marbre des jardins de Furstemberg jusqu'à son embouchure sous la surveillance des canonniers russes; — ce n'est pas seulement un très-curieux récit, très-habilement remanié, et d'où l'auteur a soigneusement retranché, dans cette nouvelle édition qu'il nous en donne après quinze ans, tout ce qui, dans la première, appartenait à la récente et un peu juvénile émotion d'un premier spectacle; — c'est une histoire, une véritable histoire de la Russie, considérée dans ses rapports avec le Danube, c'est-à-dire dans la partie la plus délicate, la plus vulnérable et la plus compromise de sa politique.

Le Danube, qu'on me passe le mot, est la passion malheureuse de la Russie. La Russie a beau faire : le Danube lui résiste tant qu'il est libre; il ne lui cède que s'il est forcé. A l'époque où M. Saint-Marc Girardin visitait Jassy et Bucharest, il y avait plus de soixante ans qu'avait commencé cette intervention violente du gouvernement moscovite dans les affaires des principautés danubiennes; et on a calculé que pendant cette période l'occupation russe avait duré plus de vingt ans. C'était bien assez pour fonder une influence durable sur un cordial accord ; c'était trop peu pour combattre une antipathie prononcée. La Russie n'y a pas seulement dépensé son argent et ses soldats ; elle y a perdu sa peine et son bon vouloir, quand, par politique, elle en a montré. Étrange rapprochement et que M. Saint-Marc Girardin fait ressortir avec une rare intelligence de cette histoire ! Le traité d'Andrinople, conclu en 1829 entre les deux puissances les plus absolues du monde, donne aux principautés une sorte de gouvernement représentatif : assemblée délibérante, vote de l'impôt, discussion libre, droit d'élections, franchises municipales, écoles primaires. Le gouvernement russe donne à la Moldavie et à la Valachie plus qu'il n'avait jamais donné à la Russie. Il élève la condition des riverains du Danube bien au-dessus de la condition des serfs de l'empire. Le protégé obtient des avantages que le protecteur se refuse. Le pays conquis est mieux traité que le peuple conquérant. Et non-seulement Saint-Pétersbourg donne des institutions constitutionnelles aux principautés, mais de 1829 à 1834 il met lui-même la main à l'œuvre, il entreprend la réforme des abus avec patience, presque avec douceur. Nous ne sommes pourtant pas très-loin du temps où un général russe, prévenu que les boyards n'avaient plus de bœufs pour faire ses transports, répondait : *Eh bien ! qu'on attelle les boyards !* Mais le général Kisselef, qui commande pour la Russie dans les provinces pendant les cinq ans qui suivent le traité d'Andrinople, n'est pas seulement un administrateur habile, c'est un réformateur décidé. Le bien qu'il fait, celui qu'il projette, la libérale introduction des principes modernes dans l'administration du pays, l'organisation presque française de la justice, des finances, de l'enregistrement, de l'état civil, — on peut chercher dans le livre de M. Girardin tout le détail de cette œuvre vraiment civilisatrice à laquelle le général Kisselef a eu l'honneur d'attacher son nom ; et il est impossible de refuser son estime, si ce n'est à cette politique persévérante de la Russie qu'inspire, même dans le bien qu'elle accomplit, une secrète et égoïste ambition ; — si ce n'est, dis-je, à cette politique elle-même, du moins à l'habileté et au succès de sa tentative.

Et puis vient le moment où les troupes russes quittent le pays. M. Saint-Marc Girardin, qui a toujours bonne chance en voyage, a vu leurs derniers bivacs sur la rive valaque. C'était en octobre 1836. « Quand je passai devant Silistrie, écrit-il, il y avait quinze jours à peu près que cette place avait été évacuée par les Russes..... En allant de Galatz à Jassy, je rencontrai quelques-uns de leurs convois qui se dirigeaient vers la Bessarabie, et à mon retour de Jassy à Bucharest, passant par Fochzani, j'appris qu'il ne restait plus que quelques malades à l'hôpital. Les principautés, à l'heure qu'il est, sont donc complétement évacuées, et il n'y a pas un seul soldat russe en Valachie ou en Moldavie..... » Et non-seulement les Russes étaient partis, mais leur départ semblait donner partout l'essor à une prospérité extraordinaire, quoique leur administration (car il faut être juste) y eût certainement plus contribué que leur retraite. « ...Partout on bâtit, écrivait M. Girardin, partout s'élèvent de nouvelles maisons pour remplacer les anciennes.... Les peuples qui n'ont point d'avenir creusent des trous dans la terre. Y a-t-il un peu d'espoir ? la cabane sort de terre. Devient-il plus grand ? on bâtit en pierre ou en brique. Tel est en ce moment l'aspect des principautés.... Aussi bien, ajoute l'auteur, cette ardeur de bâtir n'est pas un caractère particulier de Bucharest. Je viens de traverser une grande partie de l'Europe, de Paris à Jassy. Partout j'ai vu bâtir. Les maçons ont remplacé les soldats, et la truelle succède à l'épée. Il semble que l'homme se remue d'un bout de l'Europe à l'autre pour être mieux logé. Tant mieux ! qui veut être mieux logé voudra bientôt être mieux instruit.... »

Quoi qu'il en soit, tel était en 1836, après cinq ans du gouvernement des Russes, l'aspect des principautés au moment où M. Saint-Marc Girardin y arrivait et où les Russes en sortaient. Et vous croyez peut-être que c'était un sentiment de bienveillance, si ce n'est de gratitude, que les Russes laissaient derrière eux, après tout ce qu'ils avaient fait ; vous croyez qu'on leur rendait tout au moins justice. M. Saint-Marc Girardin lui-même, si peu Russe qu'il soit, le croyait comme vous, et il s'en allait partout, à Jassy et à Bucharest, et par un sentiment d'équité qui l'honore, répétant que la Russie ne prétendait pas s'emparer de Constantinople et qu'elle aimait mieux régner en Turquie par influence que par conquête... Vaines paroles ! « Tout cela est bel et bon, monsieur, lui répondait-on, et nous ne prétendons pas réfuter vos raisonnements. Seulement nous savons qu'il n'y a pas un officier russe qui ne prétende à cette conquête ; nous savons que c'est le cri de l'armée. Nous avons entendu leurs espérances, nous connaissons leurs pensées. Et ne croyez pas que l'empereur Nicolas puisse s'opposer au vœu de ses officiers et de ses généraux, qui tous convoitent les richesses de Constantinople et la possession de ces lieux enchantés. Le Nord veut se jeter sur le Midi, et il s'y jettera, quoi que fassent vos politiques, quoi que veuillent les empereurs et les rois. Voyez l'empereur Alexandre. Il ne voulait pas la guerre contre la Turquie ; son successeur l'a faite... » Ainsi (juste retour des choses d'ici-bas !), dans les bienfaits de la Russie les habitants des principautés ne voyaient que son ambition.

Je lisais, il y a quelques jours, dans la correspondance de Voltaire avec Catherine, cette phrase que l'altière impératrice écrivait en 1769 et presque en se jouant au vieux philosophe, phrase à laquelle les événements qui se sont succédé depuis cette époque en Orient donnent aujourd'hui une signification si sérieuse. Catherine disait : « Nous avons la guerre, il est vrai (c'était la guerre avec le Grand Turc), mais il y a bien du temps que la Russie *fait ce métier-là, et qu'elle sort de chaque guerre plus florissante qu'elle n'y était entrée....* » Ailleurs l'impératrice répète, presque dans les mêmes termes, cet aveu dépouillé d'artifice : « ...La Russie, dit-elle, est toujours sortie de chacune de ses guerres plus florissante qu'auparavant ; *et ce sont ces guerres qui ont mis l'industrie en branle.* Chaque guerre chez nous a été la mère de quelque nouvelle ressource qui donnait plus de vivacité au commerce et à la circulation [1]... » Tel était le langage de Catherine dans la coulisse ; ses protocoles étaient d'un autre style. Et il faut pourtant, pour comprendre ce qu'il y avait de barbarie réelle au fond de cet égoïsme qui se trahissait si naïvement dans ce marivaudage épistolaire, moitié politique, moitié commérage, qui fait le fond de la correspondance de Catherine , — il faut citer encore ce que l'impératrice de toutes les Russies disait de la guerre elle-même, considérée à un point de vue moins personnel, moins national, moins russe en un mot, et plus *philosophique :* « ...Vous ne voulez point de paix, monsieur, écrivait-elle au vieux châtelain de Ferney, que les batailles sur le Danube ne troublaient guère ; soyez tranquille ; jusqu'ici on n'en entend point parler. Je conviens avec vous que c'est une bonne chose que la paix. Lorsqu'elle existait, je croyais que c'était le *nec plus ultrà* du bonheur. Me voilà depuis plus de deux ans en guerre ; *je vois que l'on s'accoutume à tout. La guerre, en vérité, a des moments bien bons.* Je lui trouve un grand défaut, c'est qu'on n'y aime point son prochain comme soi-même. J'étais accoutumée à penser qu'il n'est pas honnête de faire du mal aux gens ; je me console cependant un peu aujourd'hui en disant à Moustapha : *Tu l'as voulu, Georges Dandin !* Et après cette réflexion, je suis à mon aise comme ci-devant...»

[1] Œuvres complètes de Voltaire (édition Lefèvre), t. XL, page 514 et 557.

— « Mes soldats, dit-elle ailleurs, vont à la guerre contre les Turcs *comme s'ils allaient à la noce...*[1] »

Il est curieux de rapprocher maintenant de cette confession un peu cynique de la grande Catherine la conduite plus circonspecte, les pratiques plus cauteleuses, les déclarations plus libérales, l'affiche plus désintéressée de ses successeurs, en un mot, toute cette habileté avec laquelle ils couvrent d'un vernis sacré une ambition profane et donnent pour prétexte à des invasions armées le zèle problématique qui les pousse à défendre la foi religieuse des peuples mêmes qu'ils envahissent. Oui, le rapprochement est curieux entre cette première et naïve expression de la politique russe par la bouche de Catherine et les déguisements qu'elle a pu se donner depuis soixante ans sans avoir changé au fond, grâce aux progrès de la langue diplomatique. Au fait, l'impératrice avait peut-être bien raison : la guerre, avant et depuis Pierre le Grand, semblait l'élément naturel de la Russie, sa condition la plus vitale et sa meilleure politique. Ces jeux de la force et du hasard profitaient à son tempérament robuste. En Asie, la guerre la rapprochait, par le Caucase et la Circassie, de la barbarie turque, dont elle convoitait la dépouille ; en Europe, la guerre la rapprochait de la civilisation par le Danube. *Sic fortis Etruria crevit....* C'est ainsi qu'elle a grandi, obscurément d'abord, malgré le génie de ses chefs ; — puis un jour on s'est aperçu de la place qu'elle occupait dans le monde, de la force de ses armes, de l'énergie de son action ; on l'a bien vu surtout le jour où il a fallu remanier la carte de l'Europe dans le congrès des rois. On a senti de quel poids pesait dans la balance cet empire guerrier et nouveau ; — et aujourd'hui ne dirait-on pas que le destin du monde est suspendu à la pointe de son épée ?

On comprend maintenant pourquoi les principautés se

[1] Voltaire, t. XL, pages 556-516.

défiaient de la Russie en 1836, pourquoi elles ne lui accordaient, en retour de ses bienfaits, ni amitié ni reconnaissance, et comment M. Saint-Marc Girardin pouvait écrire, à cette époque, quand les souvenirs de l'administration du général Kisselef étaient encore tout récents : « Nulle part je n'ai entendu dire plus de mal de la Russie que dans les principautés ; nulle part je n'ai vu se mieux vérifier les vers de Racine :

> Et de près inspirant les haines les plus fortes,
> Tes plus grands ennemis, Rome, sont à tes portes.

La Russie a beau faire, en effet; tout le monde sait, à Jassy et à Bucharest, que les provinces ne sont qu'une de ses étapes sur la grande route de Constantinople. Tout le monde sait cela, paysans et boyards, humbles d'esprit et lettrés. Or on n'aime pas, même comme bienfaiteur, un voisin qui s'arroge le droit d'entrer chez vous à toute heure de la journée, et qui, même quand il vous quitte, garde les clefs de votre maison. Le traité d'Andrinople a donné les bouches du Danube à la Russie. Défions-nous d'un protecteur qui fait sentinelle à notre porte ! « Quand les troupes russes se retirent, dit spirituellement M. Girardin, le consul général de Russie remplace le corps d'occupation, et c'est lui qui tient garnison dans les principautés... » Ce mot dit tout. Que Dieu nous préserve des bienfaits d'un ennemi et de la raison du plus fort !

J'ai voulu montrer par les réflexions et les citations qui précèdent quel est l'intérêt, agrandi et rajeuni, de ces lettres que M. Saint-Marc Girardin écrivait il y a plus de quinze ans sur le Danube. En 1836, quand M. Girardin écrivait, la Russie, nous l'avons vu, évacuait les principautés. Aujourd'hui, en 1854, elle les a de nouveau occupées. Quand la Russie occupe les provinces, c'est un acte de sa politique permanente et invariable ; quand elle s'en retire, c'est un de ces accès de modération intermittente où son intérêt bien

entendu parfois la ramène. C'est le mérite de M. Girardin
d'avoir découvert, dans cette modération précaire et tran-
sitoire de la Russie, la permanence de sa politique. M. Girardin conclut de cette étude de la politique russe la nécessité d'une complète indépendance des provinces danubiennes.
Il a bien raison. Tout le secret de la paix de l'Europe est là.
Oui, si vous cherchez le point d'appui de cet équilibre européen, qui, sans parler de bien d'autres causes, a fait verser
tant de sang et aussi tant d'encre depuis un siècle, — il est
là, dans quelques lieues carrées de terrain, entre la frontière
russe et le Danube. Regardez-y, et demandez-vous s'il n'y a
pas là en effet une digue à poser, une fois pour toutes, contre
ce courant infatigable qui porte la Russie vers la Méditerranée, au grand péril de cet équilibre. Je ne connais pas,
quant à moi, de plus grand ennemi de la Russie qu'une bonne
carte d'Europe. Quand on voit cet empire gigantesque s'étendre dans cet incommensurable espace qui descend du pôle à
Sébastopol d'un côté, — qui, de l'autre, semble joindre le
Dniester à la Vistule et la mer Noire à la Baltique, — et
quand on songe que ses chaloupes canonnières commandent
le cours du haut Danube, de ce fleuve prédestiné qui sera un
jour la grande route de la civilisation occidentale en marche
vers l'Orient, — quand on regarde ainsi la position géographique de la Russie, on tremble à la pensée qu'elle pourrait faire un pas de plus vers le centre du continent, s'y
asseoir et s'y établir ; et on s'étonne de cette imprudence
des traités qui ont livré les provinces danubiennes, c'est-à-
dire les premières étapes de cette Europe centrale, aux alternatives capricieuses de ses invasions et de ses retraites.
On s'en étonne et on s'en effraye. M. de Pradt disait en 1822 :
« *Si la révolution grecque n'existait pas, il faudrait l'inven-
ter*[1]. » Je dis que si on n'avait pas éprouvé déjà, par l'indé-

---

[1] *De la Grèce dans ses rapports avec l'Europe.*

pendance de la Belgique, par celle de la Grèce et de la Suisse, à quel point ces barrières qu'oppose la neutralité inviolable des petits États à l'ambition des grands importent à la sécurité de l'Europe, — il faudrait l'essayer par l'indépendance des principautés. Et aussi bien tout y porte : les mœurs, les usages, la langue, l'origine ; et M. Saint-Marc Girardin remarque justement à ce propos que les Valaques et les Moldaves ne sont ni Slaves ni Turcs ; ce sont des Latins. « ... La Valachie et la Moldavie font partie de la grande famille de l'Europe latine. Elles en portent le nom, elles en parlent la langue ; leur sol en a conservé des monuments... » L'auteur cite, à l'appui de cette assertion, bien des observations judicieuses qu'il a faites sur place ; et je ne signale, dans le nombre, que pour leur singularité, les conversations qu'il a eues parfois avec des paysans de la plaine ou de la montagne dans un latin qui pouvait effrayer le purisme du professeur de Sorbonne, mais qui ne laissait pas que de faire une agréable illusion au voyageur. « ... *Dominatio vestra cognoscit Tabulam Trajani ? — Undè scis latinè loqui ? — Dominatio vestra scit quod nos milites multas linguas loquimur... Scio sex linguas, turcam, germanicam, illyricam, russicam, italicam, latinam...* » C'était un charretier des Carpathes qui savait toutes ces langues ; il regrettait seulement de ne pas savoir le grec. « Latin de Molière », dit M. Saint-Marc Girardin, qui ne dissimule pas pourtant l'émotion qu'il éprouva d'entendre parler même ce mauvais latin comme la langue usuelle, à quelques pas de la Table de Trajan. Qu'importe en effet que le latin soit de Molière, si la descendance est de Rome ; ou si, à défaut de Romains, nous retrouvons dans ces pâtres robustes, dans ces paysans infatigables ou dans ces postillons montés à cru, quelques-uns de ces énergiques enfants de la Dacie.

Aut conjurato descendens Dacus ab Istro,

dont les costumes, sculptés en marbre sur les enroulements immortels de la colonne Trajane, se retrouvent, comme l'a remarqué M. Girardin, dans les plaines de la Valachie : une pelisse de peau de mouton jetée sur les épaules, un pantalon léger qui s'attache aux chevilles avec des cordes et va finir dans des sandales de cuir.

Mais, slave ou romaine, faible ou forte, croyez-le, il faut assurer une fois pour toutes, et par un grand traité où toute l'Europe sera partie, l'indépendance de cette portion des provinces danubiennes qu'on appelle les principautés. Faites-en, par la vertu d'une neutralité inviolable, et quel que soit le chiffre de leur population, de leur armée et de leur budget, faites-en des puissances, j'entends des souverainetés libres, autonomes, et qui servent de barrière morale à l'Occident contre les envahissements de la Russie. Que l'invasion des principautés ne soit plus, comme elle l'est encore aujourd'hui, le caprice d'un seul homme, si grand qu'il soit ; et que toute l'Europe se sente touchée au vif de ses intérêts et de ses droits le jour où un soldat russe y mettra le pied. Là est la garantie du monde contre ces traités à double fin qui ne laissent aux petits États qu'une nationalité équivoque, une souveraineté contestable, une indépendance précaire. Les petits États interposés, quand ils sont indépendants, sont les meilleures barrières contre l'ambition des grands. Ils n'ont de querelles avec personne, et tout le monde les protége. Leur faiblesse est leur puissance. *Non amplius ibis !* Est-ce que Dieu ne protége pas contre l'invasion des flots destructeurs, à la limite où il les arrête, aussi bien les cabanes bâties sur la grèves que les citadelles élevées à grands frais pour la protection du rivage?

X

VOYAGE AU MONTÉNÉGRO

Janvier 1854

..... Quoique le Monténégro figure, à quelque distance de
l'Adriatique, comme une sentinelle perdue de la Russie au
milieu des trois provinces turques, la Bosnie, l'Albanie et
l'Herzegovine, — il est impossible, après avoir lu son émouvante histoire dans le livre qu'a récemment publié M. Xavier
Marmier [1], de ne pas ressentir pour cette population coura-
geuse l'intérêt qu'elle a inspiré à son chroniqueur. M. Marmier n'est pas, comme M. Saint-Marc Girardin, un voyageur
tantôt politique, tantôt professeur, mêlant sans cesse, dans
un rapprochement plein de charme et de gravité, et sans les
confondre jamais, la poésie et l'histoire, la fantaisie et la réflexion, la dissertation et la légende, le sérieux et le pittoresque. M. Marmier n'est pas non plus un voyageur comme
M. Théophile Gautier, peintre avant tout et coloriste à outrance. M. Marmier, ce n'est pas un voyageur quelconque,
c'est le voyageur. Je ne sais personne qui ait jamais eu plus
exclusivement le goût des voyages, que le besoin de changer
de lieu, de courir le pays, de voir et de connaître, de sentir

____

[1] *Lettres sur l'Adriatique et le Monténégro.*

et d'apprendre, ait poussé plus souvent hors de chez lui, emportant plus d'espérances et moins d'illusions.

Quæ regio in terris nostri non plena laboris?

M. Marmier est encore jeune ; il a déjà vu toute l'Europe, une grande partie de l'Amérique ; il a vu la Californie, il a vu l'Afrique, et que sais-je? Un jour, il imagine de mettre le cap sur le Rhin, et il pousse jusqu'au Nil. Il s'embarque à Cologne et débarque à Alexandrie. On m'a raconté, quand il partit pour l'Amérique, qu'un ami, qui l'avait vu la veille, était allé le demander chez lui le soir de son départ. — « Monsieur est parti pour le Brésil. — Comment! parti! je l'ai rencontré hier soir. — C'est vrai; monsieur ne s'est décidé que ce matin. » M. Marmier part pour le Brésil comme vous partiriez pour Versailles, et il revient de même, toujours calme, souriant de plaisir, s'il retrouve au retour tous ses amis ; il revient pour repartir ou pour rédiger rapidement, avec une facilité agréable, dans un style pur et clair, les notes recueillies sur sa route, au courant de ses impressions, sans recherche, sans fol engouement, sans parti pris d'aucune espèce, avec la sagacité d'un observateur et la loyauté d'un galant homme. Tels sont ces livres dont le nombre augmente chaque année, dont l'intérêt semble s'accroître aussi avec l'expérience de l'auteur, et qui formeront un jour une véritable *Bibliothèque du voyageur*, rapportée de tous les coins habités ou inhabités de notre planète.

M. Xavier Marmier n'est arrivé au Monténégro qu'en parcourant une partie de la Suisse, l'Italie autrichienne, Trieste, les côtes de la Dalmatie, jusqu'aux bouches du Cattaro; et dans tous ces pays, surtout dans ce dernier encore si peu connu [1], il met la population en scène dans des récits

____

[1] « ...J'oublie, dit M. Marmier, que, me trouvant un jour dans un salon où je parlais de mon projet d'excursion au Monténégro, un très-aimable

animés, il dresse d'ingénieuses statistiques, il décrit les mœurs et les usages; il recueille les histoires locales, les anecdotes populaires et les chants nationaux; et de tout cela il fait un livre auquel son esprit exact et sobre donne en même temps la variété et l'unité. Il faut lire ces deux volumes; je n'en veux extraire que quelques lignes sur ces habitants du Monténégro dont le nom se rattache plus particulièrement à la question qui occupe tout le monde aujourd'hui. « C'est, dit l'auteur, un avant-poste de guérillas entretenus par la Russie entre l'Albanie et l'Herzegovine, *un obus toujours chargé dont le czar tient la mèche;* dans cette lutte des peuplades slaves contre les hordes musulmanes, mon livre, ajoute-t-il, écrit avec une si pacifique intention de touriste, peut devenir une œuvre de circonstance... » M. Marmier a raison. Tel est l'intérêt particulier de son livre. Il se rattache, comme un précieux document, à cette question d'Orient si inépuisable et si multiple. Les Monténégrins, ces factionnaires de la Russie, ces condors au vol rapide, ces oiseaux de proie qu'on peut attirer en rase campagne, — car leur courage est impétueux et leur élan téméraire, — mais qu'on ne peut forcer dans l'aire où ils se retirent, — les Monténégrins sont de toutes les populations que caressent, sur le versant occidental de l'Hémus, les brises de l'Adriatique, une des plus arriérées, des plus sauvages, une de celles aussi qu'il est le plus difficile de dompter. Les Français y réussirent non sans efforts; les Turcs y ont échoué. « Dans ces rudes montagnes, dit un voyageur anglais, une petite armée est infailliblement battue, une grande meurt de faim... »

M. Marmier est arrivé au Monténégro au moment de cette prise d'armes qui donna, l'année dernière, et bien avant l'invasion des principautés, un avant-goût des préoccupations

jeune homme me dit: — Mais nous le connaissons votre Monténégro, il y a un opéra là-dessus... »

et des alarmes que nous réservait la question d'Orient ; —
un de ses guides lui disait, chemin faisant : « Vous verrez
ce que nous faisons des Turcs, quand ils tombent sous nos
coups... Demain, sur les murs de la tour qui s'élève près
d'ici, vous pourrez compter trente-deux têtes de musul-
mans...» M. Marmier les vit en effet ; le montagnard avait
compté juste, aucune ne manquait. Notre voyageur vit aussi
dans l'église de Cétinié, qui est la capitale du pays (la plus
petite capitale du monde, dit l'auteur), le tombeau du dernier vladika (c'est le titre du souverain), « tout rouge encore du sang que les femmes et les hommes du pays y
avaient répandu en se déchirant la figure et la poitrine avec
leurs ongles, comme ils ont coutume de faire dans les grandes
funérailles...» Avec un pareil peuple, quand le prince de
Monténégro se décide à entrer en campagne, il n'a pas de
grands préparatifs à faire ; chacun prend ses armes, un
morceau de pain dans sa veste, un sac de poudre et des
balles sur sa poitrine, et s'empresse de rejoindre son chef...
Leur solde est au bout de leur pistolet. Il n'est pas jusqu'aux
enfants de six à sept ans qui ne marchent armés de poi-
gnards. La *vendetta* corse, c'est-à-dire la poursuite des of-
fenses jusqu'à l'extermination de l'offenseur, est le droit
commun du pays, son Code pénal et sa procédure criminelle :
œil pour œil, dent pour dent... « Quel âge as-tu? demandait-on un jour à un petit Monténégrin. — Dix ans. — Ton
père est mort ?— Non, il a été tué. Et moi je le vengerai! »
— « Nous devons quelques membres cassés à cette *nahia*
(tribu), disait un autre ; mais elle nous doit deux têtes...»—
« Malheureux, disait un père à son fils, en lui reprochant
son inconduite et ses vices, *tu mourras dans ton lit.* »

Tels sont les mœurs des Monténégrins ; et au milieu de
tout cela d'héroïques instincts, de fiers courages, parfois des
allures et un langage de Léonidas. Un pacha turc avait écrit
pour exiger l'envoi d'un tribut et de douze belles jeunes

filles : — « Pour tribut, répondit le vladika, nous te jetterons à la tête les pierres de notre sol ; et, au lieu de douze de nos filles, tu recevras douze queues de porc pour parer ton turban... »

Arrivé à Cétinié, M. Xavier Marmier se présenta au château avec ses lettres de créance pour le souverain du pays, qui, déjà parti pour son expédition contre les Turcs, s'était fait remplacer par son frère, Georges Petrovitch. M. Marmier fut introduit dans une salle à manger. Il mourait de faim ; c'était de bon augure. Georges Petrovitch était à table avec un secrétaire, devant une pièce de bœuf et un plat de choux. Quelque temps après on apporta une salade de pommes de terre et du fromage de brebis. Puis ce fut tout. M. Marmier prit sa part du repas. Ses deux commensaux portaient sur leurs flancs et à leur ceinture toute une panoplie. Le domestique lui-même était armé jusqu'aux dents.

« . . . . . Quand nous eûmes fini notre rustique repas, on me conduisit au salon d'hiver, c'est-à-dire à la cuisine... Il y avait là une immense cheminée comme celles des chalets dans les montagnes du Jura. Sous son manteau flamboyaient des troncs d'arbres tout entiers, et de chaque côté de ce brasier étaient deux fauteuils en bois. L'un me fut courtoisement assigné. Le second était déjà occupé par Ianko (un des guides), qui eut la condescendance de l'abandonner au seigneur Georges (le frère du roi). D'autres habitants du logis vinrent successivement se joindre à nous. C'était un cousin des Petrovitch, vêtu comme un simple paysan ; un tailleur, que le prince avait fait venir de Cattaro...; un jeune Dalmate, qui donnait à Son Altesse des leçons d'italien, et un charpentier... Tous les membres de cette réunion s'étaient installés familièrement l'un à côté de l'autre. Le cousin de la famille régnante donnait du tabac au charpentier, qui, en revanche,, lui prêtait sa pipe. Ianko, le Sybarite Ianko, guettait l'instant où Georges allait chercher la sienne pour prendre aussitôt possession de son fauteuil, et le domestique, assis commodément au milieu de nous, faisait sans façon sécher mes bottines. »

Mais arrêtons-nous là, et ne nous moquons pas de ces pauvres gens. M. Marmier seul aurait le droit de se plaindre, puisqu'il a mangé leur dîner. Disons seulement, pour finir,

que la politique est une grande magicienne, puisqu'elle a
fait de cette population de sauvages, et qui ont même avec
les sauvages les plus endurcis cette ressemblance de traiter
leurs femmes comme des bêtes de somme, — disons que la
politique est bien habile puisqu'elle a fait un moment, de
quelques milliers de montagnards, véritables Kabyles em-
busqués dans les ravins et derrière les rochers du Monténégro, un *casus belli* pour l'Europe entière. Et toutefois ne
nous plaignons pas de ces disproportions, si fréquentes de
nos jours, entre les événements et les émotions publiques.
C'est la faute de la question d'Orient si les Monténégrins ont
causé un moment cette rumeur qui a parcouru l'Europe ;
mais ce que la protection des grandes puissances a fait pour
eux en défendant leur indépendance contre les Turcs, c'est
ce que M. Saint-Marc Girardin demande si justement (et sans
comparaison) pour les provinces danubiennes contre les
Russes. Ce petit peuple si misérable, cette population si
étrangère à la civilisation la plus commune, cette triste
contrée écrasée en quelque sorte entre l'Hémus et la mer,
et que M. Xavier Marmier compare à « une souricière, » —
eh bien ! un jour, l'Europe l'a déclarée inviolable, et les
hordes musulmanes ont fait halte devant ses frontières.
Pourquoi la diplomatie de l'Europe, qui avait arrêté les
Turcs au bas des rampes du Monténégro, n'a-t-elle pas arrêté les Russes à l'entrée des principautés? *Dat veniam cor-
vis...* N'est-elle forte que contre les faibles?

FIN.

TABLE DES MATIÈRES

PREMIÈRE PARTIE. — VOYAGES.

DEUXIÈME PARTIE. — VOYAGEURS.

FIN DE LA TABLE DES MATIÈRES.

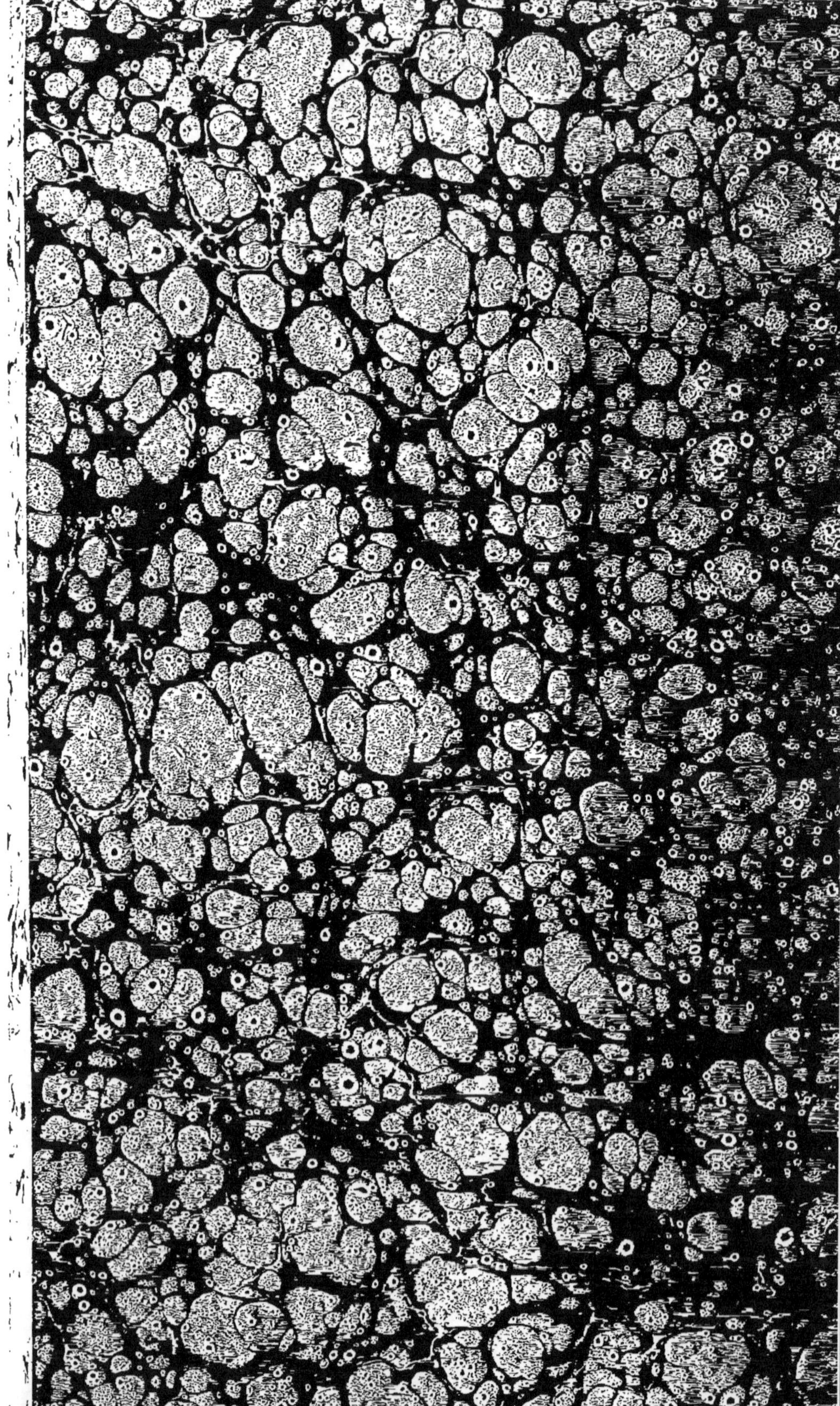

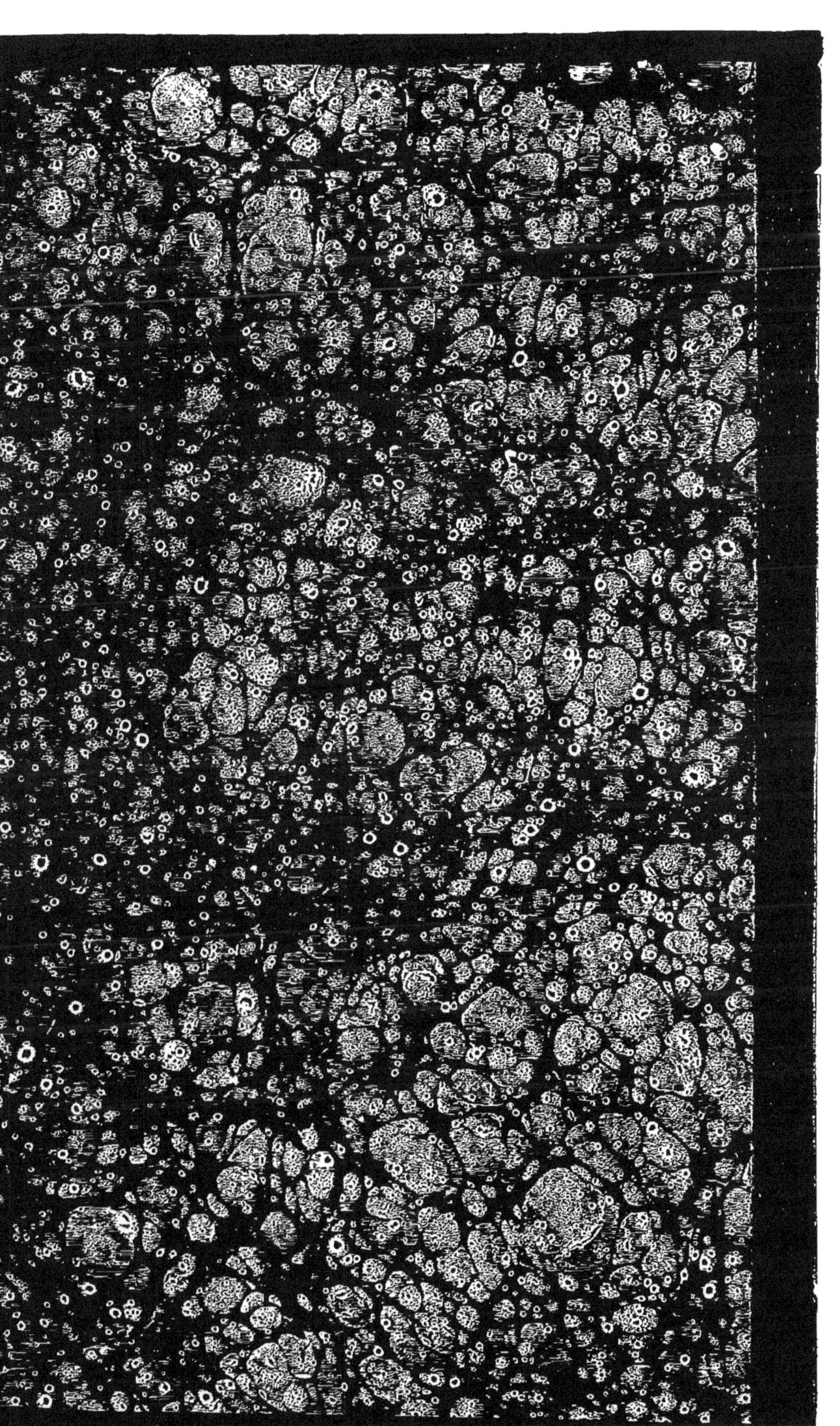